Springer-Lehrbuch

Thomas Efferth

Molekulare Pharmakologie und Toxikologie

Biologische Grundlagen
von Arzneimitteln und Giften

Mit 72 Abbildungen

 Springer

PD Dr. Thomas Efferth
Deutsches Krebsforschungszentrum
M070
Im Neuenheimer Feld 280
69120 Heidelberg

E-Mail: t.efferth@dkfz.de

Bibliografische Information der Deutschen Bibliothek

Die Deutsche Bibliothek verzeichnet diese Publikation in der Deutschen Nationalbibliografie; detaillierte bibliografische Daten sind im Internet über http://dnb.ddb.de abrufbar.

ISBN-10   3-540-21223-X Springer Berlin Heidelberg New York
ISBN-13   978-3-540-21223-2 Springer Berlin Heidelberg New York

Planung: Dr. Dieter Czeschlik, Heidelberg
Redaktion: Stefanie Wolf, Heidelberg
Satz: Druckfertige Vorlage des Autors
Herstellung: LE-TEX, Jelonek, Schmidt & Vöckler GbR, Leipzig
Umschlaggestaltung: deblik, Berlin
Umschlagabbildung: Dreidimensionale Struktur der Glucose-6-Phosphat-Dehydrogenase (verändert nach Efferth et al. 2004 mit freundlicher Genehmigung der American Society for Hematology)

Gedruckt auf säurefreiem Papier   SPIN 10992456   29/3100/ YL – 5 4 3 2 1 0

Vorwort

Es ist kennzeichnend, dass in den zurückliegenden Jahren einerseits die Grenzen zwischen etablierten Disziplinen schwächer geworden sind und andererseits neue Forschungsgebiete entstehen. Die Wirksamkeit eines Medikamentes oder Giftes läßt sich nicht mehr ausschließlich mit klassischen pharmakologischen und toxikologischen Methoden verstehen. Hinzugekommen sind die Molekularbiologie und die Biotechnologie sowie neue Forschungsgebiete wie Pharmakogenomik, Systembiologie und Bioinformatik. Auch die Stammzellbiologie wird in Zukunft eine wichtige Rolle für die Medikamentenentwicklung spielen. Die rasanten Fortschritte der Lebenswissenschaften machen es notwendig, die traditionellen Lehrinhalte durch neue, spannende Erkenntnisse zu ergänzen und diese in kompakter Form den Studierenden nahezubringen. In den kommenden Jahren wird es zunehmend darauf ankommen, das Wissen aus verschiedenen Disziplinen miteinander zu vernetzen, um es sinnvoll für die Arzneimittelforschung und -entwicklung zu nutzen. Bereits heute müssen die Studierenden ihren Blick dafür schärfen, um sich auf diese neuen beruflichen Herausforderungen vorzubereiten.

Durch seine Konzeption stellt das vorliegende Buch eine Ergänzung zu traditionellen Lehrwerken der Pharmakologie und Toxikologie dar und schließt eine bestehende Lücke. Der Schwerpunkt liegt auf den biologischen Mechanismen, welche pharmakologischen und toxischen Wirkungen zu Grunde liegen. Traditionelle Lehrinhalte werden aufgegriffen, um sie im Kontext aktueller Erkenntnisse aus der Biologie und angrenzender Gebiete neu darzustellen. Medizinische und pharmazeutische Aspekte werden nur aufgegriffen, sofern sie dem Verständnis der biologischen Grundlagen dienen. Ziel ist es, dem pharmakologisch und toxikologisch interessierten Studierenden neueste Informationen an die Hand zu geben, welche sich in dieser Form in vielen anderen Lehrbüchern nicht finden.

Daher spricht das vorliegende Buch verschiedene Zielgruppen an:

- Biologen, welche sich auf eine Karriere in der pharmazeutischen Industrie vorbereiten.
- Pharmazeuten und Biotechnologen, welche eine Laufbahn in der biomedizinischen Forschung anstreben.
- Mediziner, welche nicht nur die klinischen Aspekte, sondern auch die biologischen Mechanismen von Arzneimitteln und Giften interessiert.

Für die Realisierung war der Rat von Experten sehr hilfreich, denen ich an dieser Stelle ganz herzlich danken möchte. Ganz besonders danke ich Herrn Prof. Michael Wink, Heidelberg, für seine wertvollen Verbesserungsvorschläge zu pharmakologischen, biologischen und biotechnologischen Inhalten. Ebenfalls sehr dankbar bin ich Herrn Prof. Helmut Bartsch, Heidelberg, für seine Anregungen zu toxikologischen Aspekten.

Im Springer Verlag bin ich Frau Stefanie Wolf, Frau Iris Lasch-Petersmann und Herrn Dr. Ernst Gebhardt für die ausgezeichnete Zusammenarbeit zu Dank verpflichtet.

Last not least möchte ich meiner lieben Frau Monika nicht nur für ihre Geduld danken, die sie beim Schreiben des Manuskriptes mit mir hatte, sondern auch für ihre zahlreichen Korrekturvorschläge.

Heidelberg, Juni 2006   *Thomas Efferth*

Inhaltsverzeichnis

1 Grundlagen der Pharmakologie und Toxikologie

Die **Pharmakologie** ist die Lehre der Herkunft, der Eigenschaften und biochemischen und physiologischen Wirkungen von Arzneimitteln. Molekularbiologie und Zellbiologie untersuchen die Vorgänge in Zellen und Organismen auf der Ebene der DNA, der RNA und der Proteine. Die **Toxikologie** beschäftigt sich mit Substanzen, welche für den Körper schädliche Wirkungen haben. Dazu zählen Gifte, aber auch Pharmaka, welche neben ihren Hauptwirkungen (die Heilung einer Erkrankung) auch schädliche Nebenwirkungen auf andere Gewebe haben können. Pharmakologie und Toxikologie gehören daher eng zusammen. Viele Wirkungen von Arzneimitteln und Giften können heute mit molekularbiologischen und zellbiologischen Methoden erklärt werden. Die Kenntnis der molekularen Mechanismen erlaubt die Suche nach neuen Medikamenten und die Entwicklung von Strategien zur Vermeidung oder Behandlung von Giftwirkungen.

Die Wirkung von Arzneimitteln wird im Wesentlichen von zwei Kenngrößen bestimmt: Pharmakokinetik und -dynamik. Unter **Pharmakokinetik** versteht man die Gesamtheit aller Vorgänge, welche die Aufnahme, Verteilung, Biotransformation und Ausscheidung betreffen. Zur **Pharmakodynamik** zählen die Arzneimittel-Rezeptor-Bindung und die sich anschließenden Vorgänge auf intrazellulärer Ebene (z. B. Signaltransduktion) bis hin zum eigentlichen pharmakologischen Effekt. Als Faustregel gilt: Pharmakokinetik beschreibt all das, was der Körper mit dem Arzneimittel macht, Pharmakodynamik, was das Medikament im Körper bewirkt.

1.1 Pharmakokinetik

1.1.1 Resorption

Die erste Barriere, welche Fremdstoffe (Arzneimittel und Giftstoffe) überwinden müssen, ist der Übertritt von der Körperoberfläche ins Körperinnere (Resorption). Auch der Magen-Darmtrakt wird in diesem Zusammenhang als Körperoberfläche verstanden. Hat ein Arzneimittel Blut- und Lymphbahnen erreicht, kann die Verteilung im Körper stattfinden. Die zellulären Strukturen, welche das Körperäußere vom Körperinneren trennen, sind die

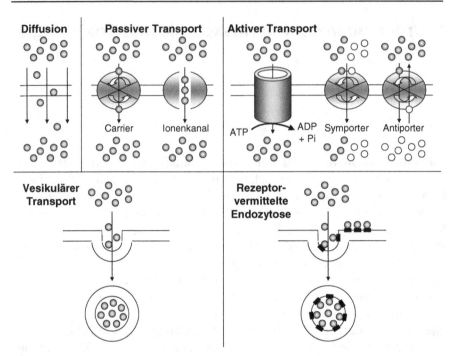

Abb. 1.1. Transport durch Biomembranen. Die wichtigsten Transportmechanismen sind freie Diffusion, passiver und aktiver Transport sowie vesikulärer Transport und rezeptorvermittelte Endozytose.

Zellmembranen. Sie bestehen aus Lipid-Doppelschichten (*bilayer*), in denen sich Proteine befinden. Die Zellmembran bildet Poren, welche den Durchtritt hydrophiler Stoffe erlauben. Lipophile Substanzen hingegen können durch den Lipid-*bilayer* hindurch in die Zelle eindringen. Die Passage durch Biomembranen ist eine Grundvoraussetzung für die Wirksamkeit von Arzneimitteln. Es gibt vier Hauptmechanismen, wie Arzneimittel (ebenso wie toxische Stoffe) ins Zellinnere gelangen (**Abb. 1.1**):

- Lipophile Substanzen passieren die Zellmembran ohne Energieverbrauch entlang dem Konzentrationsgradienten entweder durch **freie Diffusion** oder durch **passive Transporter (carrier)** in das Cytosol. Carrier erleichtern entlang des Konzentrationsgradienten den Durchtritt durch die Zellmembran (**erleichterte Diffusion**). Da dieser Vorgang ohne Verbrauch von Stoffwechselenergie erfolgt, ist er ebenso wie die freie Diffusion durch Stoffwechselgifte nicht inhibierbar.
- Hydrophile Stoffe können dagegen die Zellmembran nicht durch Diffusion passieren, da die Membranen aus Lipid-Doppelschichten bestehen. **Ionenkanäle** befördern anorganische Ionen (K^+, Na^+, Ca^{2+}, Cl^-) ohne

Energieverbrauch (passiver Transport). Beim **aktiven Transport** befördern Transportmoleküle unter Energieverbrauch physiologische Substrate und Arzneimittel-Moleküle gegen den Konzentrationsgradienten
durch Zellmembranen hindurch. Man unterscheidet **ATP-verbrauchen-
de Transporter**, welche Moleküle entgegen dem Konzentrationsgradienten befördern, von den sekundär aktiven Transportern. Sie nutzen
einen unter ATP-Verbrauch aufgebauten Ionengradienten an der Membran für den Transport eines anderen Moleküls entgegen dem Konzentrationsgradienten aus. Dabei transportieren **Symporter** beide Stoffe in
die gleiche Richtung und **Antiporter** in entgegengesetzte Richtungen.
Die transportierten Moleküle binden an Bindungsstellen am **Transporter**. Diese Bindung kann durch kompetitive Hemmung blockiert werden
(z. B. durch ein Arzneimittelmolekül, das Ähnlichkeit mit einem physiologischen Substrat aufweist).

- Beim **vesikulären Transport** werden extrazelluläre Stoffe in Vesikel
  eingeschlossen, die sich von der Zellmembran nach innen abschnüren
  und dadurch ins Zellinnere gebracht werden. Feste Partikel werden über
  Phagocytose, kleinste Flüssigkeitströpfchen durch **Pinocytose** in die
  Zelle aufgenommen.
- Bei der **Rezeptor-vermittelten Endocytose** binden Stoffe an Zelloberflächen-Rezeptoren. Die Rezepor-Ligand-Komplexe sammeln sich in
  grubenförmigen Eindellungen der Zellmembran an (*coated pits*) und
  werden endozytiert. Die Liganden trennen sich von den Rezeptoren und
  sammeln sich in zwei verschiedenen Endosomen an. Das rezeptorhaltige
  Endosom wandert zur Zellmembran, wo die Rezeptoren wieder in die
  Zellmembran integriert werden. Das ligandenhaltige Endosom wandert
  zu intrazellulären Zielstrukturen.

Die Verabreichungsart entscheidet maßgeblich über die Geschwindigkeit der Arzneimittelwirkung. Wirkstoffe, welche auf Haut oder Schleimhäute aufgetragen oder über Inhalation aufgenommen werden (**topische
Applikation**), wirken rasch am Ort der Applikation, da keine Verteilung
über den Darm und das Blutgefäßsystem an das gewünschte Organ zu
erfolgen braucht. Auch auf eine Injektion direkt ins Gewebe (z. B. intra-
muskulär oder subkutan) folgt in der Regel ein rascher Wirkungseintritt.
Eine Injektion kann auch ins Butgefäßsystem (intravenös) erfolgen (**pa-
renterale Applikation**). Die Resorptionsgeschwindigkeit ist abhängig
vom Durchblutungsgrad des Gewebes. Der Wirkstoff wird im Blut ver-
dünnt und erreicht ebenfalls schnell den Wirkort. Eine **orale Applikation**
wird von den meisten Patienten bevorzugt. Hier tritt die Wirkung von Medikamenten jedoch verzögert ein, da der Wirkstoff zuerst den Magen-
Darm-Kanal passieren muss, bevor er in das Blut eintritt. Eine **rektale**

Applikation erfolgt meist bei Säuglingen und Kleinkindern sowie bei Patienten, welche zum Erbrechen neigen oder an Magenstörungen leiden. Die Rate des aufgenommenen Medikamentes ist meist gering, da der Dickdarm im Gegensatz zum Dünndarm keine Zotten besitzt und auf Grund der geringeren Oberfläche weniger Arzneimittel resorbiert. Während die topische Applikation eine gezielte Hinführung eines Arzneimittels an den erwünschten Wirkort erlaubt, erfolgt die Verteilung bei anderen Applikationsarten systemisch, d. h. prinzipiell werden alle (also auch die gesunden) Organe des Körpers erreicht einschließlich des zu behandelnden Gewebes. Bei systemischer Verabreichung ist daher mit höheren Nebenwirkungen zu rechnen.

Weiterhin spielt die **Galenik** für das Aufnahmeverhalten pharmazeutischer Präparate eine Rolle. Die Galenik oder pharmazeutische Technologie befasst sich mit der richtigen Zubereitung zur Verabreichung von Wirkstoffen, beispielsweise als Salben, Cremes, Tabletten, Kapseln und Injektionslösungen. Geeignete Lösungsvermittler und Salzbildner verbessern die Aufnahme von schwer löslichen oder ionisierten Stoffen. Sind Tabletten und Kapseln mit Schutzschichten überzogen, kann der vorzeitige Abbau der eigentlichen Wirksubstanzen, welche gegenüber Magensäure empfindlich sind, verhindert werden.

1.1.2 Distribution

Hat ein Wirkstoff über den Magen-Darm-Trakt das Blutgefäßsystem erreicht, erfolgt eine rasche Verteilung im Körper. Der Übertritt aus den Blutbahnen ins Gewebe hängt wesentlich von den vorhandenen Konzentrationsgradienten ab, aber auch von der Molekülgröße, der Bindung des Wirkstoffes an Proteine, der Fett- bzw. Wasserlöslichkeit, dem Durchblutungsgrad der Gewebe und deren pH-Wert. Stoffe können sich im Intrazellulärraum und im Extrazellulärraum verteilen. Der **Intrazellulärraum** macht etwa drei Viertel des Körpergewichtes aus. Zu ihm zählen alle flüssigen und festen Bestandteile innerhalb der Zellen. Der **Extrazellulärraum** besteht aus dem Plasmawasser in den Blutbahnen, dem interstitiellen Raum (Knorpel, Knochen, dichtes Bindegewebe) und der transzellulären Flüssigkeit (Lymphe, Gehirnwasser, Flüssigkeiten in Körperhöhlen und Hohlorganen u. A.).

Besonders wichtig ist der **Blutspiegel** von Arzneimitteln für die Beurteilung der Wirksamkeit. Weiterhin spielt die Bindung von Substanzen an Eiweiße (Plasma- oder Gewebeproteine) eine wesentliche Rolle. Die Proteinbindung ist meist unspezifisch (ohne Beteiligung von Rezeptoren) und reversibel. Wirkstoffe, welche an Proteine gebunden sind, können nicht diffundieren. Meist ist nur die freie Form eines Moleküls pharmakologisch (oder toxikologisch) wirksam. Da sich ein Gleichgewicht zwischen gebundenen und nicht gebundenen Wirkstoffmolekülen einstellt, können proteingebundene Moleküle als inaktive Speicherform angesehen werden, die nach und nach in die freie Form übergeht.

1.1.3 Biotransformation

Lipophile Substanzen können aus dem Körper nur schlecht ausgeschieden werden, da sie in der Niere immer wieder rückresorbiert werden. In der Evolution wurden daher Enzymsysteme entwickelt, welche lipophile Fremdstoffe in hydrophilere Substanzen transformieren. Die Generierung leicht ausscheidbarer Stoffe wird als Biotransformation bezeichnet. Sie findet überwiegend in der Leber statt und in geringem Maße auch in anderen Organen. Die an der Biotransformation beteiligten Enzyme sind in der Lage ein großes Spektrum unterschiedlicher Substrate umzusetzen. Man unterscheidet drei Phasen der Biotransformation (**Abb. 1.2**).

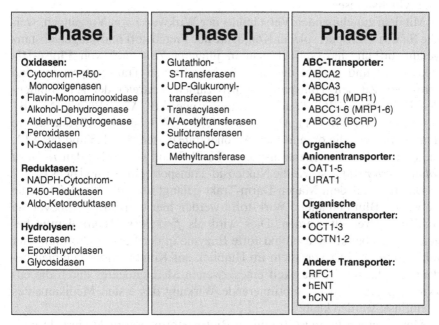

Abb. 1.2. Überblick über die wichtigsten Phase-I-bis -III-Proteine der Biotransformation. Phase-I-Enzyme oxidieren, reduzieren oder hydrolysieren lipophile Xenobiotika, um diese wasserlöslicher zu machen. Phase-II-Enzyme binden Phase-I-Produkte an Trägersubstanzen. Phase-III-Proteine transportieren diese Konjugate.

Phase-I-Reaktionen sind Vorgänge, bei denen Fremdstoffe (Pharmaka oder Toxine) oxidiert, reduziert oder hydrolysiert werden. Die mit Abstand größte Bedeutung kommt Oxidationsreaktionen durch **Cytochrom-P450-Monooxigenasen** zu. Dies sind Hämproteine, welche dreiwertiges Eisen enthalten. Weitere oxidative Enzyme der Phase I sind Flavin-Monoaminooxidase, Alkohol-Dehydrogenase, Aldehyd-Dehydrogenase, Peroxidasen und *N*-Oxidasen. Reduktive Reaktionen erfolgen durch NADPH-Cytochrom-P450-Reduktasen und Aldo-Ketoreduktasen. Hydrolysen werden durch Esterasen, Epoxidhydrolasen oder Glycosidasen katalysiert.

In der **Phase II** erfolgt die Bindung eines Phase-I-Produktes an eine Trägersubstanz. Dabei unterscheidet man Konjugationsreaktionen mit energiereichen und -armen körpereigenen Substanzen des Körpers. In der Regel dienen Phase-II-Reaktionen der Inaktivierung und der Entfernung des Fremdstoffes aus der Zelle und damit der Entgiftung aus dem Organismus. Wichtige Reaktionen, welche durch Phase-II-Enzyme katalysiert werden, sind Konjugationen mit Mercaptursäure-Derivaten (Glutathion-*S*-Transferasen), aktivierter Glucuronsäure (UDP-Glucuronyltransferase), Aminosäuren (Transacylase), aktivierter Essigsäure (*N*-Acetyltransferase), aktiviertem Sulphat (Sulfotransferasen) und Catecholaminen (Catechol-*O*-Methyltransferase).

Mit dem zunehmenden Verständnis der Wirkweise von Vorgängen, welche für den Transport solcher Konjugate aus Fremdstoff und Trägersubstanz verantwortlich sind, spricht man in jüngerer Zeit auch von **Phase-III-**Reaktionen und bezieht dies auf die spezifischen Transportproteine und -prozesse. Zu den Transportproteinen zählen Vertreter der ATP-bindenden Kassetten (ABC)-Transporterfamilie wie ABCA2, ABCA3, ABCB1 (P-Glykoprotein/MDR1), ABCC1-6 (MRP1-6), ABCG2 (BCRP) und andere Transporter wie die organischen Anionentransporter OAT1-5 und URAT1, die organischen Kationentransporter OCT1-3 und OCTN1-2 den *reduced folate carrier* RFC1 sowie die Nukleosid-Transporter hENT und hCNT.

Das Blut aus dem Magen-Darm-Trakt gelangt über die Pfortader in die Leber. Im Blut enthaltene Wirkstoffe werden hier transformiert, bevor sie im Körper verteilt werden. Dies wird als *first-pass*-**Metabolismus** bezeichnet. Dabei können Fremdstoffe Enzyme in der Leber induzieren oder inhibieren. Dies ist vor allem im Hinblick auf Kombinationstherapien bedeutsam, da die Wirksamkeit eines zweiten Medikamentes durch die enzyminduzierende oder -reprimierende Wirkung des ersten Medikamentes beeinflusst werden kann.

Meist werden Fremdstoffe durch Biotransformation inaktiviert. In einigen Fällen können Substanzen selbst biologisch inaktiv sein und erst durch die Biotransformation in der Leber aktiviert werden. Solche Stoffe bezeichnet man als ***prodrugs***.

1.1.4 Eliminierung

Die Ausscheidung von Fremdstoffen erfolgt über die Nieren (Urin), über die Leber und den Darm (Fäzes) sowie über die Lunge (Atem). Über die Leber werden mit der Gallenflüssigkeit vor allem hochmolekulare Substanzen ausgeschieden (Molekulargewicht > 500), während niedermolekulare Fremdstoffe über die Nieren entgiftet werden. Über die Atemluft werden Gase ausgeschieden (z. B. nach einer Narkose).

Eliminierungsvorgänge lassen sich mit der Geschwindigkeitskonstanten, mit welcher die Ausscheidung erfolgt, und mit der *clearance* beschreiben. Unter *clearance* versteht man das Blutplasma-Volumen, das in einer gegebenen Zeiteinheit von einem Fremdstoff befreit wird. Die **Geschwindigkeit** der Stoffausscheidung kann einem **Einkompartment-Modell** (gleichmäßige Verteilung) oder einem **Zweikompartment-Modell** entsprechen (unterschiedliche Geschwindigkeiten). Durch die verabreichte Dosis und Eliminierungsgeschwindigkeit werden die Dosisintervalle ermittelt, welche notwendig sind, um einen konstanten Plasmaspiegel der Wirksubstanz über den Behandlungszeitraum hinweg zu erzielen. Sind die Dosisintervalle zu groß, sinkt der Plasmaspiegel unter eine therapeutisch wirksame Konzentration. Sind die Dosisintervalle zu kurz, kann es zu einer Wirkstoff-Kumulation kommen, welche die Wahrscheinlichkeit unerwünschter Nebenwirkungen erhöht.

Eine weitere wichtige Kenngröße stellt die **Bioverfügbarkeit** dar. Sie beschreibt die Geschwindigkeit und die Menge, mit der ein Wirkstoff an den Wirkort gelangt. Die Effizienz der Wirkstoff-Freisetzung aus der Arzneiform und der Wirkstoff-Aufnahme sowie der *first-pass*-Effekt sind Einflussgrößen der Bioverfügbarkeit.

1.2 Pharmakodynamik

Spezifisch wirkende Substanzen treten über ihre Bindung an Rezeptoren mit Zellen in Kontakt. Über diese Interaktion wird der pharmakologische oder toxische Effekt vermittelt. Rezeptoren spielen in der Pharmakologie und Toxikologie eine große Rolle. Die chemische Struktur eines Wirkstoffes, seine Größe und Stereochemie beeinflussen die Bindung an Rezeptoren. Untersuchungen zu **Struktur-Wirkungs-Beziehungen** dienen dazu, die Stärke pharmakologischer oder toxischer Effekte durch die chemische Struktur zu erklären. Beispielsweise weisen Stereoisomere häufig stark differierende Eigenschaften auf. Substanzen, welche an den gleichen Rezeptor binden, tragen häufig gemeinsame chemische Strukturelemente, die **pharmakophoren Gruppen**. Die Bindungsstärke zwischen Wirkstoff und

Rezeptor wird als **Affinität** bezeichnet. Die Bindung kann über Ionenbindungen, Wasserstoffbrücken-Bindungen, hydrophobe Wechselwirkungen (van der Waals'sche Kräfte) erfolgen. Gelegentlich verändern Rezeptoren ihre Konformation bei Bindung des Wirkstoffes, so dass eine individuelle Passform entsteht (*induced fit*). Dies wird vor allem bei Rezeptoren beobachtet, welche ganz verschiedene Wirkstoffe binden.

Löst der Rezeptor nach Wirkstoffbindung einen Reiz aus, spricht man von **intrinischer Aktivität**. Als **Agonisten** bezeichnet man Stoffe, welche mit hoher Affinität an den Rezeptor binden und intrinische Aktivität besitzen. **Antagonisten** blockieren oder vermindern agonistische Effekte. Es gibt folgende Arten von Antagonisten:

- **Kompetitive Antagonisten** binden zwar mit hoher Affinität an den Rezeptor, lösen jedoch keinen Reiz aus. Sie besitzen keine intrinische Aktivität und konkurrieren mit Agonisten um die Bindung an Rezeptoren.
- **Nicht kompetitive Antagonisten** schwächen agonistische Wirkungen ab. Beispielsweise können sie an eine andere Stelle des Proteins binden und eine Konformationsänderung hervorrufen. Dadurch wird die Bindung des Agonisten erschwert oder verhindert (**allosterische Hemmung**).
- **Funktionelle Antagonisten** sind Agonisten, welche durch ihre spezifische Wirkung die Funktion eines zweiten Agonisten abschwächen. Beide Agonisten binden an unterschiedliche Rezeptoren.
- **Physiologische Antagonisten** unterscheiden sich von funktionellen Antagonisten nur dadurch, dass sie an Rezeptoren verschiedener Zellsysteme binden. Dadurch entstehen entgegengesetzte Effekte, welche sich gegenseitig aufheben.
- **Chemische Antagonisten** reagieren direkt mit dem Wirkstoff und inaktivieren diesen, bevor er eine Rezeptorbindung eingehen kann.

Der Aufklärung von Wirkmechanismen kommt innerhalb der Pharmakodynamik eine besonders wichtige Bedeutung zu. Grundlegende Mechanismen sind:

- Aktivierung oder Inaktivierung von Enzymen
- Veränderung von Transportprozessen
- Beeinflussung von Biosynthesen
- osmotische Effekte
- Komplexbildung
- Neutralisierungsreaktionen

Ein therapeutischer Erfolg kann nur eintreten, wenn ein Medikament in der richtigen Dosierung über einen ausreichend langen Zeitraum verabreicht wird. Soll ein Effekt möglichst schnell erzielt werden, verabreicht man eine hohe **Initialdosis**. Um anschließend die Wirkstoff-Konzentration im Blut aufrechtzuerhalten, gibt man niedrigere **Erhaltungsdosen**. Dies kann nur gelingen, wenn der Patient sich an das vorgegebene Dosierungsschema hält (*compliance*). Bei unregelmäßiger Einnahme des Medikamentes sinkt der Wirkstoffspiegel unter die therapeutisch wirksame Blutkonzentration.

Die therapeutische Wirksamkeit lässt sich in Dosis-Wirkungskurven ermitteln, indem einem Patientenkollektiv steigende Dosen eines Medikamentes verabreicht werden (**Abb. 1.3**). Aus der Dosis-Wirkungskurve lassen sich folgende Kenngrößen ableiten:

- die **Schwellendosis**: minimale Dosis, bei der ein Effekt eintritt
- der erreichbare **Maximaleffekt**
- die Mindestdosis, bei der ein Maximaleffekt beobachtet werden kann
- Die **effektive Dosis**, bei der ein halbmaximaler Effekt erzielt wird (**ED_{50}-Wert**)
- Die **Steigung der Kurve** gibt Auskunft darüber, wie schnell eine Wirkung eintritt. Je steiler die Steigung der Kurve ist, desto schneller, je flacher desto langsamer tritt die Wirkung ein.

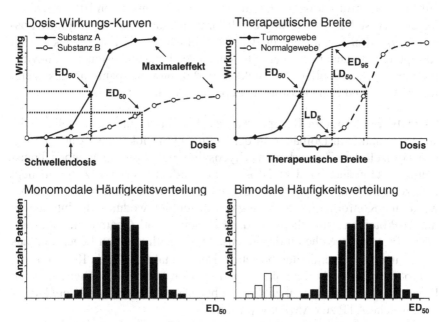

Abb. 1.3. Kenngrößen therapeutischer Wirksamkeit. Dosiswirkungs-Kurven, therapeutische Breite und Häufigkeitsverteilungen helfen, die Wirksamkeit von Arzneimitteln zu charakterisieren.

Trägt man die ED_{50}-Werte eines Patientekollektivs als Häufigkeitsverteilung auf, findet man meist Gauß-Normalverteilungen. Gelegentlich treten bimodale Häufigkeitsverteilungen auf. Sie deuten auf zwei gegeneinander abgrenzbare Patientengruppen hin, welche unterschiedlich auf Fremdstoffe wirken. Dieses Phänomen heißt **Idiosynkrasie**. Es beruht auf genetischen Unterschieden zwischen Testgruppen, wie beispielsweise *single-nucleotide*-Polymorphismen und Aminosäure-Austausche in den entsprechenden Proteinen (s. Kap. 7.1).

Neben der Effektivdosis ED_{50} ermittelt man im Tierexperiment auch die **Letaldosis 50 (LD_{50})**, bei der 50% der Versuchstiere sterben. Für therapeutische Zwecke ist der LD_5-Wert (5% Sterblichkeitsrate im tierexperiment) relevant. Aus dem Quotienten von ED_{50} und LD_5 lässt sich die **therapeutische Breite** eines Medikamentes errechnen. Der therapeutische Quotient stellt ein Maß für die Sicherheit eines Medikamentes dar. Je größer der ED_{50}-Wert und je kleiner der LD_{50}-Wert, desto sicherer ist ein Wirkstoff.

1.3 Rezeptoren und Ionenkanäle

Rezeptoren sind Proteine, die Wirkmoleküle (**Liganden**) binden, um darauf hin eine Information weiterzuleiten, die ihrerseits einen Effekt auslöst. Rezeptoren stehen am Anfang der Informationsübertragung (**Signaltransduktion**). Man kennt verschiedene Rezeptortypen: G-Protein-gekoppelte Rezeptoren, ligandengesteuerte Ionenkanäle, ligandengesteuerte Enzyme, Proteinsynthese-regulierende (nukleäre) Rezeptoren, spannungsgesteuerte Ionenkanäle und Zelladhäsions-Rezeptoren (**Abb. 1.4**).

G-Protein-gekoppelte Rezeptoren bestehen aus mehreren α-Helices, die als Transmembran-Domänen in der Zellmembran lokalisiert sind. Sie tragen extrazelluläre Zuckerketten (Glycosylierung). Insgesamt sieben Transmembran-Domänen sind kreisförmig angeordnet. In deren Zentrum liegt eine zentrale Bindungsstelle für Liganden. Die Bindung des Liganden bewirkt eine Konformationsänderung des Rezeptors, wodurch die Interaktion mit G-Proteinen ermöglicht wird. G-Proteine sind Guanylnukleotid-bindende Proteine, welche an der Innenseite der Zellmembran liegen und aus α-, β-, und γ-Untereinheiten bestehen. Der Kontakt zwischen Rezeptor und G-Protein ermöglicht Interaktionen des G-Proteins mit nachgeschalteten Proteinen (Enzyme, Ionenkanäle) wie beispielsweise mit der Adenylatcyclase, welche ATP zu cAMP konvertiert.

Ein **ligandengesteuerter Ionenkanal** ist beispielsweise der nicotinische Acetylcholin (ACh)-Rezeptor der motorischen Endplatte. Er besteht aus

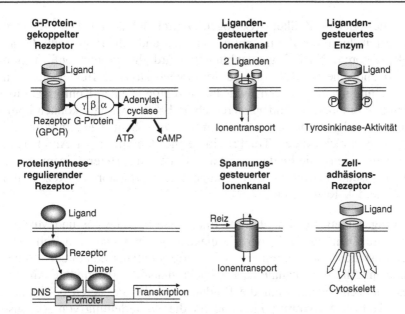

Abb. 1.4. Rezeptoren und Ionenkänale. Liganden, welche an Zelloberflächen-Proteine binden, können den Transport physiologisch relevanter Ionen induzieren (Ionenkanäle) oder Signaltransduktions-Prozesse auslösen (Rezeptoren).

zwei α- und drei β-Untereinheiten mit je vier Transmembran-Domänen, welche einen Kanal umschließen. Zwei ACh-Moleküle binden gleichzeitig an die beiden α-Untereinheiten. Dadurch wird der zentral liegende Kanal geöffnet, welcher im Ruhezustand verschlossen ist. Na^+ strömt in die Zelle ein und K^+ strömt aus der Zelle heraus. Als Folge wird die Zellmembran depolarisiert und es wird ein Membranpotenzial ausgelöst. GABA-Rezeptoren (γ-Aminobuttersäure) gehören ebenfalls diesem Typ an.

Ligandengesteuerte Enzyme (katalytische Rezeptoren) sind z. B. Insulinrezeptoren. Nach Bindung eines extrazellulären Liganden (Insulin) an eine extrazelluläre Domäne des Rezeptors ändert sich die Konformation, welche zur Autophosphorylierung von Tyrosinen an definierten Stellen führt. Dies erlaubt das Andocken intrazellulärer Signalproteine. Dadurch werden nachgeschaltete Proteine ebenfalls an ihren Tyrosinresten phosphoryliert und die Zellfunktionen ändern sich. Proteine verschiedener Signalwege können mit Tyrosinkinase-Rezeptoren in Verbindung stehen: Ras, Grb-2, Phosphatidylinositol-3-Kinase (PI3K) u. A.

Proteinsynthese-regulierende Rezeptoren: Hierzu zählen die Hormonrezeptoren. Sie sind im Cytosol (Rezeptoren für Glucocorticoide, Androgene,

Gestagene) oder im Zellkern (Östrogenrezeptor) lokalisiert. Die Liganden diffundieren durch die Zellmembran hindurch und binden intrazellulär an ihre Rezeptoren. Nach Ligandenbindung wird die Proteinkonformation geändert und eine im Ruhezustand verborgene Domäne freigelegt. Nach Ligandenbindung unterliegen nukleäre Rezeptoren einer Konformations-änderung. Korepressoren diffundieren ab und Koaktivatoren können komplexieren. Der Rezeptor bindet an bestimmte DNA-Sequenzen im Promoter von Genen, welche deren Trankription kontrollieren (meist Anschalten, selten Abschalten). Sie binden meist als Homo- oder Heterodimere an die DNA. Typische Vertreter dieser Gruppe sind Steroidhormon-Rezeptoren und Retinoid-X-Rezeptoren (RXR).

Spannungsgesteuerte Ionenkänale findet man in Neuronen und Muskel-zellen. Ihre Öffnung wird über die elektrische Spannung von Zellmem-branen gesteuert und bestimmt den Ionenfluss entlang elektrochemischer Gradienten. Alle Ionenkanäle haben Selektivitätsfilter (bestimmte Amino-säuresequenzen), welche nur die Bindung und das Passieren bestimmter Ionen erlauben. **Natriumkanäle** sind für die Weiterleitung von Aktions-potenzialen in erregbaren Membranen im Nervensystem essentiell. Sie verursachen eine Depolarisation der Zellmembran durch Einstrom von Na^+-Ionen. Das Protein enthält vier α-helikale Transmembransegmente. Neben den α-Untereinheiten besitzen manche Na^+-Kanäle auch noch β-1- und β-2-Untereinheiten. Die vier α-Untereinheiten bestehen aus je sechs Transmembran-Schleifen und bilden einen Kanal. Die β-1-Einheit stabili-siert die Gesamtstruktur, während die β-2-Einheit keinen Einfluss auf die dreidimensionale Struktur des Na^+-Kanals hat. Natriumkanäle werden wäh-rend der Depolarisationsphase des Aktionspotenials geöffnet und bei der anschließenden Repolarisation verschlossen.

Kaliumkanäle sind für die Repolarisation des Aktionspotenzials verant-wortlich. In den präsynaptischen Endigungen kontrollieren sie die Freiset-zung von Neurotransmittern.

Calciumkanäle regulieren den Ca^{2+}-Fluss in erregbaren Membranen. Sie bestehen aus den Untereinheiten $\alpha 1$, $\alpha 2$-δ, β und γ. Die α-Einheiten for-men die Kanalpore, während die δ-Untereinheit die spannungsabhängige Aktivierung des Kanals steuert.

Zelladhäsions-Rezeptoren nehmen mit Bestandteilen aus der extrazellu-lären Matrix oder Liganden auf anderen Zellen Kontakt auf. Die Rezepto-ren stehen mit dem Cytoskelett in Verbindung. Man kennt verschiedene Untergruppen. Zelladhäsionsmoleküle auf Leukozyten vom ICAM-Typ

gehören zur Immunglobulin-Superfamilie. NCAMs kommen auf Nervenzellen vor. Weitere Rezeptortypen sind Cadherine, Selectine und Hyalu-
ronrezeptoren wie CD44. Zelladhäsions-Rezeptoren steuern Anheftungs-
und Ablösungsvorgänge sowie die Migration von Zellen durch Gewebe.
Sie sind an vielen biologischen Prozessen beteiligt wie Entzündungs- und
Wundheilungsvorgängen, Angiogenese, Tumorinvasion usw.

1.4 Signaltransduktion

Signale werden intrazellulär durch verschiedene Reaktionswege weitergeleitet (**Abb. 1.5**). Dabei spielt die Proteinphosphorylierung eine eminent
wichtige Rolle. **Proteinkinasen** übertragen Phosphatreste von ATP auf
Hydroxylgruppen von Proteinen. Dies bewirkt eine Konformationsänderung oder die Bindung anderer Proteine an die phosphorylierten Stellen
eines Proteins. Beide Ereignisse stimulieren die Enzymaktivität. **Proteinphosphatasen** entfernen Phosphatgruppen und deaktivieren Proteine.

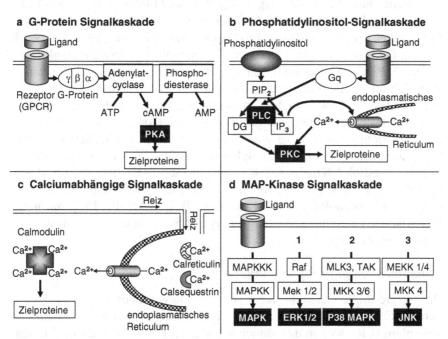

Abb. 1.5a–d. Signaltransduktionswege. Die wichtigsten molekularen Reaktions-
kaskaden zur Weiterleitung von Information sind G-Protein-S, Phosphatidylinosi-
tol-, calciumabhängige und MAP-Kinase-Signalkaskaden (Abb. 1.5d: verändert
nach Schulz 2005 mit freundlicher Genehmigung des Springer Verlages).

G-Protein-Signalkaskade

Nach Bindung eines Liganden an einen **G-Protein-gekoppelten Rezeptor** (GPCR) interagiert eine cytosolische Rezeptordomäne mit einem heterotrimeren GTP-bindenden Protein (**G-Protein**). Die α-Untereinheit von G-Proteinen tauscht GDP gegen GTP aus, spaltet sich von den β- und γ-Untereinheiten ab und aktiviert **Adenylatcyclase**, welche zyklisches AMP (**cAMP**) aus ATP herstellt. cAMP stimuliert die Aktivität der cAMP-abhängigen Proteinkinase (**Proteinkinase A**, PKA). **Phosphodiesterase** konvertiert aktives cAMP in inaktives AMP. PKA katalysiert die Phosphorylierung von Zielproteinen und moduliert deren Aktivität. Proteinphosphatasen entfernen Phosphatreste von PKA und inaktivieren diese.

Phosphatidylinositol-Signalkaskade

Phosphatidylinositol ist ein Membranlipid, welches durch Proteinkinasen zu **Phosphatidylinositol-4,5-Bisphosphat (PIP$_2$)** phosphoryliert wird. PIP$_2$ wird durch **Phospholipase C** (PLC) gespalten. Aktiviert ein GPCR ein spezifisches G-Protein (Gq), so kann dieses G-Protein seinerseits PLC stimulieren. Weiterhin werden Ca^{2+}-Ionen zur PLC-Aktivierung benötigt. PLC spaltet PIP$_2$ in **Inositol-1,4,5-Triphosphat (IP$_3$)** und **Diacylglycerol** (DAG). DAG aktiviert zusammen mit Calcium als Kofaktor **Proteinkinase C (PKC)**. PKC schließlich phosphoryliert und aktiviert zahlreiche terminale Zielproteine. IP$_3$ öffnet Calciumkanäle des endoplasmatischen Reticulums, so dass Ca^{2+}-Ionen in das Cytosol diffundieren und PKC aktivieren.

Eine Abschaltung dieses Signalweges erfolgt durch Phosphatase-vermittelte Dephosphorylierung von IP$_3$. Eine weitere Möglichkeit stellt die Phosphorylierung von Phosphatidylinositol an der Position 3 durch **Phosphatidylinositol-3-Kinase** (PI3K) dar (im Gegensatz zur Phosphorylierung der Positionen 4 und 5, welche aktivierend wirkt). Andererseits können Reaktionsprodukte von PI3-Kinasen (z. B. PI-3,4,5,-P$_3$) **Proteinkinase B (PKB, Akt)** aktivieren. Akt phosphoryliert Serin- und Threoninreste von zahlreichen Zielproteinen.

Calciumabhängige Signalkaskade

Der intrazelluläre Calciumspiegel ist in der Regel niedrig. Ca^{2+}-ATPasen pumpen Ca^{2+}-Ionen entweder aus der Zelle heraus, in das endoplasmatische Reticulum (ER) oder in die Mitochondrien. Im ER wird freies Ca^{2+} durch Ca^{2+}-bindende Proteine (**Calsequestrin, Calreticulin**) abgefangen. Durch geeignete Reize öffnen sich die Calciumkanäle in der ER-Membran, so dass Ca^{2+} ins Cytoplasma strömt. Solche Reize sind beispielsweise IP$_3$ (s. oben) oder Änderungen des Membranpotenzials bei der elektromechanischen

Kopplung, welche zur Muskelkontraktion führt. Je vier Ca^{2+} binden an **Calmodulin**, welches daraufhin seine Konformation ändert. Dadurch kann Calmodulin mit anderen Zielproteinen interagieren und deren Aktivität steuern. Zu den Calmodulin-regulierten Proteinen zählen u. A. Ca^{2+}-ATPasen, welche Ca^{2+} aus der Zelle herauspumpen und die Ca^{2+}-Signaltransduktion abschalten. Daneben dient Calcium in vielen Enzymreaktionen als Kofaktor.

MAP-Kinase-Signalweg

Mitogen-aktivierte Protein (MAP)-Kinasen sind für zahlreiche zelluläre Prozesse wichtige Signaltransduktoren. Es gibt verschiedene MAP-Kinasesignalwege, bei denen mehrere Kinasen nacheinander geschaltet werden. Die Aktivierung einer *upstream*-**MAP-Kinase-Kinase-Kinase** (MKKK) z. B. durch membranständige Tyrosinkinase-Rezeptoren bewirkt die Phosphorylierung einer nachgeschalteten **MAP-Kinase-Kinase** (MKK), welche ihrerseits eine terminale **MAP-Kinase** (MAPK) phosphoryliert. Aktivierte MAPKs phosphorylieren Transkriptionsfaktoren oder andere Zielproteine.

Die MAPK-Signalwege werden nach ihren terminalen MAP-Kinasen benannt. Die drei wichtigsten sind:

- **ERK** (*extracellular signal-regulated kinase*),
- **p38 MAP-Kinase**,
- **JNK/SAPK** (c-Jun NH_2-*terminal kinase/stress-activated protein kinase*).

1.5 Unerwünschte Wirkungen

Medikamente haben in der Regel sowohl Haupt- als auch Nebenwirkungen. Im Allgemeinen versteht man unter Nebenwirkungen unerwünschte Wirkungen. Da sie teilweise erheblich sein können, ist ihre Kenntnis unbedingt erforderlich. Die **Toxikologie** befasst sich mit Nebenwirkungen der Arzneimittel-Behandlung und darüber hinaus mit Schadstoffen aus Umwelt und Nahrung. Für den behandelnden Arzt ist die Kenntnis von Wirkungen und Nebenwirkungen wichtig, um zwischen Krankheitsrisiko und therapeutischem Risiko abschätzen zu können.

Toxische Stoffe können zu Mutagenese und Krebsentstehung führen. Sie können Embryonen und Föten schädigen (Teratogenität) und eine große Anzahl organschädigender Auswirkungen haben (reproduktive und endokrine Toxizität, Hepatotoxizität, Nephrotoxizität, Kardiotoxizität, Neurotoxizität, Hauttoxizität, Lungentoxizität, Knochenmarktoxizität, Immuntoxizität u. a.). Eine ausführliche Darstellung toxischer Wirkungen erfolgt in den Kapiteln 6.3–6.12.

Eine weitere unerwünschte Wirkung ist die Abhängigkeit als Folge von **Medikamentenmissbrauch**. Die **Abhängigkeit** ist gekennzeichnet durch den Drang einen Wirkstoff immer wieder einzunehmen, um bestimmte psychische Effekte zu erleben oder um unangenehme Effekte bei seinem Fehlen zu vermeiden. Weitere Formen des Arzneimittel-Missbrauchs sind **Gewohnheitsbildung** (keine Entzugserscheinungen bei Absetzen) und **Sucht** (physische und psychische Abhängigkeit und Tendenz zur Dosissteigerung). Davon zu unterscheiden sind Gewöhnung oder Toleranz, bei denen es bei wiederholter Verabreichung eines Medikamentes zu einem Wirkungsverlust kommt, so dass die Dosis erhöht werden muss.

1.6 Arzneimittel-Interaktionen

Werden zwei oder mehrere Wirkstoffe zur Behandlung der gleichen Krankheit verabreicht, können die Wirkungen der Einzelsubstanzen verstärkt oder abgeschwächt werden. Entspricht der beobachtete Effekt der Summe beider Einzelsubstanzen, liegt ein **additiver Effekt** vor. Ein Effekt, welcher größer als die Summe der Einzelsubstanzen ist, heißt **Synergismus**. Ist er jedoch kleiner, spricht man von einem **Antagonismus**.

Nicht selten werden auch Medikamente für verschiedene Krankheit gleichzeitig eingenommen. Auch hier kann es zur gegenseitigen Beeinflussung kommen. Unerwünschte Interaktionen können pharmakokinetisch oder pharmakodynamisch verursacht werden. Pharmakokinetische Wechselwirkungen bei der Resorption treten z. B. bei einer Veränderung des pH-Wertes durch den ersten Wirkstoff ein. Dadurch wird das zweite Medikament besser oder schlechter in den Magen-Darm-Trakt aufgenommen. Bei der Verteilung im Blut oder im Gewebe können verschiedene Medikamente um die Bindung an Proteine konkurrieren. Bei der Biotransformation kann das Erstmedikament als Induktor oder Inhibitor der Cytochrom-P450-Monooxigenasen wirken und damit den Metabolismus des nachfolgenden Medikamentes verändern. Ein Beispiel aus der Krebsbehandlung belegt die Relevanz solcher Wechselwirkungen: Tumorpatienten nehmen gelegentlich ohne Kenntnis des Arztes pflanzliche Präparate (z. B. **Johanniskraut**, *Hypericum perforatum*) oder bestimmte Nahrungsmittel ein (z. B. **Pampelmusensaft**), welche Cytochrom-P450-Monooxigenasen induzieren. Erfolgt gleichzeitig eine Tumorchemotherapie, führt die erhöhte Aktivität dieser Leberenzyme zu einem verstärkten Abbau der Tumormedikamente und eine Tumorbehandlung wirkt nur vermindert.

Zu pharmakodynamischen Wechselwirkungen kommt es, wenn beide Medikamente an denselben Rezeptor binden oder am selben Erfolgsorgan wirken.

Die Organfunktion unterliegt biorhythmischen Schwankungen. Die Untersuchung dieser Schwankungen ist Gegenstand der **Chronobiologie**. Man kennt Tagesschwankungen (circadiane Rhythmen), monatliche (circamensuelle) und jährliche (circaannuale) Rhythmen. Auch die Wirkung von Arzneimitteln unterliegt solchen Biorhythmen. Zwei Beispiele sind:

- Das Schmerzempfinden, welches durch die Ausschüttung körpereigener schmerzunterdrückender Stoffe (Endorphine) nachmittags schwächer ausgeprägt ist als morgens oder nachts.
- Asthmaanfälle, welche bevorzugt nachts auftreten, da die Lungenfunktion nachts schwächer und die bronchokonstriktorische Wirkung von Histamin und Acetylcholin stärker sind.

2 Molekulare Mechanismen der Pharmakokinetik

2.1 Einleitung

Im Tierreich haben pflanzenfressende Arten (darunter auch der Mensch) spezielle Enzymsysteme entwickelt, mit denen schädliche Substanzen aus Nahrungspflanzen entgiftet und ausgeschieden werden können. Offensichtlich fand während der Evolution ein regelrechtes Wettrüsten zwischen Pflanzenfressern und den Pflanzen selbst statt. Die Pflanzen setzten sich mit Abwehrsubstanzen gegen Pflanzenfresser zur Wehr, während diese Entgiftungsmechanismen entwickelten, um dennoch pflanzliche Nahrung aufnehmen zu können. Dieser Prozess wird als *animal plant warfare* bezeichnet. Die Entgiftung geschieht in mehreren Phasen. Dabei werden lipophile xenobiotische Substanzen in wasserlösliche Formen umgewandelt, um anschließend ausgeschieden zu werden. Die zelluläre Aufnahme, welche auch als **Phase 0** bezeichnet wird, geschieht durch passive Diffusion oder durch einwärts gerichtete Transporter. Phase-I-Enzyme konvertieren diese Substanzen zu nukleophilen (z. B. Phenole und Polyphenole) oder elektrophilen Verbindungen (z. B. Chinone, Epoxide). Dazu zählen Monooxigenasen, Oxidasen, Reduktasen, Dehydrogenasen und Esterasen). Eines der wichtigsten **Phase**-I-Enzymsysteme stellt die große Familie der Cytochrom-P450-Monooxigenasen dar. Sie oxidieren Kohlenstoff, Stickstoff und Schwefelatome in Molekülen zu hydroxylierten Metaboliten. Typische Reaktionsprodukte sind die instabilen Epoxide, welche leicht mit der DNA reagieren, oder stabile hydroxylierte Verbindungen, welche durch Transferasen weiter konjugiert werden. Hydroxylgruppen entstehen auch infolge Katalyse durch Flavin-abhängigen Monooxigenasen, Aldehyd- und Aminoxidasen und Esterasen. Die NADPH-Chinon-Oxidoreduktase-1 (NQO1) und verschiedene Peroxidasen wandeln nukleophile in elektrophile Moleküle um und umgekehrt. Nukleophile Stoffe werden von UDP-Glucuronyl-Transferasen (UGTs) und Sulfotransferasen (SULTs) konvertiert, elektrophile Substanzen hingegen durch Glutathion-*S*-Transferasen (GSTs). Die Reaktionsprodukte der **Phase-II**-Enzyme (Glucuronide, Sulfokonjugate und Glutathion-Konjugate) werden über spezifische Efflux-Systeme (*multidrug resistance-related proteins,* MRPs) aus der Zelle hinaustransportiert (**Phase III**). Die Effektivität von Phase 0 – III-Reaktionen wird nicht selten durch Polymorphismen in den entsprechenden Genen beeinflusst (s. Kap. 7.1).

2.2 Phase I

2.2.1 Grundlagen

Die wichtigsten Phase-I-Enzyme sind Cytochrom-P450-Monooxigenasen. Cytochrom-P450 (CYP)-Gene kodieren für eine Vielzahl gemischt-funktioneller Monooxigenasen des Phase I-Metabolismus. Sie katalysieren die Reaktion: $O_2 + 2\ e^- \rightarrow H_2O + S{-}O$.

S steht hierbei für "Substrat". Die Reduktionsäquivalente werden von Pyridinnukleotiden (NADH oder NADPH) bereitgestellt. Monooxigenasen können eine Reihe prostethischer Gruppen tragen, wie z. B. Flavine, Übergangsmetalle oder Häm. Die Cytochrom-P450-Enzyme gehören zur letzten Gruppe und sind Metalloenzyme.

Die Enzymreaktionen erhöhen in der Regel die Hydrophilie katalysierter Substrate, um sie anschließend über Konjugationsreaktionen von Phase-II-Enzymen (z. B. Glutathion-*S*-Transferasen oder *N*-Acetyltransferasen) zu detoxifizieren. In einigen Fällen jedoch entstehen Reaktionsprodukte mit erhöhter Toxizität oder Mutagenität. Viele Medikamente werden durch Cytochrom-P450-Enzyme metabolisiert. Man schätzt, dass polymorphe Formen der *CYP*-Gene für etwa die Hälfte der schweren Nebenwirkungen von Arzneimitteln verantwortlich sind. Andererseits sprechen viele Patienten auf Grund solcher *CYP*-Polymorphismen auf Medikamente ungenügend oder nicht an. In den Vereinigten Staaten werden jährlich 2 Mio. Fälle schwerer Nebenwirkungen registriert. Davon verlaufen 100.000 Fälle tödlich. Der volkswirtschaftliche Schaden wird mit 100 Mio. US-Dollar beziffert. Auf die Bedeutung der Polymorphismen wird in Kap. 7.1 näher eingegangen. Die *CYP*-Multi-Genfamilie besitzt eine Schlüsselfunktion in der Pharmakologie und Toxikologie.

Verschiedene Cytochrom-P450-Enzyme katalysieren wichtige endogene Prozesse, wie z. B. die Biosynthese von Steroidhormonen, Prostaglandinen oder Leukotrienen. Andere Isoenzyme wiederum sind in den Fremdstoff-Metabolismus involviert. Dazu zählen vor allem die im endoplasmatischen Reticulum lokalisierten Cytochrom-P450-Enzymfamilien 1–4. Die Expression findet vorwiegend in der Leber statt, obwohl manche Isoenzyme auch in extrahepatischen Geweben vorkommen (Lunge, Niere, Gastrointestinaltrakt). Man beobachtet eine breite Überlappung im Spektrum der katalysierten Substrate. Cytochrom-P-450-Enzyme in Leber und Darm setzen die Medikamentenmenge herab, welche den systemischen Blutkreislauf erreicht. Dadurch wird die Bioverfügbarkeit und Medikamenteneffizienz beeinflusst (*first-pass*-Metabolismus).

Beim Menschen kommen 57 CYP-Gene sowie 58 weitere funktionslose Pseudogene vor. Im Genom der Maus existieren 102, im Genom von Reis sogar 323 CYP-Gene. Insgesamt sind 1277 Mitglieder dieser Genfamilie bekannt. Diese Enzyme stellen eine der größten Genfamilien bei Tieren, Pflanzen und Mikroben dar. Dies deutet auf die Bedeutung dieser Genfamilie hin. Im Verlauf der Evolution wurden katalytische Systeme benötigt, welche hochmolekulare Kohlenstoff-Verbindungen in kleine oder polare Metaboliten umwandeln. Unabhängig davon mussten einzelne Vorläufermoleküle zu spezifischen Endprodukten reagieren, um zelluläre Stoffwechsel- und Differenzierungsprozesse in spezifischen Geweben zu regulieren. Dieser Aufgabe standen alle Lebensformen gegenüber. Cytochrom-P450-Monooxigenasen stellen die Lösung dar.

2.2.2 Cytochrom-P450-Monooxygenasen, Familie CYP1

Es wurden zwei *CYP1A*-**Gene** beschrieben, welche beim Menschen auf Chromosom 15 liegen: *CYP1A1* und *CYP1A2*. *CYP1A1* ist vorwiegend in extrahepatischen Geweben (z. B. Lunge) exprimiert, wo es polyzyklische aromatische Kohlenwasserstoffe (z. B. Benzo[a]pyren) metabolisiert. Dazu im Gegensatz ist *CYP1A2* fast ausschließlich in der Leber exprimiert. *CYP1A2* metabolisiert vorzugsweise Nitrosamine und Arylamine. Es ist eines der Isoenzyme, welche Aflatoxin B1 hydroxylieren.

CYP1A1 wird auch als Arylkohlenwasserstoff-Hydroxylase bezeichnet. Der *CYP1A1*-Promoter trägt eine Reihe positiv und negativ regulatorischer Elemente. Zu den positiv regulatorischen Elementen zählt das XRE-Element, welches für die Induktion durch polyzyklische aromatische Kohlenwasserstoffe wichtig ist (s. Kap. 2.2.6).

Das *CYP1A2*-Gen hat im kodierenden Bereich etwa 70% Sequenzhomologie mit dem *CYP1A1*-Gen. Unmittelbar *upstream* der transkriptionellen Startseite sind *consensus*-Sequenzen für verschiedene regulatorische Sequenzmotive vorhanden, darunter ein XRE-Element, eine TATA-Box und eine SP1-Sequenz.

CYP1B1 katalysiert die Hydroxylierung von Östrogen. Es ist in östrogenabhängigen Geweben exprimiert. Auch in Brust- und Prostatakarzinomen ist es nachweisbar. Wie *CYP1A*-Gene enthält der *CYP1B1*-Promoter ein XRE-Element und wird durch den Ah-Rezeptor reguliert.

2.2.3 Cytochrom-P450-Monooxigenasen, Familie CYP2

Die *CYP2A*-Gene sind beim Menschen auf Chromosom 19q13.2 in einem Cluster zusammen mit *CYP2B*- und *CYP2F*-Genen lokalisiert. Interessanterweise existieren deutliche Unterschiede in der *CYP2A*-Genexpression zwischen Maus, Ratte, Hamster, Kaninchen und Mensch. Dies bezieht sich sowohl auf die Substratspezifitäten als auch auf die Substrat-Umsatzraten und zeigt die Problematik experimenteller Tiermodelle zur Vorhersage des menschlichen Fremdstoff-Metabolismus.

CYP2A6 metabolisiert und aktiviert zahlreiche Promutagene wie z. B. *N*-Nitrosodiethylamin (NDEA). Das Enzym spielt daher eine Rolle für die Krebsrisiko-Abschätzung.

Spezifische Substrate wie das Zytostatikum Cyclophosphamid werden durch CYP2B6 metabolisiert. Ansonsten spielt dieses Enzym eine eher untergeordnete Rolle für den Fremdstoff-Metabolismus. Verschiedene Phenobarbital-responsive Elemente (z. B. *barbie-box*-Element) wurden in Promotoren von *CYP2B*-Genen und anderen Phenobarbital-induzierbaren Genen gefunden.

Die vier menschlichen *CYP2C*-Gene sind auf Chromosom 10q24 lokalisiert. Sie werden vorwiegend in der Leber exprimiert.

CYP2C8 metabolisiert eine große Zahl von Substraten, darunter Benzo[a]pyren, Carbamazapin, 7-Ethoxycumarin, Testosteron, Benzphetamin, Retinol und Retinsäure. Es ist das Hauptenzym, das für die 6α-Hydroxylierung des Krebsmedikamentes Paclitaxel verantwortlich ist. Dabei entsteht das Entgiftungsprodukt 6α-Hydroxypaclitaxel.

CYP2C9 ist das in der Leber am meisten exprimierte *CYP2C*-Protein. Im *CYP2C9*-Promoter finden sich kanonische TATA-Boxen, verschiedene Glucocorticoid-regulatorische Elemente und Transkriptionsfaktor-Bindungsstellen, darunter solche, welche für eine leberspezifische Expression bedeutsam sind. CYP2C9 metabolisiert eine ganze Reihe bekannter Wirkstoffe, wie z. B. Phenytoin, Tolbutamid, Torsemid, Ibuprofen und *S*-Warfarin. Polymorphe *CYP2C9*-Gene sind für Abschätzung der Medikamentenwirkung interessant (s. Kap. 7.1.3).

CYP2C19 ist identisch mit der humanen *S*-Mephenytoin-4'-Hydroxylase. Das Enzym ist verantwortlich für den Metabolismus vieler Medikamente, darunter Omeprazol, Fluoxetin, Proguanil, Barbiturate, Citalopram, Nelfinavir und Diazepam. Genetische Polymorphismen im *CYP2C19*-Gen sind von großem Interesse für die Arzneimittel-Wirksamkeit (s. Kap. 7.1.3).

Drei CYP2D-Gene liegen als Cluster auf dem humanen Chromosom 22q13.1. CYP2D7 und CYP2D8 sind funktionslose Pseudogene. CYP2D6-Substrate gehören unterschiedlichen Substanzklassen an, darunter Anti-Arrhythmika (Propafenon, Flecainamid), Anti-Depressiva (Desipramin,

Amitryptilin) und Rauschmitteln wie MDMA (Ecstasy). Interindividuelle Variationen in Cytochrom-P450-Enzymen wurden zuerst beim CYP2D6-Protein gefunden (s. Kap. 7.1.3).

Die *CYP2E*-Unterfamilie enthält beim Menschen nur ein Mitglied, das *CYP2E1*-Gen auf Chromosom 10q24.3-qter. Der CYP2E1-Metabolismus ist eine Route des Ethanol-Stoffwechsels im Körper. Das Enzym ist auch verantwortlich für den Metabolismus endogener Substanzen wie Aceton und Acetal sowie metabolischen Produkten der Gluconeogenese, welche beispielsweise bei Glucosemangel und Diabetes mellitus entstehen. Die *CYP2E1*-Expression wird bei Glucosemangel und Diabetes mellitus induziert und bei Insulinbehandlung reprimiert. Ein Insulin-responsives Element (IRE) steuert Geninduktion und -repression. Viele andere niedermolekulare Substanzen wie Nitrosamine und zahlreiche Lösungsmittel (Benzen, Kohlentetrachlorid und Ethylenglycol) sind Substrate des Enzyms und induzieren ebenfalls die Genexpression. Viele dieser Substrate sind mutmaßlich kanzerogen oder stellen Präkanzerogene dar. Von allen *CYP*-Genen ist *CYP2E1* evolutionär am höchsten konserviert. Daher wird vermutet, dass das Enzym neben dem Fremdstoff-Metabolismus andere bisher unbekannte physiologische Funktionen haben könnte.

2.2.4 Cytochrom-P450-Monooxigenasen, Familie CYP3

Die humanen **CYP3A-Gene** (*CYP3A3, CYP3A4, CYP3A5, CYP3A7*) liegen als Cluster auf Chromosom 7q22-qter und sind an einer großen Zahl von Reaktionen beteiligt. Dazu zählen u. A. die Oxidation von Nifedipin, Chinidin und Midazolam, die 2- und 4-Hydroxylierung von 17β-Östrogen, die 6β-Hydroxylierung von Testosteron, der Cyclosporin-A-Metabolismus, die Aldrin-Epoxid-Bildung. Glucocorticoide, Phenobarbital-ähnliche Substanzen und Makrolide-Antibiotika induzieren sie. CYP3A-Proteine sind Hauptbestandteile des Cytochrom-P450-Gehaltes in der Leber. Sie werden aber auch in anderen Organen exprimiert. CYP3A4 ist das häufigste Isoenzym in der Leber. Dagegen ist CYP3A5 vorwiegend im Magen vorhanden.

CYP3A4 metabolisiert Nifedipin, Erythromycin, Chinidin, Cyclosporin A, 17 α-Ethynylöstrogen, Lidocain, Diltiazem u.v.m. Erhebliche Unterschiede der CYP3A4-Expression verursachen individuelle Unterschiede im Medikamenten-Metabolismus.

CYP3A5 wird bei Kindern und Jugendlichen signifikant häufiger exprimiert als bei Erwachsenen. CYP3A4 und CYP3A5 weisen eine hohe Sequenzhomologie und dadurch ähnliche Substratspektren auf. Dazu zählen die 6β-Hydroxylierung von Testosteron und Progesteron. CYP3A4 besitzt eine mehrfach höhere Enzymaktivität als CYP3A5 und viele Substrate werden präferenziell von CYP3A4 katalysiert.

Die *CYP3A*-Subfamilie ist die wichtigste aller *CYP*-Genfamilien, da sie in großen Mengen in Leber und Darm vorkommt und eine lange Liste von Medikamenten aus unterschiedlichen Stoffklassen metabolisiert. Dies ist umso bedeutender, als Medikamenten-Interaktionen auftreten können, welche die CYP3A-Aktivität hemmen oder stimulieren. Mit Blick auf die Optimierung von Behandlungen, kann dies erhebliche Probleme bereiten. Beispielsweise muss die Dosis des Immunsuppressivums Cyclosporin A um drei Viertel gesenkt werden, um übermäßige Toxizitäten bei gleichzeitiger Gabe des antifungal wirksamen Ketoconazols zu vermeiden. Dazu im Gegensatz muss die Cyclosporin-A-Dosis bei gleichzeitiger Gabe des antituberkulösen Rifampins um das Drei- bis Vierfache erhöht werden, um den gleichen therapeutischen Effekt wie bei der Monotherapie mit Cyclosporin A zu erzielen.

Ein weiteres Beispiel für die CYP3A-Hemmung stellt die Interaktion von Erythromycin mit antifungalen Nitroimidazolen, Diltiazem oder Verapamil dar. Die CYP3A-Hemmung durch die letztgenannten Medikamente erhöht den Erythromycin-Spiegel. Da Erythromycin die kardiale Repolarisation verlängert, kann es zum plötzlichen Tod kommen.

Auch Nahrungsbestandteile können mit CYP3A-Enzymen interagieren. Beispielsweise führt bereits ein Glas **Grapefruit-Saft** (250 mL) zu einer 24- bis 48-stündigen CYP3A-Inhibition. Daher ist Grapefruit-Saft bei Medikamenten kontraindiziert, welche einem starken CYP3A-Metabolismus unterliegen (z. B. der Calciumkanal-Antagonist Felodipin).

Eine CYP3A-Hemmung kann auch therapeutisch vorteilhaft ausgenutzt werden. Ritonavir reduziert den CYP3A-vermittelten *first-pass*-Metabolismus bestimmter HIV-Protease-Hemmstoffe. Eine gezielte Kombinationstherapie von Ritonavir und HIV-Protease-Hemmern steigert den Therapieerfolg.

Bestimmte Stoffe können *CYP3A*-Genexpression induzieren und damit die CYP3A-Aktivität stimulieren. Dazu zählt das in der Phytomedizin verwendete antidepressiv wirksame **Johanniskraut**.

2.2.5 Cytochrom-P450-Monooxigenasen, Familie CYP4

Zur *CYP4A*-Genfamilie gehören beim Menschen *CYP4A9* und *CYP4A11*, welche beide auf Chromosom 1 lokalisiert sind. CYP4A-Proteine katalysieren die *o*-Hydroxylierung von mittel- und langkettigen Fettsäuren (Laurinsäure, Palminsäure und Arachidonsäure). Der cytosolische *peroxisome proliferator activated receptor* (PPAR) vermittelt die CYP4A-Induktion nach Exposition mit Nafenopin und anderen Substanzen, welche die Peroxisomenproliferation stimulieren. PPAR ist ein Mitglied der nukleären Rezeptor-Superfamilie. Es bildet mit dem Retinsäure-Rezeptor (RXR) ein Heterodimer, um dann an eine spezifische Erkennungssequenz (PPAR-responsives Element, PPRE) bestimmter Gene zu binden. Dazu gehören neben *CYP4A*-Genen verschiedene andere Gene, welche für Proteine des Lipidmetabolismus bedeutsam sind.

CYP4B1 ist das am meisten exprimierte CYP-Enzym in der Lunge. Es ruft lungenspezifische Toxizitäten durch metabolische Aktivierung von Fremdstoffen (z. B. 4-Ipomeanol) hervor.

2.2.6 Arylkohlenwasserstoff-Rezeptor

CYP-Gene werden transkriptionell durch eine Vielzahl nukleärer Rezeptoren aktiviert, darunter CAR-, PXR- und PPAR. Der Arylkohlenwasserstoff-Rezeptor (***aryl hydrocarbon receptor***, **AhR**) ist ein besonders wichtiger Regulator für CYP1A1 (**Abb. 2.1**). Der Ah-Rezeptor ist cytoplasmatisch lokalisiert und bildet mit bestimmten anderen Proteinen Komplexe (Beispiel: Hitzeschockprotein HSP90). Nach Bindung eines AhR-Liganden

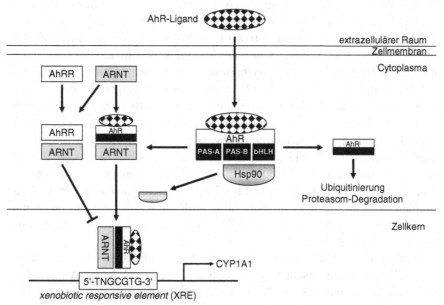

Abb. 2.1. Arylkohlenwasserstoff-Rezeptor (AhR)-vermittelte Signalkaskade. AhR spielt für die transkriptionelle Aktivierung des *CYP1A1*-Gens eine wichtige Rolle. Die Aktivierung erfolgt über Inhaltsstoffe vegetarischer Nahrung, synthetische Fremdstoffe und Kanzerogene sowie über endogene Liganden.

verändert sich die Konformation und der Ah-Rezeptor dissoziiert von dem Proteinkomplex ab. Er bildet ein Heterodimer mit dem *AhR nuclear translocator* (**ARNT**) und wandert in den Zellkern. Das AhR/ARNT-Dimer erkennt ein *enhancer*-Element mit der Sequenz 5'-TNGCGTG-3' in der Promoterregion des *CYP1A1*-Gens, welches als *xenobiotic responsive element* (XRE) bezeichnet wird. Durch die Bindung des Dimers an XRE wird die *CYP1A1*-Expression heraufreguliert.

Der Ah-Rezeptor ist für die toxischen Effekte von 2,3,7,8-**Tetrachlordibenzo-*p*-Dioxin (TCDD)** und polyzyklischen aromatischen Kohlenwasserstoffen wie Benzo[a]pyren verantwortlich. AhR-*knockout*-Mäuse zeigen weder eine *CYP1A1*-Induktion noch teratogene Effekte nach TCDD-Exposition oder karzinogene Effekte nach Behandlung mit polyzyklischen aromatischen Kohlenwasserstoffen. ARNT kann mit einem weiteren Protein dimerisieren, dem **AhR-Repressor (AhRR)**. ARNT/AhRR Heterodimere unterdrücken die *CYP1A1*-Transkription und fungieren als regulatorischer *feedback loop*. Neben CYP1A1 werden noch weitere Gene durch TCDD aktiviert. Dazu zählen bestimmte Phase-I- und Phase-II-Gene (*CYP1A2*, NAD(P)H:Oxidoreduktase; *GST-Ya*, UDP-Glucuronyl-Transferase), Proliferationsgene (*TGF-β, PAI-2, JunB*) und Apoptosegene (*Bax*). Bisher wurden über 300 Gene identifiziert, welche durch TCDD reguliert werden. AhR aktiviert die DNA-Polymerase-κ, welche die DNA fehlerhaft repliziert. Dies ist ein weiterer molekularer Mechanismus, wie TCDD zur Kanzerogenese beiträgt.

ARNT weist die Strukturmotive bHLH (*basic region helix-loop-helix*) und PAS (Per, ARNT/AhR, Sim *homology*) auf. Das bHLH-Motiv kommt auch bei anderen Transkriptionsfaktoren vor (Myc, MyoD), welche als Dimere an die DNA binden. Die PAS-Domäne ist zweigeteilt (PAS-A und PAS-B) und ist für die Dimer-Formation verantwortlich. Sie kommt ebenfalls bei anderen Proteinen vor (HIF1 α, TIF2 etc.). HSP90 bindet an die PAS-B-Region und gleichzeitig an die bHLH-Region des Ah-Rezeptors. Dies bewirkt eine Maskierung des nukleären Lokalisationssignals und verhindert, dass der Ah-Rezeptor in den Zellkern wandert. Weiterhin besitzt der Ah-Rezeptor ein nukleäres Exportsignal innerhalb der bHLH-Domäne. Der nukleäre Transport führt AhR-Moleküle, welche nicht mit ARNT dimerisieren und an die DNA binden, einer Ubiquitinierung und Proteasom-Degradation zu.

Synthetische AhR-Liganden sind weit besser charakterisiert als natürliche. Zu den synthetischen AhR-Liganden zählen planare, hydrophobe, halogenierte, aromatische Kohlenwasserstoffe (polychlorierte Dibenzodioxine, polychlorierte Dibenzofurane und polychlorierte Biphenyle). Die Prototyp-Substanz aus dieser Reihe ist TCDD, welches am intensivsten untersucht worden ist und kanzerogen wirkt. Da TCDD nicht genotoxisch ist, wirkt es wahrscheinlich als Tumorpromoter (s. Kap. 6.2). Darüber hinaus beeinträchtigt TCDD die Fortpflanzungsfähigkeit, supprimiert das Immunsystem und wirkt neurotoxisch. Zu den synthetischen AhR-Liganden zählen weiterhin polyzyklische aromatische Kohlenwasserstoffe (3-Methylcholantren, Benzo[a]pyren, Benzanthracen, Benzoflavone etc.). Neben diesen „klassischen" AhR-Liganden, gibt es eine Reihe „nicht-klassischer", synthetischer Liganden mit unterschiedlichen Eigenschaften und meist schwacher Induktionsfähigkeit für *CYP1A1*.

Viele AhR-Liganden entstammen vegetarischer Nahrung. **Flavonoide** (Flavone, Flavonole, Flavonone und Isoflavone) stellen die größte Gruppe natürlicher AhR-Liganden dar. Weitere Beispiele sind Carotinoide (Canthaxanthin), Curcumin, Dibenzoylmethan, 7,8-Dihydrorutacarpine und Indole. Es wurden auch zahlreiche natürlich vorkommende Agonisten gefunden, z. B. Quercetin und Diosmin. Solche Naturstoffe sind in Gemüsen, Früchten und Tees weit verbreitet. Es können durchaus Flavonoid-Spiegel im menschlichen Blut (µM-Bereich) erreicht werden, welche ausreichen, den Ah-Rezeptor agonistisch oder antagonistisch zu beeinflussen. Vermutlich stellen Naturstoffe aus Pflanzen die größte Gruppe von AhR-Liganden dar, denen der Mensch ausgesetzt ist. Antagonistisch wirksamen natürlichen AhR-Liganden kommt daher eine große Bedeutung in der Chemoprävention zu (s. Kap. 6.2.11).

Weiterhin kommen endogene Liganden des Ah-Rezeptors vor. Obwohl bisher wenig untersucht, weisen zahlreiche physiologische Veränderungen und Entwicklungsanomalien in AhR-*knockout*-Mäusen auf eine Bedeutung endogener AhR-Liganden hin. Endogene AhR-Liganden entstammen den Stoffgruppen der Indole, Tetrapyrole, Arachidonsäure-Metaboliten etc.

Es wurde die Hypothese aufgestellt, dass der AhR/ARNT-Transkriptionskomplex und seine nachgeschalteten Gene in der Evolution zur Verteidigung gegen pflanzliche Toxine entwickelt wurden. So wie das adaptive Immunsystem exogene Antigene abwehrt, gibt es nach dieser Vorstellung chemische *surveillance*-Systeme, mit denen der Organismus angemessen auf chemische Stoffe antwortet. Der Ah-Rezeptor und die Phase-I/Phase-II-Enzyme stellen ein solches System dar. Diese Ansicht wird durch andere Befunde ergänzt, wonach der Ah-Rezeptor für entwicklungsbiologische Vorgänge bedeutsam ist. Er reguliert die zelluläre Proliferation und Differenzierung und induziert den programmierten Zelltod (Apoptose). Die Evolutionsbiologie zeigt, dass *AHR*-Gene von Metazoen bis zum Menschen vorkommen. Die ursprüngliche und älteste Funktion von *AHR*-Genen liegt wohl in der Regulation von Entwicklungsvorgängen. Bei Invertebraten scheint der Ah-Rezeptor eine Rolle für die Entwicklung sensorischer Strukturen und Neuronen zu spielen. Bei Säugetieren ist er an der Entwicklung von Leber, Ovarien, kardiovaskulärem System und Immunsystem beteiligt.

Im Verlauf der Evolution wurde die Fähigkeit erworben, CYP1A1 und andere biotransformatorische Enzyme als Teil adaptiver Abwehrmechanismen gegen Xenobiotika durch den Ah-Rezeptor zu regulieren. Dies geschah bei den Knochenfischen vor 400 Mio. Jahren. Bei Vertebraten fanden Genduplikation und Diversifikation statt (*AHR1, AHR2, AHRR*), welche offensichtlich mit der Weiterverarbeitung Toxin-induzierter Signale in Verbindung stehen.

Neben einer *CYP1A1*-Aktivierung spielt auch die Steuerung von Proliferation, Differenzierung und Apoptose für die Tumorentstehung eine Rolle. Sowohl TCDD als auch Benzo[a]pyren stimulieren über AhR die Aktivität der Onkogene *ras* und *c-src*. Diese Proteine stehen einerseits in gegenseitiger Interaktion mit dem RAS-Mitogen-aktivierten Protein (MAP)-Kinase-Signalweg. Andererseits werden sie *upstream* durch den epidermalen Wachstumsfaktor-Rezeptor (EGFR) gesteuert, welcher in mutierter Form ebenfalls onkogene Eigenschaften aufweist. Hinweise auf eine AhR-vermittelte Kontrolle des Zellzyklus sind die TCDD-induzierte Hemmung der Progression der G1-Zellzyklusphase und G1-Phasen-assoziierter Proteine (Cdk2, p21KIP1, RB).

Dass der Ah-Rezeptor nicht nur eine Detoxifizierung, sondern auch Signaltransduktionswege für Proliferation, Differenzierung und Apoptose steuert, braucht nicht als Gegensatz aufgefasst zu werden. Vielmehr erlauben vielfältige Interaktionen zwischen den verschiedenen zellulären AhR-induzierten Reaktionswegen fein abgestufte Antworten auf exogene und endogene Stimuli.

2.3 Phase II

2.3.1 Glutathion-*S*-Transferasen

Glutathion-*S*-Transferasen (GSTs) sind eine Familie von Phase-II-Detoxifikationsenzymen, welche zelluläre Makromoleküle (DNA, Proteine, Lipide) vor reaktiven elektrophilen Molekülen schützt. Solche reaktiven Sauerstoff-Moleküle (*reactive oxygen species*, ROS) sind z. B. Wasserstoff-Peroxid (H_2O_2), das Superoxid-Anion (O_2^-) und das Hydroxylradikal (OH). Sie können endogen während des mitochondrialen Elektronentransportes und Entzündungsvorgängen oder exogen bei UV-Bestrahlung und Fremdstoff-Metabolismus entstehen.

GSTs sind in der Evolution zusammen mit **Glutathion** entstanden und kommen in allen eukaryotischen Arten vor. Sie werden drei unterschiedlichen Superfamilien zugeordnet. Die cytosolischen und mitochondrialen

GSTs sind lösliche Enzyme, welche strukturell miteinander verwandt sind. Die membranständigen Enzyme (mikrosomale GST, Leukotriene-C_4-Synthetase) sind strukturell von den beiden vorgenannten GST-Familien zu unterscheiden. Die cytosolischen GSTs stellen die größte Familie dar. Es lassen sich vier große Klassen cytosolischer GSTs unterscheiden (α, μ, π und τ). Darüber hinaus gibt es vier weitere kleinere Klassen: ζ, σ, κ und o. Obwohl sie in der Evolution aus einem gemeinsamen Vorläufer entstanden sind, haben sich durch Genduplikationen, Rekombinationen und Mutationen divergente Substratspezifitäten entwickelt. Innerhalb einer Klasse haben die GST-Isoenzyme häufig ähnliche Substrat-Spezifitätsmuster. Mit Ausnahme der mikrosomalen GSTs, welche als Trimere aktiv sind, treten alle anderen GSTs bei Säugetieren als Dimere auf. Es kommen Homodimere und Heterodimere mit Partnern der gleichen Klasse vor. GST-Isoenzyme werden gewebe-, alters- und geschlechtsspezifisch exprimiert.

GSTs katalysieren die Reaktion von Glutathion mit Elektrophilen, welche zur Bildung entsprechender Glutathionkonjugate führt. Dabei wird reduziertes Glutathion (GSH) deprotoniert. Glutathionkonjugate werden mittels Efflux-Proteinen vom ABC-Transporter-Typ (*multidrug resistance-associated proteins*, MRPs) aus der Zelle transportiert (s. Kap. 2.4.1). Unter Umständen können Konjugation und Efflux zur Depletion des zellulären Glutathions führen. Bei nachfolgender Exposition mit Elektrophilen kommt es zur Schädigung kritischer makromolekularer Zielstrukturen. Die zelluläre Kapazität zur Detoxifikation von Elektrophilen hängt daher maßgeblich auch von den Glutathion-generierenden Enzymen Glutamat-Cystein-Ligase und Glutathion-Synthase ab.

GSTs sind von großem pharmakologischem und toxikologischem Interesse, da sie nicht nur Nebenprodukte des oxidativen Stresses, sondern auch Antitumor-Medikamente, Insektizide und Herbizide metabolisieren. Die verschiedenen Isoenzyme vermitteln eine Resistenz gegenüber Karzinogenen und Umweltgiften. Die GST-Expression ist daher ein wichtiger Faktor für die Empfindlichkeit von Zellen gegenüber sehr vielen toxischen Chemikalien. In Tumorzellen tragen GSTs zur Resistenz gegenüber verschiedenen Zytostatika und chemischen Kanzerogenen bei.

Eine Vielzahl von Chemikalien induziert die *GST*-Genexpression. Darunter befinden sich viele natürlich vorkommende Substanzen (z. B. in Gemüsen und Zitrusfrüchten). Viele dieser induzierenden Stoffe beeinflussen die transkriptionelle Aktivierung von *GST*-Genen über spezifische Promotermotive (*antioxidant-responsive element* (ARE), *xenobiotic-responsive element* (XRE), den *GST-P-enhancer* (GPE), *glucocorticoid-responsive element* (GRE)). Barbiturate können GST durch ein *barbie-box*-Element transkriptionell aktivieren. Weiterhin sind der Ah-Rezeptor sowie die

Transkriptionsfaktoren Maf, Nrl, Jun, Fos und NF-κB and der *GST*-Induktion beteiligt. Viele der *GST*-Induktoren sind selbst Substrate dieser Enzyme oder werden durch GSTs metabolisiert. Andere Stoffe werden durch Cytochrom-P450-Monooxigenasen metabolisiert und dienen anschließend als GST-Substrate. Die *GST*-Induktion stellt eine adaptive Antwort auf chemischen Stress durch Elektrophile und ROS dar.

Verschiedene Isoenzyme (α, μ und π) sind in präneoplastischen Knoten bei der Leberkanzerogenese im Rattenmodell überexprimiert und tragen zum *multidrug-resistance*-Phänotyp bei. Deutliche interindividuelle Unterschiede in der Expression der α-, μ- und τ-Isoenzyme sind bekannt. Deletionen der *GSTM1*- und *GSTT1*-Gene führen zum vollständigen Verlust der entsprechenden Proteine und erhöhen das Risiko an Blasen-, Darm-, Haut oder Lungenkrebs zu erkranken (s. Kap. 7.1.4).

2.3.2 UDP-Glucuronyltransferasen

UDP-Glucuronyltransferasen (UGTs) sind im endoplasmatischen Reticulum lokalisiert und katalysieren den Transfer der Glucuronsäure von UDP-α-D-Glucuronsäure auf eine Vielzahl strukturell verschiedener Moleküle mit Hydroxyl-, Carboxyl-, Amin- oder Thiolgruppen. Die meisten UGTs setzen sowohl endogene als auch xenobiotische Substrate um. Zu den endogenen Substraten zählen z. B. Steroide, Gallensäure und Retinoide. Dies deutet darauf hin, dass die Glucuronidierung durch UDP eine physiologische Funktion hat. UGTs bilden Dimere. Die Bildung von Heterodimeren verschiedener UGT-Isoenzyme ermöglicht gegenüber Homodimeren die Bildung neuer Aglycon-Bindungsstellen. Dadurch wird die metabolische Kapazität der UGT-Isoenzyme beträchtlich gesteigert.

Da UGTs viele karzinogene Substanzen aus der Umwelt detoxifizieren, tragen sie erheblich zur Verhinderung der Krebsentstehung bei. Dies ist im Hinblick auf polymorphe *UGT*-Allele von Bedeutung (s. Kap. 7.1.4).

In der Regel dienen Glucuronidierungs-Reaktionen der Detoxifikation, da Glucuronide biologisch weniger aktiv sind als Aglycone. Es gibt jedoch auch Ausnahmen: So führt die Glucuronidierung von Morphin zum pharmakologisch aktiveren Morphin-6-Glucuronid. In Bezug auf das toxische Potenzial können zwei Klassen unterschieden werden: *N-O*-Glucuronide der Hydroxaminsäure und Acylglucuronide der Carboxylsäure. Besonders Acylglucuronide prägen toxische Wirkungen aus, welche von Hypersensitivitätsreaktionen bis zu zytotoxischen Effekten, Nephro- und Hepatotoxizität und gastrointestinalen Manifestationen reichen. Dies gilt für verschiedene klinisch weit verbreitete Medikamente wie z. B. viele nicht-steroidale anti-inflammatorische Medikamente (NSAIDs), Diuretika (Furosemide), Anti-Convulsiva (Valproat), Antibiotika (Moxifloxazin, Gemfloxazin) u. a.

Wenn sich Glucuronide im Plasma aufstauen, z. B. weil die renale *clearance* gestört ist, dann werden Acylglucuronide zu den nicht konjugierten Ausgangssubstanzen hydrolysiert. Dieser reversible Metabolismus kommt auch bei Medikamenten vor (Benoxaprofen, Ketoprofen).

Obwohl UGTs in vielen Geweben vorkommen, sind die höchsten Konzentrationen und die meisten Isoformen in der Leber zu finden. Die Leber ist daher der wichtigste Ort der Glucuronidierung. Bestimmte Transkriptionsfaktoren steuern die gewebespezifische Expression von *UGT*-Genen. Beispielsweise bindet der *hepatocyte nuclear factor-1* (HNF1) an Promotersequenzen von *UGT*-Genen, welche überwiegend in der Leber exprimiert werden, während die Promoter ausschließlich extrahepatisch exprimierter *UGT*-Gene diese Bindungssequenzen nicht tragen. Prinzipiell können in der Leber drei Prozesse stattfinden:

- Reversibler Metabolismus zu Aglyconen (s. oben),
- Transport aus den Hepatozyten ins Blut und renale Ausscheidung,
- Exkretion in die Gallenflüssigkeit.

An der Ausscheidung vieler glucuronidierter Substanzen sind der ABC-Transporter MRP2 (cMOAT) und das organische Anionen-transportierende Polypeptid (OATP) beteiligt.

Die toxischen Wirkungen von Acylglucuroniden beruhen auf verschiedenen Mechanismen:

- Hemmung der Proteinfunktion durch kovalente Bindung (Adduktbildung) mit Acylglucuroniden.
- Bildung von Neoantigenen und Aktivierung des Immunsystems durch Adduktbildung. Dadurch kommt es zu Hypersensitivitätsreaktionen und Autoimmunantworten.
- Glutathion-Depletion. Dadurch steigt indirekt die Toxizität zu anderen xenobiotischen Stoffen, für deren Detoxifizierung kein oder zu wenig Glutathion zur Verfügung steht.

Die UDP-Glucuronyl-Transferasen (UGTs) werden in zwei Unterfamilien eingeteilt. Die *UGT1*-Gene liegen alle auf dem chromosomalen Locus (2q37). Dieser Locus trägt 13 verschiedene Exons 1. Jedem Exon sind eigene Promoter und *enhancer*-Regionen vorgeschaltet. Die Exons 2–5 sind bei allen 13 Genen identisch (**Abb. 2.2**). Diese Exons kodieren den carboxyterminalen Teil der Proteine, welche für die Bindung von UDP-Glucuronsäure verantwortlich sind. Der *UGT1*-Locus ist vermutlich durch multiple Duplikation des Exons 1 hervorgegangen. Die *UGT2*-Gene liegen

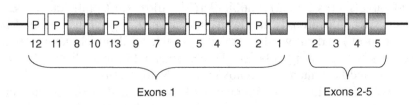

a *UGT1*-Gene auf Locus 2q37

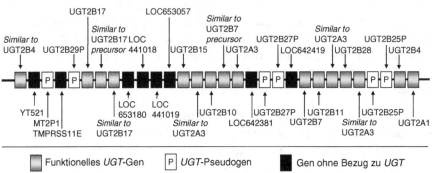

b *UGT2*-Gencluster auf Locus 4q13

Abb. 2.2. Chromosomale Anordnung der *UGT1*- und *UGT2*-Gene. **a** Die *UGT1*-Gene haben unterschiedliche Exons 1, jedoch identische Exons 2–5 auf dem chromosomalen Locus 2q37. **b** Die verschiedenen *UGT2*-Gene haben alle eine unterschiedliche Exon-Organisation. Sie liegen geclustert auf dem Locus 4q13.

geclustert auf Chromosom 4q13 und sind wahrscheinlich durch Duplikation der ganzen Gene hervorgegangen.

Die evolutionäre Bedeutung der UGTs wird bei der hepato-gastrointestinalen Barriere besonders deutlich. Dort wird eine Vielzahl pflanzlicher Abwehrsubstanzen detoxifiziert, welche von Vertebraten mit der Nahrung aufgenommen werden. Phytoalexine sind antimikrobielle Substanzen in Pflanzen. Gleichzeitig bieten Phytoalexine den Pflanzen Schutz vor Insekten und Pflanzenfressern. Viele dieser Substanzen sind polyphenolische Pro- oder Antioxidantien, z. B. Quercetin in Zwiebeln oder Anthocyane in rot gefärbten Blättern und Blüten. Sie werden als Glycoside in Pflanzen gespeichert und nach Aufnahme in den Gastrointestinal-Trakt hydrolysiert. Die protektive Funktion der UGTs war wahrscheinlich in den frühen Stadien der Evolution für marine und terrestrische Pflanzenfresser besonders wichtig. Pflanzen haben polyphenolische Phytoalexine und Phytoöstrogene entwickelt, um sich gegen Pflanzenfresser zur Wehr zu setzen. Die Adaptation auf einen durch pflanzliche Polyphenole entstandenen Selektionsdruck führte zur Entwicklung der UGTs bei Pflanzenfressern (*animal plant warfare*, s. Kap. 2.1). Bei Tierarten, die im Verlaufe der Evolution zu reinen Fleischfressern wurden, bestand dieser evolutionäre Selektionsdruck nicht mehr. Tatsächlich liegen im Genom von Raubkatzen manche *UGT*-Gene nur noch als funktionslose Pseudogene vor.

Interessanterweise werden *UGT*-Gene zusammen mit anderen relevanten Genen der Biotransformation exprimiert (z. B. *UGT1A6* zusammen mit *CYP1A1*). Eine Koregulation erfolgt durch den Ah-Rezeptor, den konstitutiven Androgen-Rezeptor und den nukleären Pregnan-X-Rezeptor. Dies erlaubt eine effiziente Detoxifizierung verschiedener pflanzlicher Phytoalexine, aber auch xenobiotischer Substanzen wie polyzyklischer aromatischer Kohlenwasserstoffe (Benzo[a]pyren). Neben einer Koregulation von Phase-I- und Phase-II-Enzymen, welche auch als **bifunktionelle Induktion** bezeichnet wird, gibt es eine präferentielle Induktion von Phase-II-Enzymen alleine, z. B. GSTs oder UGTs (**monofunktionelle Induktion**). Während der Signalweg bei der bifunktionellen Induktion durch Rezeptoren aktiviert wird, ist oxidativer und elektrophiler Stress für die monofunktionelle Induktion verantwortlich. Eine Koregulation von Phase-II-Enzymen und Efflux-Transportern durch gemeinsame Transkriptionsfaktoren ist ebenfalls bekannt.

2.3.3 Sulfotransferasen

Sulfotransferasen (SULTs) übertragen Sulfonylgruppen (SO_3^-) von dem Kofaktor 3'-Phosphoadenosin-5'-Phosphosulfat (PAPS) auf Hydroxyl-, Amino-, Sulfhydryl- und N-Oxid-Gruppen ihrer Substrate. Diese Reaktion wird Sulfonierung genannt, da in der Regel Sulfate entstehen.

Makromolekulare Substrate werden durch membrangebundene Sulfotransferasen metabolisiert, während niedermolekulare exogene und endogene Substanzen durch Sulfotransferasen im Cytoplasma metabolisiert werden. Zu den endogenen Substraten zählen Catecholamine, Cholesterin, Östrogene, Androgene, Neurosteroide, Gallensäure, Ascorbinsäure und Vitamin D. Neben Nahrungs-Inhaltsstoffen (Flavonoide, Curcumin, Epicatachin) werden auch Pharmaka sulfoniert (Acetaminophen, Tamoxifen). Membranassoziierte Sulfotransferasen sind überwiegend im Golgi-Apparat lokalisiert. Sie katalysieren die Sulfonierung von Glycosaminoglycanen, Glykoproteinen und Tyrosinen sowie Proteinen und Peptiden, welche vom Golgi-Apparat abgeschieden werden. Membranassoziierte Sulfotransferasen sind an biologischen Prozessen wie Leukozyten-Adhäsion, Anti-Koagulation und dem Eintritt von Viren in Zellen beteiligt, während die cytosolischen Sulfotransferasen für Arzneimittel- und Giftwirkungen interessant sind. Deshalb werden im Folgenden nur die cytosolischen Sulfotransferasen abgehandelt. Alle cytosolischen Sulfotransferasen gehören zu einer großen Genfamilie. In der Vergangenheit gab es keine einheitliche Nomenklatur, so dass für das gleiche Gen bzw. Protein verschiedene Bezeichnungen geführt wurden. *SULTs* wurden oft nach ihren Substraten benannt. Dies ist jedoch irreführend, da die Substratspezifitäten meist überlappend sind. Es sind 10 humane Sulfotransferasen bekannt:

- *SULT1A1*: Phenol-sulfierende Sulfotransferase (Synonyme: P-PST, ST1A3, HAST1)
- *SULT1A2*: thermostabile Phenol-Sulfotransferase (ST1A2, HAST4)
- *SULT1A3*: Catecholamin-Sulfat-übertragende Phenol-Sulfotransferase, thermolabile Phenol-Sulfotransferase (M-PST, ST1A5, HAST3)
- *SULT1B1*: Thyroidhormon-Sulfotransferase (ST1B2)
- *SULT1C1*: SULT1C-Sulfotransferase 1 (ST1C2)
- *SULT1C2*: SULT1C-Sulfotransferase 2 (ST1C3)
- *SULT1E1:* Östrogen-Sulfotransferase (ST1E4, EST)
- *SULT2A1:* Hydroxysteroid- oder Dehydroepiandrosteron-Sulfotransferase (ST2A3)
- *SULT2B1a* und *SULT2B1b*: Hydroxysteroid-Sulfotransferase. Diese beiden Formen unterscheiden sich nur in der aminoterminalen Aminosäuresequenz und sind Spleißformen desselben Gens
- *SULT4A1*: *brain sulfotransferase-like protein* (ST5A1, BR-STL)

Die Übertragung einer Sulfo-Gruppe auf andere Moleküle erhöht in der Regel deren Wasserlöslichkeit und erniedrigt die passive Diffusion durch Zellmembranen. Eine erhöhte Wasserlöslichkeit erleichtert die Ausscheidung durch Urin und Gallenflüssigkeit. Die biologische Funktion der Sulfonierung ist daher die Inaktivierung und Detoxifikation von Substanzen. Dies trifft für chemisch stabile Sulfokonjugate zu. In einigen Fällen kann es jedoch auch zur Aktivierung von Präkanzerogenen kommen. Dies trifft zu für kationische Sulfokonjugate von Benzyl- und aliphatischen Alkoholen, Alkylbenzenen, aromatischen Aminen und Amiden, heterozyklischen aromatischen Aminen und polynukleären aromatischen Kohlenwasserstoffen. Sie können mit der DNA und anderen nukleophilen Molekülen reagieren und dadurch krebserregend wirken. Gerade der Dualismus zwischen Inaktivierung und Toxifizierung stellt die evolutionäre Basis für genetische Polymorphismen der *SULT*-Gene dar. Polymorphismen in *SULT*-Genen, verändern die Enzymaktivität (50fache Schwankungen) und kommen in der Bevölkerung relativ häufig vor (30–40%).

2.3.4 *N*-Acetyltransferasen

Die humanen *N*-Acetyltransferasen NAT1 und NAT2 katalysieren die Biotransformation primärer Arylamine und Hydrazine sowie kanzerogener Stoffe. Die katalytische Reaktion umfasst den Transfer einer Acetyl-Gruppe von Acetyl-CoA zum terminalen Stickstoff von Arylaminen und Hydrazinen (aminoterminale Acetylierung). Daneben prägen *N*-Acetyltransferasen eine *O*-Acetylierungsaktivität gegenüber *N*-Hydroxy-Arylaminen aus. Beide NAT-Isoformen haben überlappende Substratspezifitäten. *P*-Aminobenzoesäure (PABA) und *p*-Aminosalicylsäure (PAS) stellen spezifische NAT1-Substrate dar. Sulfanmethazin (SMZ), Procainamid und Dapson werden primär durch NAT2 acetyliert. 2-Aminofluoren wird sowohl durch NAT1 als auch NAT2 metabolisiert.

Neben den funktionellen *NAT1*- und *NAT2*-Genen existiert ein inaktives Pseudogen (*NATP1*). Die *NAT1*- und *NAT2*-Gene sind auf Chromosom 8 lokalisiert. Sie stellen intronlose, offene Leserahmen (ORFs) von 870 Basenpaaren dar.

Beide Enzyme unterscheiden sich deutlich in ihrer Gewebeverteilung. Während NAT1 ubiquitär ist, kommt NAT2 vorwiegend in Leber und Intestinalepithelien vor. Für die gewebespezifische NAT2-Expression spielt alternatives *splicing* und die differenzielle Regulation durch unterschiedliche Promoter eine Rolle. Eine NAT1-Expression kann in Tumoren nachgewiesen werden und spielt eine Rolle bei der Ausprägung von Zytostatika-Resistenzen (z. B. gegenüber Etoposid).

Altersspezifische Variationen der NAT-Produktion tragen zu entwicklungsbedingten Unterschieden der Arylamid-Toxizität bei. Während NAT2 im Fötus nicht exprimiert wird, kommt NAT1 in vielen fötalen Geweben vor. NAT1 kann bereits im Präimplantations-Embryo im Blastozysten-Stadium nachgewiesen werden. NAT1 gehört damit zu den am frühesten in der menschlichen Entwicklung exprimierten Fremdstoff-metabolisierenden Enzymen. Studien an transgenen Mäusen zeigten, dass NAT1 nicht essentiell für die embryonale Entwicklung ist. Jedoch spielt es eine Rolle im Folat-Metabolismus, wo es *p*-Aminobenzoylglutamat, ein Intermediärprodukt des Folatmetabolismus, acetyliert. Mütterliches Folat schützt den Embryo vor Schädigungen des embryonalen Neuralrohrs. NAT1 ist wahrscheinlich für die korrekte Entwicklung des Neuralrohrs in der Embryogenese bedeutsam. Endogene NAT2-Substrate sind bislang nicht bekannt.

Bereits vor einem halben Jahrhundert wurden individuell unterschiedliche Raten der *N*-Acetylierung bei der Tuberkulose-Therapie mit Isoniazid beobachtet. Heute weiß man, dass genetische Polymorphismen im *NAT2*-Gen dafür verantwortlich sind (s. Kap. 7.1.4).

Die Enzymaktivität kann auch durch nicht genetische Faktoren reguliert werden. Substratabhängige Mechanismen vermindern die NAT1-Aktivität durch eine Herunterregulation der Protein-Expression. Dies geschieht auf translationaler oder post-translationaler Ebene, da die *NAT1*-mRNA-Spiegel unverändert bleiben.

Oxidativer und nitrosativer Stress stellen weitere nicht genetische Regulationsfaktoren von *N*-Acetyltransferasen dar. Bereits physiologische Konzentrationen von H_2O_2 hemmen NAT1. Diese Inaktivierung beruht auf einer oxidativen Modifikation des katalytischen Cystein-Restes. Reaktive Stickstoff-Spezies wie *S*-Nitrosothiole haben einen ähnlichen Effekt auf NAT1. *S*-Nitrosothiole sind Schlüsselmoleküle für Nitrierungsreaktionen unter physiologischen und pathophysiologischen Bedingungen (Entzündung und Kanzerogenese). Der Redox-Status des reaktiven katalytischen Cystein-Restes von NAT1 scheint eine wesentliche Rolle bei der Regulation der Enzymaktivität zu spielen.

2.3.5 Catechol-*O*-Methyltransferase

Catechol-*O*-Methyltransferase (COMT) katalysiert die *O*-Methylierung von **Catecholaminen**, wobei *S*-Adenosyl-*L*-Methionin (SAM) als Methyl-Donor dient. Neben den Catecholaminen (Dopamin, Adrenalin, Noradrenalin) zählen **Catecholöstrogene**, Intermediärprodukte des Melanin, Triphenole, Dobutamine, Isoprenalin u.v.m. zu den COMT-Substraten. Sogar phytochemische Ernährungsbestandteile wie Bioflavonoide und Katechine aus Tee sind Substrate COMT-vermittelter *O*-Methylierung und haben höhere Umsatzraten als endogene Catecholamine.

Eine physiologische Hauptfunktion des COMT-Metabolismus ist die Deaktivierung biologisch aktiver und chemisch reaktiver endogener und exogener Catechole (Catecholamine, Catecholöstrogene und Catechol-Metaboliten einschließlich Aryl-Kohlenwasserstoffe). Im ersten Trimester der Schwangerschaft schützt COMT Placenta und Embryo vor schädlichen Aryl-Kohlenwasserstoff-Metaboliten. In Nieren und Intestinum moduliert COMT den Dopamin-Metabolismus. Im Gehirn inaktiviert COMT die Neurotransmitter Dopamin und Noradrenalin. Pathophysiologisch ist COMT an der Entstehung neurodegenerativer Krankheiten wie Morbus Parkinson und Morbus Alzheimer, östrogeninduzierter, hormonabhängiger Tumoren sowie kardiovaskulärer Erkrankungen beteiligt.

COMT-**Gen und Protein:** Obwohl es lösliche (S-COMT) und membrangebundene Formen des Enyzms gibt (MB-COMT), existiert nur ein *COMT*-Gen, welches auf Chromosom 22 Locus 11.2 lokalisiert ist. Das

COMT-Gen besitzt zwei Promotoren (in Exon 3) und sechs Exons, von denen die ersten beiden nicht kodieren. Da das Translationsinitiations-Codon für MB-COMT nicht in dem 1,3-kb-Transkript enthalten ist, kodiert diese mRNA nur für S-COMT. Ein längeres 1,5-kb-Transkript wird durch einen anderen Promoter reguliert. Diese mRNA kodiert sowohl MB-COMT als auch S-COMT-Proteine mittels *leaky scanning* bei der Transla-tion-Initiation. So wie durch alternatives Spleißen bei der Transkription mehrere mRNA-Moleküle desselben Gens abgelesen werden, kommt es durch *leaky scanning* der ribosomalen 43S-Untereinheit zu einer Initiation der Translation an verschiedenen Codons der mRNA. Dadurch entstehen verschiedene Proteine aus demselben RNA-Molekül. Alternatives Spleißen und *leaky ribosome scanning* stellen unterschiedliche Transkriptions- bzw. Translationsmechanismen dar, welche die Protein-Diversität und somit die physiologische Flexibilität des Genoms beträchtlich erhöhen.

Gewebeverteilung und Induktion: In den meisten menschlichen Gewe-ben kommen beide mRNA-Transkripte vor, jedoch findet man nur die 1,5-kb-mRNA in Gehirn. Auf Proteinebene wird S-COMT meist stärker exprimiert als MB-COMT. Auch hier bildet das Gehirn eine Ausnahme: 70% MB-COMT- und 30% S-COMT-Expression. MB-COMT wird haupt-sächlich im rauen endoplasmatischen Reticulum exprimiert, während S-COMT im Cytosol und im Zellkern vorkommt. Die höchsten Expressi-onswerte findet man in Leber, Niere und Gastrointestinaltrakt. Neben ge-webespezifischen gibt es auch alters- und geschlechtsspezifische Unter-schiede der COMT-Expression. Die hepatische COMT-Aktivität steigt bei Ratten um etwa das Zehnfache von der Geburt bis zum adulten Tier.

Interessanterweise ist COMT im Gegensatz zu den meisten Cytochrom-P450-Enzymen nur schwer durch Fremdstoffe induzierbar. Bestimmte Tumoren (z. B. Pheochromocytome) weisen jedoch eine starke Überex-pression vor allem der MB-COMT auf. Der Grund dafür ist unbekannt.

Katalytische Reaktion: Die aktiven Zentren von S-COMT und MB-COMT haben identische Aminosäure-Sequenzen. Sie bestehen aus einer S-Adenosyl-L-Methionin (SAM)-Bindungsdomäne und einer katalytischen Seite, welche für die Bindung von Substrat und Kosubstrat (Mg^{2+}) sowie die *O*-Methylierungsreaktion verantwortlich ist (**Abb. 2.3**). Die Bindung von Mg^{2+} mit den Aminosäuren Asn141, Asp169 und Asp170 verstärkt die Ionisierung der beiden Hydroxyl-Gruppen der Catechol-Substrate. Lys144 fungiert als Protonenakzeptor und ist katalytische Base für die nukleophile Methyltransfer-Reaktion. Die hydrophoben Aminosäuren Trp38, Trp143 und Pro174 in der Nähe zum katalytischen Zentrum dienen als „hydropho-be Mauer", welche eine Interaktion des Enzyms mit lipophileren Substraten

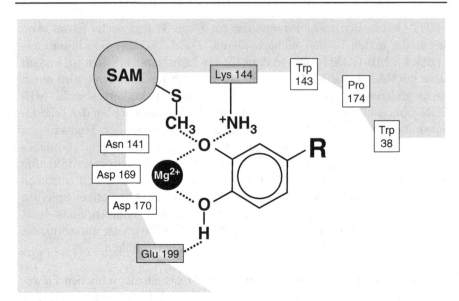

Abb. 2.3. S-COMT-vermittelte *O*-Methylierung von Catecholamin-Substraten. Die gestrichelten Linien zeigen nicht kovalente Wechselwirkungen (leicht verändert nach Zhu 2002).

wie Catecholöstrogenen erleichtern. Weiterhin tragen diese Aminosäuren zur richtigen Positionierung von Substratmolekülen in der katalytischen Tasche bei. SAM dient als Methyl-Donor und wird nach Abgabe der Methylgruppe an das Substrat zu *S*-Adenosyl-*L*-Homocystein (SAH) konvertiert. Es inhibiert die COMT-Aktivität, da SAM und SAH um die gleiche Bindungsstelle im Enzym kompetieren. SAH fungiert als endogener *feedback*-Inhibitor, welcher die *O*-Methylierung von Catecholen in Abhängigkeit von der Konzentration erniedrigt.

Pathophysiologie: Eine permanente Erhöhung des Catecholspiegels verursacht pathophysiologische Veränderungen im kardiovaskulären System. Dies beruht auf zwei verschiedenen Mechanismen:

• Adrenalin und Noradrenalin stimulieren das kardiovaskuläre System durch postsynaptische β1-adrenerge Rezeptoren im Herzen zur Erhöhung chronotroper und inotroper Effekte. Weiterhin aktivieren sie postsynaptische α-adrenerge Rezeptoren in glatten Gefäßmuskelzellen, was zur Vasokonstriktion führt. Die zusätzliche Aktivierung von β1-Rezeptoren in juxtaglomerulären Zellen der Niere setzt Renin frei, welches das Renin-Angiotensin-Aldosteron-System aktiviert. Dieses wiederum führt zur Vasokonstriktion. Eine permanente Überstimulation von β1- und α-Rezeptoren sowie des Renin-Angiotensin-Aldosteron-Systems stellt einen Risikofaktor für Blut-Hochdruck, koronare Herzerkrankung und kongestive Herzinsuffizienz dar.

- Erhöhte Gewebespiegel von Catecholaminen verursachen eine vermehrte Bildung reaktiver Intermediärprodukte (z. B. Catecholaminchinone und -semichinone) und Sauerstoff-Radikale (Hydroxylradikale und Superoxid-Radikale), welche toxisch wirken.

Arteriosklerose und Krebs: Homocystein ist ein wichtiges Zwischenprodukt in der Biosynthese von Methionin und Cystein. Erhöhte Blutspiegel von Homocystein sind ein Risikofaktor für kardiovaskuläre Krankheiten. Personen mit vererblicher Hypercysteinämie zeigen häufig eine mentale Retardation und schwere Arteriosklerose. Es gibt viele Hinweise, dass Homocystein die pathogenen Wirkungen durch eine metabolische Akkumulierung von S-Adenosyl-L-Homocystein (SAH) hervorruft, welches die COMT-Aktivität hemmt. Erhöhte Spiegel von Homocystein und SAH hemmen nicht nur die COMT-vermittelte O-Methylierung von endogenen Catecholaminen, sondern auch von endogenen Catecholöstrogenen (2-Hydroxyöstrogen, 4-Hydroxyöstrogen). Dadurch entsteht weniger 2-Methoxyöstrogen, welches anti-angiogenetisch wirkt und vor Östrogen-induzierter Kanzerogenese schützt. Gleichzeitig staut sich mehr 4-Hydroxyöstrogen auf, welches prokanzerogen wirkt. Beide Effekte tragen zur Entstehung Hormon-abhängiger Tumoren bei.

Exogene COMT-Substrate: Neben endogenen Catecholaminen und Catecholöstrogenen katalysiert COMT auch die O-Methylierung vieler catecholhaltiger Fremdstoffe. Dazu zählen verschiedene häufig in der Nahrung vorkommende Phytochemikalien. Die Bioflavonoide Quercetin und Fisetin haben Umsatzraten der COMT-vermittelten O-Methylierung, welche sogar um mehrere Zehnerpotenzen höher sind als die endogener Catechole! Auch catecholhaltige Polyphenole in Tee sind gute COMT-Substrate (Beispiel: (–)-Epigallocatechin). Quercetin hemmt jedoch COMT und trägt damit zur Unterdrückung der Kanzerogenese bei, weil endogene Catecholöstrogene zu prokanzerogenem 4-Hydroxyöstrogen metabolisiert werden.

Neurodegenerative Erkrankungen: Der Neurotransmitter **Dopamin** kann Sauerstoff-Radikale und reaktive Zwischenprodukte bilden, welche dopaminerge Neuronen im Gehirn schädigen. Dies wird als wichtiger Faktor angesehen, welcher zur Entstehung neurodegenerativer Krankheiten beiträgt. Der Verlust dopaminerger Neuronen im Gehirn ist ein typisches Kennzeichen der Parkinson'schen Krankheit. Die COMT-vermittelte O-Methylierung von Dopamin stellt somit einen Mechanismus zum Schutz von neuronalen Zellen vor oxidativen Schäden durch Dopamin dar.

COMT-Inhibitoren: Die Symptome der Parkinson-Erkrankung können durch COMT-Inhibitoren gemildert werden. Levadopa, ein metabolisches Vorläufer-Molekül der Dopamin-Biosynthese, ist der am weitesten verbreitete COMT-Inhibitor. Die Monotherapie mit **Levadopa** ist jedoch problematisch, da es durch Dopa-Decarboxylase in peripheren Geweben (Leber, Darm) decarboxyliert wird und weniger als 1% über den Blutkreislauf ins Gehirn gelangt. Weiterhin führt die Konversion von Levadopa in Dopamin zu unerwünschten Nebenwirkungen (Brechreiz, Nausea, Hypotonie). Daher wurde eine Kombinationstherapie zusammen mit Carbidopa, einem Hemmstoff der peripheren Dopa-Decarboxylase, eingeführt. Dadurch wird die Menge an nicht metabolisiertem Levadopa, welches die Blut-Hirn-Schranke passiert, erhöht und die Nebenwirkungen in peripheren Geweben gesenkt. Jedoch wird nun der größte Teil des Levadopa durch COMT in peripheren Geweben zu 3-Methyldopa metabolisiert. Daher ist es therapeutisch interessant, die COMT-Aktivität zu hemmen. Catechole mit elektronegativen Substituenten (NO_2, CN, F) sind starke Inhibitoren und schwache Substrate der COMT. Die elektronegative Gruppe reduziert das nukleophile Potenzial. Daher werden COMT-Inhibitoren durch das Enzym nicht oder kaum methyliert. Wenn der COMT-Inhibitor Entacapon in Kombination mit Levadopa und Carbidopa verabreicht wird, wird die 3-Methyldopa-Bildung gehemmt und es gelangen deutlich erhöhte Mengen von Levadopa ins Gehirn. Auch Tolcapon wird als COMT-Inhibitor eingesetzt. Beide Substanzen führen zu einer deutlichen Wirkungssteigerung von Levadopa in der Morbus–Parkinson–Therapie.

2.4 Phase III

Membrantransporter sind kritische Determinanten der Verteilung von Ionen und Metaboliten. Sie translozieren Substrate sowohl durch Membranen hindurch, welche Zellen von ihrer extrazellulären Umgebung trennen, als auch durch intrazelluläre Membranen von Organellen. Membrantransporter sind einerseits für die Aufnahme von pharmakologischen und toxischen Substanzen und andererseits für deren Ausscheidung verantwortlich.

2.4.1 ATP-bindende Kassetten (ABC)-Transporter

Die Zellmembran trennt das intrazelluläre Milieu vom extrazellulären und erhält Konzentrationsgradienten von Molekülen aufrecht. Die Kompartimentierung durch Biomembranen stellt daher einen der frühesten Schritte in der Evolution des Lebens dar. Der koordinierte Transfer von Molekülen durch membranlokalisierte Transportproteine gegen Konzentrationsgradienten erfüllt eine wichtige Funktion in archaischen zellähnlichen Strukturen zur Nährstoffaufnahme, zur Ausscheidung metabolischer Produkte und zur Ausscheidung xenobiotischer Substanzen. Evolutionär alte und hochkonservierte Transporter-Familien sind:

- die protonenabhängige *major-facilitator* (MRF)-Familie,
- die *small multidrug-resistance* (SMR)-Familie,
- die *resistanc-nodulation* (RND)-Familie,
- die ABC-Transporter-Familie.

ABC-Transporter kommen ubiquitär von Bakterien und Hefen bis hin zu Säugetieren vor. Es ist die größte bisher bekannte Genfamilie. Es wird sogar vermutet, dass Eukaryoten ABC-Transporter-Gene von symbiotisch lebenden Bakterien in ihr eigenes Genom integriert haben. Dies passt zur **Endosymbionten-Theorie,** welche besagt, dass endosymbionte Bakterien die Vorläufer der Organellen in eukaryoten Zellen darstellen.

Die meisten ABC-Transporter sind für den aktiven Transport von Phospholipiden, Ionen, Peptiden, Steroiden, Polysacchariden, Aminosäuren, Gallensäuren, Arzneimitteln und anderen xenobiotischen Stoffen verantwortlich. Im Menschen wurden bisher 49 ABC-Transporter-Gene identifiziert, welche sieben Unterfamilien (A–G) zugerechnet werden.

ABC-Transporter zeichnen sich durch eine gemeinsame molekulare Architektur aus (**Abb. 2.4**). **Halbtransporter** bestehen aus einer Transmembran-Domäne (TMD) und einer Nukleotid-Bindungsdomäne (NBD). Sie homo- oder heterodimerisieren mit anderen Halbtransportern, um funktionelle Einheiten zu bilden (Beispiel: BCRP). Bei den **Volltransportern** liegen zwei halbe Strukturen in einem Gen zusammen. Diese Gene sind entweder durch interne Genduplikation (Beispiel: *MDR1*-Gen) oder durch Fusion zweier unterschiedlicher hemistrukturierter Vorläufergene hervorgegangen (Beispiel: *MRP1*-Gen). Die NBD umfassen charakteristische *Walker*-A- und B-Motive, welche voneinander getrennt sind, sowie ein ABC-Signaturmotiv, welches für die ATP-Bindung und -Hydrolyse bedeutsam ist. ABC-Transporter können auch Komplexe mit anderen Proteinen bilden. Die Komplexe fungieren in ihrer Gesamtheit als ATP-abhängige Ionenkanäle (Beispiele: SUR1 und Kir6.2).

Per definitionem sollte man bei den meisten Substanzen, welche von ABC-Transportern transloziert werden, nicht von Substraten sprechen, da sie nicht enzymatisch verändert werden. Für den unmodifizierten Stofftransport durch Proteine wurde der Begriff **Allocrit** geprägt.

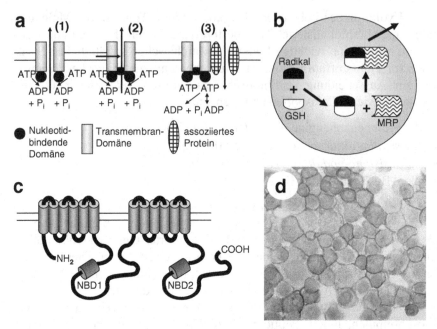

Abb. 2.4. a Transportertypen: dimerisierende Halbtransporter (1), Volltransporter aus zwei funktionalen Hälften (2), Komplex aus Transporter und akzessorischen Proteinen (3). **b** Funktionsweise von Transportern des MRP (ABCC)-Typs. **c** Architektur des P-Glykoprotein/MDR1-Transporters: zweimal sechs Transmembrandomänen werden von einem intrazellulären Proteinanteil getrennt, welcher zwei Nukleotid-bindende Domänen enthält, die der ATP-Spaltung dienen. Die beiden Transmembrandomänen sind ringförmig angeordnet, so dass eine zentrale Pore entsteht. **d** Immunzytochemischer Nachweis des P-Glykoproteins in der Zellmembran *multidrug*-resistenter Tumorzellen (**a** nach Efferth 2003 mit freundlicher Genehmigung von Elsevier, **c** nach Gros et al. 1986 mit freundlicher Genehmigung von Cell Press, **d** nach Efferth et al. 1992 mit freundlicher Genehmigung des Springer Verlages und Cell Press).

ABC-Transporter können verschiedene Funktionen ausüben:

- Transporterfunktion: Sie binden Allocrite und translozieren diese durch Membranen, in dem sie ihre Konformation ändern (z. B. Flip-Flop-Mechanismus bei P-Glykoprotein).
- Kanalfunktion: Sie ändern ihre Konformation, um nicht gebundene, freie Ionen zu translozieren (z. B. CFTR).
- Rezeptorfunktion: Sie binden Liganden und übermitteln Informationen ins Zellinnere. Die Liganden werden nicht notwendigerweise durch die Zellmembran transportiert (z. B. SUR1).
- Regulation der Leitfähigkeit für andere Kanalproteine.

ATP ist kein Allocrit, sondern ein echtes Substrat der ABC-Transporter, da es zu ADP und P_i gespalten wird und der Energiegewinnung dient. Diese Energie wird zur Translokation von Allocriten benötigt. ABC-Transporter werden auch als *traffic*-ATPasen bezeichnet. Die Mechanismen der ATP-Hydrolyse können zwischen den verschiedenen ABC-Transportern variieren. Hier einige Beispiele:

- P-Glykoprotein (*MDR1*): Beide NBDs hydrolysieren ATP und zeigen eine geringe basale ATPase-Aktivität. Sie interagieren, um Allocrit- und ATP-Bindung zu koppeln. Dabei ist immer nur eine NBD in einem katalytisch aktiven Zustand. Die andere NBD ist inaktiv.
- CFTR-Protein: Beide NBDs hydrolysieren ATP. ATP-Bindung und -Hydrolyse durch NBD1 vermittelt die Kanalöffnung, während NBD2 für den Verschluss des Kanals verantwortlich ist. Ein Zyklus verbraucht zwei Moleküle ATP, eines zum Öffnen und eines zum Verschließen.
- Das SUR1-Protein kooperiert mit Kir6.2 und fungiert als ATP-abhängiger Kalium-Kanal. SUR1 bindet ATP in NBD1 und ADP in NBD2, um Kir6.2 zu aktivieren. Das Ansteigen der zellulären ATP-Konzentration verursacht die ADP-Dissoziation von NBD2. Dadurch bindet ATP an NBD2 und wird zu ADP und P_i hydrolysiert. Die ADP Dissoziation von NBD2 stört die ATP-Bindung an NBD1. Dadurch wird ATP von NBD1 freigesetzt und das SUR1 Protein inaktiviert.

In gesunden Geweben haben verschiedene ABC-Transporter eine Schutzfunktion gegen xenobiotische Stoffe. MRP1 ist in den meisten Geweben exprimiert. Besonders viel MRP1 ist in Lunge, Nieren, Skelettmuskeln und peripheren mononukleären Blutzellen zu finden. MRP1 ist häufig an der basolateralen Zelloberfläche exprimiert, was auf den Stofftransport vom Zellinneren ins Blut hindeutet. MRP1, BCRP und P-Glykoprotein sind weniger ubiquitär verbreitet und bevorzugt auf der apikalen Seite epithelialer Zellen lokalisiert, darunter Leber, Darm, Niere, Placenta, Blut-Hirn-Schranke etc. Hier sind sie an grundlegenden Prozessen wie Absorption, Distribution und Elimination von Xenobiotika beteiligt.

Die Hauptfunktion des P-Glykoproteins stellt der Schutz vor Fremdstoffen aus der Umwelt dar. Es vermittelt eine verminderte Aufnahme von Fremdstoffen im Gastrointestinaltrakt und eine erhöhte Exkretion in Leber, Niere und Intestinum. Da P-Glykoprotein in Blutgefäßen exprimiert wird, schützt es das Gehirn vor gefährlichen Substanzen und ist ein wesentlicher Bestandteil der Blut-Hirn-Schranke. BCRP-*knockout*-Mäuse sind extrem sensibel gegen Pheophorbid, ein Abbauprodukt des Chlorophylls, welches mit pflanzlicher Nahrung aufgenommen wird. In diesen Tieren erzeugt Pheophorbid schwere phototoxische Hautschäden. Untersuchungen mit MRP1-*knockout*-Mäusen zeigten, dass MRP1 nicht nur für eine Abwehr xenobiotischer Substanzen, sondern auch für die Migration dendritischer Zellen von peripheren Geweben zu den Lymphknoten bedeutsam ist. Der multispezifische organische Anionen-Transporter (cMOAT, MRP2) ist in Leber und Niere besonders stark exprimiert und transportiert hauptsächlich konjugierte Arzneimittel oder Toxine in Gallenflüssigkeit und Urin.

Im Gegensatz zu P-Glykoprotein (*MDR1*) können MRP-Proteine Glutathion-, Glucuronat- und Sulfat-konjugierte organische Anionen transportieren. MRP1 und MRP2 können mit Phase-II-Enzymen (Glutathion-*S*-Transferasen, UDP-Glucuronyltransferasen) synergistische Resistenzen gegen die toxischen Wirkungen elektrophiler Substanzen und Karzinogene vermitteln. Obwohl BCRP ebenfalls Glucuronid- und Sulfat-konjugierte organische Anionen transportieren kann, scheint die Exkretion von physiologischen Stoffwechselprodukten wichtiger zu sein als von konjugierten Toxinen.

Beispiele für die Detoxifikation toxischer und karzinogener Substanzen durch ABC-Transporter sind:

- 2-Amino-1-Methyl-6-Phenylimidazo[4,5-b]pyridin (PhIP) ist ein sehr häufig vorkommendes heterozyklisches kanzerogenes Amin in gebratenem Fleisch. PhIP wird von MRP2 in Darm und Gallenblase detoxifiziert.

- Aflatoxin B1 ist ein Mycotoxin, welches von *Aspergillus*-Arten in kontaminierten Lebensmitteln produziert wird. Es wird von MRP1 transportiert.

- Tabakspezifische Nitrosamine werden mittels MRP1 eliminiert.

- Verschiedene Pestizide inhibieren P-Glykoprotein. Andere werden von MRP1 und MRP2 transportiert und entgiftet. Pestizide werden durch BCRP von der Brustdrüse in die Muttermilch sekretiert. Kontaminierte Muttermilch stellt für Neugeborene ein Gesundheitsrisiko dar.

- Antimon und Arsen sind natürlich vorkommende Umweltgifte in der Erde und im Wasser. MRP1 schützt den Körper vor diesen Toxinen.

- Chemoresistenz bei Tumoren: Bestimmte Tumorarten (z. B. Brustkrebs, Leukämien) können bei wiederholter Gabe von Zytostatika eine Resistenz entwickeln. Diese Resistenz wird u. A. durch die Überexpression von ABC-Transportern wie P-Glykoprotein etc. verursacht. Leider prägen solche Tumorzellen nicht nur Resistenzen gegen diejenigen Medikamente aus, mit denen sie behandelt worden sind, sondern auch gegen strukturell und funktionell andere Zytostatika, mit denen die Tumorzellen vorher nicht in Berührung gekommen sind. Dieses Phänomen wird als *multidrug resistance* bezeichnet. Die verschiedenen ABC-Transporter prägen überlappende, jedoch nicht identische Kreuzresistenzprofile aus.

- Flavonoide sind häufig vorkommende Polyphenole in Pflanzen, welche chemopräventiv gegen kardiovaskuläre Erkrankungen und Tumoren wirken. Sie modulieren die Aktivität von P-Glykoprotein, MRP1 und BCRP.

2.4.2 Organische Anionen-Transporter

Die Nieren dienen der Aufrechterhaltung der Homöostase im Organismus. Neben der Ausscheidung metabolischer Ausscheidungsprodukte regulieren sie das Flüssigkeitsvolumen, das Säure-Base-Gleichgewicht, die Elektrolytkonzentration und den Hormonhaushalt. Daher sind die Nieren auch ständig hohen Konzentrationen toxischer Stoffe ausgesetzt.

Organische Anionen können nicht frei durch Membranlipid-*bilayer* diffundieren. Diese Funktion wird von Transportproteinen der **organischen Anionen-Transporter (OAT)**-Familie übernommen. OATs stellen eine Untergruppe innerhalb der *amphiphilic solute transporter* (Slc22a) dar, welche wiederum zur *major facilitator superfamily* gehören. Derzeit sind sechs verschiedene Mitglieder der OAT-Familie bekannt (OAT1–OAT5, URAT1). Neben der Niere spielt der aktive Transport organischer Anionen auch noch eine wichtige Rolle in anderen epithelialen Barrieren (Leber, Placenta, Gehirnkapillaren und Choroid-Plexus).

OATs sind integraler Bestandteil der renalen Aufnahme und Ausscheidung kleiner organischer Anionen (Molekulargewicht 300–500). Die Aufnahme durch die basolaterale Membran erfordert ein kooperatives Zusammenspiel von drei verschiedenen Transportproteinen (**Abb. 2.5**). Im Austausch gegen K^+ und unter ATP-Verbrauch pumpt die Na^+/K^+-ATPase Na^+ aus den Zellen heraus und erzeugt dadurch einen einwärts gerichteten Na^+-Gradienten vom Blut in die Zelle. Die Energie dieses Na^+-Gradienten wird von einem zweiten Transporter, dem Na^+/Dicarboxylat-Kotransporter 3 (NaDC3), genutzt, um α-Ketoglutarat (α-KG) einzuschleusen. Da α-KG in den Mitochondrien produziert wird, entsteht durch den α-KG-Transport ein auswärts gerichteter α-KG-Gradient von der Zelle ins Blut. Im Gegenzug zum α-KG-Auswärtstransport transportiert ein drittes Protein, der Dicarboxylat/organische Anionen-Austauscher (DC/OA), organische Anionen ins Zellinnere. Durch diese drei Transporter wird der Transport organischer Anionen an den Verbrauch metabolischer Energie und an einen Na^+-Gradienten geknüpft. Dies ermöglicht einen Transport gegen das elektrische Potenzial der Zelle und den chemischen Konzentrationsgradienten. Nach Eintritt in die Zelle werden organische Anionen in hohen Konzentrationen an Proteine gebunden und reichern sich in vesikulären Strukturen an, wodurch toxische Effekte entstehen können. Die Ausscheidung organischer Anionen durch den Urin geschieht an der apikalen Membran der renalen Tubuluszellen entweder durch einen Austauschprozess oder durch einen Membranpotenzial-getriebenen Prozess mittels *facilitative diffusion carrier*.

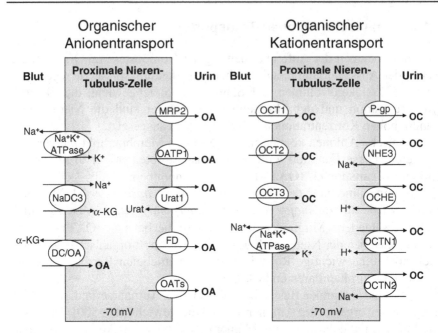

Abb. 2.5. Organische Anionen- und Kationen-Transportsysteme in der Niere (verändert nach Sweet 2005, Wright 2005). Abkürzungen: α-KG: α-Ketoglutarat; DC/OA: Dicarboxylat/organischer Anionen-Austauscher; FD: *facilitated diffusion carrier*; MRP2: *multidrug resistance related protein* 2; NaDC3: Na^+-Dicarboxylat-Kotransporter 3; OAT: organischer Anionen-Austauscher; OATP: organisches Anionen transportierendes Polypeptid; OCT: organischer Kationentransporter; OCTN: (neuer) organischer Kationentransporter; NHE: Na^+H^+-Austauscher; OCHE: organischer Kationen/H^+-Austauscher; P-gp: P-Glykoprotein/MDR1 (verändert nach Sweet 2005, Wright 2005 mit freundlicher Genehmigung von Elsevier).

Der Austritt organischer Anionen aus proximalen Nierentubulus-Zellen erfolgt auf verschiedene Weise:

- Urat-Ionen werden durch den Austauschtransporter URAT1 in die Zelle aufgenommen und gleichzeitig werden organische Anionen aus der Zelle hinausgefördert.
- Urat gelangt durch erleichterte Diffusion aus der Zelle heraus. Hierfür dienen Membranpotenzial-getriebene Carrierproteine (*facilitated diffusion carrier*).
- Die Beförderung von organischen Anionen geschieht unter Energieverbrauch durch spezifische Transportproteine (MRP2, OATs, OATP1).

Der Transport organischer Anionen ist noch sehr viel komplexer als hier dargestellt. Es kommen weitere Transportersysteme aus den Genfamilien der *multidrug resistance-related proteins* (MRP, ABCC), der organischen Anionen-transportierenden Polypeptide (OATP, SLC21A) und aus den organischen Kationen-Transportern (OCT) hinzu. Überlappende Substratspezifitäten zwischen diesen Transportern schließen monokausale Erklärungsversuche nahezu aus.

Toxische Effekte durch OAT-Transport

Metabolische Toxine: Während des chronischen Nierenversagens akkumulieren sich urämische Toxine im Blut, welche den renalen Transport und den Stoffwechsel von Arzneimitteln hemmen. OATs transportieren verschiedene urämische Toxine, darunter Indoxylsulfat, welches als verursachender Faktor des Nierenversagens identifiziert wurde.

Medikamente: Nicht steroidale anti-inflammatorische Arzneimittel (NSAID) sind zur Schmerz- und Entzündungsbekämpfung weit verbreitet (z. B. Ibuprofen, Acetaminophen, Acetylsalicylsäure und Indomethacin). Sie können erhebliche Nebenwirkungen hervorrufen (Nephrotoxizität, Hepatotoxizität, gastrointestinale und neurologische Symptome). NSAIDs stellen Substrate der OATs dar und können diese auch inhibieren, so dass der Transport anderer organischer Anionen unterdrückt wird. Durch diese Eigenschaften lassen sich sowohl die oben genannten Nebenwirkungen als auch die Interaktion zwischen NSAIDs und anderen Arzneimitteln erklären. Die Verabreichung des Antitumor-Medikamentes Methotrexat in Kombination mit NSAIDS (Indomethacin, Ketoprofen) führt zu akuten Nierenversagen, da verschiedene OATS Methotrexat transportieren. Die Nephrotoxizität von β-Lactam-Antibiotika (Penicillin, Cephalosporin) und Virustatika (Adefovir, Cidovir) sowie die ZNS-Toxizität von Acyclovir und Ganciclovir lassen sich auf OAT-Transport und anschließender intrazellulärer Akkumulation zurückführen.

Exogene Toxine: Darüber hinaus gibt es eine Reihe von Umweltgiften, welche ebenfalls Substrate von OATs sind. Dazu zählen die chlorierten Phenoxyacetsäuren, welche seit Jahrzehnten als Herbizide eingesetzt werden, sowie die Schwermetalle Quecksilber und Cadmium. Dies gilt auch für Ochratoxin A, ein fungales Stoffwechselprodukt, welches mit verdorbenen Lebensmitteln aufgenommen wird.

2.4.3 Organische Kationen-Transporter

Organische Kationen (OC) sind primäre, sekundäre, tertiäre und quartäre Amine, welche bei der Verstoffwechselung im Körper entstehen und bei physiologischem pH-Wert eine positive Ladung am Stickstoff tragen. Dazu zählen Alkaloide und andere heterozyklische Verbindungen aus der Nahrung sowie Kationen, welche aus Medikamenten entstehen oder aus der Umwelt aufgenommen werden (z. B. Nicotin). Sie werden aktiv aus dem Körper eliminiert. Man unterscheidet organische Kationen vom Typ I und Typ II. Zum Typ I zählen kleine monovalente Substanzen mit einem Molekulargewicht unter 400, während Kationen vom Typ II voluminöser und häufig polyvalent sind.

Organische Kationen vom Typ I werden durch das Zusammenspiel mehrerer Proteine transportiert, welche durch das negative elektrische Potenzial im Zellinneren getrieben werden. Es kann jedoch auch ein elektroneutraler Austausch von organischen Kationen stattfinden. Die drei beteiligten **organischen Kationen-Transporter** (OCT1−OCT3) gehören ebenso wie die OAT-Transporter zur SLC11A-Familie. Zu dieser Transporterfamilie zählen auch OCTN1 und OCTN2 (*organic cation transporter-novel 1−2*).

OCTs bestehen aus 12 Transmembran-Domänen (TMD). Amino- und Carboxytermini ragen in den intrazellulären Raum. Ein *loop* zwischen TMD 1 und 2 ragt in den extrazellulären Raum, ein anderer zwischen TMD 6 und 7 ins Cytoplasma. Die Ähnlichkeit zwischen den amino- und carboxyterminalen Hälften des Proteins spricht für eine Genverdopplung während der Evolution.

Der Transport organischer Kationen vom Typ I ist in **Abb. 2.5** dargestellt. Eine Na^+K^+-ATPase erhält das intrazellulär negative Membranpotenzial und einen vom Blut in die Nierenzellen einwärts gerichteten Na^+-Gradienten aufrecht. Beide sind treibende Kräfte des aktiven Transportes organischer Kationen. OCT1, OCT2 und OCT3 unterstützen die elektrogen erleichterte Diffusion der basolateralen Membran. An der apikalen Membran spielt der Na^+H^+-Austauscher (NHE3) eine Rolle, um den einwärts gerichteten elektrochemischen Gradienten aufrechtzuerhalten, welcher die Aktivität von einem oder zwei OC/H^+-Austauscher sowie von OCTN1 unterstützt. Dieser Prozess wird als elektroneutraler OC/H^+-Austausch bezeichnet. OCTN2 unterstützt den Na^+-Carnitin-Kotransport und die elektrogene OC-Aufnahme.

Typisches Kennzeichen des renalen OC-Sekretionsprozesses ist die Multispezifität, d. h. die Interaktion mit einer großen Zahl unterschiedlicher kleiner hydrophiler und monovalenter Kationen. Unterschiede in der Substratspezifität beruhen auf sterischen Faktoren, welche die Bindungseigenschaften von organischen Kationen an Transportproteinen beeinflussen. Hierbei spielen auch bestimmte Aminosäuren an bestimmten Positionen des Proteins eine Rolle. Beispielsweise führt der Austausch von Aspartat zu Glutamat an Position 475 (D475E) im OCT1-Protein der Ratte zu einer achtfach erhöhten Bindung von Tetraethylammonium (TEA). Diese Position ist in allen Tierarten und *OCT*-Genen konserviert, was auf die große Bedeutung für die Substratbindung hindeutet. Es wurden verschiedene *single-nucleotide*-Polymorphismen entdeckt, welche die Bindungsaktivitäten beeinflussen. Offensichtlich gibt es keine einzelne Bindungsstelle, sondern eine breite Bindungstasche mit verschiedenen Interaktionsdomänen, welche mit hoher Affinität strukturell unterschiedliche Substrate binden.

Organische Kationen vom Typ II werden mit Hilfe des ABC-Transporters P-Glykoprotein durch basolaterale und apikale Membranen proximaler Tubuluszellen transportiert.

3 Wirkprinzipien klassischer Medikamente

3.1 Vegetatives Nervensystem

3.1.1 Neurotransmitter

Botenstoffe (Neurotransmitter) dienen der Informationsweiterleitung von Nervenzelle zu Nervenzelle oder zu Muskelzelle. Aktionspotenziale lösen die Ausschüttung von Neurotransmittern an Synapsen aus, welche an Rezeptoren nachgeschalteter postsynaptischer Neuronen binden und dort die Weiterleitung des Reizes auslösen.

Acetylcholin (ACh) ist ein Neurotransmitter im sympathischen und parasympathischen Nervensystem zur Reizübertragung von Nervenzelle zu Nervenzelle. Weiterhin vermittelt es die Reizleitung zwischen Nervenzelle und Muskelzelle an der neuromuskulären Endplatte. Es bindet an nicotinische und muscarinische ACh-Rezeptoren (s. Kap. 3.1.2).

Die Catecholamine **Adrenalin** und **Noradrenalin** sind Neurotransmitter des sympathischen Nervensystems. Sie binden an Adrenorezeptoren (α- und β-Rezeptoren). Ihre vasokonstriktive Wirkung steigert den Blutdruck.

Dopamin ist ein Neurotransmitter im ZNS. Es ist für Morbus Parkinson, Psychosen und Suchterkrankungen bedeutsam. Im vegetativen Nervensystem steuert es die Durchblutung der Organe.

Serotonin kommt als Neurotransmitter im ZNS und als Hormon in verschiedenen anderen Organen vor (Darm, Herzkreislauf-System). Es besteht ein Zusammenhang zwischen dem Serotoninhaushalt im Gehirn und dem Auftreten von Depressionen und Angstzuständen. Im Darm fördert es die Peristaltik. Weiterhin verengt Serotonin die Blutgefäße und trägt zur Entstehung von Migräne bei.

Endorphine sind endogene Morphine, welche an Opioidrezeptoren binden. Es sind Neuropeptide, welche unter extremer Belastung Schmerzen und Hunger unterdrücken und euphorische Stimmungen auslösen.

Glutamat, das Salz der Glutaminsäure, dient als erregender Neurotransmitter zur Signalübertragung im Gehirn. Es bindet an Glutamatrezeptoren. Man unterscheidet ionotrope Glutamatrezeptoren, welche als Ionenkanäle fungieren, und metabotrope Glutamatrezeptoren, welche G-Protein-gekoppelt sind. Diese Rezeptoren aktivieren entweder Phospholipase C oder hemmen Adenylatcyclase.

Glycin bindet an den Glycinrezeptor in postsynaptischen Motoneuronen des Rückenmarks. Der Glycinrezeptor ist ein Ionenkanal, welcher durch Glycinbindung geöffnet wird und durch den Einstrom von Calciumionen die Reizleitung hemmt und den Muskeltonus vermindert.

γ–Aminobuttersäure (GABA) wirkt ebenfalls inhibierend. Die ionotropen $GABA_A$- und $GABA_C$-Rezeptoren sind Chloridkanäle, welche bei Ligandenbindung inhibierend wirken. Der $GABA_B$-Rezeptor ist ein G-Protein-gekoppelter metabotroper Rezeptor, welche die Öffnung von Kaliumkanälen steuert und hyperpolarisierend wirkt.

Asparaginsäure (**Aspartat**) ist ein weiterer Neurotransmitter des ZNS.

Stickoxid-Synthetase (*nitric oxide synthetase*, NOS) produziert das lösliche Gas **Stickstoffmonoxid** (NO). Man kennt die konstitutiv exprimierten endothelialen (eNOS) und neuronalen Isoenzyme (nNOS) sowie eine induzierbare Form (iNOS). Im Hirn wirkt NO als *second messenger* bei der cGMP-Synthese. In der glatten Gefäßmuskulatur bewirkt die NO-induzierte cGMP-Produktion eine Vasodilatation und Blutdruck-Senkung. Makrophagen setzen NO zur Abtötung eindringender Bakterien frei.

3.1.2 Grundlagen

Das Nervensystem untergliedert sich einerseits in das **zentrale (ZNS)** das **periphere Nervensystem (PNS)** und andererseits in das somatische und vegetative Nervensystem. Das ZNS besteht aus Gehirn (Großhirn, Hirnstamm und Kleinhirn) und Rückenmark, das PNS aus Nerven. Das **sensomotorische Nervensystem** dient der Wahrnehmung und Verarbeitung von Sinnen. Im Gegensatz zum vegetativen Nervensystem ist es durch den Willen des Individuums beeinflussbar. Das **vegetative** (oder **autonome) Nervensystem** steuert die Funktion der inneren Organe. Im vegetativen Nervensystem unterscheidet man weiterhin den **Sympathikus** und den **Parasympathikus.** Mit Blick auf die evolutionäre Entstehung des Nervensystems können die vielfältigen Sympathikusfunktionen stark vereinfacht

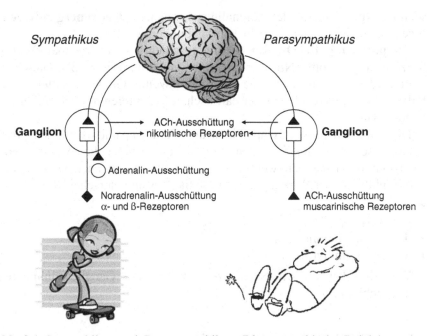

Abb. 3.1. Sympathikus und Parasympathikus. Die sympathische Reizleitung ist überwiegend mit aktiven Funktionen assoziiert, die parasympathische meist mit passiven Ruhephasen (Teile der Abbildung nach
http://science.howstuffworks.com/brain.htm,
http://www.southglos.gov.uk/leisureandsport/communitysportandactivelifestyles/
actve+for+life/active+for+life+for+young+people.htm;
http://www.avoris.li/cfdocs/avoris_neu/admin/data/Erholung.gif,
mit freundlicher Genehmigung der Avoris Personal AG).

mit aktiven „Jagd- und Fluchtsituationen" und der Parasympathikus mit passiven Ruhephasen verglichen werden (**Abb. 3.1**).

Transmittersubstanzen, welche Nerven an ihrem Ende zur Signalweiterleitung ausschütten, sind **Acetylcholin (ACh)** oder **Noradrenalin (NA)**. ACh-freisetzende Nerven heißen cholinerge Nerven. Eine Noradrenalin-Ausschüttung geschieht an adrenergen Nerven.

Im vegetativen Nervensystem wird ein Reiz vom ZNS über **(präganglionäre) Neuronen ersten Grades** in die Peripherie weitergeleitet. Bei der **sympathischen Reizleitung** wird ACh ausgeschüttet, welches **(postganglionäre) Neuronen zweiten Grades** aktiviert, wo der Reiz anschließend weitergeleitet wird. ACh wird von **nicotinischen Rezeptoren** auf postganglionären Nervenzellen gebunden. Die Umschaltung findet in **Ganglien** (Nervenknoten außerhalb des ZNS) statt. Neuronen zweiten Grades schütten Noradrenalin oder Adrenalin aus, welche von **adrenergen Rezeptoren** auf Zielorganen (z. B. Muskeln) gebunden werden.

Die **parasympathische Reizleitung** geschieht auf vergleichbare Weise. Reize gelangen vom ZNS über Neuronen ersten Grades zu den Ganglien. Dort wird ACh freigesetzt. Die Neuronen zweiten Grades schütten ebenfalls ACh aus, welches von muscarinischen Rezeptoren auf Zielzellen gebunden wird.

Die Funktionen von Sympathikus und Parasympathikus können pharmakologisch beeinflusst werden. Substanzen, welche die Wirkung von Transmittern nachahmen, werden als „-mimetika" bezeichnet. Medikamente mit inhibierender Wirkung heißen „-lytika". Man unterscheidet

- Sympathomimetika,
- Sympatholytika,
- Parasympathomimetika,
- Parasympatholytika.

Weiterhin kennen wir Substanzen, welche die Ganglien inhibieren (Ganglienblocker).

3.1.3 Sympathisches Nervensystem

Funktionsweise: Präganglionäre Neurone werden entweder in Ganglien umgeschaltet oder ziehen direkt in den Ganglien weiter in das Erfolgsorgan. Die Umschaltung erfolgt

- postganglionär auf andere Neurone,
- direkt im Erfolgsorgan,
- nachgeschaltet in Ganglien des Erfolgsorgans (intramurale Umschaltung).

Postganglionäre Neurone besitzen **Varikositäten (Abb. 3.2)**. Das sind Nervenerweiterungen, welche Vesikel mit Catecholaminen enthalten. Im ZNS und PNS werden **Noradrenalin**, im Nebennierenmark **Adrenalin** ausgeschüttet. Noradrenalin wirkt lokal begrenzt, Adrenalin dagegen im ganzen Körper. Es stellt ein Hormon dar. Noradrenalin und Adrenalin binden an α- und β-Rezeptoren. Noradrenalin wirkt vasokonstriktiv (gefäßverengend), so dass der Blutdruck ansteigt. Adrenalin wirkt ähnlich. Durch die Aktivierung von β_2-Rezeptoren kann jedoch in manchen Geweben eine Vasodilatation (Gefäßerweiterung) überwiegen (z. B. Skelettmuskeln). Noradrenalin und Adrenalin aktivieren über β_1-Rezeptoren das Herz. Man beobachtet eine Zunahme

Sympathisches Nervensystem   **Parasympathisches Nervensystem**

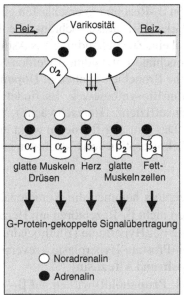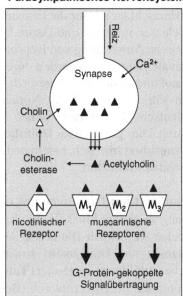

Abb. 3.2. Elektromechanische Kopplung im vegetativen Nervensystem. Im sympathischen Nervensystem erfolgt die Reizübertragung am Muskel über G-Protein-gekoppelte α- und β-Rezeptoren, im parasympathischen Nervensystem über nicotinische und muscarinische Rezeptoren.

- der Schrittmacher-Funktion (**Chronotropie**),
- der Reizfortleitung (**Dromotropie**),
- der Erregbarkeit (**Bathmotropie**),
- der Herzkontraktion (**Inotropie**).

Adrenalin aktiviert weiterhin die Lungen- und Darmmuskulatur. Auf das ZNS wirkt es ebenfalls stimulierend.

Sympathomimetika: Direkte Sympathomimetika interagieren mit α- und β-Rezeptoren, indirekte behindern die Rückresorption von Noradrenalin in die Varikositäten. Agonisten der α-Rezeptoren (**α-Mimetika**) führen zur Vasokonstriktion, **β-Mimetika** zur Erschlaffung der glatten Muskulatur. Viele α-Mimetika stimulieren auch β_1-Rezeptoren.

Neurogene Schockzustände können mit dem vasokonstriktorisch wirksamen α- und β_1-Mimetikum **Norfenephrin** behandelt werden. **Ephedrin** (aus der chinesischen Pflanze *Ephedra vulgaris*) wirkt bei Hypotonie (niedriger Blutdruck) blutdrucksteigernd. Ein starkes β-Mimetikum stellt **Isoproterenol** dar. Die Stimulierung von β_1-Rezeptoren fördert die Herzaktivität und führt zu Tachykardie (erhöhte Herzfrequenz) und Extrasystolen (zusätzliche Herzschläge). Über die Erregung von β_2-Rezeptoren erschlaffen glatte Muskeln u. a. in Lunge und Darm. Die starke Wirksamkeit schränkt die therapeutische Anwendung von Isoproterenol ein. Zur Behandlung des Asthma bronchiale (Atembeschwerden durch bronchiale Entzündung) werden **Salbutamol** und **Fenoterol** eingesetzt, welche Bronchien dilatieren. **Dopamin** ist ein Vorläufermolekül im Noradrenalin-Biosyntheseweg. Es findet bei Kreislaufschock und chronischer Herzinsuffizienz (Herzschwäche) Verwendung. Dies gilt auch für **Dobutamin**. Das Rauschgift **Cocain** wirkt indirekt sympathomimetisch, indem es die Rückresorption von Catecholen in die Varikositäten blockiert.

Sympatholytika: Inhibitoren des α-Rezeptors hemmen die Noradrenalin-Wirkung an glatten Muskeln. Sie hemmen nicht β_1-Rezeptoren am Herzen. α-Blocker werden zur Blutdruck-Senkung bei Hypertonie (Bluthochdruck) (**Terazosin** und **Doxazosin**) sowie bei Prostata-Hyperplasie (reversible Gewebeneubildung) eingesetzt (**Tamsulosin** und **Alfuzosin**).

Inhibitoren der β-Rezeptoren (Beispiel: **Propanolol**) wirken auf β_1- und β_2-Rezeptoren, so dass sowohl die aktivierende Wirkung auf das Herz als auch die hemmende Wirkung auf glatte Muskeln herabgesetzt wird. Therapeutisch sind vor allem die Wirkungen auf β_1-Rezeptoren zur Minderung der Herzaktivität nach einem Herzinfarkt interessant. **Atenolol** inhibiert überwiegend β_1-Rezeptoren. β-Blocker werden zur Prophylaxe eines Reinfarktes, bei Bluthochdruck, bei supraventrikulären Arrhythmien des Herzens sowie bei *Angina pectoris* (Herzenge, Minderversorgung des Herzmuskels) verwendet.

Ganglienblocker hemmen die cholinerge Umschaltung des Sympathikus und Parasympathikus. Typischer Vertreter dieser Gruppe ist **Nicotin**, welches durch Suchtentwicklung therapeutisch ungeeignet ist.

3.1.4 Parasympathisches Nervensystem

Funktionsweise: ACh dient als Überträgerstoff im parasympathischen Nervensystem und bindet an nicotinische und muscarinische Rezeptoren. Diese Rezeptoren wurden nach ihren Liganden Nicotin und Muscarin (dem Gift des Fliegenpilzes *Amanita muscaris*) benannt, welche mit hoher Affinität an diese Rezeptortypen binden (**Abb. 3.2**). Beide Substanzen besitzen lediglich experimentelle Bedeutung und werden nicht zur Therapie eingesetzt. Nach Bindung an den Rezeptor wird ACh von der Cholinesterase gespalten und Cholin wird in die Synapse resorbiert. Der **nicotinische**

Rezeptor ist ein Na^+/K^+-Ionenkanal, welcher nach ACh-Bindung geöffnet wird. Vom **muscarinischen Rezeptor** gibt es drei Subtypen (M_1, M_2, M_3), welche zur Signalweiterleitung an G-Proteine gekoppelt sind.

Parasympathomimetika: Direkte Parasympathomimetika aktivieren nicotinische und muscarinische Rezeptoren und wirken meist länger als ACh. **Pilocarpin** (aus *Pilocarpus pennatifolius*) und **Carbachol** dienen der Behandlung von Darm-Atonien (Erschlaffung der Darmmuskulatur). Bei lokaler Applikation dienen die beiden Substanzen auch der Therapie des Glaukoms (Grüner Star, erhöhter Augeninnendruck).

Indirekte Parasympathomimetika hemmen die Cholinesterase. Dadurch wird die Verweildauer von ACh am Rezeptor verlängert. Beispiele sind:

- **Physostigmin** (aus der Kalabarbohne *Physostigma venenosum*) zur Glaukomtherapie und Behandlung von Vergiftungen (Atropin, Alkohol etc.),
- **Neostigmin** zur Behandlung von Blasen- und Darmatonie und Myasthenia gravis (schwere Muskelschwäche).
- **Pyridostigmin** zur Dauertherapie der Myasthenia gravis.

Neostigmin und Pyridostigmin sind bei systemischer Anwendung deutlich nebenwirkungsärmer als Physostigmin. In der Toxikologie sind Phosphorsäureester als irreversible Cholinesterase-Inhibitoren von Bedeutung. Sie werden als Insektizide eingesetzt und können beim Menschen toxische Schädigungen hervorrufen.

Parasympatholytika: Atropin (Racemat des Hyoscyamins aus der Tollkirche *Atropa belladonna*) konkurriert mit ACh um die Bindung an muscarinischen Rezeptoren. Therapeutisch dient es der Hemmung von endokrinen Funktionen im Respirationstrakt, Spasmen der glatten Muskulatur und zur Behandlung von Bradykardie (erniedrigte Herzfrequenz) und Herzrhythmus-Störungen. Diagnostisch wird es in der Augenheilkunde zur Pupillenerweiterung eingesetzt. Symptome einer Atropin-Vergiftung sind Tachykardie (erhöhte Herzfrequenz), Halluzinationen und Atemlähmung.

3.2 Glatte Muskulatur

Die glatte Muskulatur lässt sich über das vegetative Nervensystem beeinflussen, aber auch unabhängig davon. Eine Veränderung des Membranpotenzials löst bei manchen glatten Muskeln Aktionspotenziale aus, bei anderen glatten Muskeln kommt es zu einer Depolarisation ohne Aktionspotenziale. Die elektromechanische Kopplung geschieht ebenso wie bei der gestreiften Muskulatur über eine Ca^{2+}-Freisetzung.

Vasodilatation

Geweitete Blutgefäße bewirken einen geringeren Widerstand und somit einen geringeren Blutdruck als verengte Gefäße. Eine Änderung des Membranpotenzials von glatten Muskelzellen öffnet die Ca^{2+}-Kanäle, so dass Ca^{2+}-Ionen einströmen. Ca^{2+}-Antagonisten blockieren die Öffnung der Kanäle. Sie vermindern den Tonus der glatten Muskulatur und die Kontraktion des Herzens. Sie wirken nicht nur gefäßerweiternd, sondern vermindern auch Arrhythmien.

Kationisch-amphiphile Substanzen hemmen sowohl die glatten arteriellen Gefäße als auch die Herzmuskulatur. Sie wirken negativ inotrop, chronotrop und dromotrop. Beispiele für Ca^{2+}-Antagonisten sind **Verapamil** und **Diltiazem**. Sie werden zur Behandlung von Arrythmien eingesetzt.

Dihydropyridine, welche ebenfalls Calciumkanäle blockieren, wirken bevorzugt auf die arteriellen Gefäße, jedoch nur schwach auf das Herz. Sie werden daher auch als vasoselektive Calciumantagonisten bezeichnet. Leitsubstanz dieser Gruppe ist **Nifedipin**. Dihydropyridine werden zur Behandlung und Vorbeugung der Angina pectoris angewandt.

Organische Nitrate: Stickstoffmonoxid (NO) lässt venöse und in geringerem Umfang auch arterielle Gefäßmuskeln erschlaffen. Organische Nitrate (**Nitroprussid, Nitroglycerin**) setzen NO frei und dienen zur Therapie der Angina pectoris. Der venöse Rückstrom ins Herz (die **Vorlast**) und die Herzarbeit werden verringert. Gleichzeitig senken diese NO-Donatoren auch den peripheren Widerstand in den arteriellen Gefäßwänden (die **Nachlast**). Dies erleichtert den Auswurf des Blutes aus dem Herzen.

Secale-Alkaloide: Der Mutterkorn-Pilz *Secale cornutum* wuchs in früheren Zeiten als Schmarotzer auf Getreideähren und führte zu gefürchteten Vergiftungen (Halluzinationen, Absterben der Extremitäten durch mangelnde Durchblutung). Dafür verantwortlich sind verschiedene Alkaloide (z. B. **Ergotamin**). Sie wirken u. a. auf die glatte Uterusmuskulatur konstriktiv. Sie fördern das Einsetzen der Wehen bei der Geburt – daher der Name Mutterkorn. Therapeutisch wird das semisynthetische Derivat **Methylergometrin** nach der Geburt bei ausbleibender Uteruskontraktion eingesetzt. Weiterhin kann die vasokonstriktive Wirkung der *Secale*-Alkaloide zur Migränetherapie ausgenutzt werden. *Secale*-Alkaloide enthalten Lysergsäure als Grundgerüst. Dies erklärt die halluzinogene Wirkung bei Mutterkorn-Vergiftungen. Ein weiteres Derivat der Lysergsäure ist das Rauschgift **Lysergsäure-Diethylamid** (LSD). *Secale*-Alkaloide haben unterschiedliche Angriffspunkte im Körper. Während die Interaktion mit α-Rezeptoren des Sympathikus für die Vasokonstriktion bedeutsam ist, spielt die Bindung an

Dopamin- und Serotonin-Rezeptoren für die halluzinogenen Wirkungen eine Rolle.

Viagra: Phosphodiesterasen bauen cAMP und cGMP ab, welche als *second messenger* die Kontraktion glatter Muskeln regulieren. Phosphodiesterase V kommt in den Schwellkörper-Gefäßen des Penis vor. Dieses Enzym hemmt das vasodilatierende cGMP. Viagra hemmt Phosphodiesterase V, welcher den cGMP-Abbau blockiert, so dass sich der Penis in Folge der einsetzenden Vasodilatation mit Blut füllt und erigiert.

ACE-Hemmer

Die Niere setzt **Renin** frei, welches im Blut **Angiotensinogen** aus der Leber zu Angiotensin I spaltet. **Angiotensin I** wird durch das *angiotensin converting enzyme* (ACE) zu **Angiotensin II** umgewandelt. ACE wird in den Endothelzellen der Blutgefäße exprimiert. Angiotensin II bindet an **AT$_1$- und AT$_2$-Rezeptoren**. Für die Therapie spielt der AT$_1$-Rezeptor eine wichtigere Rolle. Eine Aktivierung des AT$_1$-Rezeptors durch Angiotensin II löst eine Vasokonstriktion und einen Anstieg des Blutdruckes aus.

ACE-Hemmstoffe (**Captopril** u. v. m.) kompetieren mit Angiotensin I um die Bindung an ACE, so dass weniger Angiotensin II gebildet wird. Arzneimittel aus dieser Stoffklasse werden zur Behandlung von Hypertonie und Herzinsuffizienz verwendet.

3.3 Motorisches System

Die pharmakologische Beeinflussung der Skelettmuskulatur kann auf verschiedene Weise erfolgen durch

- Verstärkung hemmender Interneurone im Rückenmark, welche den Muskeltonus steuern,
- Eingriff in die Signalübertragung von motorischer Endplatte auf die Muskelzelle,
- Veränderung der Muskelfaser-Kontraktion.

Funktionsweise: Reize, welche über die Nervenbahn an die Präsynapse gelangen, führen zur Ausschüttung von Acetylcholin (ACh) an der Synapse (**Abb. 3.3**). ACh depolarisiert die gegenüber liegende Membran der Muskelzelle durch Einstrom von Natriumionen. Die ACh-Esterase inaktiviert ACh. Diese Depolarisation wird weitergeleitet und erreicht das sarcoplasmatische Reticulum, welches daraufhin Ca^{2+} ausschüttet. Calciumionen bewirken die Kontraktion von Actin und Myosin.

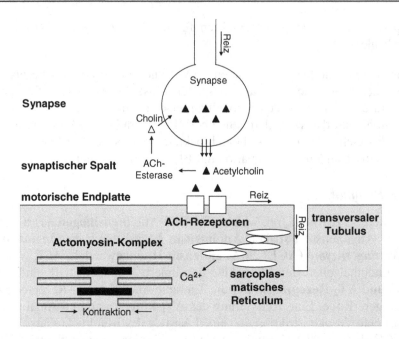

Abb. 3.3. Elektromechanische Kopplung im motorischen System. Nach Reizleitung über die Nervenbahn erfolgt eine ACh-Ausschüttung an der Synapse. ACh bindet an ACh-Rezeptoren der motorischen Endplatte. Der sich dort ausbreitende Reiz führt zur Calciumausschüttung aus dem sarcoplasmatischen Reticulum. Calcium bewirkt die Kontraktion von Actin und Myosin.

Myotonolytika wie z. B. Benzodiazepine (**Diazepam, Tetrazepam**) und **Baclofen** erhöhen die Wirkung von GABA an GABA-Rezeptoren und verstärken somit die Hemmung der Interneurone. Myotonolytika werden zur Therapie schmerzhafter Rückenverspannungen eingesetzt.

Muskelrelaxantien hemmen die elektromechanische Kopplung, indem sie an ACh-Rezeptoren der motorischen Endplatte binden und eine ACh-Bindung verhindern. Dies führt zur Lähmung der Skelettmuskulatur. Muskelrelaxantien werden zur Narkose verwendet und verhindern Muskelkontraktionen während der Operation. Je nachdem, ob die Bindung von Muskelrelaxantien an ACh-Rezeptoren eine Depolarisation der Muskelfaser nach sich zieht oder nicht, unterscheidet man depolarisierende und nicht-depolarisierende Muskelrelaxantien.

Das Pfeilgift **Curare** südamerikanischer Indianer ist ein nicht-depolarisierendes Muskelrelaxans. Es enthält verschiedene Alkaloide aus *Strychnos* und *Chondrodendron*-Arten und lähmt die Atmung von Beutetieren.

Medizinisch ist **d-Tubocurarin** von Bedeutung. Es ist ein kompetitiver ACh-Antagonist. **Pancuronium** ist eine synthetische Substanz mit deutlich stärkerer Wirkung als d-Tubocurarin. **Succinylcholin** stellt ein depolarisierendes Muskelrelaxans dar. Von seiner chemischen Struktur her ist es ein ACh-Dimer. Anders als ACh führt es zur Muskelerschlaffung. Da es nicht von ACh-Esterase, sondern von der unspezifischen Serum-Cholinesterase gespalten wird, hält seine Wirkung lange an. **Botulinum-Toxin** inhibiert die ACh-Ausschüttung. Es stammt aus dem Bakterium *Clostridium botulinum* und stellt ein besonders starkes Gift dar. **Dandrolen** blockiert die Ca^{2+}-Freisetzung aus dem sarcoplasmatischen Reticulum und dient zur Behandlung schmerzhafter Muskelverspannungen.

3.4 Herz

Funktionsweise

Aktionspotenziale werden im Herzen ähnlich wie in der quergestreiften Skelettmuskulatur durch Na^+-Einstrom (Depolarisation) ausgelöst. Dieser wird gefolgt von einem K^+-Einstrom (Repolarisation). Auch die elektromechanische Kopplung ist calciumabhängig. Dennoch wirken viele Substanzen, welche die Herzmuskulatur beeinflussen, nicht an Skelettmuskeln. Der Grund dafür ist, dass Skelettmuskelfasern ein ausgeprägtes sarcoplasmatisches Reticulum besitzen, welches in kurzer Zeit große Mengen Calcium freisetzen kann. Herzmuskeln weisen zwar transversale Tubuli auf, jedoch ein schwach entwickeltes sarcoplasmatisches Reticulum. Calcium wird aus den transversalen Tubuli ausgeschüttet. Die Auslösung der Muskelkontraktion dauert hingegen viel länger als in Skelettmuskeln.

Herzglykoside

Herzglykoside sind positiv inotrope Substanzen aus Pflanzen wie Fingerhut (*Digitalis lanata*), Maiglöckchen (*Convallaria majalis*), Christrose (*Helleborus niger*) etc. Typische Glycoside mit Herzwirksamkeit sind **Digoxin, Digitoxin, Digoxigenin, g-Strophantin, Scillaren A** u. a.

Herzglykoside binden an Na^+/K^+-ATPasen und hemmen sie. Natrium wird nicht mehr aus der Zelle herausgepumpt und Kalium wird nicht mehr in die Zelle zurückbefördert. Wird ein Teil der Na^+/K^+-ATPasen gehemmt, können die ungehemmten Transportermoleküle den Ionentransport aufrechterhalten. Da zugleich die Calciummenge ansteigt, nimmt die Inotropie (Kontraktionskraft) zu.

Herzglykoside werden zur Therapie chronischer Herzmuskel-Insuffizienz (verminderte Pumpaktivität des Herzens) sowie von Vorhofflattern und -flimmern (ungeordnete Herzmuskel-Bewegungen) eingesetzt. Die therapeutische Wirkung ist nur dann nutzbar, wenn ein Teil der Na^+/K^+-ATPasen unblockiert bleibt. Ansonsten treten schwere Vergiftungen (lebensbedrohliche Herzarrhythmien, ZNS-Störungen etc.) auf.

Antiarrhythmika

Antiarrhythmika konkurrieren mit Natriumionen um den schnellen Einstrom und verhindern dadurch zusätzliche Herzschläge. Dazu zählen die Natriumkanal-Blocker **Lidocain, Procainamid** und **Chinidin** aus der Rinde des Chinabaumes (*Cinchona pubescens*). Auch Kaliumkanal-Blocker wie **Amiodaron** wirken antiarrhythmisch. Calciumkanal-Blocker wirken ebenfalls antiarrhythmisch, weil sie die Reizleitung über den Atrioventrikularknoten des Herzens blockieren. Sie mindern Tachykardie sowie Vorhofflattern und -flimmern sowie Tachykardie. **β-Blocker** schwächen die sympathische Erregung ab und wirken ebenfalls antiarrhythmisch.

3.5 Gehirn

Hirnwirksame Substanzen können das ZNS

- hemmen (Schlafmittel, Narkosemittel, Antiemetika, Antiepileptika),
- erregen (Analeptika),
- psychische Vorgänge beeinflussen (Psychopharmaka).

Von den **Psychopharmaka** zu unterscheiden sind **Psychomimetika**, welche Halluzinationen und rauschartige Illusionen erzeugen. Beispiele sind das synthetische LSD und Tetrahydrokannabinol aus *Cannabis sativa*.

Schlafmittel: Während des Schlafes wechseln zwei Phasen vier- bis fünfmal pro Nacht miteinander ab:

1. *rapid-eye-movement* (REM)-Phase: ca. 25% Anteil an der Schlafdauer, schnelle Augenbewegungen, Muskelzuckungen, Träume,
2. *no-rapid-eye-movement* (NREM)-Phase: ca. 75% Anteil an der Schlafdauer.

Bei Einnahme von Schlafmitteln kommt es zu einer Verringerung der REM-Phasen. Übermäßiger Gebrauch von Schlafmitteln kann zu Gewöhnung und Abhängigkeit führen. Bei der Gewöhnung lässt die Wirksamkeit des Medikamentes nach, so dass höhere Dosen zugeführt werden müssen, um den gleichen Effekt zu erzielen. Mit steigender Dosis können Schlafmittel sedativ, hypnotisch oder narkotisch wirken.

Benzodiazepine (**Brotizolam, Triazolam**) unterstützen die hemmende Wirkung von γ-Aminobuttersäure (GABA) and $GABA_A$-Rezeptoren. Neben Schlafstörungen werden Angstzustände und Depressionen mit dieser Stoffgruppe therapiert. Barbiturate sind auf Grund ihrer Suchtgefahr und Toxizität (Suizidgefahr bei Missbrauch durch zentrale Atemlähmung) als Schlafmittel verboten.

Narkosemittel: Bei chirurgischen Eingriffen wird das Schmerzempfinden herabgesetzt. Narkotika dämpfen reversibel motorische Abwehrreflexe und Muskelspannungen, schalten jedoch das vegetative Nervensystem nicht aus. Der Patient verliert vorübergehend das Bewusstsein.

Narkosemittel werden eingeatmet (Inhalationsanästhetika) oder intravenös appliziert (Injektionsanästhetika). Die narkotisierende Wirkung von Inhalationsanästhetika hängt von deren Lipophilie ab, da sie die Fluidität der Biomembran stören. Neben Dampfnarkotika (**Halothan**) kennt man Gasnarkotika (**Lachgas**). Für die Wirksamkeit wird eine Beteiligung des $GABA_A$-Rezeptors vermutet. Zu den Injektionsnarkotika zählen Barbiturate (**Thiopental**), **Propofol, Ketamin** u. a.

Antiemetika: Erbrechen ist ein Schutzmechanismus des Körpers, welcher die Koordination von glatten und Skelettmuskeln erfordert. Diese Koordination geschieht im Brechzentrum des Gehirns. Rezeptoren liefern Informationen über schädliche Stoffe in Blut und Magen an die Area postrema des Gehirns. Von dort werden die Signale an die Formatio reticularis und Medulla oblongata weitergeleitet.

Verschiedene Arzneimittel wirken Übelkeit und Erbrechen entgegen. Sie hemmen für den Brechreflex wichtige Rezeptoren. Dazu zählen das parasympatholytische **Scopolamin**, der Dopamin-Antagonist **Metoclopramid**, der Serotonin-Antagonist **Ondansetron**, H1-Antihistaminika (**Meclozin, Dimenhydrinat**) und Neuroleptika (**Trifluoperazin**).

Antiepileptika: Epilepsien sind anfallsartige Krampfreaktionen im motorischen System durch übermäßige Erregung von Neuronen im ZNS. Antiepileptika erhöhen die Reizschwelle, welche zur Auslösung solcher Krämpfe führt. Es erfolgt keine ursächliche sondern eine symptomatische Therapie durch

- Hemmung neuronaler Natriumkanäle (**Carbamazepin, Phenytoin**),
- Hemmung neuronaler Calciumkanäle (**Valproinsäure**),
- Hemmung der GABA-vermittelten Reizübertragung (**Gabapentin, Vigabatrin, Tiagabin**).

Psychopharmaka: Neuroleptika und Thymoleptika hemmen verschiedene Rezeptoren und wirken als Catecholamin-, Histamin- und Serotonin-Antagonisten. Thymolytika blockieren auch die Aufnahme biogener Amine. Schizophrenien (Wahnvorstellungen, Halluzinationen, Verlust persönlicher Aktivitäten und sozialer Kontakte) werden mit Neuroleptika behandelt. Man unterscheidet drei Stoffgruppen:

- Phenothiazine (**Chlorpromazin**). Neben der Hemmung verschiedener anderer Rezeptoren scheint die Inhibition von Dopamin-Rezeptoren für den antischizophrenen Effekt bedeutsam zu sein.
- Butyrophenone (**Haloperidol**) hemmen Dopamin (D_2)-Rezeptoren.
- Dibenzazepine (**Clozapin**) blockieren D_4- und andere Rezeptoren, nicht jedoch D_2-Rezeptoren.

Die Therapie von Depressionen ist schwierig. Sie kann mit Thymolytika versucht werden. Zur Aufhellung der Stimmung dienen trizyklische Antidepressiva (**Imapramin, Amitriptylin**, Serotonin-Resorptionsinhibitoren (**Fluoxetin**), Inhibitoren der Monoaminoxidase (**Moclobemid**) sowie **Lithiumionen**. Johanniskraut (*Hypericum perforatum*) weist antidepressive Wirkungen auf.

Anxiolytika (*tranquilizer*) dämpfen Angstzustände. In diese Gruppe gehören Benzodiazepine (**Diazepam**), welche die hemmende Wirkung von GABA an $GABA_A$-Rezeptoren verstärken.

Psychoanaleptika wirken auf die Stimmung stimulierend. Die Methylxanthine **Coffein** und **Theophyllin** kommen in Kaffee (*Coffea arabica*), Tee (*Thea sinensis*) und anderen Pflanzen vor. Die beiden Substanzen regen Kreislauf und Atemzentrum an. **Amphetamine** bewirken die Ausschüttung von Noradrenalin und Dopamin, steigern die Leistungsfähigkeit und können leicht euphorisierend wirken.

3.6 Schmerztherapie

Schmerzen werden gelindert durch

- Verminderung der Reizentstehung. Dies geschieht durch Inhibitoren der Eicanosid-Synthese, welche die Sensibilität von Schmerzrezeptoren in afferenten Nerven herabsetzen.
- Unterdrückung der Reiz-Weiterleitung. Dazu dienen Lokalanästhetika, welche Membranpotenzial-gesteuerte Natriumkanäle blockieren, und Opiate, welche die synaptische Umschaltung inhibieren.

Eicanosid-Inhibitoren

Aus Arachidonsäure entstehen durch Cyclooxigenasen-vermittelte Katalyse verschiedene **Eicanoside** (Prostaglandine, Thromboxane, Prostacyclin, Leukotriene). Die konstitutiv exprimierte **Cyclooxigenase 1 (COX1)** produziert vornehmlich Eicanoside für physiologische Vorgänge. Das Isoenzym **COX2** wird z. B. bei Entzündungsreizen induziert und produziert Eicanoside unter pathologischen Bedingungen. Die von COX2 synthetisierten Prostaglandine führen zu Entzündung und Fieber. Die therapeutische Beeinflussung betrifft daher neben **schmerzlindernden (analgetischen)** auch **fiebersenkende (antipyretische)** und **entzündungshemmende (antiphlogistische) Effekte**.

Antipyretische Analgetika sind **Paracetamol** und **Metamizol** mit weitgehend unbekannten Wirkmechanismen. Steroidale Antiphlogistika (**Glucocorticoide**, s. Kap. 3.7) hemmen u. a. Cyclooxigenasen und Phospholipase A_2, welche Arachidonsäure synthetisiert. Nicht steroidale Antiphlogistika hemmen ebenfalls Cyclooxigenasen. Dazu zählen **Acetylsalicylsäure** sowie spezifische COX2-Inhibitoren (**Rofecoxib, Celecoxib**).

Lokalanästhetika

Die Entstehung und Weiterleitung von Aktionspotenzialen wird durch eine Hemmung der Natriumkanäle lahm gelegt. Da dieser Effekt sowohl an peripheren Nerven als auch im Gehirn und am Herzen auftritt, müssen Inhibitoren der Natriumkanäle lokal verabreicht werden. Beipiele für Lokalanästhetika sind **Procain** und **Lidocain**.

Opiate

Opiate sind dem Morphin verwandte Substanzen. Morphin stammt aus dem Saft des Mohns (*Papaver somniferum*). Morphin und davon abgeleitete Opiate (**Levamethadon, Pethidin, Codein**) binden an Opiatrezeptoren. Sie wirken agonistisch und haben analgetische Eigenschaften. Teilweise wirken sie auch hustenstillend (antitussiv) (Codein).

Opiate haben ein starkes Suchtpotenzial (Ausnahme: Codein), welches bei **3,6-Diacetyl-Morphin (Heroin)** besonders ausgeprägt ist. Weiterhin sind Opiate bekannt, welche sowohl agonistische als auch antagonistische Eigenschaften aufweisen (**Tramadol**). Reine Antagonisten (**Naloxan**) dienen als Gegengift (Antidot) bei Opiatvergiftungen.

Daneben gibt es endogene Opiate (**Endorphine**), welche erst teilweise in ihrer physiologischen Bedeutung erforscht sind. Dazu zählen **Enkephalin, Dynorphin** und **Opiomelanocortin**. Bei extremen körperlichen Belastungen beeinflussen sie Hunger- und Schmerzgefühl sowie Wohlbefinden.

3.7 Hormone und Mediatorsubstanzen

Hormone sind regulatorische Substanzen, welche aus Nervenzellen oder endokrinen Drüsen ausgeschüttet werden, sich über die Blutbahn im Körper verteilen und an Rezeptoren von Zielzellen binden. Die Rezeptorbindung löst Signale aus, welche charakteristische Veränderungen und Reaktionen der Zielzelle auslösen. Neben den endokrinen Hormonen im engeren Sinne zählen auch andere Botenstoffe zu den Hormonen.

Hormone des Gehirns

Ein bestimmter Bereich des Gehirns (Hypothalamus) produziert Hormone. Der Hypothalamus koordiniert mit Hilfe von Hormonen Gehirnfunktionen und Funktion anderer Organe im Körper (**Abb. 3.4**). Bei den hypothalamischen Hormonen handelt es sich um die Peptide **Thyreoliberin** (*thyreotropin-relasing hormone*, TRH), **Corticoliberin** (*corticotropin-releasing hormone*, CRH), **Gonadoliberin** (*gonadotropin-releasing hormone*, GnRH), **Somatoliberin** (*somatotropin-releasing hormone*, SRH) und **Dopamin**.

Der Hypothalamus steht über den Hypophysenstiel mit der Hypophyse in Verbindung. Neuronen des Hypothalamus setzen Hormone im Hypophysenstiel frei. Die Hormone binden an Rezeptoren hypophysärer Nervenzellen.

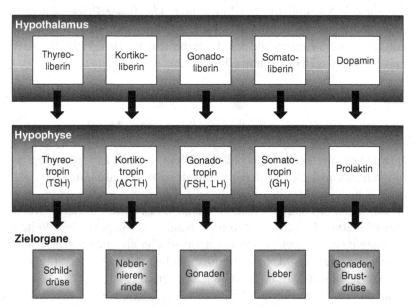

Abb. 3.4. Hormone des Gehirns. Im Gehirn induzieren Hypothalamushormone die Freisetzung nachgeschalteter Hormone in der Hypophyse. Diese gelangen über das Blutgefäßsystem an die jeweiligen Zielorgane.

Diese bilden verschiedene Proteine mit Hormonwirkung, welche von der Hypophyse ins Blut abgegeben werden, um ihre Zielorgane im Körper zu erreichen. Thyroliberin induziert die Freisetzung von **Thyreotropin** (TSH) aus der Hypophyse, welches die Schilddrüse aktiviert. I-Kortikoliberin steuert die Ausschüttung von **Corticotropin** (ACTH) aus der Hypophyse, welches auf die Nebennierenrinde wirkt. Gonadoliberin bewirkt die **Gonadotropin**-Freisetzung und fördert die Aktivität von Keim- und Geschlechtsdrüsen. Die hypophysären Gonadotropine sind das **follikelstimulierende Hormon** (FSH), welches die Follikelreifung im Eierstock stimuliert, und das **luteinisierende Hormon** (LH), welches bei der Frau den Eisprung und beim Mann die Testosteronfreisetzung in den Hoden steuert. Das **humane Chorin-Gonatropin** (HCG) ist ein LH-artiges Gonatropin, welches während der Schwangerschaft in der Placenta produziert wird. Somatoliberin fördert die Freisetzung von **Somatotropin** aus dem Hypophysen-Vorderlappen. **Somatostatin** hemmt sie. Somatotropin (*growth hormone*, GH) stimuliert die Bildung von **Somatomedinen** in der Leber (z. B. *insulin-like growth factor-1*, IGF-1). Somatotropin fördert die Zellteilung und das Wachstum im Kindesalter. Nach Ausschüttung von Dopamin wird **Prolactin** aus der Hypophyse freigesetzt. Es stimuliert die Milchproduktion in der Brustdrüse und hemmt die Gonadenfunktion.

Therapeutische Ansätze: GnRH wird zur Sterilitätsbehandlung der Frau verwendet, um die FSH- und LH-Ausschüttung und den Eisprung zu induzieren. Superagonisten der Gonadoliberin-Rezeptoren (**Buserelin, Leuprorelin**) und Antagonisten dieses Rezeptors (**Cetrorelix, Ganirelix**) führen zum Versiegen der Gonatropinfreisetzung durch Dauerstimulation bzw. zur Rezeptorblockade. Rezeptorantagonisten werden bei der *in vitro*-Fertilisation verwendet, Superagonisten bei hormonabhängigen Prostata- und Mammakarzinomen. Gentechnisch hergestelltes rekominantes Somatotropin wird bei Wachstumsstörungen im Kindesalter angewandt. Das Somatotropin-Analogon **Octreotid** sowie der Somatotropin-Rezeptorantagonist **Pegvisomant** hemmen eine Überproduktion von Somatotropin. Dopamin-Rezeptoragonisten wie **Bromocriptin** binden an D_2-Rezeptoren, führen zur Unterdrückung der Prolactin-Freisetzung und der Milchproduktion in der nachgeburtlichen Abstillphase.

Hormone anderer Organe

Schilddrüsen-Hormone: TRH und nachfolgend TSH führen zur Stimulation der Schilddrüse und **Thyrosin**-Freisetzung, welches im Körper zu **Trijodthyronin** umgewandelt wird. Bei ungenügender Schilddrüsen-Funktion (Hypothyreose) oder bei Jodmangel lässt sich die Schilddrüse durch Gabe von Thyroxin oder Zufuhr von Jodsalzen mit der Nahrung stimulieren. Bei Schilddrüsen-Vergrößerung (euthyreote Struma) wirkt Thyroxin hemmend. Eine Schilddrüsen-Überfunktion wird durch Thyreostatika (**Thiamazol**) blockiert.

Nebennierenrinden-Hormone: Nebennierenrinden-Hormone zählen zu den Steroidhormonen. Sie binden an Rezeptoren, welche daraufhin mit Adapterproteinen im Zellkern interagieren und ihre Konformation ändern. Diese Proteinkomplexe wandern in den Zellkern und binden an spezifische Bindestellen in den Promotersequenzen von Zielgenen. Dies bewirkt ein transkriptionelles An- oder Abschalten der Zielgene.

Mit **Glucocorticoiden (Cortisol)** wird eine Nebennieren-Insuffizienz behandelt. In höheren Konzentrationen hemmen Glucocorticoide Entzündungen, Allergien, Transplantatabstoßungen etc. Cortisol bindet nicht nur an Glucocorticoid-Rezeptoren, sondern auch an Mineralocorticoid-Rezeptoren. Cortisolderivate (**Prednisolon, Dexamethason**) binden spezifisch nur an den Glucocorticoid-Rezeptor. Die entzündungshemmende Wirkung der Glucocorticoiden beruht auf der Unterdrückung von Entzündungsmediatoren (bestimmte Interleukine, Tumornekrose-Faktor-α etc.).

Mineralocorticoide (Aldosteron) werden nach Aktivierung des Renin-Angiotensin-Systems ausgeschüttet. Eine therapeutische Substitution erfolgt bei Nebennieren-Insuffizienz.

Keimdrüsen-Hormone

Die geschlechtsspezifischen Androgene (Testosteron), Östrogen und Gestagene (Progesteron) zählen ebenfalls zu den Steroidhormonen.

Die **Testosteron**-Produktion im Hoden wird durch LH aus dem Hypophysen-Vorderlappen angeregt. Testosteron ist zur normalen männlichen Geschlechtsentwicklung und zur Spermienproduktion notwendig. Daneben spielt es auch für Skelettmuskel-Bildung und psychische Verhaltensmuster des Mannes eine Rolle. **Finasterid** hemmt 5α-Reduktase, welche Testosteron in das physiologisch aktive Dihydrotestosteron umwandelt. Es findet zur Behandlung der benignen Prostatahyperplasie Verwendung. **Cyproteronacetat** antagonisiert den Testosteron-Rezeptor und dient zur Therapie von Prostatakarzinomen sowie abnormem sexuellen Fehlverhalten.

Östrogen steuert die weibliche Geschlechtsentwicklung und den Menstruationszyklus. Östrogenderivate werden bei Östrogenmangel sowie als

Verhütungsmittel (Kontrazeptiva) eingesetzt. Antiöstrogene dienen der Stimulation des Eisprungs bei Sterilität (**Clomifen**) sowie der Behandlung des Östrogenrezeptor-positiven Brustkrebses (**Tamoxifen**).

Progesteron entsteht nach dem Eisprung im Gelbkörper (Corpus luteum) und steuert die Sekretionsphase während der Menstruation. Gestagene werden als Kontrazeptiva verwendet. Mit Antigestagenen (**Mifepriston, RU-486**) wird eine Schwangerschaft abgebrochen.

Bauchspeicheldrüsen-Hormone

Die Hormonproduktion der Bauchspeicheldrüse findet in den Langerhans-Inseln statt. Sie enthalten α- und β-Zellen, welche Glucagon bzw. Insulin produzieren. **Glucagon** wird bei Hunger und Absinken des Blutzucker-Spiegels ausgeschüttet. Es stimuliert den Glycogenabbau und die Gluconeogenese in der Leber und führt zum Anstieg der Glucosekonzentration im Blut. Gegenspieler des Glucagons ist **Insulin**. Es fördert den Glucoseabbau. Nach Bindung an den Insulinrezeptor auf Zielzellen (z. B. Muskelzellen, Fettzellen, Leberzellen) erfolgt eine intrazelluläre Signaltransduktion. Die Tyrosinkinase-Aktivität des Insulinrezeptors stimuliert das nachgeschaltete Insulin-Rezeptor-Substrat-1 (IRS1), welches die Bildung von Vesikeln zur endozytärer Glucoseaufnahme anregt. Diese Vesikel tragen den Glucosetransporter GLUT-4.

Bei der Stoffwechsel-Krankheit **Diabetes mellitus** ist der Zuckerabbau durch eine gestörte Insulinproduktion vermindert. Zucker wird vermehrt mit dem Urin ausgeschieden. Diabetes mellitus Typ I tritt im kindlichen Alter auf. Durch autoimmunologische Prozesse werden die insulinproduzierenden β-Zellen zerstört. Diabetes mellitus Typ II kommt bei älteren Menschen vor. Hier ist die Fähigkeit der β-Zellen zur Insulinproduktion eingeschränkt. In der Folge nimmt auch die Dichte der Insulinrezeptoren auf den Zielgeweben ab, so dass eine Insulinresistenz entsteht.

Eine Substitution fehlenden originären Insulins erfolgte früher durch Insulin vom Rind oder Schwein, was gelegentlich zu allergischen Reaktionen führte. Heute wird gentechnisch hergestelltes Insulin verwendet. Bei Diabetes mellitus Typ II kann neben einer Veränderung der Lebensweise (Gewichtsabnahme, Sport) die Insulinproduktion der β-Zellen auch medikamentös angeregt werden. Sulfonylharnstoffe (**Tolbutamid, Glibenclamid**) und Glinide (**Repaglinid**) setzen die Leitfähigkeit von Kaliumtransportern herab. Die resultierende Minderung des Membranpotenzials erleichtert die Insulinausschüttung. Biguanid-Derivate (**Metformin**) steigern den Glucoseabbau in Zielorganen, so dass weniger Insulin benötigt wird. Glitazone (**Pioglitazon, Rosiglitazon**) stimulieren den *peroxisome* *proliferator-activated receptor-*γ, welcher zusammen mit anderen Proteinen als Transkriptionsfaktor-Komplex fungiert. Unter anderem wird dadurch die Produktion des Glucosetransporters GLUT-4 angeregt.

Histamin-Inhibitoren

Histamin ist ein exogen und endogen vorkommender Überträgerstoff. Brennnessel-Haare und Insektenstiche enthalten Histamin. Im menschlichen Körper wirkt Histamin im Gehirn als Neurotransmitter. In der Magenschleimhaut wird es von Enterochromatin-artigen Zellen ausgeschüttet, um Belegzellen zur Freisetzung von Magensäure zu stimulieren. Mastzellen in Blut, Haut und Lungen vermitteln allergische Reaktionen durch Histaminfreisetzung.

Es sind drei **Histaminrezeptoren** bekannt (H_1, H_2, H_3). H_1-Antihistaminika der ersten Generation sind vergleichsweise unspezifisch, da sie auch muscarinische Acetylcholin-Rezeptoren hemmen. Sie wurden gegen Allergien (**Bamipin**) und Brechreiz (**Meclozin**) sowie als Schlafmittel eingesetzt. H_1-Antihistaminika der zweiten Generation wirken spezifischer (**Cetirizin**). H_2-Antihistaminika (**Cimetidin**) hemmen die Magensäure-Freisetzung bei der Behandlung von Magengeschwüren. Die Mastzell-Stabilisatoren inhibieren die Histaminausschüttung aus Mastzellen und wirken gegen Allergien.

Serotonin-Inhibitoren

Serotonin (5-Hydroxytryptamin, 5-HT) fungiert im ZNS und Darm als Überträgersubstanz. Es ist eine Reihe unterschiedlicher Serotoninrezeptoren bekannt, von denen bisher nur einige für therapeutische Belange beeinflussbar sind.

Urapidil hemmt 5-HT-Rezeptoren vom Subtyp 1A (5-HT1A) und wird gegen Bluthochdruck eingesetzt. **Sumatriptan** ist ein 5-HT1D- und 5-HT1B-Agonist und dient als Migränemedikament. **Methysergid** hemmt Serotoninrezeptoren der Subtypen 1D, 2A und 2B bei der Migräneprophylaxe. Die Subtypen 1 und 2 sind G-Protein-gekoppelte Rezeptoren. Der 5-HT3-Rezeptor ist ein ligandgesteuerter Ionenkanal. Seine Blockade durch **Ondansetron** ist für die Behandlung von Brechreiz im Rahmen der Chemotherapie von Tumorerkrankungen von Bedeutung.

Lysergsäurediethylamid (LSD), **Psilocybin** und **Mescalin** sind Halluzinogene, welche als Antagonisten an Serotonin-Rezeptoren binden.

3.8 Blut

Anämien

Anämien sind gekennzeichnet durch eine Verminderung der Erythrozytenzahl oder des Hämoglobingehaltes. Sie haben verschiedene Ursachen: Mangel an Eisen, Vitamin B_{12}, Folsäure oder Erythropoetin.

Eisenmangel-Anämie: Über die Nahrung aufgenommenes Eisen wird im Darm an Transferrin gebunden, welches als Transportmolekül dient. Es wird von Erythroblasten aufgenommen, welche das Eisen bei der Erythropoese zur Hämoglobin-Synthese verwenden. Eisenmangel stört die Hämoglobin-Synthese und es entsteht eine Eisenmangel-Anämie. Eine Therapie erfolgt mit Eisenverbindungen. Bei Überdosierung kann es zur Eisenablagerung im Gewebe (Hämosiderose) kommen.

Perniziöse Anämie: Vitamin B_{12} (Cyanocobalamin) ist zur DNA-Synthese bei der Erythropoese notwendig. Zur Aufnahme des Vitamin B_{12} dient der *intrinsic factor* der Darmepithel-Belegzellen. Bei Gastritis und anderen Erkrankungen werden die Belegzellen geschädigt und Vitamin B_{12} wird auf Grund eines Mangels an *intrinsic factor* unzureichend resorbiert. Zur Therapie wird Vitamin B_{12} parenteral zugeführt.

Makrocytäre Anämie: Die Folsäure ist ein Bestandteil für die DNA-Synthese während der Erythropoese. Neben falscher Ernährung oder Resorptionsstörungen kann es in der Schwangerschaft durch erhöhten Folsäure-Bedarf zu Mangelerscheinungen kommen. Durch orale Einnahme von Folsäure lässt sich die makrocytäre Anämie behandeln.

Renale Anämie: Erythropoetin ist ein im Nierenmark gebildetes Hormon, welches die Erythropoese stimuliert. Ein Erythropoetin-Mangel durch Nierenerkrankungen lässt sich durch Gabe von Erythropoetin behandeln.

Thrombosen

Die Blutgerinnung nach Gefäßverletzung wird über eine fein abgestufte Gerinnungskaskade vermittelt. Inaktive Vorstufen von Gerinnungsfaktoren werden durch Ca^{2+}-abhängige Proteasen gespalten und aktiviert. Am Ende dieser Kaskade wird Fibrinogen in **Fibrin** gespalten. Vernetzte Fibrinmoleküle bilden zusammen mit Thrombozyten einen Pfropf, welcher eine entstandene Gefäßruptur verschließt. Verstopfen andererseits solche Gerinnsel arteriosklerotische Herzkranzgefäße, entsteht ein Herzinfarkt. Der

Verschluss von Lungengefäßen führt zur Lungenembolie. Die Blutgerinnung lässt sich beeinflussen durch:

- Ca^{2+}-Komplexbildner (**EDTA, Oxalat**). Wird freies Ca^{2+} gebunden, kommt es zur Hemmung der Ca^{2+}-abhängigen Proteasen.
- **Heparin** bindet Antithrombin III und aktiviert es. Dadurch wird der Gerinnungsfaktor Xa gehemmt.
- **Hirudin** (aus dem Blutegel *Hirudo medicinalis*) hemmt die Proteolyse von Fibrinogen zu Fibrin. Heute werden rekombinante Hirudinderivate (**Lepirudin, Desirudin**) verwendet.
- Dimere Cumarine (z. B. **Phenprocoumon**) hemmen Vitamin K, welches zur Synthese verschiedener Gerinnungsfaktoren (II, VII, IX, X) benötigt wird.

Sind bereits Thromben entstanden, lassen sich diese durch Plasmin zerkleinern. Plasmin entsteht aus Plasminogen und spaltet Fibrin-Netzwerke in kleinere und wasserlösliche Spaltprodukte. Zur Umwandlung von Plasminogen zu Plasmin werden **Streptokinase, Urokinase** sowie *tissue plasminogen activator* (**t-PA**) therapeutisch eingesetzt.

Die Thrombozyten-Aggregation bei der Gerinnung wird durch **Thromboxan A_2** gefördert. Die Thromboxan-A_2-Entstehung aus Arachidonsäure wird durch Cyclooxigenase katalysiert. Aus Salicin, welches in der Weide *Salix alba* vorkommt, entsteht in der Leber Salicylsäure. Es hemmt Cyclooxigenasen und verhindert die Thrombozyten-Aggregation. Die synthetisch hergestellte Acetylsalicylsäure wird im Organismus zu Salicylsäure gespalten. Der therapeutische Effekt beruht auf der fehlenden DNA-Neusynthese der Thrombozyten, welche im Gegensatz zu Endothelzellen und Leukozyten keine DNA besitzen.

Hyperlipoproteinämien

Im Fettstoffwechsel entstehen **Triglyceride** und **Cholesterin**. Sie werden im Darm von Phospholipiden und Apolipoproteinen umgeben, damit sie in Blut und Lymphe leichter transportiert werden können. Dort versorgen sie verschiedene Gewebe und Organe. Nach der Größe dieser Lipidpartikel unterscheidet man *high-density-, low-density-* und *very-low-density*-**Lipoproteine (HDL, LDL, VLDL)** sowie **Chylomikronen**. Chylomikronen werden im Darmepithel gebildet und enthalten überwiegend Triglyceride. Sie wandern zur Leber, wo sie degradiert werden. In der Leber entstehen die triglyceridreichen VLDL. HDL transportieren Cholesterin von den Blutgefäßen zur Leber. Damit wird es dem Blutkreislauf entzogen und kann sich nicht an den Gefäßwänden ablagern. LDL dienen der Cholesterin-Versorgung extrahepatischer Gewebe. Bei einem Überangebot kann es sich an Gefäßwänden ablagern und zur Arteriosklerose führen.

Zu hohe Cholesterinmengen (**Hyperlipoproteinämie**) steigern das Arterioskleroserisiko und sind mit hohen LDL-Konzentrationen assoziiert. Hyperlipoproteinämien entstehen primär durch genetische Prädisposition oder sekundär durch falsche Ernährung und Lebensweise. Sekundäre Hyperlipoproteinämien werden durch eine veränderte Lebensweise günstig beeinflusst. Für primäre Formen verschiedene Arzneimittel zur Verfügung:

- Inhibitoren der hepatischen Cholesterin-Synthese. Statine wie **Lovastatin** und **Fluvastatin** ähneln in ihrer chemischen Struktur 3-Hydroxy-3-Methyl-Glutaryl-CoA, welches als Substrat für HMG-CoA-Reduktase dient. Statine blockieren dieses für die Cholesterin-Synthese bedeutsames Enzym.
- Anionen-Austauscherharze wie **Colestyramin** und **Colestipol** binden Gallensäuren im Darm. Daraufhin wird vermehrt Cholesterin in der Leber zur Neusynthese von Gallensäuren verbraucht. Daher wird Cholesterin dem Blut entzogen, so dass der Cholesterinspiegel im Blut sinkt.

3.9 Gastrointestinaltrakt

Wirkstoffe gegen Magengeschwüre

Der Verdauungsprozess im Magen wird wesentlich durch Salzsäure bewerkstelligt. Die Magenschleimhaut schützt das tiefer liegende Gewebe vor der aggressiven Magensäure. Magenschleimhaut-Entzündungen (Gastritis), welche beispielsweise durch bakterielle Infektionen (*Heliobacter pylori*) verursacht werden, schädigen die Magenschleimhaut (Mucosa). Die Magensäure greift das darunter liegende Bindegewebe (Submucosa) an. Dies führt auf Dauer zu einem **Magengeschwür (Ulcus)**.

Die Submucosa kann durch drei Wirkprinzipien geschützt werden:

- Neutralisierung der Salzsäure: **Antacida** (Magnesiumhydroxid, Aluminiumhydroxid, Natriumhydrogencarbonat) binden Protonen und regulieren den pH-Wert im Magen. **Omeprazol** hemmt die H^+/K^+-ATPase in den Belegzellen, so dass der Protonentransport in den Magensaft zum Erliegen kommt. Die Belegzellen werden durch Acetylcholin und Histamin zur Salzsäure-Produktion angeregt. **Pirenzipin** blockiert muscarinische M_1-Rezeptoren in enterochromatinen Zellen des Magens. Die ausbleibende Acetylcholin-Bindung verhindert die Ausschüttung von Histamin aus den enterochromatinen Zellen. Histamin bindet an Histamin-H_2-Rezeptoren der Belegzellen. Gleichzeitig bindet Acetylcholin an M_3-Rezeptoren der Belegzellen. Beide Ereignisse induzieren die Protonensekretion. H_2-Antihistaminika (**Cimetidin, Ranitidin**) hemmen ebenfalls die Salzsäure-Freisetzung in den Magen.

- Abtötung der *Heliobacter-pylori*-Keime durch antibakterielle Wirkstoffe (**Amoxizillin, Clarithromycin**).
- Bei bereits bestehenden Schleimhaut-Defekten fördern künstliche Schutzschichten über den Schadstellen den Heilungsprozess. **Sucralfat** ist ein basisches Aluminiumsalz, welches bei saurem pH-Wert vernetzt und eine pastenartige Schutzschicht bildet.

Abführmittel

Verstopfungen (Obstipationen) können verschiedene Ursachen haben: falsche Ernährung, Stoffwechselstörungen, Arzneimittel-Nebenwirkungen oder krankhafte Darmverengungen. Häufig lassen sich Obstipationen durch nicht medikamentöse Maßnahmen beheben (andere Ernährung etc.). Abführmittel (**Laxantien**) werden angewandt bei Vergiftungen, um den Darm möglichst schnell zu entleeren sowie zur Vorbereitung für Operationen, Stauungen von Kot im Dickdarm, den Durchtritt von Eingeweiden durch den Leistenkanal in der Bauchwand (Leistenhernie) etc.

Laxantien wirken über zwei Mechanismen:

- Steigerung der Darmperistaltik. Anthrachinon-Derivate (z. B. **Emodin**) wirken bevorzugt auf den Dickdarm durch Hemmung der Wasserresorption. Ähnlich wirken Diphenole (**Bisacodyl, Natriumpicosulfat**). Rizinolsäure (aus *Ricinus communis*) stimuliert die Peristaltik des Dünndarms.
- Eine Verflüssigung des Stuhls führt zur Volumenzunahme, wodurch die Darmperistaltik stimuliert wird. Dies lässt sich durch osmotisch wirksame Substanzen wie Glaubersalz (**Natriumsulfat**) und Bittersalz (**Magnesiumsulfat**) erreichen. Sie ziehen Wasser in den Darm. Quellstoffe (**Agar, Macrogol**) vergrößern im Darm ihr Volumen durch Wasseraufnahme und stimulieren die Peristaltik.

Wirkstoffe gegen Durchfall

Durchfall (**Diarrhoe**) entsteht in Folge entzündlicher Reaktionen des Darmepithels bei viralen oder bakteriellen Infektionen. Auch Toxine, welche von Erregern freigegeben werden und Ionenpumpen der Darmschleimhaut blockieren, führen zu Durchfall.

Adsorbentien (z. B. medizinische Kohle) binden Toxine und mindern den Wasser- und Elektrolytverlust. Eine Aktivierung der Opioidrezeptoren durch **Loperamid** hemmt das Zusammenziehen der Darmwände zur Darmentleerung. **Adstringentien** (z. B. Gerbstoffe in schwarzem Tee) binden an Oberflächenproteine und verschließen die Darmschleimhaut.

3.10 Niere

Stoffe, welche die Wasser- und Salzausscheidung fördern, heißen **Diureti-ka**. Wird dem Blut durch Diuretika Wasser entzogen, kommt es zur Blut-drucksenkung, und Flüssigkeit dringt aus dem Gewebe vermehrt in den Blutkreislauf ein. Diuretika dienen daher zur Bekämpfung des Bluthoch-drucks und zur Ödemausschwemmung. Sie werden weiterhin bei Herz-muskel-Insuffizienz angewandt.

Die intravenöse Gabe von **Mannit** führt zu dessen Anreicherung im Harn. Durch Osmose sammelt sich mehr Wasser im Harn an, so dass Mannit zusammen mit gesteigerten Wassermengen ausgeschieden wird. **Hydrochlorothiazid** hemmt einen Na^+-/ Cl^--Kotransporter im Bereich der Henle'schen Schleife, so dass die Resorption von Wasser in der Niere zum Erliegen kommt. **Furosemid** inhibiert einen Transporter für Na^+-, K^+- und Cl^--Ionen und legt die Resorption von NaCl und Wasser in der Niere lahm. **Amilorid** und **Triamteren** blockieren einen Na^+-Kanal des Nierentubulus. Damit wird der Austausch von Kalium gegen Natrium verringert. Diese Arzneimittel heißen daher auch K^+-sparende Diuretika. **Spironolacton** hemmt den Aldosteronrezeptor im Nierentubulus. Dadurch wird die al-dosteronabhängige Expression von Transportern unterdrückt. Es kommt zu einer vermehrten Na^+- und einer verminderten K^+- und H^+-Ausscheidung.

3.11 Infektionen

3.11.1 Antibakterielle Wirkstoffe

Grundlagen: Man unterscheidet **bakteriostatische und bakterizide Wirkungen**. Unter Bakteriostase versteht man die Hemmung des Bakteri-enwachstums, während bakterizide Arzneimittel Bakterien abtöten. Man-che Medikamente wirken in niedrigen Konzentrationen bakteriostatisch und in höheren bakterizid.

Werden verschiedene Medikamente in Kombination verabreicht, kann sich ihre Wirkung nicht nur addieren, sondern sogar gegenseitig verstärken (überadditiver Effekt, **Synergismus**). Eine Abschwächung der Wirkung (subadditiver Effekt, **Antagonismus**) ist zu vermeiden.

Manche Medikamente hemmen nur einzelne Erregerarten, andere meh-rere bis viele (Beispiel: Breitspektrum-Antibiotika). Die Wirksamkeit von **Antibiotika** (Wirkstoffe aus Mikroorganismen mit antibakterieller Wir-kung) kann durch die Entstehung von **Resistenzen** dramatisch reduziert werden. Die Mechanismen der Resistenzentstehung sind vielfältig:

- **Inhärente Resistenz:** Ein Wirkstoff entfaltet bei bestimmten Erregern keine Wirkung.
- **Erworbene Resistenz:** ein Wirkstoff ist bei Therapiebeginn wirksam, jedoch entwickelt der Erreger im Laufe der Zeit Abwehrstrategien:
  - Der gesamte Erregerstamm passt sich an (**Adaption**), z. B. durch die Induktion relevanter Enzyme.
  - Inhärent resistente, kleine Subpopulationen überleben die Therapie (**Selektion**) und vermehren sich ungehindert.

Auf genetischer Ebene unterscheidet man Resistenzen durch Veränderung in Chromosomen (z. B. Mutationen) und extrachromosomale Mechanismen (z. B. Plasmidtransfer von resistenten Erregern auf sensible). Auf Proteinebene entstehen Resistenzen, weil

- der Wirkstoff nicht an den Wirkort gelangt (verminderte Aufnahme, vermehrte Auschleusung aus der Zelle),
- der Wirkstoff enzymatisch inaktiviert und detoxifiziert wird,
- am Wirkort die Affinität zum Wirkstoff sinkt (z. B. durch Punktmutation am Zielprotein).

Häufig entstehen Resistenzen nicht nur gegen einen Wirkstoff, sondern gleichzeitig gegen mehrere (**Kreuzresistenz**). Kreuzresistente Erreger sind Ursache des **Hospitalismus**. Darunter versteht man Infektionen, welche geschwächte Patienten während eines Krankenhausaufenthaltes befallen. Bakterien werden auf verschiedenen Ebenen bekämpft (**Abb. 3.5**).

DNA-Inhibitoren: Die bakterielle **DNA-Topoisomerase II (Gyrase)** spaltet während der Vermehrung die DNA, erlaubt die Passage benachbarter DNA-Stränge und ligiert die Spaltstücke wieder miteinander. Hemmstoffe der Gyrase (Beispiele: **Norfloxazin, Ofloxazin, Levofloxazin, Moxifloxazin**) blockieren die Wiederverknüpfung der gespaltenen DNA, so dass das Bakterium stirbt. Es besteht keine Kreuzreaktion der Gyrase-Inhibitoren zur menschlichen DNA-Topoisomerase II.

Inhibitoren der DNA-Biosynthese: Tetrahydrofolsäure ist zur Synthese von DNA-Präkursoren (Purinen, Thymidin) erforderlich. Sie entsteht durch Reduktion aus Dihydrofolsäure unter Beteiligung der Dihydrofolatreduktase (DHFR). Dihydrofolsäure wird aus p-Aminobenzoesäure gebildet. Sulfonamide (z. B. **Sulfanilamid**) hemmen die Bildung der Dihydrofolatsäure aus Para-Aminobenzoesäure. **Trimethoprim** blockiert DHFR und die Entstehung von Tetrahydrofolsäure.

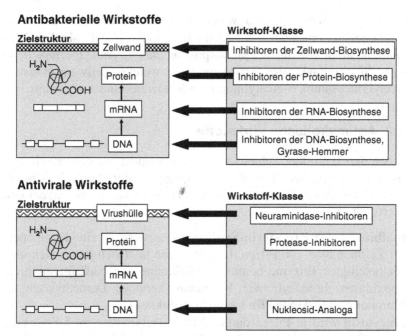

Abb. 3.5. Angriffspunkte antiinfektiöser Wirkstoffe. Spezifische Inhibitoren für die DNA-, RNA und Proteinsynthese sowie Inhibitoren der Zellwand bzw. Virushülle besitzen therapeutische Wirkung gegenüber Bakterien und Viren.

Inhibitoren der RNA-Biosynthese: Rifampicin (aus *Streptomyces mediterranei*) inhibiert RNA-Polymerase, so dass die bakterielle Transkription unterbunden wird.

Inhibition der Protein-Biosynthese: Antibiotika (aus *Streptomyces*-Stämmen) hemmen die bakterielle Translation. **Tetracycline** blockieren die Bindung der Transfer-RNA (tRNA)-Aminosäure-Komplexe an die Boten-RNA (mRNA) im Ribosom. Es kommt zu einem Abbruch der Peptidketten-Synthese. **Aminoglycoside** (aus *Micromonospora*-Stämmen) verursachen einen Einbau falscher Aminosäuren. **Chloramphenicol** (aus *Streptomyces venezuelae*) inhibiert die Peptidsynthetase, so dass Aminosäuren nach Anlagerung des tRNA-Aminosäure-Komplexes im Ribosom nicht mit der Peptidkette verknüpft werden können. Makrolide (Beispiel: **Erythromycin** aus *Streptomyces erythreus*) verhindern das Weiterrücken des Ribosoms auf die nächste Base im RNA-Strang.

Inhibition der Zellwand-Biosynthese: Bakterien werden nach ihrem Zellwand-Aufbau in Gram-positive und Gram-negative Bakterien unterschieden. Erreger mit Kapsel lassen sich mit der Gram-Färbung darstellen.

Bakterien mit dünner Zellwand, welche sich nicht anfärben lassen, werden als Gram-negativ bezeichnet. β-Lactam-Antibiotika sind **Penicillin G** (aus *Penicillium notatum*) und **Cephalosporine** (aus *Cephalosporium acrem onium*). Sie hemmen die Transpeptidase, welche Zellwand-Bausteine (*N*-Acetylglucosamin, *N*-Acetylmuraminsäure) miteinander verknüpft.

3.11.2 Antimykotische Wirkstoffe

Pilze befallen Haut oder Schleimhäute. Selten findet ein systematischer Befall innerer Organe statt. Ein häufiger Erreger ist der Darmpilz (*Candida albicans*). Zur Behandlung von Pilzen stehen verschiedene Arzneimittel zur Verfügung:

- **Inhibitoren der Ergosterin-Synthese:** Ergosterin ist eine Komponente der Zellmembran von Pilzen. Ihre Synthese lässt sich durch Hemmung der beteiligten Enzyme hemmen. Allylamine wie **Naftifin** inhibieren Epoxidasen, Imidazole wie **Ketonazol** hemmen Demethylasen und Morpholine wie **Amorolfin** hemmen Reduktasen.
- **Flucytosin** wird in Pilzen durch Cytosin-Desaminase zu 5-Fluoruracil metabolisiert, welches als falscher Präkursor in DNA und RNA inkorporiert wird.
- **Griseofulvin** stört den Spindelapparat der Mitose (Spindelgift).
- Polyen-Antibiotika (**Amphothericin B** aus *Streptomyces nodosus*) lagern sich in die Zellmembran von Pilzen ein und machen diese porös.

3.11.3 Antimalaria-Wirkstoffe

Protozoen sind häufige Krankheitserreger. Den Plasmodien kommt eine besondere Rolle zu, da Malaria ein weltweites Problem darstellt, von dem Millionen von Menschen betroffen sind.

Kationisch-amphiphile Hemmstoffe wie **Chinin, Chloroquin** etc. blockieren die Polymerisation von Häm in den Malaria-Erregern. Die Schizonten von Plasmodien verdauen das Hämoglobin der Erythrozyten ihrer Wirte. Da Häm gegenüber Plasmodien toxisch wirkt, polymerisieren die Erreger Häm. Chinin und Chloroquin lassen die Konzentration an freiem Häm in den Schizonten ansteigen, so dass diese absterben. Chloroquin kann weiterhin in doppelsträngige DNA interkalieren und die Replikation stören. **Proguanil** ist ein DHFR-Inhibitor, welcher die DNA-Biosynthese der Plasmodien lahm legt. Ein neuer Wirkstoff ist **Artemisinin** aus *Artemisia annua*, einer Pflante, welche in der traditionellen chinesischen Medizin verwendet wird. Artemisinin enthält eine Endoperoxid-Brücke, welche

Radikalmoleküle und reaktive Sauerstoff-Spezies (ROS) bildet. Diese reagieren mit Proteinen der Erreger.

3.11.4 Antivirale Wirkstoffe

Virustatische Substanzen sind zur Behandlung von Hepatitisviren, humanen Immundefizienz (HIV)-Viren und Influenza-Viren bedeutsam.

Das Genom von Herpesviren besteht aus doppelsträngiger DNA. Sie wird zur Replikation in das Wirtsgenom eingebaut, so dass die viruskodierten Gene mit Hilfe der zellulären Transkriptions- und Translationsmaschinerie abgelesen und exprimiert werden.

Das HIV-Genom besteht aus RNA, welche durch eine virale **reverse Transkriptase** in DNA umgeschrieben wird, bevor der Einbau in die Wirts-DNA mit Hilfe des Enzyms Integrase stattfindet. Die viralen Proteine werden durch eine Protease prozessiert. Anschließend werden die viralen Proteine mittels Myristinsäure in die Zellmembran der Wirtszelle integriert. Virusproteine und Membrananteile sporen aus und bilden Tochterviren.

Influenzaviren tragen ihre Erbinformation in RNA-Strängen. RNA sowie RNA-Polymerasen sind von einem Nukleokapsid umgeben. In diese Virushülle ist Hämagglutinin und Neuraminidase eingebettet. Hämagglutinin ist für das Andocken beim Eindringen in die Wirtszelle notwendig, Neuraminidase für die Freisetzung nach erfolgter Replikation.

Wichtige Therapieprinzipien sind (**Abb. 3.5**):

- **Nukleosid-Analoga: Aciclovir** stellt ein Guanin-Derivat dar. Nach Aufnahme von Hepatitisviren-infizierten Wirtszellen wird es von einer viruskodierten Thymidinkinase aktiviert. Als falscher DNA-Baustein wird es von der viruskodierten DNA-Polymerase nicht in die Virus-DNA eingebaut, sondern es hemmt das Enzym. Es kommt zum Kettenabbruch. **Ganciclovir** hat einen ähnlichen Wirkmechanismus wie Aciclovir, jedoch wirkt es bevorzugt bei Cytomegaloviren. **Azidothymidin** dient zur HIV-Behandlung. Es hemmt auch die humane DNA-Polymerase, so dass Nebenwirkungen auftreten (z. B. Myelosuppression).
- **Protease-Inhibitoren** (**Indinavir, Nelfinavir, Saquinavir**) sind Peptide, welche als falsche Substrate die HIV-Protease blockieren und die HIV-Maturierung unterdrücken.
- **Neuraminidase-Inhibitoren: Zanamivir** bindet an Neuraminidase und hemmt diese. Damit wird die Freisetzung neuer Influenza-Viren unterbunden. Zanamivor und **Oseltamivir (Tamiflu®)**, ein weiterer Neuraminidase-Inhibitor, sind nach vorläufigen Untersuchungen auch gegen das Vogelgrippe-Virus H5N1 wirksam.

3.12 Tumorerkrankungen

Einleitung

Trotz vieler Erfolge in den zurück liegenden Jahren sind Tumorerkrankungen in vielen Fällen nicht zufriedenstellend mit Arzneimitteln (**Zytostatika**) behandelbar. Dies ist einerseits auf die häufige Entstehung von Resistenzen und andererseits auf die hohen Nebenwirkungen einer Tumor-chemotherapie zurückzuführen (**Abb. 3.6**). Klassische Zytostatika töten bevorzugt wachsende Zellen ab. Da nicht nur Tumoren sondern auch bestimmte gesunde Gewebe proliferieren (Knochenmark, Magen-Darm-Schleimhaut, Keimzellen, Haarzellen), werden auch diese geschädigt. Typische Nebenwirkungen sind daher Myelosuppression, Mucositis, Sterilität und Haarausfall. Die starken Nebenwirkungen verbieten ausreichend hohe Dosierungen, um Resistenzbildungen zu verhindern.

Diesen Problemen versucht man durch die Kombination von Chemotherapie mit anderen Therapiemodalitäten (Strahlentherapie, Operation) zu begegnen. Auch neue immun- und gentherapeutische Konzepte werden, wenn sie die klinische Reife erlangen, in der Kombination mit anderen Behandlungsoptionen angewendet. Eine weitere Strategie ist es, neue

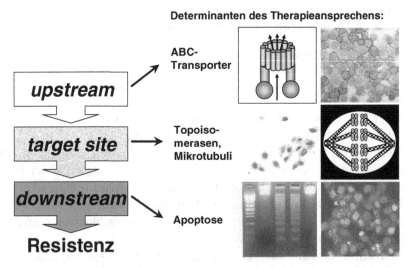

Abb. 3.6. Chemoresistenz von Tumoren. Resistenzphänomene sind meist multifaktoriell verursacht. Molekulare Mechanismen der Resistenz finden sich *upstream* vom eigentlichen Wirkort eines Zytostatikums, am Wirkort selbst (*target site*) oder *downstream* davon (Teile der Abb. nach Efferth et al. 1992, 1997 mit freundlicher Genehmigung der Karger und der Nature Publishing Group).

Chemotherapeutika mit höherer Tumorspezifität zu entwickeln. Dazu müssen geeignete Zielmoleküle identifiziert werden, welche in der Krebsentstehung eine Schlüsselrolle spielen. Gegen solche Moleküle kann versucht werden, gezielt Hemmstoffe zu entwickeln.

Alkylanzien und Platinderivate

Alkylierende Agenzien binden kovalent an nukleophile Moleküle (DNA, Proteine etc.). Für die Antitumor-Wirkung ist die Adduktbildung mit der DNA am bedeutsamsten. Nach der vorhandenen Anzahl von alkylierenden Gruppen im Molekül unterscheidet man mono- und bifunktionelle Alkylanzien. **Monofunktionelle Alkylanzien** induzieren DNA-Einzelstrangbrüche, während es bei **bifunktionellen Alkylanzien** zu Vernetzungen zwischen den komplementären DNA-Strängen kommt (*cross-links*). Für die Krebstherapie wichtige Alkylanzien sind:

- Chlorethylharnstoffe wie das monofunktionelle **Lomustin** (Cyclohexyl-Chlorethylnitrosoharnstoff, CCNU) und das bifunktionelle **Carmustin** (Bischlorethylnitrosoharnstoff, BCNU).

- Mechlorethamin-Derivate (*nitrogen mustards*). Dazu zählen **Cyclophosphamid, Chlorambucil** und **Melphalan**. Mechlorethamin-Derivate sind dem Kampfstoff Schwefel-Senfgas verwandt.

Platinderivate (**Cisplatin, Carboplatin, Oxaliplatin**) wirken ähnlich wie Alkylanzien. Sie bilden Addukte mit der DNA. Es können Bindungen zwischen zwei Stellen eines DNA-Stranges (Intrastrang-Addukte) oder komplementärer Stränge (Interstrang-Addukte) entstehen.

Antimetaboliten

Antimetabolisch wirksame Substanzen interferieren mit der DNA-Biosynthese, welche in proliferierenden Tumorzellen erhöht ist. Es gibt verschiedene Gruppen von Antimetaboliten. Dazu gehören u. a.:

- Antifolate: **Methotrexat** besitzt eine analoge chemische Struktur wie Folsäure, welche für die Biosynthese von Purinen und Deoxy-Thymidinmonophosphat (dTMP) benötigt wird. Methotrexat hemmt die Dihydrofolatreduktase, welche ein Schlüsselenzym dieses Biosyntheseweges ist. **5-Fluoruracil** stellt ein Analogon von Uracil und Thymidin dar. Es wird als falscher Basenbaustein in die RNA und DNA eingebaut und führt zum Abbruch der Transkription. Weiterhin hemmt es die Thymidylatsynthase, welche dTMP produziert. Die DNA-Synthese kommt zum Erliegen und die Tumorzellen sterben ab (*thymidine-less cell death*).

- Cytidin-Analoga: **Cytosin-Arabinosid (Ara-C)** wird intrazellulär zu Arabinosid-Cytosintriphosphat (Ara-CTP) umgewandelt. Es inhibiert DNA-Polymerasen, da es mit dem normalen Substrat dCTP um die Bindung an DNA-Polymerasen konkurriert. Die DNA-Synthese versiegt und die Zelle stirbt ab. Ein verwandtes Cytidin-Analogon ist **Gemcitabine** (2'2'-Difluor-Deoxycytidin).
- Die Purin-Antimetaboliten **6-Thioguanin** und **6-Mercaptopurin** werden als falsche Basen anstelle von Guanin in die DNA eingebaut.

DNA-Topoisomerase-Inhibitoren

DNA-Topoisomerasen sind an der Zellteilung beteiligt, da sie die Kondensierung des DNA-Doppelstranges im Interphase-Zellkern zu Chromosomen in der Mitose unterstützen. DNA-Topoisomerase II (Topo II) induziert Doppelstrang-Brüche und ermöglicht die Passage eines benachbarten DNA-Doppelstranges durch die Bruchstelle hindurch. Anschließend wird der Doppelstrang-Bruch durch das Enzym wieder verschlossen. Hemmstoffe der Topo II blockieren die Ligation des Doppelstrang-Bruches nach erfolgter Strangpassage. Tumorzellen sterben auf Grund Topo-II-induzierter Doppelstrang-Brüche ab (**Abb. 3.7**).

DNA-Topoisomerase-II-Inhibitoren sind Naturstoffe und davon abgeleitete Derivate:

- Bei den Anthracyclinen **Doxorubicin** und **Daunorubicin** handelt es sich um Antibiotika aus *Streptomyces*-Stämmen. Neuere Derivate sind **Idarubicin** und **Epirubicin**, welche verbesserte Eigenschaften hinsichtlich Wirksamkeit und Nebenwirkungen aufweisen.
- Anthracendione (**Mitoxantron, Bisantren**) sind synthetische Substanzen, deren chemisches Grundgerüst gegenüber den Anthracyclinen abgewandelt wurde.
- Epipodophyllotoxine (**Etoposid, Teniposid**) sind semisynthetische Derivate des Pflanzengiftes Podophyllotoxin aus *Podophyllum peltatum*.

DNA-Topoisomerase I (Topo I) induziert Einzelstrang-Brüche. Topo-I-Hemmstoffe stabilisieren Komplexe zwischen DNA und Topo I, was zu Einzelstrang-Brüchen führt. **Camptothecin** ist ein Topo-I-Inhibitor aus dem chinesischen Baum *Camptotheca acuminata*. Derivate des Camptothecins sind **Topothecan** und **Irinothecan**.

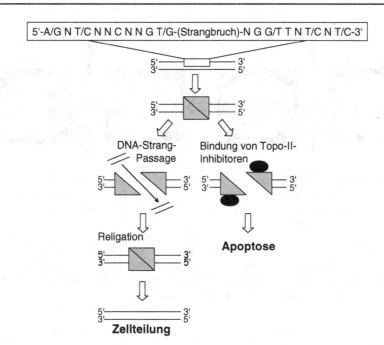

Abb. 3.7. Wirkmechanismus der DNA-Tfpoisomerase-II-Inhibitoren. Topo II verrsacht Doppelstrangbrüche, um benachbarten DNA-Strängen die Passage zu ermöglichen. Danach werden die beiden DNA-Enden wieder religiert. Topo-II-Inhibitoren hemmen die Religation und induzieren eine Apoptose (verändert nach Efferth et al. 1995 mit freundlicher Genehmigung des Springer Verlages).

Spindelgifte

Mikrotubuli sind am Aufbau des mitotischen Spindelapparates beteiligt, welcher die Chromosomen auf neu entstehende Tochterzellen verteilt. Für den korrekten Ablauf ist ein dynamisches Gleichgewicht von Assemblierung und Disassemblierung der Mikrotubuli nötig. Stoffe, welche dieses Gleichgewicht stören, führen zum Abbruch der Mitose und zum Zelltod.

Die *Vinca*-Alkaloide **Vinblastin** und **Vincristin** aus dem Madagassischen Immergrün (*Catharanthus roseus*) sowie neuere Derivate (**Vindesin, Vinorelbine**) binden an β-Tubulin und hemmen den Aufbau der Mikrotubuli. Taxane (**Paclitaxel, Docetaxel**) aus der Eibe (*Taxus brevifolia*) stabilisieren Mikrotubuli und verhindern deren Abbau (**Abb. 3.8**).

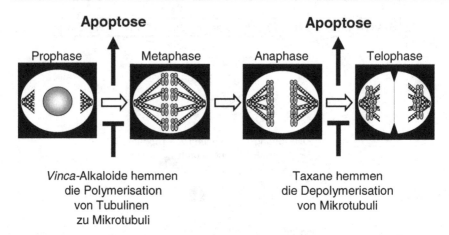

Abb. 3.8. Wirkmechanismen der Spindelgifte. Mikrotubuli befinden sich in einem dynamischen Gleichgewicht aus Polymerisation und Depolymerisation. *Vinca*-Alkaloide induzieren die Apoptose durch Hemmung der Mikrotubuli-Polymerisation, Taxane durch Hemmung der Depolymerisation.

4 Entwicklung neuer Medikamente

4.1 Einleitung

Das humane Genomprojekt hat eine Vielzahl neuer Zielmoleküle für die Therapie verfügbar gemacht. Es gibt Schätzungen, wonach die Zahl der potenziellen Zielmoleküle um das Zehnfache steigen wird. Dies wird zu fundamentalen Veränderungen in der Pharmakologie führen. Das Ergebnis dieses Paradigmenwechsels ist eine neue Forschungsrichtung, welche als **Chemogenomik** bezeichnet wird. Darunter versteht man

- die Reaktion biologischer Systeme (Zellen oder ganze Organismen) auf genomischer und proteomischer Ebene gegenüber chemischen Stoffen.
- die Interaktion definierter Zielmoleküle *in vitro* mit Substanzen, welche in Hochdurchsatzverfahren (***high throughput***) ermittelt wird.

Identifizierung von Zielmolekülen: Bei der Chemogenomik-basierten Wirkstoffsuche werden große Bibliotheken chemischer Substanzen durchforstet, um sowohl biologische Zielmoleküle mit therapeutischen Wirkprinzipien als auch biologisch aktive Substanzen zu identifizieren, welche an spezifische Zielmoleküle binden (***molecular targeted therapy***). Mit zunehmender Kenntnis der Zielmoleküle, welche in Zellen und Organismen für Arzneimittelwirkungen verantwortlich sind, gelingt es Wirkstoffe zu finden, welche spezifisch mit den zellulären Zielmolekülen interagieren. Damit geht die Entwicklung weg von einem blinden *screening*, wie es in der Vergangenheit stattfand, hin zu einem **rationalen *drug design***, welches auf der genauen Kenntnis der krankheitsverursachenden Proteinstruktur basiert.

Von der herkömmlichen Wirkstoffsuche unterscheidet sich die Chemogenomik durch die Verwendung genomischer Methoden. Um dieses Ziel systematisch und effizient zu verfolgen, sind große Sammlungen von Substanzen (Substanzbibliotheken) erforderlich, welche mit Hilfe der **kombinatorischen Chemie**, der **synthetischen Chemie** und der **Chemoinformatik** erstellt werden. Pharmazeutische Firmen besitzen Substanzbibliotheken in einer Größe bis zu 500.000 oder 1 Mio. Substanzen. Generell lassen sich zwei Arten von Substanzbibliotheken unterscheiden: **Naturstoff-Bibliotheken** und **synthetische Bibliotheken**. Mittels Naturstoff-Bibliotheken kann die natürliche Diversität chemischer Strukturen ausgenutzt werden, welche aus der Evolution hervorgegangen sind und biologische Aktivitäten aufweisen. Vorteil synthetischer Bibliotheken ist die beinahe unbegrenzte Zahl von Synthesemöglichkeiten.

4.2 Kombinatorische Chemie

Die verschiedenen Technologien zur Erzeugung von Substanzbibliotheken werden mit dem Begriff **kombinatorische Chemie** zusammengefasst (**Abb. 4.1**). Computergesteuerte Pipettierroboter führen repetitive Pipettiervorgänge durch, wodurch sich in kurzer Zeit viele verschiedene chemische Verbindungen herstellen lassen. Werden beispielsweise 12 verschiedene Alkohole zu 8 verschiedenen Säurechloriden pipettiert, entstehen 12×8 = 96 verschiedene Ester. Dieser Vorgang wird als **Parallelsynthese** bezeichnet. Finden Parallelsynthesen als **Flüssigphasen-Reaktionen** statt, werden die

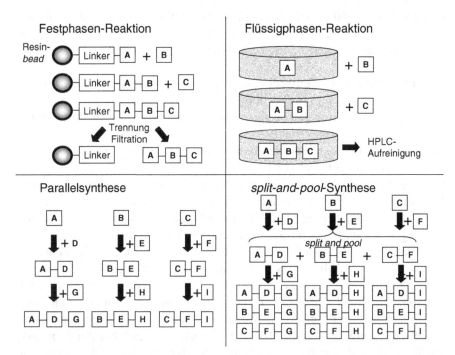

Abb. 4.1. Methoden der kombinatorischen Chemie. Verschiedene Syntheseverfahren dienen der Erstellung großer Kollektionen von chemischen Verbindungen oder Peptiden (Substanzbibliotheken). Sie sind Ausgangspunkt für die systematische Suche nach neuen Wirkstoffen.

Reaktionsprodukte am Ende über Hochdruck-Flüssigkeitschromatographie aufgereinigt. Dieser Schritt ist notwendig, da meist keine vollständige Synthese stattfindet und die Einzelverbindungen entfernt werden müssen.

Bei einer anderen Technik werden Substanzen an Plastikpartikel (*beads*) gekoppelt. Die Reaktion mit chemischen Verbindungen erfolgt mit anderen an *beads* gekoppelte Verbindungen. Dies hat den Vorteil, dass nach jedem Syntheseschritt überschüssige Reagenzien ausgewaschen werden können und die neuen Verbindungen in reiner Form an *beads* gekoppelt vorliegen. Eine Aufreinigung wie bei der Parallelsynthese ist hier nicht notwendig. Diese Verbindungen können entweder für den nächsten Syntheseschritt eingesetzt oder von den *beads* gelöst werden. Diese Synthesetechnik wird als **Festphasen-Reaktion** bezeichnet. Diese Vorgehensweise ist sowohl für chemische Verbindungen (*small molecules*) als auch für die Peptidsynthese anwendbar. Mit der *split-and-pool*-**Strategie** können mit wenigen Reaktionsschritten sehr viele verschiedene Verbindungen hergestellt werden. Folgendes Beispiel kann dies verdeutlichen: Man geht von drei Monomeren A, B und C aus. Diese werden an *beads* gekoppelt und anschließend gemischt. Diese gemischten *beads* werden nun in drei Portionen aufgeteilt. Die drei Fraktionen lässt man mit Monomer A, B oder C reagieren. In diesem Reaktionsschritt entstehen aus drei Monomeren, 9 ($3 \times 3 = 3^2$) verschiedene Dimere. Diese Dimere mischt man wiederum miteinander, um einen weiteren Syntheseschritt mit drei Monomeren durchzuführen. Es entstehen 27 ($3 \times 3 \times 3 = 3^3$) Trimere. Diese Abfolge lässt sich beliebig oft wiederholen. Mit mehr Monomeren (X) und mehr Syntheseschritten (n) lassen sich X^n neue Substanzen generieren. Am Ende wird die chemische Struktur der synthetisierten Substanzen mittels Massenspektroskopie identifiziert.

Sind wichtige Kenngrößen von Substanzen und zellulären Zielmolekülen (physikalisch-chemische und pharmakokinetische Eigenschaften) bekannt, können chemische Bibiotheken im Computer erstellt (**virtuelle Substanzbibliotheken**) und die Bindungswahrscheinlichkeiten von Substanzen an ein Zielmolekül am Computer simuliert werden. Die Verifizierung erfolgt anschließend durch gezielte chemische Synthese der identifizierten Substanzen und Austestung im biologischen Experiment.

Leitstrukturen, welche in Hochdurchsatzverfahren oder Substanz-Datenbanken (virtuelle Substanzbibliotheken) identifiziert wurden, werden im nächsten Schritt gezielt verifiziert und derivatisiert. Dies gilt für synthetische Substanzen ebenso wie für Naturstoffe. Ausgehend von Leitstrukturen werden **sekundäre Substanzbibliotheken** erstellt. Das Ziel dieser Strategie ist es, Struktur-Wirkungs-Beziehungen aufzustellen und die pharmakologischen Eigenschaften einer Leitstruktur gezielt zu verbessern.

4.3 Naturstoffe

Naturstoffe spielen traditionell eine große Rolle in der Pharmazie. Viele therapeutische Wirkprinzipien beruhen auf Naturstoffen (Antibiotika, Aspirin, Herzglykoside, Zytostatika u.v.m.). Etwa ein Drittel des pharmazeutischen Weltmarktes basiert auf Naturstoffen oder semisynthetischen Derivaten von Naturstoffen. **Abbildung 4.2** zeigt dies beispielhaft für Tumormedikamente. Naturstoffe mit therapeutischem Potenzial sind z. B. sekundäre Metabolite in Pflanzen oder mikrobielle Substanzen. Sekundäre Pflanzen-Inhaltsstoffe dienen der Abwehr von Fressfeinden und Attacken von Viren, Bakterien, Pilze oder Parasiten. Mikrobielle Substanzen (Antibiotika) wehren Feinde und Nahrungskonkurrenten ab. Auch pharmakologisch hoch wirksame Inhaltsstoffe mariner Organismen (Schwämme etc.) und Tiergifte sind bekannt. Naturstoffe haben eine Millionen Jahre alte evolutionäre Auslese hinter sich und stellen häufig attraktive Ausgangsstrukturen dar, um biologisch aktive Leitstrukturen (*lead compounds*) zu identifizieren. Darauf aufbauend lassen sich durch gezielte Derivatisierung verbesserte Wirkstoffe herstellen. Die Naturstoffchemie bietet häufig Vorteile, da sich neue Wirkstoffe mit solch komplexen Strukturen mittels kombinatorischer Chemie nicht ohne weiteres finden lassen.

Von den auf der Erde schätzungsweise vorkommenden 250.000 Arten höherer Pflanzen sind erst etwa 20% hinsichtlich ihrer pharmakologischen Eigenschaften wenigstens teilweise untersucht worden. Dies verdeutlicht

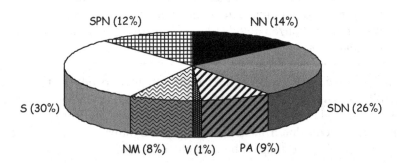

NN:	niedermolekulare Naturstoffe, *small molecules*
SDN:	semisynthetische Derivate von Naturstoffen
PA:	Peptide und Antikörper
V:	Vakzine
NM:	synthetische Naturstoff-Mimetika
S:	vollsynthetische Substanzen
SPN:	vollsynthetische Substanzen mit einer Pharmakophore von Naturstoffen

Abb. 4.2. Herkunft von Antitumor-Medikamenten (Newman et al. 2003)

das ungeheure Potenzial der pharmazeutisch-biologischen Forschung. Während das Durchforsten aller Pflanzen dieser Erde ein zähes und mühsames Geschäft darstellt, erhofft man sich, schneller ans Ziel zu kommen, wenn man gezielt in Medizinalpflanzen der Naturvölker (z. B. in Asien, Südamerika oder Afrika) nach neuen Wirkstoffen sucht (**Ethnobotanik und Ethnopharmakologie**).

4.4 Therapeutische Proteine und Peptide

Neben niedermolekularen natürlichen oder synthetischen *small molecules* gibt es therapeutisch wirksame Makromoleküle. Dazu zählen neben Antikörpern (s. Kap. 5.2.1) andere **Proteine und Peptide**. Proteine und Peptide können ebenso wie *small molecules* als Agonisten oder Antagonisten wirken. Besonders bei Reaktionen zwischen verschiedenen Zielmolekülen (z. B. Ligand und Rezeptor) mit großen Oberflächen können *small molecules* die Interaktionen nicht ausreichend blockieren. Dies kann von Proteinen und Peptiden geleistet werden. Der Körper verfügt über zahlreiche natürliche regulatorische Proteine und Peptide (z. B. Interleukine bei entzündlichen Reaktionen). Mit diesem Wissen konnten rekombinante Proteintherapeutika erzeugt werden. Ein Beispiel stellt **Etanercept** dar. Es handelt sich um ein Fusionsprotein bestehend aus dem löslichen Tumor-Nekrosefaktor-α (TNF-α)-Rezeptor und dem Fc-Teil von Antikörpern. Dieses Protein fungiert als *decoy*-Rezeptor für TNF-α. Weitere wichtige Beispiele sind rekombinantes **Insulin** zur Behandlung des Diabetes mellitus und **Hirudin** zur Behandlung von Thrombosen. Proteintherapeutika induzieren häufig Immun-Abwehrreaktionen. Es können Antikörper gegen therapeutische Proteine und Peptide entstehen, welche an diese binden und deren Pharmakokinetik beeinflussen (Halbwertszeit, Aufnahme und Ausscheidung). Antikörper, welche die Wirkweise neutralisieren, haben meist schlimmere Folgen. Sie machen eine Therapie unwirksam und erzeugen Resistenzen bei wiederholter Applikation. Wenn sie mit körpereigenen Proteinen kreuzreagieren, kann es unter Umständen zu lebensgefährlichen Nebenwirkungen kommen.

4.5 Strategien der Chemogenomik

Bei der **reversen Chemogenomik** werden die Kandidatengene zuerst kloniert und in geeigneten Systemen exprimiert, wo sie in Hochdurchsatz-Verfahren eingesetzt werden, um große Substanzbibliotheken nach wirksamen Substanzen zu durchsuchen. Man unterscheidet **zellfreie, zellbasierte und organismische Testverfahren**.

Zellfreie Testsysteme sind beispielsweise fluoreszenzbasierte Methoden zum Nachweis von Liganden-Bindungsverfahren oder massenspektrometrische Verfahren. Chemolumineszenz-Verfahren verwenden chemische Reaktionen zur Erzeugung von Fluoreszenzlicht. In Biolumineszenz-Verfahren wird z. B. Luciferin als Substrat für Luciferase benutzt, um Fluoreszenzsignale zu erzeugen. Eine besonders leistungsstarke fluoreszenzbasierte Technik stellt der Fluoreszenz-Resonanz-Energietransfer (FRET) dar. Dabei werden zwei Fluoreszenzfarbstoffe mit überlappenden spektralen Eigenschaften durch intra- oder intermolekulare Interaktionen in enge räumliche Nachbarschaft gebracht. Die Anregungsenergie wird vom Donor auf den Akzeptor übertragen. Die Fluoreszenzintensität des Donors sinkt, die des Akzeptors steigt. Die Veränderung der Fluoreszenzsignale lässt sich quantitativ bestimmen.

Bei zellbasierten und organismischen Verfahren wird die Wirkung von Substanzen direkt in Zellen oder Organismen getestet. Vorteil ist, dass die biologische Relevanz im Vergleich zu zellfreien Systemen größer ist. Als nachteilig anzusehen ist, dass Zellen und Organismen natürlich viele verschiedene Zielmoleküle aufweisen und eine Kandidatensubstanz mit vielen verschiedenen Zielmolekülen interagieren kann. An die Wirkstoffidentifizierung wird daher eine Charakterisierung der Wirkmechanismen angeschlossen. Ziel solcher Hochdurchsatz-Verfahren ist es, neue **lead compounds** zu finden, von denen anschließend gezielt Derivate mit optimierten pharmakologischen Eigenschaften hergestellt werden. Die Synthese neuer Derivate aus Leitstrukturen wird sowohl für Naturstoffe als auch für chemische Stoffe vorgenommen.

Bei der vorwärts gerichteten Chemogenomik (**forward chemogenomics**) ist das Zielmolekül unbekannt. Die Suche erfolgt nach phänotypischen Gesichtspunkten. In der Vergangenheit war die Wirkstoffsuche Phänotyporientiert, da die krankheitsrelevanten Zielmoleküle weitgehend unbekannt waren. In der Regel wurden zelluläre Testsysteme (Bakterien, Pilze, Hefen, menschliche Zellkulturen) oder komplexe Organismen (Fische, Würmer, Maus) verwendet. Zielgröße war die Veränderung des Phänotyps durch eine Substanz und nicht die Hemmung eines Zielmoleküls wie bei der reversen Chemogenomik. Auch hier schloss sich die Aufklärung des Wirkmechanismus an die Wirkstoffidentifizierung an. Nachteilig kann sich die Unspezifität der Wirksubstanzen auswirken. Viele Kandidatensubstanzen fielen daher aus der Entwicklungspipeline heraus.

Die **prädiktive Chemogenomik** versucht Behandlungserfolge systematisch zu charakterisieren und aus diesen Erkenntnissen neue Wirkstoffe und Wirkstoffprinzipien abzuleiten. Eine zentrale Bedeutung kommt einerseits der Bestimmung von Expressionsprofilen und genetischen Profilen und andererseits pharmakologischen Wirkprofilen zu. Mit Hilfe bioinformatischer und biostatistischer Methoden werden genomische und pharmakologische Daten integriert, um Gen-Wirkstoff-Beziehungen zu erstellen. Der Vergleich verschiedener Substanzen aus der gleichen chemischen Klasse kann typische genomische Signaturen mit prädiktivem Charakter liefern. Gewebespezifität (präferentielle Expression von Zielgenen in krankheitsrelevanten Geweben) und differenzielle Expression (z. B. Tumor *versus* Normalgewebe, Patienten *versus* gesunde Probanden) sind Kriterien, um spezifische Genexpressionsprofile zu generieren. Diese Strategie führt nicht notwendigerweise zur Identifizierung neuer Zielmoleküle von Zellen, kann jedoch Gene bzw. Proteine aufzeigen, welche die Arzneimittel-Wirkung beeinflussen (auch ohne direkte Zielmoleküle zu sein).

Die Profilbildung von mRNA- oder Proteinexpressionsmustern gibt keine Auskunft über posttranslationale Vorgänge, welche den Aktivitätszustand von Proteinen steuern, wie beispielsweise Proteinphosphorylierung oder proteolytische Aktivierung (Beispiel: Spaltung vom inaktiven Prothrombin zum aktiven Thrombin).

Die Chemogenomik kann drei Zwecken dienen

- der Identifizierung neuer Zielmoleküle für Wirkstoffe,
- der Identifizierung neuer chemischer Substanzen, welche gegen krankheitsrelevante Zielmoleküle und Phänotypen wirken,
- dem Verständnis der molekularen Wirkmechanismen von Arzneimitteln und Wirkstoffen.

Hochdurchsatz-Verfahren liefern meist riesige Datenmengen durch den Vergleich von Expressionsprofilen vieler Untersuchungsproben (verschiedene Patienten, verschiedene Gewebe, Wiederholungsversuche). Neben möglichen neuen Kandidatensubstanzen oder -genen gibt es ein beträchtliches Grundrauschen falsch positiver und falsch negativer Ergebnisse. Der Validierung chemogenomischer Ergebnisse kommt daher eine besondere Bedeutung zu. Bioinformatische Methoden (*in-silico*-Methoden) unterstützen die Generierung prädiktiver Modelle.

Target assessment: Der nächste Schritt in der Wirkstoffsuche ist die Prüfung, ob identifizierte Kandidatenproteine für eine therapeutische Intervention zugänglich sind (***drugable targets***), d. h. *small molecules* oder therapeutische Proteine bzw. Peptide müssen an das Zielmolekül binden können. Von außerordentlicher Bedeutung nicht nur für die Wirkstoffentwicklung, sondern für zelluläre Regulationsmechanismen ganz generell sind Protein-Protein-Interaktionen. Ähnliche stereochemische Eigenschaften bewirken, dass Proteine miteinander in Kontakt treten. Die koordinierte und dynamische Bildung solcher Interaktionen ist für die Steuerung vieler zellulärer Prozesse verantwortlich. Aberrante Interaktionen sind an pathogenetischen Prozessen beteiligt. Die zu Grunde liegende Idee ist, Proteinbindungen mit neuen Wirkstoffen nachzuahmen (**Peptidomimetika**), so dass Zielproteine mit Wirkstoffmolekülen anstelle der Protein-Bindungspartner komplexieren. Die selektive Unterbrechung von Protein-Protein-Interaktionen ist daher Zweck jeder auf Zielmoleküle ausgerichteten Therapie (*molecular targeted therapy*). Es können verschiedene Interaktionen durch selektive Inhibitoren gestört werden:

- Enzymkomplexe,
- Ligand-Rezeptor-Bindungen,
- Strukturelle Proteinkomplexe (Beispiel: Mikrotubuli aus α- und β-Tubulin),
- Signal-Transduktionswege (Hemmung der Phosphorylierung, Unterdrückung der Bindung von *downstream*-Proteinen),
- Effektorkaskaden (Beispiel: Apoptose-Signalwege).

Voraussetzung für solche Analysen sind dreidimensionale Proteinstrukturen. Derzeit sind über 25.000 Strukturen bekannt. Mittels bioinformatischer Programme wird geprüft, ob ein Zielprotein katalytische Zentren oder anderen funktionelle Stellen besitzt, welche durch *small molecules* oder Peptide lahm gelegt werden. Auf Grund dreidimensionaler Strukturen kann die Orientierung von chemischen Substanzen in Protein-Bindetaschen bestimmt werden (*molecular docking*). Ein einfaches Verfahren folgt dem Schlüssel-Schloss-Prinzip, welches das Maß komplementärer Oberflächeneigenschaften zwischen Ligand (Wirkstoff) und Rezeptor (therapeutisches Zielmolekül) errechnet. Weiter entwickelte Verfahren beziehen zusätzliche Parameter mit ein, darunter die Bindungsaffinität zwischen Ligand und Rezeptor. Es werden *scoring*-Faktoren errechnet, welche Substanzen die höchsten Bindungsaffinitäten besitzen.

Weiterhin muss die Spezifität der therapeutischen Interaktion überprüft werden. Bindungen von *small molecules* an Zielproteine, welche innerhalb einer Proteinfamilie große Homologie zu vielen anderen Mitgliedern dieser Familie aufweisen, können unspezifisch sein. Die Kinasen sind ein Beispiel, um dies zu verdeutlichen. Die Kinasefamilie stellt eine der größten Familien von therapeutischen Zielmolekülen dar. Kinasen haben eine Schlüsselfunktion in Signal-Transduktionsprozessen und stellen attraktive Ziele für verschiedene Formen der *molecular targeted therapy* dar, beispielsweise für die Behandlung von Tumorerkrankungen, Diabetes mellitus, Entzündungsreaktionen oder Arthritis. Umso wichtiger ist es, Kinaseinhibitoren zu entwickeln, welche spezifisch an die gewünschte Zielkinase binden, ohne andere Kinasen zu hemmen und unspezifische Nebenwirkungen auszulösen.

Wenn eine Bindungsstelle ausfindig gemacht ist, können die Aminosäuren bestimmt werden, welche für die Bindung mit einem Wirkstoff verantwortlich sind. Vergleicht man nun die entsprechenden Aminosäuren anderer verwandter Proteine, so findet man konservierte und weniger konservierte Aminosäuren. Wenig konservierte oder nicht-konservierte Aminosäuren, welche nur in dem krankheitsrelevanten Zielprotein vorkommen, können zur Identifikation von spezifischen Interaktionen zwischen Inhibitoren und Zielmolekülen dienen. Auf diese Weise lassen sich Wirkstoffe mit höherer Wirkspezifität entwickeln.

Target validation: Ein häufiges Problem stellt weniger der Mangel sondern das Übermaß an potenziellen Zielmolekülen dar. Dabei ist oft unklar, welche funktionelle Relevanz diesen Kandidatenproteinen zukommt. Obwohl viele Zielmoleküle, welche mittels Genexpressionsprofilen identifiziert wurden, zu krankheitsverursachenden Zuständen beitragen mögen, entscheidend für die Wirkstoffsuche sind zentrale Schaltelemente, welche biochemische Wege steuern. Um solche Schlüsselproteine zu finden, sind prinzipiell zwei Strategien möglich:

• Die Analyse von *loss-of-function*-Phänotypen einerseits durch *knockout*-Mäuse und *knockout*-Zellen mit vollständigem Verlust eines Zielgenes und andererseits durch partiellen Funktionsverlust (*knock-down*) mittels RNA-Interferenz-Technologie (s. Kap. 5.3.3). Die Wahl von *knockout*- oder *knock-down*-Modellen hängt davon ab, ob man Wirkstoffe für Krankheiten mit vollständigem oder partiellem Funktionsverlust eines Proteins sucht.

• Eine komplementäre Strategie stellt die Verwendung von transgenen Modellen dar (transfizierte Zelllinien, transgene Tiere). Damit lassen sich Ergebnisse, welche mit *loss-of-function*-Phänotypen ermittelt wurden, verifizieren.

Abbildung 4.3 zeigt den langen Prozess der Wirkstoff-Entwicklung von der Chemogenomik bis hin zur klinischen Prüfung.

Anwendungsbeispiele für rationales *drug design*: Das erste Medikament, welches mit Methoden des rationalen *drug designs* entwickelt wurde, ist **Ralenza** zur Influenzabehandlung. Ralenza interagiert mit Neuraminidase, einem viralen Enzym, welches die Freisetzung neu produzierter Viren aus infizierten Zellen ermöglicht. Medikamente zur HIV-Therapie (**Ritonivir, Indinavir**) interagieren mit der viralen Protease, welche virale Proteine aufspaltet und eine korrekte Proteinassemblierung ermöglicht. **Nevirapine** hemmt die reverse Transkriptase von HI-Viren und verhindert die Umschreibung des viralen RNA-Genoms in DNA zur Integration in die Wirts-DNA.

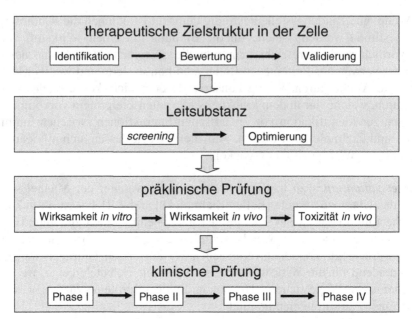

Abb. 4.3. Die Wirkstoff-Entwicklung von der Zielstruktur bis zur klinischen Prüfung

Die Viren mutieren jedoch häufig und entwickeln eine Resistenz gegen den Wirkstoff. Mutationen bewirken Konformationsänderungen der Bindetasche im Enzym, so dass der Wirkstoff nicht mehr binden kann.

4.6 Pharmazeutische Technologie (Galenik)

Ist ein neuer Wirkstoff gefunden, so muss er in geeigneter Form „verpackt" und dargereicht werden, damit er im Körper seine Wirkung entfalten kann. Die Galenik beschäftigt sich mit Fragen wie etwa:

- In welchem Organ soll ein Arzneimittel wirken?
- Soll der Wirkstoff sofort oder verzögert freigesetzt werden?
- Wie verträglich ist ein Wirkstoff?
- Wie wird die Bioverfügbarkeit durch eine Darreichungsform beeinflusst?

Die pharmazeutische Technologie oder Galenik beschäftigt sich mit der Herstellung und Zubereitung der verschiedenen Arzneiformen. Die wichtigsten Darreichungsformen sind Tabletten (zum Kauen, Lutschen oder Schlucken), Dragees, Kapseln, Zäpfchen, Granulate, Salben, Gele, Cremes,

Lösungen, Säfte, Tropfen, Sprays, Tees, wirkstoffhaltige Pflaster etc. Zur Herstellung dieser Arzneimittel-Formen werden Hilfsstoffe benötigt. Auf die traditionellen Darreichungsformen wird an dieser Stelle nicht eingegangen, sondern auf die einschlägigen Pharmazie-Lehrbücher verwiesen. Vielmehr sollen einige neue Verabreichungsformen dargestellt werden, welche für die molekulare Pharmakologie besonders interessant erscheinen.

Auf dem Gebiet der **Nanotechnologie** haben in den vergangenen Jahren interessante Entwicklungen stattgefunden. Nanotechnologie umfasst ein weites Feld von Systemen unterhalb des Mikro-Bereiches (< 250 nm). Nanosysteme können für die gezielte Zuführung von Arzneimitteln (*drug delivery*) benutzt werden, um die Wasserlöslichkeit schwerlöslicher Substanzen und deren Bioverfügbarkeit zu verbessern. Durch ihre geringe Größe sowie durch gezielte Veränderungen der Oberfläche können Nano-Trägerstoffe bestimmte Zellen oder Orte des Körpers leichter erreichen. Im Folgenden werden einige wichtige Nanosysteme vorgestellt (**Abb. 4.4**):

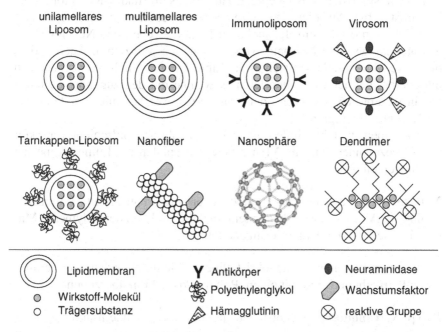

Abb. 4.4. Pharmazeutische Nanotechnologie. Dargestellt sind wichtige Nanosysteme für eine verbesserte Zuführung von Arzneimitteln (*drug delivery*) (Nanosphäre nach http://nano.mtu.edu/images/360fullerene01.gif mit freundlicher Genehmigung von Susan E. Hill, Houghton, MI, USA)

Liposomen sind Vesikel aus Phospholipiden. Es gibt drei Haupttypen: **unilamellare Liposomen** bestehen aus einem Lipid-*bilayer* kleiner oder größer als 100 nm. **Multilamellare Liposomen** bestehen aus mehreren Lipid-Doppelschichten, welche jeweils durch eine wässrige Phase voneinander getrennt sind. In Liposomen werden Arzneimittel eingeschlossen.

Neben den klassischen **Liposomen** (Lipidmembranhülle, welche eine Medikamentenlösung einschließt), gibt es außerdem noch **Tarnkappen-Liposomen** (*stealth liposomes*). Sie enthalten Polyethylenglycol-Moleküle in der Lipidschicht. Dadurch werden sie nicht wie normale Liposomen von Makrophagen erkannt und phagozytiert. Nach dem gleichen Prinzip verhindern Erythrozyten, welche mit einer Kohlenhydrat-Schicht umgeben sind, eine Eliminierung durch Makrophagen. Dies ist pharmazeutisch dort sinnvoll, wo eine makrozytäre Phagocytose vermieden werden soll.

Weiterhin kennt man **Immunoliposomen**. In ihrer Lipidschicht sind Antikörper verankert, welche spezifisch mit tumorassoziierten Antigenen reagieren (Beispiel: der humane epidermale Wachstumsfaktor-Rezeptor HER2 bei Brustkrebs). Auf diese Weise reagieren Liposomen spezifisch mit den Zielstrukturen (in diesem Beispiel dem Tumorgewebe), und Nebenwirkungen auf das gesunde Normalgewebe lassen sich reduzieren. Auch andere bioaktive Moleküle lassen sich in die Lipid-Doppelschicht von Liposomen integrieren, beipielsweise Interleukine, welche mit den zugehörigen Interleukin-Rezeptoren reagieren oder Transferrin, welches mit dem Transferrin-Rezeptor interagiert.

Liposomen, welche virale Hüllproteine in ihrer Lipidschicht verankert haben, bezeichnet man als **Virosomen**. Sie spielen als Immunogene bei Impfungen eine Rolle.

Nanosphären bestehen aus synthetischen oder natürlichen Polymeren (Collagen, Albumin). Medikamentenmoleküle sind von der polymeren Matrix eingeschlossen oder an sie angeheftet.

Aquasomen bestehen aus nanokristallinem Calciumphosphat oder keramischen Partikeln und sind mit einem Polyhydroxyl-Film überzogen.

Polyplexe/Lipopolyplexe entstehen spontan, wenn Nukleinsäuren zu kationischen Liposomen gegeben werden. Sie werden zur Transfektion von Zellen verwendet.

Mikrochips sind Apparate im Mikrometer-Maßstab zur Verabreichung von Medikamenten. Sie bestehen aus Pumpen, Ventilen, Strömungskanälen und ermöglichen die kontrollierte Freisetzung von Medikamenten über längere Zeiträume hinweg.

Nanofibern stellen bioaktive Moleküle mit hoher Dichte dar (Beispiele: synthetischer Collagenersatz; Träger von Wachstumsfaktoren). Kohlenstoff-Röhrchen (**Nanokanülen**) ermöglichen die Migration von Medikamenten durch Zellmembranen hindurch ins Cytoplasma.

Eisenoxid-Kristalle dienen zur Kopplung von *small molecules*, Peptiden, Antikörpern und Olidonukleotiden für therapeutische Zwecke. Sie werden auch für diagnostische Zwecke eingesetzt (s. unten).

Dendrimere sind hochverzweigte Makromoleküle, welche mit spezifischen Wirkstoffen beladen werden. Reaktive Gruppen vermitteln die Reaktion mit der Zielstruktur.

Polymere Mizellen sind Aggregate aus sphäroidem hydrophobem Kern und hydrophilem Mantel.

Nanosysteme werden bevorzugt zur Erreichung bestimmter Zielstrukturen eingesetzt: Die **Makrophagen** des retikuloendothelialen Systems nehmen Nanopartikel im Rahmen ihrer zellulären Abwehrfunktion auf. Veränderungen der Makrophagenfunktion tragen zu Krankheiten wie schweren Infektionen, Autoimmunität, Arteriosklerose etc. bei. Wenn pathogene Keime durch Makrophagen nicht abgetötet werden, sondern in den Makrophagen verbleiben, können Nanopartikel mit antimikrobiellen Wirkstoffen bei Aufnahme in Makrophagen die Erreger wirksam abtöten. Makrophagen können durch toxinbeladene Nanopartikel abgetötet werden, beispielsweise bei Autoimmunerkrankungen, rheumatoider Arthritis etc. Wenn Makrophagen mit Kontrastmitteln beladen werden, lassen sich verbesserte Ergebnisse in bildgebenden Verfahren zur Diagnose von Krankheiten erzielen. Eisenoxid-Partikel reichern sich in Tumorgewebe im Vergleich zum gesunden Normalgewebe vermehrt an, so dass in der Kernspintomographie zuverlässigere Diagnosen gestellt werden können.

Eine auf die **Blutgefäße** zielende Pharmakotherapie spielt für verschiedene Erkrankungen eine wichtige Rolle, darunter Krebs (dysregulierte Gefäßbildung, s. Kap. 6.2.9), Entzündungsprozesse, Thrombose u. a. Die Kopplung von *homing*-Faktoren an Nanopartikel dient dem Aufspüren kleinster Blutgefäße zur therapeutischen Intervention oder zur Diagnose. Blutgefäße in Tumoren sind häufig undicht. Diese Eigenschaft kann therapeutisch ausgenutzt werden, indem mit Medikamenten beladene Nanopartikel aus undichten Blutgefäßen austreten (**Extravasation**) und damit das umgebende Tumorgewebe abtöten.

Für die Nanosystem-basierte Therapie spielt auch der **Darm** als Zielorgan eine Rolle. Zum einen sind Nanosysteme, welche Zeit- und pH-gesteuert Medikamente für verschiedene Indikationen im Darm freisetzen, gegenüber den freien Wirkstoffen überlegen. *Prodrugs* können durch bakterielle Enzyme im Darm aktiviert werden. Zum anderen können gezielt Darmerkrankungen wie ulzerative Colitis (chronische Darmentzündung), Bowel-Syndrom (Reizdarm-Syndrom) etc. bekämpft werden.

Trotz vieler attraktiver Therapiekonzepte, welche auf nanotechnologischen Prinzipien beruhen, darf nicht übersehen werden, dass Nanosysteme auch unerwünschte Nebenwirkungen aufweisen. Dazu zählen die Erzeugung oxidativen Stresses, die Induktion der Apoptose sowie Hypersensitivitätsreaktionen.

4.7 Klinische Prüfung

Nach Identifizierung eines potenziellen neuen Wirkstoffes und Aufklärung der zu Grunde liegenden Wirkmechanismen erfolgt die Wirksamkeitsprüfung im Tier. Dies bezieht sich sowohl auf die erwünschte, pharmakologische Wirkung als auch auf unerwünschte Nebenwirkungen und Toxizitäten. Der größte Teil der Kandidatensubstanzen wird bereits in der präklinischen Phase auf Grund ungünstiger Wirkprofile von der weiteren Entwicklung ausgeschlossen. Dies belegt die Unverzichtbarkeit von Tierversuchen, wenn man nicht potenziell toxische Substanzen im Menschen anwenden will. Wird die präklinische Phase erfolgreich durchlaufen, beginnt die klinische Prüfung. Sie besteht aus vier Phasen (**Abb. 4.5**):

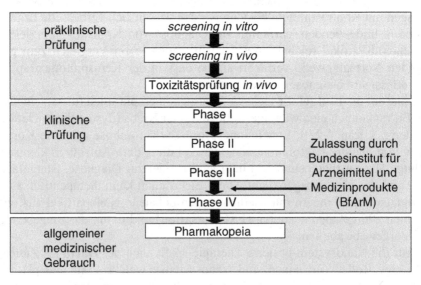

Abb. 4.5. Die Phasen der klinischen Wirkstoff-Prüfung

Phase-I-Studie: Zunächst wird die Verträglichkeit eines Wirkstoffes im Menschen untersucht. Phase-I-Studien werden an gesunden Probanden durchgeführt, um das Profil der Nebenwirkungen zu erforschen, um die Pharmakokinetik und -dynamik im Menschen zu studieren und um den tolerierten Dosisbereich festzulegen. Bei bestimmten Indikationen (z. B. Tumortherapie) werden Phase-I-Prüfungen auch an Patienten durchgeführt. Die durchschnittliche Zahl der Personen in Phase-I-Studien beträgt 20–80. Phase-I-Studien dauern etwa ein Jahr.

Phase-II-Studie: Wird eine Substanz in dem tolerierten Dosisbereich als sicher eingestuft, beginnt die Phase-II-Prüfung. Ziel ist, die Wirksamkeit einer Substanz im Menschen zu erforschen. Mit biostatistischen Methoden wird die Signifikanz der Versuchsergebnisse errechnet, um zuverlässige und allgemeingültige Aussagen zu treffen. Die in Phase I getroffenen Aussagen über Nebenwirkungen und Sicherheit des Wirkstoffes werden an einem größeren Kollektiv (100–300 Patienten) überprüft. Die Dauer von Phase-II-Studien beträgt etwa zwei Jahre.

Phase-III-Studie: Bei positivem Ausgang der Phase-II-Studie schließt sich die Phase-III-Prüfung an. Phase-III-Studien umfassen zwischen 1000 und 3000 Patienten und dauern ca. drei Jahre. Es handelt sich um multizentrische Studien, d. h. sie werden an mehreren Kliniken gleichzeitig durchgeführt. Nach dem gleichen Prüfplan werden an einem randomisierten Patientenkollektiv die in Phase II gefundenen Effekte (Wirksamkeit und Nebenwirkungen) überprüft. Unter **Randomisierung** versteht man die Gleichverteilung von Faktoren, welche das Therapieergebnis beeinflussen, zwischen den verschiedenen Therapiegruppen in einer klinischen Studie.

Vergleichsprüfungen mit anderen Medikamenten und Langzeitversuche können ebenfalls Bestandteil der Phase III sein. Eine abgeschlossene Phase-III-Studie ist Voraussetzung zur Zulassung eines Medikamentes beim Bundesgesundheitsamt (oder der *Food and Drug Administration* (FDA) in den Vereinigten Staaten). Der Zulassungsprozess kann bis zu drei Jahre dauern.

Phase-IV-Studie: Nach Einführung des neuen Medikamentes auf dem Markt werden Phase-IV-Studien durchgeführt. Sie dienen der Überwachung des Medikamentes und der Erfassung seltener Nebenwirkungen und Langzeiteffekte. Nach Abschluss der Phase-IV-Studie wird eine abschließende Beurteilung der Risiken bzw. der Unbedenklichkeit vorgenommen. Ein Arzneimittel gehört dann zur allgemein anerkannten Sammlung von Pharmaka (**Pharmakopeia**).

Der Prozess der Arzneimittel-Entwicklung von der Identifizierung der Zielmoleküle und dem Substanz-*screening* bis hin zur Zulassung eines Medikamentes ist langwierig und kostenintensiv. Die Gesamtkosten betragen zwischen 300 und 500 Mio. Euro, um ein Medikament auf den Markt zu bringen.

5 Molekulare zielgerichtete Therapieformen

5.1 Einleitung

Zu den traditionellen Zielstrukturen der Arzneimittel-Wirkung sind in den zurückliegenden Jahren neue hinzugekommen (**Abb. 5.1**). Die Beeinflussung der Funktion und Expression von Proteinen (Rezeptoren, Ionenkanäle, Transportmoleküle und Pumpen, Enzyme und andere Proteine) ist Gegenstand der klassischen Pharmakologie. Auf der Interaktion von Proteinen beruht im Wesentlichen auch die Immuntherapie und Vakzinierung. In jüngerer Zeit gewinnt die Suche nach *small molecules* in der pharmazeutischen

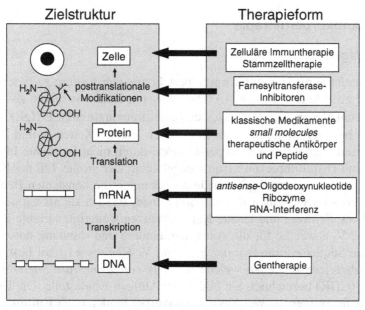

Abb. 5.1. Zielgerichtete molekulare Therapieformen. Während Arzneimittel im klassischen Sinne überwiegend Proteine und deren Funktionen beeinflussen, zielen innovative Strategien auf die DNA und mRNA krankheitsverursachender Gene ab. Bei der zellulären Immuntherapie und Stammzelltherapie rückt die Zelle als Therapieziel in den Mittelpunkt.

Forschung zunehmend an Bedeutung. Hierbei handelt es sich um niedermolekulare Wirkmoleküle, welche gezielt bestimmte Proteine (*drug targets*) in ihrer Funktion lahm legen. Ähnlich können makromolekulare Wirkstoffe (therapeutische Antikörper und Peptide) auf relevante Proteine einwirken. Die gezielte Ausschaltung krankheitsrelevanter Proteine bezeichnet man auch als *molecular targeted therapy*.

Erst in den letzten Jahren sind Nukleinsäuren (RNA und DNA) als Zielstrukturen der Behandlung von Krankheiten zunehmend in den Mittelpunkt des Interesses gerückt. Während die Hemmung der DNA-Biosynthese oder die DNA-Schädigung durch klassische Medikamente als Wirkprinzipien in der Therapie von infektiösen Erkrankungen und Krebs schon länger bekannt sind, eröffnen die Fortschritte in der Molekularbiologie völlig neue Wege, Nukleinsäuren therapeutisch zu nutzen. Krankhaft veränderte RNA-Moleküle lassen sich durch *antisense*-Oligodeoxy-nukleotide, Ribozyme oder RNA-Interferenz behandeln. Die DNA ist für die Gentherapie das entscheidende Zielmolekül.

5.2 Proteine als Zielmoleküle

5.2.1 Antikörpertherapie

Grundlagen

Die Grundstruktur von Antikörpern besteht aus vier Ketten: zwei schwere (H) und zwei leichte Ketten (L). Die schweren Ketten variieren zwischen den verschiedenen Antikörperklassen (ε bei Immunglobulin E (IgE), μ bei IgM, γ1 bei IgG1 usw.). Es gibt zwei Arten leichter Ketten: κ und λ. Die vier Ketten werden im Antikörper-Molekül durch nicht kovalente Interaktionen und Disulfidbrücken zusammengehalten. Der größte Teil der Ketten besteht aus konstanten Regionen. Je nachdem, ob die konstanten Bereiche in schweren oder leichten Ketten vorkommen, werden sie als C_H oder C_L bezeichnet. Schwere und leichte Ketten besitzen weiterhin variable Regionen (V_H, V_L), welche für die Antigenerkennung und -bindung notwendig sind. Die Sequenzvariabilität der V_H - und V_L-Regionen ist auf bestimmte Sequenzbereiche begrenzt, welche man als *complementarity-determining regions* (CDR) bezeichnet. Sie bilden die Antigen-Bindestelle. Die Domäne auf dem Antigen, an welches der Antikörper bindet, heißt **Epitop**.

Antikörper der IgG-Klasse haben eine Y-förmige Gestalt. Die Gabel (**F(ab)$_2$-Fragment**) ist für die Antigenbindung verantwortlich. Der Schaft (**Fc-Fragment**) bindet Effektorzellen (Monozyten und Neutrophile).

Antikörper haben zwei Hauptfunktionen:

- Sie dienen als Antigenrezeptoren für B-Zellen. Die Antigenbindung auf B-Zellen initiiert die zelluläre Immunantwort.
- Sie dienen als antigenspezifische lösliche Effektormoleküle als Teil der humoralen Immunantwort. Dies kann auf drei Weisen geschehen:
  - Antikörper binden und neutralisieren Antigene (z. B. Viren). Eine sterische Blockade durch den Antikörper verhindert die Infektion durch Viren oder Bakterien.
  - Der Fc-Teil von Antikörper-Molekülen bindet an die erste Kom-ponente des Komplementsystems (C1), welches daraufhin aktiviert wird.
  - Der Fc-Teil von Antikörper-Molekülen bindet an Zellen, welche Fc-Rezeptoren tragen (z. B. natürliche Killer (NK)-Zellen). Ein Antikörper bindet mit dem $F(ab)_2$-Teil an ein Antigen und mit dem Fc-Teil an NK-Zellen. Dadurch werden die NK-Zellen in nächste Nähe zu dem Antigen gebracht, um dieses unschädlich machen (*antibody-dependent cellular zytotoxicity,* ADCC). Eine Bindung an Monozyten fördert die Phagocytose. Fc-Rezeptoren sind auch für die Entfernung von Immunkomplexen, Antigenpräsentation und B-Zellaktivierung, Freisetzung von Mediatoren aus Basophilen u. A. verantwortlich.

Genetik

Komplexe DNA-Rearrangements sorgen für die Antikörper-Spezifität gegenüber Antigenen. Im Genom des Menschen kommen drei Immunglobulin-Loci für schwere (H), leichte κ- und leichte λ-Ketten vor.

Der **κ-Locus** entsteht aus der V-Region mit 40 variablen Segmenten, der G-Region mit fünf variablen Segmenten sowie einer einzigen konstanten Region ($C_κ$). Während der B-Zellentwicklung rekombinieren die V- und J-Gensegmente zufällig miteinander, so dass ein V-Segment neben ein J-Segment zu liegen kommt. Alle dazwischen liegenden DNA-Bereiche gehen verloren. Durch diese Rekombination entstehen 200 (40×5) verschiedene Kombinationsmöglichkeiten in der κ-Kette.

Der menschliche **λ-Locus** besteht aus 30 V- und vier J-Segmenten. Der schwere Ketten (H)-Locus hat neben 51 V- und sechs J-Segmenten weitere 27 D-Segmente, welche zwischen V- und J-Segmenten liegen. Die gesamte Anzahl von V(D)J-Rekombinationen liegt somit bei 8262 für den schwere Ketten (H)-Locus, 200 für die leichte κ- und 120 für die leichte λ-Kette. Da jede schwere Kette mit jeder leichten Kette gepaart werden kann, ergeben sich 1.652.400 mögliche H-κ und 991 H-λ Paarungen. Hinzu kommt eine Bindungsvarietät (*junctional diversity*), welche darauf beruht, dass die Verbindungsstücke zwischen den Segmenten ungenau sind und zufällig

Sequenzen hinzukommen oder wegfallen können. Weitere Variationen können beim Spleißen der DNA entstehen. Diese Variationsbreite reicht für die Selektion von niederaffinen Antikörpern während der primären Immunantwort aus. Bei der sekundären Immunantwort entstehen Antikörper in den Lymphknoten, welche mit sehr hoher Affinität an Antigene binden. Durch zufällige Mutationen in den V(D)J-Segmenten der variablen Domänen entstehen Antikörper mit höherer Affinität als ihre parentalen Moleküle. Diejenigen Antikörper, welche die höchste Affinität gegen ein Antigen aufweisen (z. B. Viren, Bakterien), werden bei der Ausreifung der Immunantwort selektiert.

Konstruktion veränderter Antikörper-Moleküle

Mit Hilfe der Hybridomtechnik können **monoklonale Antikörper** nach der Methode von Köhler und Milstein im industriellen Maßstab gegen jedes beliebige Antigen hergestellt werden (**Abb. 5.2**). Auf der einen Seite sind die Antikörper-produzierenden B-Lymphozyten aus der Milz immunisierter Mäuse unter *in-vitro*-Bedingungen sehr kurzlebig. Auf der anderen Seite werden Myelom-Zellkulturen verwendet, welche *in vitro* permanent

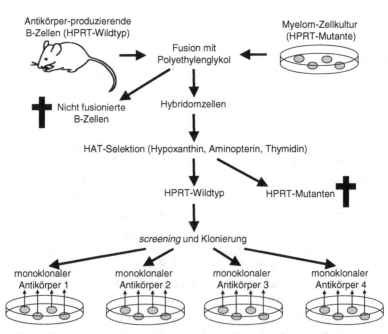

Abb. 5.2. Herstellung monoklonaler Antikörper nach der Hybridomtechnik von Köhler und Milstein. Dafür wurden die beiden Forscher 1984 mit dem Nobelpreis für Medizin ausgezeichnet.

kultiviert werden können. Jedoch weisen diese Zellen keine spezifisch reagierenden Antikörper auf. Daher werden beide Zelltypen mit Polyethylenglycol fusioniert, um langlebige Zelllinien mit spezifischer Antikörperproduktion zu erhalten. Die Myelomzellen tragen eine Mutation im **Hypoxanthin-Guanin-Phosphoribosyltransferase** (*HPRT*)-Gen, welche für den nachfolgenden Selektionsschritt wichtig ist. HPRT ist ein Enyzm des *salvage pathway* der Purin-Biosynthese. Aminopterin blockiert die Hauptwege der DNA- und RNA-Synthese in der Zelle. Zellen ohne HPRT-Mutation können den *salvage pathway* beschreiten, HPRT-mutierte Zellen hingegen nicht. Diese Eigenschaften werden für die Selektion von Hybridomzellkulturen mit spezifischer Antikörperproduktion ausgenutzt. Hybridomzellen werden mit dem **HAT-Medium** inkubiert (Hypoxanthin, Aminopterin, Thymidin). Da Hybridomzellen ein intaktes *HPRT*-Gen besitzen, welches sie von den B-Zellen geerbt haben, überleben sie eine Aminopterin-Behandlung. HPRT-mutierte Myelomzellen sterben ab. B-Zellen sind in Zellkultur ohnehin nur kurzlebig und sterben nach einer gewissen Zeit auch ab. Auf diese Weise erhält man selektiv proliferierende Zellkulturen mit erfolgreicher Fusion. Danach erfolgt eine Einzelzellklonierung, damit man Zellkulturen erhält, welche jeweils nur einen spezifischen Antikörper produzieren. Mit geeigneten *screening*-Methoden (Westernblot, ELISA, Durchflusszytometrie, Immunzytochemie etc.) werden die geeigneten Klone identifiziert. Die Hybridomzellen, welche den Antikörper gegen das gewünschte Antigen produzieren, werden vermehrt. Sie geben den Antikörper in das Kulturmedium ab, aus dem dieser gewonnen und aufgereinigt wird.

Bei der therapeutischen Verwendung solcher Antikörper ergeben sich Probleme. Das menschliche Immunsystem reagiert gegen Antikörper aus der Maus. Es entstehen humane Anti-Maus-Antikörper (HAMA). Deshalb geht man dazu über, rekombinante Antikörper herzustellen (**Abb. 5.3**).

Antikörper-Chimären: Zur Reduktion der Immunogenität von Mausantikörpern wurden Antikörper mit variablen Regionen (V_H und V_L) aus Mausantikörpern und konstanten Regionen humaner Antikörper hergestellt. Das entstehende Antikörper-Molekül ist überwiegend menschlich und zeigt eine deutlich reduzierte Immunogenität.

Humanisierte Antikörper: Da V_H- und V_L-Regionen in solchen Antikörperkonstrukten Mausursprung haben, entstehen immer noch Abwehrreaktionen im menschlichen Körper. Es wurden daher menschliche V_H- und V_L-Regionen verwendet, bei welchen die CDR-Sequenzen durch diejenigen aus dem Mausantikörper ersetzt wurden. Auch CDR-Sequenzen können in geringem Umfange noch die Entstehung von HAMA hervorrufen. Um die Technik zur Herstellung humanisierter Antikörper noch weiter zu verfeinern,

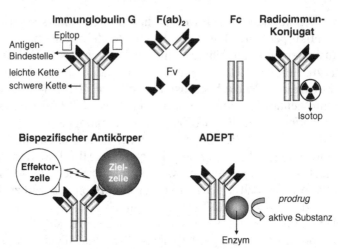

Abb. 5.3. Formen der Antikörpertherapie. Auf dem Prinzip zur Herstellung momoklonaler Antikörper aufbauend gab es verschiedene Weiterentwicklungen zur Verbesserung der Effektivität und Spezifität einer Antikörpertherapie.

wurden die Aminosäuren der CDR-Regionen auf der Antikörperoberfläche analysiert, welche zwischen Maus und Mensch unterschiedlich sind, und diese gezielt mutiert. Dadurch erhält man eine CDR-Sequenz, welche an der Oberfläche human ist. An innen liegenden für die Antigenerkennung essentiellen Stellen entspricht die CDR-Sequenz der ursprünglichen Maussequenz. Dieser Vorgang wurde mit dem Furnieren von Holz bei Schreinerarbeiten (*veneering*) verglichen.

Antikörperfragmente: Verschiedene proteolytische Enzyme spalten Antikörper in definierte Fragmente. Papain trennt einerseits die Fab-Fragmente voneinander und spaltet andererseits den Fc-Teil des Antikörpers ab. $F(ab)_2$-Fragmente besitzen Antigen-Bindungsfähigkeit (*fragment, antigen binding* = Fab). Der Fc-Teil tendiert dazu auszukristallisieren (*fragment, crystalline* = Fc). Pepsin spaltet den $F(ab)_2$-Teil als Gesamtheit vom Fc-Teil ab. $F(ab)_2$-Fragmente wurden ebenfalls für therapeutische Zwecke eingesetzt. Dennoch ruft auch der $F(ab)_2$-Teil noch Immunabwehr-Reaktionen hervor. Bei anderen Versuchsbedingungen spaltet Pepsin vom Fab-Teil noch einmal die Hälfte ab. Der verbleibende Rest besitzt immer noch die Eigenschaft Antigene zu binden. Es wird als *fragment variable* (**Fv**) bezeichnet. Eine Weiterentwicklung stellt das *single-chain*-**Fv** (**sFv**) dar. Es handelt sich um ein rekombinantes Polypeptid aus genetisch veränderten Genen, bei dem die variablen Aminosäure-Sequenzen von schweren und leichten Ketten über einen Peptid-*Linker* miteinander verknüpft sind. Im Vergleich zu intakten Antikörpern sind sFvs für bildgebende diagnostische

Verfahren (z. B. gekoppelt an Radioisotope) besonders geeignet, da sie sehr geringe unspezifische Bindungen aufweisen, sich schnell im Gewebe verteilen und rasch aus dem Körper eliminiert werden.

Immunkonjugate: Die therapeutische Wirksamkeit von Antikörpern hängt davon ab, ob diese in der Lage sind, natürliche Effektorfunktionen im Körper zu aktivieren (Komplementaktivierung oder ADCC, s. oben). In vielen Fällen reicht dies nicht aus, um therapeutisch relevante Effekte zu erzielen. Eine Strategie, die Wirksamkeit von Antikörpern zu erhöhen, ist die Konjugation mit Effektormolekülen. Die Kopplung erfolgt chemisch, wenn ein Effektormolekül (Protein, Peptid, Toxin, Medikament) direkt an den Antikörper angehängt wird. Das Effektormolekül wird an den Fc-Teil gekoppelt, um eine Beeinträchtigung der Antigenbindung zu vermeiden. Eine Konjugation kann auch genetisch erfolgen, indem das Gen eines Effektorproteins in ein Antikörper-Genkonstrukt hineinkloniert wird. Es gibt eine ganze Reihe von Effektormolekülen, welche an Antikörper gekoppelt werden können. Bei der *antibody-directed enzyme prodrug therapy* (**ADEPT**) wird ein *prodrug*-aktivierendes Enzym an einen Antikörper gekoppelt. Im zweiten Schritt wird das *prodrug* systemisch appliziert. Da der Antikörper nur an die Zielzellen bindet, findet eine Aktivierung des *prodrugs* lediglich am Ort der Antikörperbindung statt. Nebenwirkungen in anderen Geweben und Organen lassen sich auf diese Weise vermeiden. Das Gleiche gilt für Medikamente (z. B. Anti-Tumormedikamente) und Toxine aus Pflanzen oder Mikrorganismen (Ricin A, *Diphteria*-Toxin, *Pseudomonas*-Exotoxin). Nachteil ist, dass mit dieser Strategie nicht alle Zielzellen erreicht werden. Beispielsweise bleiben Zellen im Inneren eines Tumors für solche Immunkonjugate verborgen. Eine Lösungsmöglichkeit für dieses Problem stellt die Kopplung von Radioisotopen an Antikörper dar. Die Strahlung erreicht auch benachbarte Zellen, an welche der Antikörper nicht unmittelbar bindet. Allerdings sind bei solchen Radioimmunkonjugaten auch höhere Nebenwirkungen auf das umliegende gesunde Gewebe zu beobachten.

Bispezifische Antikörper besitzen eine doppelte Spezifität. Jedes der beiden Fab-Teile erkennt ein anderes Antigen. Bispezifische Antikörper können auf verschiedene Weise generiert werden:

- chemisch, indem die schwere und leichte Kette einer Antikörperhälfte mit den Ketten einer anderen Antikörperhälfte verknüpft werden,
- genetisch, indem die entsprechenden Gene von schweren und leichten Ketten zweier Antikörper mit unterschiedlicher Spezifität rekombiniert werden,
- durch Fusion von zwei Hybridomkulturen, um Hybridhybridome zu erhalten.

Bispezifische Antikörper haben zwei wichtige Anwendungsmöglichkeiten:

- Ein Effektormolekül (Medikament, Toxin, Radioisotop) und eine Zielzelle werden durch den bispezifischen Antikörper nahe zusammengebracht, so dass eine spezifische Abtötung der Zielzelle ohne Schädigung anderer Gewebe und Organe erfolgt.
- Bispezifische Antikörper führen Effektorzellen (zytotoxische T-Zellen, natürliche Killerzellen) an die Zielzelle (z. B. Tumorzellen) heran. Die Idee dabei ist, dass die Immun-Effektorzellen eine stärkere zytotoxische Wirkung auf die Tumorzellen ausüben.

Neben vollständigen bispezifischen Antikörpern gibt es bispezifische Fragmente (*Diabodies*), welche den *single-chain*-Fvs (s. oben) vergleichbar sind. Auch trivalente sFvs (*Triabodies*) wurden beschrieben.

Phage-display-Technologie

Durch die rekombinante DNA-Technologie ist es möglich, Peptide auf der Oberfläche von filamentösen Bakteriophagen (z. B. M13) zu exprimieren (**Abb. 5.4**). Bakteriophagen tragen ein einzelsträngiges DNA-Genom. Das

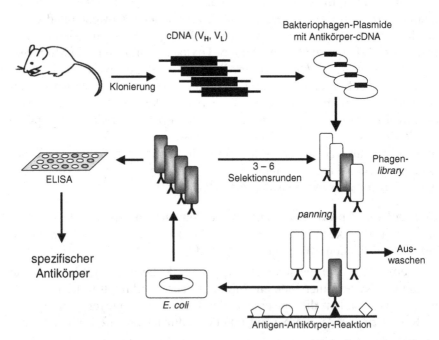

Abb. 5.4. *Phage-display*-Technologie. Kombinatorische Bibliotheken von Antikörpergenen werden in Bakteriophagen exprimiert und zur Selektion von Antikörpern gegen ein gewünschtes Antigen verwendet.

major coat protein **pVIII** des Bakteriophagen ist für die Infektion von Bakterien (*Escherichia coli*, Stamm TG1) wichtig, damit die Bakteriophagen-DNA in das Bakterium transferiert und dort repliziert wird. Genregionen von schweren und leichten Ketten, welche geklont werden (z. B. mittels Polymeraseketten-Reaktion) werden in die Phagen-DNA transferiert. Auf diese Weise können ganze kombinatorische Bibliotheken zufällig kombinierter V_H-und V_L-Gene (normalerweise als sFvs) auf der Oberfläche von Bakteriophagen exprimiert werden. Zur Klonierung der Antikörpergene kann man immunisierte oder nicht immunisierte Mäuse, Kaninchen oder auch Menschen heranziehen. Der Nachteil immunisierter Spender ist, dass eine Phagenbibliothek bereits mit Antikörpern gegen ein bestimmtes Antigen angereichert ist. Benötigt man zu einem späteren Zeitpunkt einen weiteren Antikörper gegen ein anderes Antigen, muss eine neue *phage-display*-Bibliothek erstellt werden. Phagenbibliotheken nichtimmunisierter Spender (*naive libraries*) weisen diesen Nachteil nicht auf und können immer wieder aufs Neue verwendet werden.

Im nächsten Schritt müssen die geeigneten Antikörperfragmente aus der *phage-display*-Bibliothek herausselektiert werden. Dieser Prozess wurde mit dem Goldwaschen von Goldgräbern (*panning*) verglichen. Das Antigen, für das ein Antikörper gefunden werden soll, wird auf einer festen Oberfläche immobilisiert und mit den Phagenantikörpern inkubiert. Die ungebundenen Phagen werden ausgewaschen, während die spezifisch gebundenen Phagen anschließend eluiert werden. Diese werden zur Infektion von Bakterien benutzt, damit die Phagen-DNA mit dem spezifischen Antikörper in den Bakterien repliziert wird. Die auf diese Weise vermehrten Phagen werden erneut mit Antigen inkubiert. Nach drei bis sechs Selektionsrunden lassen sich in der Regel spezifische Phagen-Antikörper gewinnen. Die Spezifität wird mit einer zweiten unabhängigen Methode überprüft (*enzyme-linked immunoabsorbent assay*, ELISA).

Diese Standardmethode wurde weiterentwickelt. Lösliche Antigene, welche nicht auf einer Festphase immobilisiert sind, werden biotinyliert. Dann werden die Antigene mit den Phagen inkubiert. Die biotinylierten Antigen-Phagen-Komplexe werden mit Streptavidin-markierten Metallkügelchen markiert. Biotin hat eine sehr hohe Affinität zu Streptavidin. Biotin-Streptavidin-Systeme sind in der Immunologie für viele Anwendungen weit verbreitet. Mit einem Magneten lassen sich die spezifisch gebundenen Antigen-Phagen-Metall-Komplexe herausfischen. In nachfolgenden Selektionsrunden wird die Menge an Antigen beständig verringert, so dass die Phagen mit der höchsten Antigenaffinität selektioniert werden können.

Wenn das Antigen, für welches man einen Antikörper sucht, nicht in aufgereinigter Form vorliegt (oder noch gar nicht bekannt ist), kann man Zellen, auf denen das Antigen exprimiert ist, für die Phagenselektion verwenden. In diesem Fall werden die Zellen mit den Phagen inkubiert. Nicht-gebundene Phagen werden ausgewaschen und die Zell-Phagen-Komplexe werden mittels Zellsortierung (*fluorescence activated cell sorting*, FACS) und Nachweis geeigneter Zelloberflächenmarker (z. B. CD3 und CD20 bei Leukozyten) herausgefiltert.

Anwendungsbereiche

Tumorerkrankungen: Während die adoptive Immuntherapie noch keine klinische Reife erlangt hat, sind mittlerweile eine Reihe monoklonaler Antikörper zur Therapie maligner Tumorerkrankungen auf dem Markt. Beispiele sind Antikörper zu Behandlung von Lymphomen, welche gegen die CD52- (**Alemtuzumab**) oder CD20-Oberflächenmarker (**Rituximab**) gerichtet sind. Auch für die Behandlung solider Tumoren stehen monoklonale Antikörper zur Verfügung. Die Zielmoleküle sind beispielsweise der vaskuläre endotheliale Wachstumsfaktor VEGF (**Bevacizumab**), der epidermale Wachstumsfaktor-Rezeptor EGFR (**Cetuximab**), der EGFR2/HER2 (**Trastuzumab, Herceptin**), Gastrin (G17DT) oder das karzinoembryonale Antigen CEA (**Labetuzumab**).

Autoimmunerkrankungen: Entzündliche Immunreaktionen tragen zur Pathogenese viele Autoimmunerkrankungen bei (Beispiele: Multiple Sklerose, rheumatoide Arthritis, Diabetes mellitus Typ-1). Monoklonale Antikörper gegen geeignete Zielmoleküle können zur Therapie solcher Erkrankungen eingesetzt werden. Zwei Zelltypen sind für entzündliche Immunerkrankungen wichtig:

- antigenspezifische T-Helfer-Lymphozyten, um die Immunantwort zu koordinieren,
- nicht-spezifische Effektorzellen (Makrophagen), welche die Gewebeschädigung verursachen.

Therapeutische Antikörper können gegen diese Zelltypen gerichtet sein, gegen Cytokine, welche ihre Aktivität steuern (Beispiel: γ-Interferon) oder gegen Makrophagen-Effektorfunktionen beeinflussende Stoffe (Beispiel: TNF-α). Einige Beispiele sind:

- **Omalizumab** ist ein humanisierter IgG-Antikörper, welcher gegen IgE-Immunglobuline gerichtet ist. Er verhindert, dass sich IgE an Effektorzellen anheftet und IgE-vermittelte Immunreaktionen ausgelöst werden.
- **Tocilizumab** ist ein rekombinanter, humanisierter anti-IL-6R Antikörper. Er inhibiert die Bindung von Interleukin-6 und den IL-6-Rezeptor und nachfolgend die Aktivierung von gp130.

- Tumornekrose-Faktor-α (TNF-α)-Antagonisten wie z. B. **Infliximab** und **Etanercept** sind vielversprechend, da TNF ein zentrales Steuermolekül in der Cytokinkaskade darstellt.

- Die monoklonalen Antikörper **Natalizumab** und **Alemtuzumab** wirken auf Oberflächen-Liganden von Immunzellen und zeigen einen immunsupprimierenden Effekt zur Behandlung multipler Sklerose.

- Die Ligierung von CD40 durch CD154 ist ein kritischer Schritt bei der Interaktion zwischen antigenpräsentierenden Zellen und T-Zellen. Im Tiermodell konnte das Ausmaß von Autoimmunerkrankungen durch einen chimären monoklonalen Anti-CD40-Antikörper (ch5D12) reduziert werden. Dieser Antikörper antagonisiert die Bindung von CD40 an den CD40-Rezeptor.

Transplantatabstoßungen: Transplantationen rufen starke Immunreaktionen hervor. Während es bei Organtransplantationen zu Reaktionen des Wirtes gegen das transplantierte Organ kommt, welche zur Abstoßung des Transplantates führen (*host-versus-graft disease*; hvGD), tritt in 80% der Knochenmark-Transplantationen eine *graft-versus-host disease* (GvHD) auf. Traditionell werden immunsuppressive Medikamente wie Cyclosporin A, FK506, Prednison u. A. benutzt, um diese beiden Formen der Immunabwehr zu verhindern. Diese Medikamente wirken effektiv, jedoch machen sie den Wirt anfällig gegenüber Infektionserkrankungen. Aus diesem Grunde wird versucht, mit Antikörpern, welche gegen T-Zellen gerichtet sind, eine spezifischere Immunsuppression bei Organtransplantationen zu erzielen. Während Xenograft-Transplantate (z. B. Organe aus dem Schwein auf den Menschen) immunologisch weiterhin problematisch bleiben, werden mit Allograft-Transplantaten (Übertragung zwischen zwei Individuen einer Art) gute Erfolge erzielt. Einige Beispiele für die therapeutische Anwendung bei Transplantationen sind Antikörper gegen CD3 (**OKT3**), CD25 (Interleukin-2-Rezeptor; **Basiliximab, Daclizumab, Inolimomab**), CD52 (**Alemtuzumab**), CD20 (**Rituximab**), sowie anti-LFA-1, anti-ICAM-1 und anti-TNF-α (**Infliximab**) Antikörper.

Infektionskrankheiten werden meist mit antimikrobieller Chemotherapie bekämpft. Antikörper-basierte Therapieformen (passive Immuntherapie) finden interessante Anwendungsfelder bei chemoresistenten Erregerstämmen, bei Immundefizienz-Zuständen oder zur Neutralisierung von Toxinen (Diphtherie, Tetanus). Weiterhin können Antikörper in der Kombination mit Chemotherapeutika synergistische Effekte hervorrufen. Auf die Kopplung von Antikörpern mit Radioisotopen, Exotoxinen etc. wurde bereits weiter oben eingegangen. Nachteilig ist, dass Erreger unter Antikörpertherapie Antigene verändern können (*antigenic variation*), so dass ein Antikörper-

Cocktail gegen verschiedene Antigene benötigt wird. Obwohl Antikörper gegen verschiedene Infektionen (Hepatitis B, Varicella zoster) entwickelt worden sind, ist erst ein monoklonaler Antikörper auf dem Markt verfügbar. Es handelt sich um **Palivizumab** – einen Antikörper zur Behandlung von RSV-Infektionen (*respiratory syncytial virus*). RSV-Infektionen führen vor allem bei Neugeborenen zu schweren Atemwegsinfektionen.

5.2.2 Vakzine

Vakzinierung (Impfung) stellt eine der Hauptanwendungen der modernen Medizin dar. Mit Impfungen können aktive und passive Immunisierungen erzielt werden. Unter **passiver Immunisierung** versteht man die Abwehr von Erregern oder Giften (z. B. Schlangengifte) im Körper durch Zufuhr von Antikörpern. Dies entspricht der Antikörpertherapie, die im vorangehenden Kapitel abgehandelt wurde. Mit **aktiver Immunisierung** versucht man die körpereigenen Immunkräfte zu mobilisieren, um Pathogene abzuwehren. Vakzine enthalten Antigene von pathogenen Keimen (z. B. von abgeschwächten Erregern), welche das humorale und zelluläre Immunsystem aktivieren. Die Verabreichung erfolgt oral oder parenteral. Um eine maximale Immunisierung zu erreichen, werden in vielen Fällen die Impfungen über einen bestimmten Zeitraum wiederholt (*booster doses*). Impfungen erfolgen traditionell gegen virale und bakterielle Infektionen, bakterielle Toxine, beispielsweise Tetanus, Diphtherie, Typhus, Tuberkulose, Masern, Mumps, Poliomyelitis, Cholera, Meningokokken, Pneumokokken, Gelbfieber, Grippe, Hepatitis A/B. Neuere Bemühungen richten sich auf AIDS und Parasiten (z. B. Malaria). Hier wurde insbesondere durch die Oberflächenantigen-Variabilität der Erreger noch kein Durchbruch erzielt. Weitere neue Anwendungsfelder liegen im Bereich der Autoimmun- und Tumorerkrankungen.

Traditionelle Vakzinierung

Abgeschwächte oder inaktivierte Bakterien oder Viren bieten für Immunisierungszwecke den Vorteil, dass die Virulenz der Pathogene eliminiert oder stark reduziert ist. Eine Abschwächung, vollständige Inaktivierung oder Abtötung erfolgt durch chemische oder thermische Behandlung. Das abgeschwächte Produkt weist nach wie vor eine immunologische Kreuzreaktivität zu dem entsprechenden Wildtyp-Pathogen auf (**Abb. 5.5**).

Ein Beispiel ist der Tuberkulose-Stamm *Bacillus* Calmette-Guerin (BCG), welcher keine Tuberkulose auslösen kann, jedoch die Antigenität virulenter Tuberkulose-Erreger aufweist. Für die Cholera-Vakzinierung verwendet man Suspensionen mit abgetöteten *Vibri- cholerae*-Partikeln.

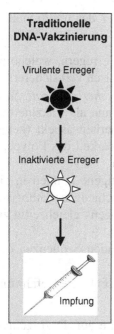
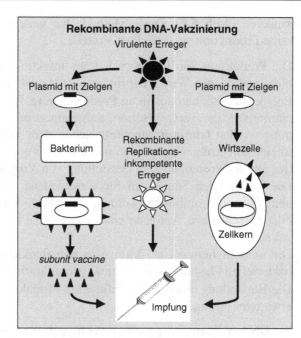

Abb. 5.5. Traditionelle und rekombinante DNA-Vakzinierung. Bei der traditionellen Vakzinierung werden abgeschwächte oder inaktivierte Erreger zur Impfstoff-Gewinnung eingesetzt. Mit Hilfe der rekombinanten DNA-Technologie ist es möglich, einzelne Proteine oder Polypeptide auf Wirtszellen zu exprimieren, um gezielt Impfpräparate gegen spezifische Antigene zu gewinnen.

Vakzine gegen Toxine sind z. B. Diphtherie- und *Tetanus*-Impfpräparate. Die Toxine werden aus *Corynebacterium-diphtheria-* bzw. *Clostridium-tetani*-Kulturen gewonnen und durch Formaldehyd-Behandlung inaktiviert.

Die antigenen Substanzen sind häufig Polysaccharide auf der Oberfläche von Pathogenen. Kohlenhydrathaltige Substanzen sind in der Regel wenig immunogen und sind für Immunisierungszwecke ungeeignet.

Eine Impfung gegen Parasiten ist beispielsweise die Typhus-Impfung. Typhus wird durch *Rickettsia prowazekii* hervorgerufen und verläuft ohne Behandlung zum Tod. Eine Vakzinierung für die Malariatherapie ist bislang noch nicht ausgereift, da Plasmodien einen komplexen Lebenszyklus haben, welcher die Impfstoff-Entwicklung erschwert.

Rekombinante DNA-Vakzinierung

Mit Hilfe der rekombinanten DNA-Technologie ist es möglich, Polypeptide auf der Oberfläche von pathogenen oder nicht-pathogenen Wirten zu exprimieren (**Abb. 5.5**). Diese Methode hat gegenüber der traditionellen Vakzine-Produktion verschiedene Vorteile:

- Die Produktion von Polypeptiden aus infektiösen Erregern, welche in nicht-pathogenen Wirten exprimiert werden, ist klinisch viel sicherer.
- Polypeptide können aus ihren Produzenten (z. B. *Escherichia coli, Saccharomyces cerevisiae*) isoliert, aufgereinigt und dann als Vakzine benutzt werden (*subunit vaccine*). Neben dem Sicherheitsaspekt (keine infektiösen Erreger!) sind die unbegrenzte Verfügbarkeit des Polypeptids und die kostengünstige Herstellung von Vorteil.
- Die kodierenden Sequenzen für verschiedene Antigene können in einem Plasmid kombiniert werden, um gegen verschiedene Pathogene oder verschiedene Antigene eines einzelnen Pathogens gleichzeitig zu vakzinieren.
- Die unmethylierten CpG-Motive in den flankierenden Sequenzen der bakteriellen Plasmide wirken immunstimulatorisch.
- Die Herstellung eines genau definierten Produktes senkt die Gefahr unerwarteter Nebeneffekte.

Die DNA-Vakzinierung weist jedoch auch Nachteile auf. Dazu zählen die geringe Immunogenität von DNA-Vakzinen im menschlichen Organismus und die Immunantwort des Körpers gegen rekombinante virale Vektoren. Der therapeutische Effekt bei wiederholter Anwendung der Vakzine geht daher häufig verloren.

Die erste klinisch zugelassene *subunit vaccine* war 1986 das Hepatitis-B-Antigen (HBsAg). Gegenüber der Vakzinierung mit vollständigen Hepatitis-B-Viren (HBV) war die Verfügbarkeit infizierten, menschlichen Plasmas kein limitierender Faktor mehr. Außerdem bestand bei menschlichem Plasma immer die Gefahr einer Kontamination mit noch lebenden, infektiösen HBV und gelegentlich auch mit anderen Viren wie HIV.

Genbasierte Vakzine können Plasmid-DNA-Vakzine oder lebende rekombinante Vektoren sein. Im Wesentlichen gibt es drei Hauptverfahren.

Bei **Plasmid-DNA-Vakzinen** werden DNA-Sequenzen für pathogene Antigene in aufgereinigte Plasmide eingebaut. Die Injektion des Plasmids in die Wirtszelle führt zur Expression des Antigens und ruft sowohl humorale als auch zellvermittelte Immunantworten hervor.

Lebende rekombinante Vektoren stellen replikationsinkompetente Viren oder Bakterien dar, welche das gewünschte Antigen exprimieren. Virale Vektoren zur Vakzinierung sind häufig Adenoviren, Picornaviren oder Pockenviren. *Vaccinia* und andere Pockenviren haben den Vorteil, dass große DNA-Mengen in das Virengenom eingebaut werden können. Dies erleichtert die Generierung multivalenter Vakzine, welche mehrere

Gene des pathogenen Erregers tragen können. Damit kann eine umfassendere Immunisierung erzielt werden. Adenoviren sind im Vergleich zu *Vaccinia* weniger universell in den Integrationsmöglichkeiten und der Größe fremder DNA. Weiterhin rufen sie starke Immunreaktionen gegen den Vektor selbst hervor. Picornaviren sind viel kleiner als Pocken und Adenoviren. Sie können keine ganzen Gene fremder Organismen aufnehmen sondern nur kurze Sequenzen, welche für Antikörper-Bindungsstellen auf Antigenen kodieren (Epitope). Nach Injektion kommt es bei Plasmid-DNA-Vakzinen und lebenden rekombinanten Vektoren zu einer MHC-Klasse-I-vermittelten Antigenpräsentation und Aktivierung CD8-positiver zytotoxischer T-Lymphozyten.

Bei der **Peptidvakzinierung** werden *subunit vaccines* chemisch synthetisiert. Wenn die Sequenzen von Polypeptiden pathogener Keime bekannt sind, können Peptide zur Immunisierung künstlich synthetisiert werden. Beispielsweise wurden synthetische Vakzine für bakterielle Toxine (Diphtherie- oder *Cholera*-Toxine) hergestellt.

AIDS-Vakzine

Humane Immundefizienz-Viren (HIV) verursachen das erworbene Immundefizienz-Syndrom (***acquired immune deficiency syndrome*, AIDS**). HIV gehört zur Gruppe der Lentiviren aus der Familie der Retroviren. Das virale Oberflächenprotein gp120 bindet spezifisch an das CD4-Molekül von Leukozyten. Die Aufnahme des Virus geschieht über Endocytose unter Beteiligung des gp41 Transmembranproteins. In der Zelle wird die virale RNA mittels einer viralen reversen Transkriptase in doppelsträngige DNA umgeschrieben. Die virale Replikation führt zu grippeähnlichen Symptomen und einer Anschwellung der Lymphknoten. HIV-spezifische zytotoxische T-Lymphozyten bringen diese anfängliche Virämie unter Kontrolle und die Anzahl der Viren im Blut (virale Last, *viral load*) sinkt häufig sogar unter die Nachweisgrenze. Während einer Latenzphase sinkt der Anteil CD4-positiver T-Helferzellen und spezifischer Anti-HIV-Antikörper. Die virale Last im Blut steigt daraufhin wieder an, legt das Immunsystem lahm und führt letztlich zum Tod.

Probleme bei der Entwicklung einer Impfung gegen HIV sind:

- HIV prägt eine starke genetische Variabilität aus, besonders im viralen *env*-Genprodukt gp160, welches proteolytisch zu gp120 und gp41 prozessiert wird.
- HIV zerstört T-Helferzellen und schwächt daher eine wesentliche Kompente des Immunsystems, welches für eine erfolgreiche Immunabwehr nach einer Impfung aktiv sein muss.

- Nicht exprimierte Provirus-DNA wird vom Immunsystem nicht erkannt. Eine effektive HIV-Vakzine muss das Immunsystem aktivieren, um entweder die virale Infektion unter Kontrolle zu bringen, bevor die zelluläre Infektion stattfindet, oder die Zellen zerstören, welche Viruspartikel produzieren.

Tumorvakzine

Neben der eigentlichen Funktion als Schutzmechanismus vor eindringenden Pathogenen spielt das Immunsystem auch bei der Krebsprävention eine wichtige Rolle. Dies führte zu dem Konzept einer Immuntherapie gegen Krebs. T-Zellen sind die hauptsächlichen Effektorzellen des adaptiven Immunsystems. Sie lysieren Zielzellen und steuern in Verbindung mit anderen Immunzellen die Immunantwort durch eine zeitlich regulierte Cytokinproduktion. T-Zellen treten über den T-Zell-Rezeptor (TCR) mit Antigenen auf Zielzellen in Kontakt. Die Antigene werden von *major-histocompatibility*-**Komplexen (MHC)** der Zielzellen präsentiert. Alle kernhaltigen Zellen exprimieren MHC-Klasse-I-Proteine, welche den CD8-positiven T-Zellen Peptidantigene präsentieren. Bestimmte Untergruppen von Zellen prägen MHC-Klasse-II-Proteine aus (antigenpräsentierende Zellen, APCs), welche spezifisch CD4-positive Zellen aktivieren. CD8-positive Zellen sind zytotoxische T-Zellen, während CD4-positive Zellen als T-Helferzellen bezeichnet werden.

Adoptive T-Zelltherapie: Voraussetzung für eine Immuntherapie von Tumoren ist die Tatsache, dass Tumorzellen typische Oberflächenmarker exprimieren, welche als **tumorassoziierte Antigene (TAA)** bezeichnet werden (Beispiel: karzinoembryonales Antigen, CEA). Ihre Expression ist jedoch nicht auf Tumoren beschränkt, und sie können auch in normalen Geweben vorkommen. Sie sind daher nicht tumorspezifisch, sondern nur tumorassoziiert. Abhängig von der Expression in Normalgeweben ist mit Nebenwirkungen der Tumorimmuntherapie zu rechnen.

TAA-spezifische T-Zellen können aus Tumorbiopsien isoliert werden. Sie werden als **tumorinfiltrierende Lymphozyten (TILs)** bezeichnet. Mit Interleukin-2 können sie in der Gewebekultur expandiert werden. Die TILs werden zusammen mit hoch dosiertem Interleukin-2 dem Tumorpatienten wieder reinfundiert. Damit lassen sich Immunantworten gegen Tumorgewebe erzielen. Bessere Ergebnisse erzielt man, wenn vor der Reinfusion das Immunsystem supprimiert wird, z. B. durch eine Chemotherapie mit Cyclophosphamid und Fludarabin. Der Mechanismus für die bessere TIL-Aktivität ist nicht endgültig geklärt. Die besten Ergebnisse erzielt die Tumorimmuntherapie bei Melanomen und Nierenzellkarzinomen.

T-Zellen mit rekombinanten TCR-Genen und Immunrezeptor-Chimären: Die MHC-Antigen-Komplexe werden von T-Zellen über die **T-Zellrezeptoren (TCR)** erkannt. Die Paarung von α- und β-Ketten bestimmt die Antigenspezifität der T-Zellen. TCR-Gene mit Spezifität für ein bestimmtes Tumorantigen können kloniert und mittels retroviraler Vektoren in T-Zellen transferiert werden. Auf diese Weise lassen sich in kurzer Zeit große Mengen antigenspezifischer T-Zellen herstellen. Diese Methode ist zuverlässiger als die aufwändige Expansion von TILs in der Gewebekultur. Der Erfolg dieser Strategie hängt wesentlich davon ab, dass Tumorzellen das Antigen auch tatsächlich über ihre MHC-Komplexe präsentieren. Tatsächlich kann die Expression von MHC-Komplexen herunter-reguliert werden, so dass eine Resistenz der Tumorzellen gegenüber einer Immuntherapie entsteht.

Um diesem Problem zu begegnen, wurden Immunrezeptor-Chimären rekombinant hergestellt. Wenn man die TCRβ-Kette mit einer Antikörperdomäne fusioniert, welche das tumorassoziierte Antigen erkennt, können T-Zellen eine MHC-unabhängige Immunantwort vermitteln. Ein wichtiges Molekül zur Auslösung der Immunantwort (Zytotoxizität und Cytokinproduktion) stellt die CD3ζ–Kette dar. Damit sich eine Immunantwort voll entfalten kann, sind weiterhin kostimulatorische Signale notwendig, welche von CD28 vermittelt werden. Mit der Technologie zu Herstellung chimärer Immunrezeptoren wurden T-Zellen mit rekombinanten TCR/CD- und CD3ζ/CD28-Komplexen hergestellt, welche eine verbesserte Aktivität gegenüber Tumorzellen *in vitro* und *in vivo* aufweisen.

5.3 RNA als Zielmolekül

5.3.1 *antisense*-Oligodeoxynukleotide

Wirkweise von antisense-Oligodeoxynukleotiden

Antisense-**Oligodeoxynukleotide** sind kurze synthetische Nukleinsäuren zwischen 15 und 25 Basen, welche nach dem Prinzip der Watson–Crick-Basenpaarung mit RNA hybridisieren. Die Spezifität beruht auf der Annahme, dass eine Sequenzlänge von 15–25 Basen ausreicht, um eine Ziel-RNA ohne Kreuzhybridisierung mit anderen RNA-Molekülen ähnlicher Sequenz zu erreichen. Es müssen daher zunächst geeignete Sequenzbereiche gefunden werden, welche für eine Hybridisierung mit *antisense*-Oligos zugänglich sind und keine Sequenzhomologien mit anderen Genen aufweisen. Häufig sind solche *antisense*-Oligos geeignet, welche das AUG-Startcodon enthalten, obwohl sich in einigen Fällen auch andere Stellen der

RNA als effektiv herausstellten. Zusätzliche Parameter bei der Auswahl geeigneter *antisense*-Sequenzen sind *annealing*-Temperaturen, Erreichbarkeit der Zielstrukturen (RNase-H-*mapping*), Sekundärstruktur und Faltung der RNA-Moleküle.

Die Aufnahme in die Zelle erfolgt über Endocytose. Da *antisense*-Oligos hydrophil sind, ist die Membrangängigkeit eher schlecht. Daher werden vielfach lipophile Transfektionsreagenzien verwendet, um ausreichende Mengen an *antisense*-Molekülen in die Zellen zu bringen.

Die Expression kodierter Proteine wird durch das ubiquitäre RNA-spaltende Enzym **RNase H** unterdrückt. RNase H stellt eine Endonuklease dar, welche in die DNA-Replikation involviert ist. Sie kann jedoch auch RNA-DNA-Heteroduplices erkennen und den komplementären RNA-Strang degradieren. Es gibt weitere RNase-H-unabhängige Mechanismen, welche unter dem Begriff RNA-Interferenz bekannt sind (s. Kap. 5.3.3). Neben der Unterdrückung der Translation können *antisense*-Oligos auch dazu dienen, alternatives Spleißen zu modulieren, Polyadenylierungssignale zu maskieren und die zelluläre Nutzung alternativer Poly-A-Stellen zu fördern oder die Bindung RNA-bindender Faktoren zu blockieren.

Mittels *antisense*-Oligodeoxynukleotiden kann beinahe jede beliebige RNA attackiert werden. Das Design zielgerichteter *antisense*-basierter Medikamente ist leichter als die Entwicklung von Substanzen, welche zielgerichtet bestimmte krankheitsrelevante Proteine lahm legen, da hierfür die dreidimensionale Struktur des Proteins sowie Informationen über Proteinfunktion und Struktur-Wirkungsbeziehungen vorliegen müssen. Jedoch gibt es eine Reihe anderer Probleme bei der Entwicklung *antisense*-basierter Therapieverfahren. Die Sekundär- und Tertiärstruktur von RNA-Molekülen kann den Zugang von *antisense*-Oligos behindern. Die *antisense*-Oligos können degradiert werden, ohne eine hinlängliche Inhibition der Proteinexpression zu erzielen. *Antisense*-Oligos können sequenzunabhängige Wirkungen ausprägen und damit zu unspezifischer Toxizität beitragen. Manche *antisense*-Oligos besitzen spezifische Sequenzen, welche *antisense*-unabhängige Aktivität besitzen. Dazu zählen CpG- und GGGG-Sequenzen. Im Gegensatz zu Säugetier-Genomen sind in vielen Bakterien CpG-Dinukleotide nicht methyliert. Das menschliche Immunsystem interpretiert daher unmethylierte **CpG-Sequenzen** in der DNA als bakterielle Infektion. *Antisense*-Oligos, welche solche Sequenzen tragen, können daher eine Immunabwehr im Organismus hervorrufen. Diese unerwünschte Reaktion kann in einigen Fällen positiv ausgenutzt werden, wenn damit die Immunabwehr gegen schwache Tumorantigene verstärkt wird. Ein weiterer nicht *antisense*-vermittelter Effekt kann auftreten, wenn *antisense*-Oligos ein **Guanin-Quartett** (G_4) aufweisen. In Abweichung von der normalen Watson-Crick-Basenpaarung kann es zur Bildung einer Tetraplex-DNA kommen, bei der sich benachbarte Guanine über Wasserstoff-Brücken-bindungen miteinander paaren (**Hogsteen-Basenpaarung**).

Chemische Modifikationen von antisense-Oligodeoxynukleotiden

Zur Verlängerung der Halbwertszeit *in vivo*, Verbesserung der Gewebe-gängigkeit und -verteilung, Steigerung der sequenzspezifischen und Re-duktion der toxischen Effekte wurden verschiedene chemische Modifikati-onen für *antisense*-Oligos entwickelt (**Abb. 5.6**).

Die Aktivität von *antisense*-Oligos wird durch zelluläre Nukleasen limi-tiert, welche *antisense*-Moleküle durch Spaltung der Phosphodiester-Bin-dungen im Rückgrat der Oligosequenz degradieren. Tauscht man das Sau-erstoffatom der PO-Gruppe durch Schwefel (**Phosphorthioate**), Methylgruppen (**Methylphosphonate**) oder Amine (**Phosphoramidate**) aus, wird die Stabilität deutlich verbessert. Phosphorthioate zeigen weitere günstige Eigenschaften (Serumstabilität, hohe RNA-Bindungsaffinität, Erhaltung der RNase H-Aktivität). Sie haben sich in den letzten Jahren weitgehend gegenüber anderen Modifikationen durchgesetzt.

Antisense-Oligos, welche an allen Positionen 2'-*O*-modifiziert sind, un-terstützen jedoch nicht eine RNase-H-vermittelte RNA-Degradation. RNase H erkennt zwar die RNA-DNA-*Heteroduplices*, spaltet jedoch die RNA

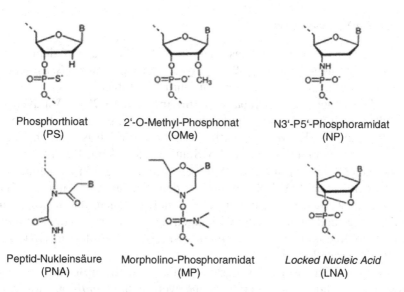

Abb. 5.6. Beispiele für *antisense*-Oligodeoxynukleotid-Bausteine. B = Base (nach http://www.theses.ulaval.ca/2003/21404/ch03.html mit freundlicher Genehmigung von Jack Puymirat, Quebec, Canada)

nicht ab. Dieses Problem wurde durch die Entwicklung chimärer Oligos überwunden. Anfangs- und Endbereiche tragen Phosphorthioat-Gruppen, während der innere Bereich des Oligos nicht modifiziert ist und 2-Deoxy-Gruppen trägt. Damit wird einerseits eine Nuclease-Resistenz, andererseits eine Erhaltung der RNase H-Aktivität erreicht. Solche *antisense*-Moleküle werden als **gapmers** bezeichnet, da sie eine Lücke (*gap*) zwischen den Phosphorthioat-modifizierten Basen enthalten.

Eine weitere Modifikation stellen **Peptidnukleinsäuren (PNAs)** dar. Bei ihnen ist das Zuckerphosphat-Rückgrat vollständig durch ein peptidbasiertes Rückgrat ersetzt. Daraus resultiert ein neutral geladenes Rückgrat mit sehr hoher Affinität für komplementäre Nukleinsäurestränge. Nachteilig sind die geringe zelluläre Aufnahme und die pharmakokinetischen Eigenschaften *in vivo*.

Bei **Morpholino-Modifikationen** werden gleichzeitig der Ribofuranosyl-Zucker durch einen Morpholin-Ring und der negativ geladene Phosphorester durch eine neutrale Phosphordiamidat-Gruppe ersetzt.

Locked nucleic acids **(LNAs)** enthalten ein oder mehrere 2'-O,4'-C-Methylen-β-D-Ribofuranosyl-Nukleotid-Monomere. LNAs erhöhen die thermale Stabilität (Schmelztemperatur) von Oligonukleotiden. Sie werden zur Verbesserung der Sensibilität und Spezifität von DNA-*microarrays* als Sonden für die Fluoreszenz-*in situ*-Hybridisierung (FISH) und zum Nachweis von *microinterference*-RNA (miRNA) eingesetzt.

Klinische Anwendung

Derzeit gibt es erst ein zugelassenes *antisense*-Präparat auf dem Markt. Klinische Studien für eine größere Anzahl von weiteren *antisense*-Oligos lassen erwarten, dass weitere Markteinführungen folgen.

Bei dem zugelassenen Präparat (**Fomivirsen, ISIS 2922,** Vitravene™) handelt es sich um ein Phosphorthioat-*antisense*-Oligo gegen das humane Cytomegalovirus (HCMV). Infektionen mit diesem Virus treten häufig in Folge von HIV-Infektionen und AIDS auf. HCMV kann Retinitis hervorrufen, welche im schlimmsten Fall zur Erblindung führen kann. Eine medikamentöse HCMV-Behandlung mit den Standardmedikamenten Ganciclovir, Foscarnet und Cidovir ist in vielen Fällen durch Resistenzentwicklung und hohe Nebenwirkungen eingeschränkt. Die *antisense*-vermittelte Reduktion von *immediate-early* HCMV-Proteinen (IE1, IE2) hemmt die virale Replikation.

Antisense-Oligos werden weiterhin für die **Krebstherapie** entwickelt. Interessante Kandidatengene und -proteine, welche durch *antisense*-Moleküle ausgeschaltet werden, sind das Tumorsuppressorgen *TP53*, das anti-apoptotische Bcl-2, das Signal-Transduktionsprotein Proteinkinase C u.v.m. Die simultane Herunterregulation der verwandten Bcl-2 und Bcl-X$_L$-Proteine durch ein bispezifisches *antisense*-Oligo stellt einen effektiven Weg zur Apoptose-Induktion in Krebszellen dar. Da diese beiden Proteine auch eine Resistenz gegenüber Standard-Zytostatika vermitteln, sensibilisieren bispezifische *antisense*-Oligos Tumorzellen gegenüber Chemotherapie. Die *antisense*-vermittelte Reduktion der Thymidylatsynthase-Expression macht chemoresistente Tumorzellen gegenüber dem Standardmedikament 5-Fluoruracil wieder empfindlich. Thymidylatsynthase ist für die DNA-Biosynthese wichtig und wird durch das Tumormedikament 5-Fluoruracil gehemmt (s. Kap. 3.12). Tumorzellen, welche eine Resistenz gegenüber 5-Fluoruracil erworben haben, zeigen häufig eine Überexpression der Thymidylatsynthase. Daher stellt die *antisense*-vermittelte Reduktion der Proteinexpression eine elegante Möglichkeit dar, Tumorzellen für das Medikament wieder empfindlich zu machen.

Antisense-Medikamente sind auch für die Behandlung **entzündlicher Erkrankungen** von Interesse. Das intrazelluläre Adhäsionsmolekül-1 (ICAM-1) gehört zur Immunglobulin-Genfamilie und kann unter Einwirkung von Entzündungsmediatoren wie TNF-α, Interleukin-1 oder γ-Interferon in vielen Zelltypen heraufreguliert werden. ICAM-1 spielt eine Rolle bei der Extravasation von Leukozyten aus den Blutgefäßen in entzündetes Gewebe und bei der Leukozytenaktivierung. Klinische Studien untersuchen die Wirkung von *antisense*-Oligos bei Morbus Crohn und ulzerativer Colitis. *Antisense*-Oligos werden weiterhin für die Behandlung von rheumatoider Arthritis, Psoriasis und Morbus Crohn entwickelt.

Pharmakokinetik und Toxizität

Systemisch verabreichte *antisense*-Oligos binden unabhängig von der Nukleotidsequenz an Serumalbumin und α2-Makroglobulin im Blut. In klinisch relevanten Konzentrationen werden auf diese Weise mehr als 96% der *antisense*-Moleküle absorbiert. Die Plasma-Halbwertzeit beträgt 30–60 Minuten. Eine Akkumulation von Phosphorthioat-*antisense*-Oligos findet hauptsächlich in Niere und Leber gefolgt von Milz und Lunge statt.

Nicht-*antisense*-vermittelte Wirkungen stellen die Aktivierung des Immunsystems, die Bildung von Tetraplex-DNA (G4-Motiv, s. oben) und Aptamer-Effekte dar (s. unten).

In Toxizitätsstudien mit Tieren und klinischen Studien mit Patienten stellen die Aktivierung von Komplementsystem und Gerinnungskaskaden sowie ein Abfall des Blutdruckes die hauptsächlichen toxischen Wirkungen von Phosphorthioat-*antisense*-Oligos dar. Weitere toxische Effekte sind Splenomegalie, Thrombozytopenie, Hyperglykämie, Fieber, lymphoide Hyperplasie u. a. All diese Effekte sind mit der allgemeinen chemischen Struktur der *antisense*-Moleküle assoziiert und beruhen nicht auf der Nukleotidsequenz. Insofern handelt es sich um unspezifische Effekte.

5.3.2 Ribozyme

In den 1980er Jahren wurden erstmals RNA-Moleküle mit enzymatischer Aktivität bei *Tetrahymena thermophila* entdeckt. RNA-Enzyme oder Ribozyme falten sich und bilden dreidimensionale Strukturen, welche katalytische Eigenschaften besitzen und andere RNA-Moleküle spalten. Ribozyme besitzen therapeutisches Potenzial, wenn sie krankheitsrelevante RNA-Moleküle degradieren.

Ribozym-Klassen

Es gibt fünf Klassen katalytischer RNA-Moleküle. Jede dieser Klassen unterscheidet sich durch die Größe der RNA-Moleküle und die dreidimensionale Struktur, welche für die Bildung des katalytischen Zentrums verantwortlich ist.

Gruppe-I-Introns: Hierzu gehören die intervenierenden Sequenzen (IVS) in rRNA-Präkursoren von *T. thermophila*. Diese Sequenzen schneiden sich selbst aus Präkursor-rRNA heraus (*self-splicing reaction*).

RNase-P-Ribozyme kommen in pro- und eukaryotischen Zellen vor und sind Teil von Ribonukleoprotein-Komplexen. Sie binden mit einer *external guide sequence* (EGS) an die Substrat-RNA, bilden einen RNA-Doppelstrang und spalten die benachbarte einzelsträngige 5'-*leader*-Sequenz der Substrat-RNA.

Hammerhead-**Ribozyme** bestehen aus einer selbst-spaltenden *consensus*-Domäne mit drei hoch konservierten katalytischen Regionen und drei *helices* (**Abb. 5.7**). Diese RNA-Enzyme besitzen sequenzspezifische Ribonuklease-Aktivität. Die dreidimensionale Struktur eines *hammerhead*-Ribozymes ähnelt der eines Hammers. Für die katalytische Spaltung sind zwei einzelsträngige Regionen mit 9 hoch konservierten Nukleotidsequenzen, drei *helices* und die Nukleotide GUN (besonders GUC, GUA, GUU) in unmittelbarer 5'-Nachbarschaft zur Spaltungsstelle in der Substrat-RNA ausreichend. Die *helices* I und III, welche die Spaltungsstelle flankieren, paaren sich mit der Substrat-RNA zu Doppelsträngen. In der therapeutischen Forschung finden *hammerhead*-Ribozyme besonderes Interesse.

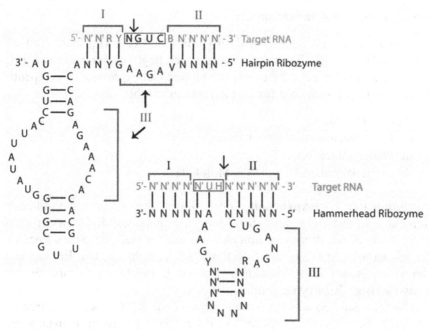

Abb. 5.7. Beispiele für Ribozyme mit therapeutischem Anwendungspotenzial (nach http://www.theses.ulaval.ca/2003/21404/ch03.html mit freundlicher Genehmigung von Jack Puymirat, Quebec, Canada)

Hairpin-**Ribozyme** wurden in Satelliten-RNA von *tabacco-ringspot*-Viren (TRSV) gefunden. Sie vermitteln eine selbst-katalytische Reaktion als Teil der viralen Replikation. Die minimale katalytische Domäne besteht aus 50 Basenpaaren und spaltet RNA-Substrate, welche 14 Basen einer Satelliten-RNA-Sequenz tragen (**Abb. 5.7**). Das Molekül bildet vier *helices*, von denen zwei durch Basenpaarung mit der Substrat-RNA gebildet werden. Diese beiden *helices* sind Teil der Substrat-Erkennungsstelle. Sie flankieren die Spaltungsstelle (5'-AGUC-3').

Das **HDV-Ribozym** stellt eine zirkulare RNA bei Patienten mit Hepatitis-B-Infektionen dar. Das RNA-Enzym vermittelt im Replikationszyklus eine autokatalytische Selbstspaltung. In der dreidimensionalen Struktur formt das Ribozym vier *helices*, von denen drei der Molekülstabilisierung dienen und eine der Spaltung. Die Sequenz des katalytischen RNA-Motivs kann so verändert werden, dass die autokatalytische Eigenschaft verloren geht und andere RNA-Moleküle gespalten werden (*trans-cleavage*).

Therapeutische Anwendungen

Ribozyme werden als neue Therapeutika für eine Reihe klinischer Anwendungen erforscht. Ein besonderes Augenmerk liegt auf *hammerhead-* und *hairpin*-Ribozymen als Inhibitoren der viralen Genexpression. Therapeutische RNA-Enzyme werden für vier Zwecke erforscht:

* zur Geninhibition,
* zur RNA-Reparatur mutierter Gene,
* zur Proteininhibition,
* als immunstimulatorische RNA-Moleküle.

Inhibition der Genexpression: Die Effizienz der *antisense*-vermittelten Hemmung ist abhängig von hohen Mengen an *antisense*-RNA an der Ziel-RNA in der Zelle. Ribozyme umgehen diesen Nachteil, da sie als Enzyme die wiederholte Spaltung der Substrat-RNA vornehmen. Die Entdeckung von katalytischen RNA-Molekülen hat zur Entwicklung therapeutischer *trans-cleavage*-**Ribozyme** geführt.

Klinische Studien wurden mit Ribozymen zur AIDS-Therapie durchgeführt. CD4-positiven Lymphozyten oder CD34-positiven hämatopoetischen Vorläuferzellen wurden anti-HIV-Ribozyme *ex vivo* transfiziert und den Patienten infundiert. Die Therapie ist gut verträglich und es wurde eine verlängerte Überlebenszeit gegenüber den Kontrollgruppen beobachtet. Ein Nachteil ist, dass die Ribozyme nicht dauerhaft in den hämatopoetischen Zellen verbleiben und nach einem Jahr nicht mehr nachweisbar sind.

Weitere klinische Studien wurden mit Ribozymen gegen *flt-1* bzw. *EGFR2/HER2* RNA durchgeführt. *Flt-1* kodiert den Rezeptor für den *vascular endothelial growth factor* (VEGF) und inhibiert die Tumorangiogenese. *EGFR2/HER2* ist in Brustkrebs und anderen epithelialen Tumoren überexprimiert. Auch hier stellt die langfristige Ribozym-Persistenz zur Erzielung nachhaltiger Effekte ein Hauptproblem dar. Eine Lösung könnte die Verwendung von Gruppe-II-Introns darstellen. Diese Ribozyme insertieren in die Ziel-DNA von Erregern (z. B. HIV) und inaktivieren diese. Im Gegensatz zur Hemmung von Substrat-RNA stellt die Hemmung pathogener Ziel-DNA eine einmal stattfindende Reaktion dar, welche die RNA-Produktion zu 100% hemmt.

RNA-Reparatur mutierter Gene: Bei der RNA-Prozessierung werden Introns aus der Präkursor-RNA herausgeschnitten und die flankierenden Exons miteinander verknüpft. Viele der Enzyme, welche die RNA prozessieren, sind selbst RNA-Moleküle. Dies hat zur Entwicklung eines neuartigen Therapiekonzeptes geführt. Mittels RNA-Reparatur wird versucht, mutierte

Sequenzen durch korrekte Sequenzen auszutauschen. **Trans-splicing-Ribozyme** erkennen mutierte RNA-Moleküle *upstream* der mutierten Stelle. Die mutierte RNA wird gespalten und eine Wildtyp-Sequenz mit dem Spaltprodukt ligiert.

Eine weitere Möglichkeit der RNA-Reparatur sind **Spliceosomen**, um mutierte Transkripte durch *trans-splicing* zu korrigieren. RNA-Reparatur als therapeutischer Ansatz ist für genetische Erkrankungen mit mutierten Genen (z. B. mutiertes *CFTR*-Gen bei zystischer Fibrose) und Tumorerkrankungen (z. B. mutiertes *TP53*-Tumorsuppressorgen) interessant. Problematisch ist derzeit noch die mangelnde Spezifität der Ribozym-vermittelten Reparatur.

Proteininhibition: Viele kleine RNA-Moleküle werden zu dreidimensionalen Strukturen gefaltet, welche mit hoher Affinität und Spezifität an Proteine binden. RNA-Viren wie beispielsweise HIV nutzen diesen Mechanismus, um essentielle Funktionen der Virusreplikation durchzuführen. Die TAR-Sequenz von HIV (*trans-activation response region*) bindet das TAT-Protein von HIV. Durch diese Bindung wird die virale Transkription aktiviert. Durch die Verwendung modifizierter TAR-Sequenzen entsteht eine **decoy-RNA**, welche die Virusreplikation verhindet. TAR-*decoy*-Moleküle binden kompetitiv Tat, so dass keine Tat-Bindung an TAR und keine *trans*-Aktivierung und Replikation stattfindet.

Mit spezifischen Selektionsmethoden können hoch affine RNA-Liganden aus einem *pool* randomisierter RNA-Sequenzen (*vast RNA-shape libraries*) isoliert werden, welche an Zielproteine binden. Diese RNA-Liganden werden als **Aptamere** bezeichnet. Die Affinität und Spezifität von Aptameren ist denen von monoklonalen Antikörpern vergleichbar. Ein Vorteil gegenüber Antikörpern ist, dass Aptamere chemisch synthetisiert werden und in nahezu unbegrenzter Menge für die klinische Anwendung produzierbar sind. Beispiele für die therapeutische Anwendung dieser Technologie sind DNA-Aptamere als Antikoagulantien zur Beeinflussung der Thrombin-Funktion und DNA-Aptamere als Angiogenese-Inhibitoren durch Inhibition des *vascular endothelial growth factor* (VEGF).

Immunstimulatorische RNA-Moleküle: Eine aktive Immuntherapie ist besonders zur Stimulierung des Immunsystems von Tumorpatienten im Rahmen einer Behandlung refraktärer und metastasierender Tumoren interessant. Antitumor-Immunantworten werden durch zytotoxische T-Zellen (CTLs) vermittelt (s. Kap. 5.2.2). CTLs erkennen Peptide, welche durch *major-histocompatibility*-Komplexe (MHC) auf der Zelloberfläche präsentiert werden. Zielzellen (z. B. Tumorzellen, infektiöse Erreger) werden von CTLs nach diesem Erkennungsprozess abgetötet. Dendritische Zellen des

Knochenmarks präsentieren MHC-Peptid-Komplexe auf ihrer Zelloberfläche und aktivieren naive T-Lymphozyten, welche nachfolgend andere Zellen mit diesem MHC-Peptid-Komplex abtöten. Die Übernahme von Tumorantigenen durch dendritische Zellen und die Stimulierung tumorspezifischer CTLs ist ineffizient und stellt ein Hauptproblem der aktiven Immuntherapie von Tumorerkrankungen dar.

Die Transfektion tumorspezifischer mRNA in dendritische Zellen stellt eine weitere Möglichkeit dar, dendritische Zellen mit Antigenen zu beladen. *Messenger*-RNA kann aus Tumorgewebe von Patienten isoliert oder *in vitro* aus cDNA und anschließende PCR-Amplifikation synthetisiert werden. Auf diese Weise beladene dendritische Zellen rufen starke Antitumor-Effekte von CTLs hervor. Diese Therapiestrategie stellt eine neue Form individualisierter Tumortherapie dar, da dendritische Zellen und Tumor-RNA von jedem einzelnen Patienten hergestellt werden müssen.

5.3.3 RNA-Interferenz

Grundlagen

Nicht-kodierende, lange, doppelsträngige RNA-Moleküle (dsRNA), welche die Genexpression herunterregulieren können, stellen neuen Mechanismus der Genregulation dar. DsRNA wirkt durch sequenzspezifische Degradation der mRNA, translationale Repression und Aufrechterhaltung Chromatin-vermittelter Effekte. Dieser Mechanismus ist evolutionär hoch konserviert und kommt in den meisten Eukaryoten vor (Ausnahme: *Saccharomyces cerevisiae*). Er wird als **RNA-Interferenz (*RNAi*)** bezeichnet. Bei Pflanzen ist er als *posttranscriptional gene silencing* bekannt geworden. RNA-Interferenz fungiert in Pflanzen und primitiven Eukaryoten als eine Art „Immunsystem", indem die Genexpression und Replikation eindringender Viren verhindert, die Proteintranslation unterdrückt und eine Apoptose infizierter Zellen induziert werden.

DsRNA kann zwei Signalwege aktivieren: Interferon (IFN) und RNAi. Im IFN-Signalweg binden und aktivieren relativ lange dsRNA-Sequenzen (meist über 30 Nukleotide lang) die RNA-abhängige Proteinkinase PKR, welcher ihrerseits eine Fülle von Genen des IFN-Signalweges aktiviert und die Translation aller zellulären Gene inhibiert.

Im *RNAi*-Weg wird die dsRNA durch ein Enzym mit RNase-III-Aktivität (***Dicer***) in 21 bis 23bp lange doppelsträngige Stücke mit zwei Nukleotiden Überhang am 3'-Ende geschnitten. Diese Fragmente heißen *small interfering RNA (siRNA)*. Der *antisense*-Strang der *siRNA* wird in den ***RNA-induced silencing complex*** (RISC) inkorporiert. Dieser Komplex enthält das Protein Argonaut-2 (AGO2). RISC bindet an die komplementäre

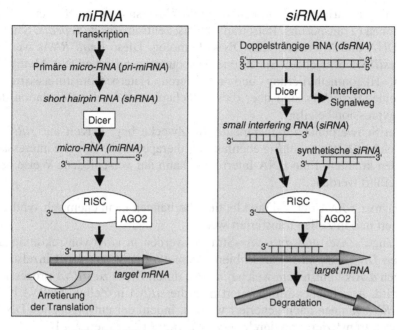

Abb. 5.8. Wirkmechanismus der RNA-Interferenz

Sequenz der *siRNA* in der Ziel-RNA und degradiert diese durch die RNase-Aktivtät von AGO2 (**Abb. 5.8**).

Eine Variation dieses Reaktionsweges ist die Generierung von ***microinterfering RNA (miRNA)***. Bei der zellulären Transkription von Genen entstehen bis zu 2 kb lange primäre miRNA-Transkripte (*pri-miRNA*). Sie bilden eine ausgeprägte Sekundärstruktur mit Regionen hoher Basenpaarung und Regionen, in denen Haarnadel-Strukturen (*hairpins*) gebildet werden. In selbstkomplementären Regionen kommen häufig Fehlpaarungen (*mismatches*) vor, die als *bubbles* in der *miRNA*-Struktur erscheinen. Ein nukleäres Enzym mit RNase-III-Aktivität (**Drosha**) kürzt *pri-miRNA* zu *short hairpin RNA (sh-RNA)* von 70 Nukleotiden. Sie werden vom Zellkern ins Cytoplasma transportiert. Das Enzym *Dicer* produziert dort aus *sh-RNA* doppelsträngige *miRNA* mit einer Länge von 21 bis 23 Nukleotiden Länge. Es wurden mehrere Hundert *miRNAs* in verschiedenen Organismen nachgewiesen, welche mutmaßlich bei der Steuerung von Entwicklungsvorgängen eine Rolle spielen. Sie binden ebenfalls an RISC. Jedoch wird im Gegensatz zur *siRNA* die Ziel-RNA nicht degradiert. Vielmehr binden sie an Regionen unvollständiger Komplementarität in der 3'-nicht-translatierten Region (3'UTR) der Ziel-RNA und hemmen die Translation (**Abb. 5.8**).

Einige natürlich vorkommende *small RNAs* sind zu repetitiven DNA-Regionen (Transposons, Retrotransposons, zentromerische *repeats*, Satelliten-DNA und Mikrosatelliten-DNA) homolog. Diese *small RNAs* werden als *resiRNA* bezeichnet. Sie aktivieren sequenzspezifische DNA-Methylierung, Histonmethylierung und rekrutieren Heterochromatin-assoziierte Proteine. *ResiRNAs* sind über diese Mechanismen an der Regulation der Genexpression beteiligt.

Ein Schwerpunkt für therapeutische Zwecke liegt derzeit auf *siRNAs*, obgleich *miRNAs* zukünftig ebenfalls für therapeutische Zwecke interessant werden könnten. Eine RNA-Interferenz kann auf verschiedene Weise herbeigeführt werden:

- 21-mer *siRNA* mit 3'-Dinukleotid-Überhängen kann chemisch synthetisiert und in Zellen transferiert werden.
- Lange *sense*- und *antisense*-Stränge werden *in vitro* von rekombinanten *DNA templates* transkribiert. *Annealing* lässt aus den Einzelsträngen *dsRNA* entstehen, welche *in vitro* durch *Dicer* zu *siRNA* prozessiert wird. Anschließend transfiziert man die *siRNA* in Zellen. *DsRNA* bzw. *siRNA* können auch generiert werden, indem der entsprechende DNA-Klon transfiziert und durch *Dicer* zu *siRNA* prozessiert wird.

Die Transfektion kann mittels viraler oder nicht-viraler Methoden erfolgen. DsRNA wird in virale Vektoren hineinkloniert und ebenso wie andere gentherapeutische Strategien angewandt. Nicht-virale Methoden sind die Lipofektion (kationische Lipide) und die Verwendung verzweigter Polymere der Aminosäuren His und Lys, welche geeignete Trägersubstanzen für *siRNA* und deutlich weniger toxisch als Lipidreagenzien sind.

Perspektiven zur therapeutischen Anwendung

Da alle Zellen die enzymatische Ausstattung zur RNA-Interferenz besitzen und alle krankheitsrelevanten Gene potenzielle Zielmoleküle darstellen, sind die theoretischen Anwendungen von RNA-Interferenz unbegrenzt. Hinzu kommen einfache Synthese und geringe Herstellungskosten. *SiRNAs* sind chemisch stabil und können in lyophilisiertem Zustand ohne Kühlung gelagert werden. Diese Eigenschaften machen *siRNAs* zu attraktiven Kandidaten für neue Therapeutika. Der *siRNA*-vermittelte *knockdown* hält für wenige Tage bis mehrere Wochen an.

Kritisch zu beurteilen sind *off-target*-**Effekte.** Dabei kommt es zu einem nicht beabsichtigten Ausschalten von Genen anderer Sequenz. Möglicherweise beruhen *off-target*-Effekte darauf, dass *siRNAs* unter bestimmten Umständen ähnliche Funktionen wie *miRNAs* ausüben können und die Translation unspezifisch hemmen. *SiRNAs* können in hohen Konzentrationen

Interferon-vermittelte Immunantworten hervorrufen, indem sie den *toll-like receptor* TLR3 auf Makrophagen und dendritischen Zellen aktivieren und diese Zellen zur Interferon-Produktion anregen. Ein weiterer Nachteil ist die kurze Halbwertszeit synthetischer *siRNAs* (schnelle renale *clearance*). Weiterhin können Serum-RNasen *siRNAs* degradieren. Die Retentionszeit *in vivo* kann durch Kopplung von siRNAs an Lipide oder Proteinträgersubstanzen verlängert werden.

Es wurden verschiedene Verabreichungsformen für *siRNAs* vorgeschlagen: Die **hydrodynamische Methode** verwendet hohe Flüssigkeitsvolumina, um *siRNAs* schnell und mit hohem Druck intravenös zu applizieren. Die schnelle Verabreichung hoher Volumina verursacht für kurze Zeit ein rechtsseitiges Herzversagen. Es entsteht ein hoher venöser Druck, durch welchen *siRNAs* in die Zellen hydroporiert werden. Auf diese Weise nehmen im Tierversuch Gewebe mit hoher Gefäßdichte (Leber, Niere, Lunge) siRNAs effektiv auf. Dass diese Methode beim Menschen Anwendung findet, ist eher unwahrscheinlich. Dennoch könnte die regionale Verabreichung von *siRNAs* mit kleinvolumigen Injektionen (z. B. intrathekale Injektionen in die zerebrospinale Flüssigkeit) klinisch interessant werden.

Die **Lipid-vermittelte Transfektion (Lipofektion)** ist für die *in-vitro*-Applikation eine Standardanwendung. Sie kann auch *in vivo* angewandt werden, beispielsweise, um die Blut-Hirn-Schranke zu überwinden und *siRNAs* an Gliomzellen heranzuführen.

Für die lokale Applikation kann die **Elektroporation** dienen. Hohe Stromspannungen lassen Zellmembranen kurzzeitig für *siRNAs* durchgängig werden, so dass diese in die Zielzellen eindringen.

Das Einbringen von *siRNAs* durch **gentherapeutische Strategien** hat den Vorteil, dass *siRNAs* nachhaltiger wirken als beim direkten Transfer, z. B. durch Lipofektion. Ein weiterer Vorteil von *siRNA*-Vektoren ist es, dass spezifische Promotersequenzen im Vektor anwendbar sind, mit denen die *siRNAs* gewebespezifisch appliziert werden können.

RNA-Interferenz reguliert die Genexpression herunter, sie eliminiert sie jedoch nicht. RNAi-basierte Therapieformen sind daher für Krankheiten geeignet, bei denen kein vollständiges Ausschalten der Genfunktion erforderlich ist (z. B. viele Erbkrankheiten). Bei Krebs oder infektiösen Krankheiten soll die krankheitsauslösende Ursache vollständig entfernt werden. Dies kann *RNAi* alleine nicht leisten. Hier steht die Entwicklung von Kombinationstherapien im Vordergrund, bei denen synergistische Effekte durch die einzelnen Komponenten entstehen.

Exogene krankheitsverursachende RNA-Moleküle aus Viren und Bakterien lassen sich bei **Behandlung infektiöser Krankheiten** mit RNA-Interferenz effektiv herunterregulieren. Da Viren bei RNAi-basierten Behandlungsversuchen mutieren könnten, ist die Gefahr der Resistenzentstehung hoch. Einen Ausweg stellt die Herunterregulation von Wirtsgenen dar, welche für die virale Replikation benötigt werden. Ob dieser Ansatz mit Nebenwirkungen auf das gesunde Gewebe verbunden ist, bleibt noch zu klären.

Viele **neurodegenerative Erkrankungen** sind mit dominanten Mutationen in einzelnen Allelen assoziiert. Mittels RNA-Interferenz können spezifisch mutierte Allele gehemmt werden, während das Wildtyp-Allel weiterhin ausgeprägt wird. *RNAi*-Strategien sind zur Behandlung dominanter Erbkrankheiten wie z. B. Morbus Parkinson, fragiles X-Syndrom, Morbus Huntington oder amyotrophe laterale Sklerose besonders attraktiv. Andere neurodegenerative Krankheiten, bei denen spezifische Regulationswege im Vordergrund stehen, könnten ebenfalls durch *RNAi* behandelt werden. Morbus Alzheimer wird durch einen Anstieg der β-Amyloid-Produktion verursacht. Es wird durch β-Sekretase (BACE1) gespalten, ein Enzym, welches bei Alzheimer-Patienten vermehrt exprimiert wird. Mittels *siRNA* könnte eine Progression der Krankheit verhindert werden.

In **Tumoren** kommt es durch chromosomale Translokationen zur Fusion von Genen. Die entstehenden Fusionsproteine wirken krebsauslösend (Beispiele: bcr-abl, Bcl-2). Punktmutationen in Onkogenen (Beispiel: ras) haben ähnliche Effekte auf die Tumorentstehung. In der Gewebekultur lässt sich die Translation solcher Proteine durch RNA-Interferenz gezielt ausschalten. Eine weitere Strategie ist, Gene zu hemmen, welche für die Entstehung einer Chemoresistenz verantwortlich sind. Eine Unterdrückung des *MDR1*-Gens, welches eine *multidrug*-Resistenz verursacht, macht Tumorzellen gegenüber einer ganzen Reihe von Medikamenten wieder empfindlich.

Bei einigen **Augenkrankheiten** spielt die Gefäßbildung eine wichtige Rolle. Der vaskuläre endotheliale Wachstumsfaktor (VEGF) ist für eine destruktive Vaskularisierung bei diabetischer Retinopathie und altersbedingter makularer Degeneration verantwortlich. Eine *RNAi*-vermittelte VEGF-Hemmung könnte hier hilfreich sein.

Entzündung und Apoptose: Der Tumornekrose-Faktor (TNFα) ist ein proinflammatorisches Cytokin, welches an der Entstehung rheumatoider Arthritis beteiligt ist. Mit *siRNAs* ließe sich die TNFα-Produktion reduzieren. Weiterhin schützen Fas-spezifische *siRNAs* im Tierversuch gegen Hepatitis und Caspase-8-spezifische *siRNAs* gegen Leberversagen.

Neben der Therapie kann *RNAi* auch zur Aufklärung der Pathogenese multikausaler komplexer Erkrankungen angewandt werden. Mittels RNA-Interferenz lässt sich die Funktion von Hunderten oder Tausenden von Genen gleichzeitig untersuchen. Genomweite *RNAi-screenings* bei *Caenorhabditis elegans* und *Drosophila melanogaster* führten zur Aufklärung der

Funktion mehrerer tausend Gene. Da sich viele dieser Gene ortholog zu humanen Genen verhalten, lassen sich auf diese Weise Einblicke in komplexe physiologische oder pathologische Prozesse beim Menschen gewinnen.

Da *siRNAs* mit retroviralen Vektoren stabil ins Genom von Stammzellen integriert werden, lassen sich „*knockdown*"-Tiere herstellen, welche den *siRNA*-Vektor und damit den *loss-of-function*-Phänotyp auf die Nachkommen vererben. *Knockout*-Tiere sind durch den vollständigen Ausfall eines Gens gekennzeichnet. Jedoch kommt der graduelle Ausfall einer Genfunktion dem Phänotyp vieler Erkrankungen häufig näher als der völlige Ausfall. Daher stellen *knockdown*-Tiere für bestimmte Erkrankungen bessere Untersuchungsmodelle dar als *knockout*-Modelle.

5.4 Gentherapie

5.4.1 Einleitung

Mit der Entwicklung der reversen Genetik und rekombinanter DNA-Technologien wurde das Konzept der Gentherapie entworfen, um geklonte Gene zu therapeutischen Zwecken zu verwenden. Es ist beispielsweise vorstellbar, Wildtyp-Gene in Zellen zu transferieren, bei denen eben diese Gene mutiert sind. Im Gegensatz zu traditionellen Medikamenten wird nicht die Aktivität eines existierenden Genproduktes moduliert, sondern es wird die genetische Zusammensetzung zur Bekämpfung einer Krankheit verändert. Erbkrankheiten, neurodegenerative Erkrankungen und infektiöse Krankheiten ließen sich nach diesem Konzept dadurch therapieren, dass defekte Genfunktionen durch einen Transfer neuen genetischen Materials wiederhergestellt werden. Weitere mögliche Anwendungsbereiche der Gentherapie stellen die gezielte Abtötung von Tumorzellen, die Auslösung von Immunantworten im Sinne einer protektiven Immunisierung gegen Krankheiten sowie die Zellmarkierung bei Knochenmark-Transplantationen dar.
Die Ziele der Gentherapie richten sich auf:

- die Substitution fehlender oder defekter Gene,
- die Inhibition der Expression störender Gene, beispielsweise von pathogenen Erregern wie HIV,
- die Inhibition von Genfunktionen durch die Expression von Proteinen, welche andere Proteine wie Enzyme und Pathogenitätsfaktoren neutralisieren,
- die Modulation des Immunsystems durch immunstimulierende oder immunsupprimierende Gene,

- die Zerstörung von schädlichen Zellen, beispielsweise durch Suizidgene und toxinbildende Expressionskassetten,
- die Übertragung von krankheitsmodulierenden Genen mit konditionaler Genexpression, welche durch niedermolekulare Medikamente an- oder abgeschaltet werden können.

Prinzipiell unterscheidet man die Keimbahntherapie von der somatischen Gentherapie. Unter **Keimbahntherapie** versteht man den Versuch, bekannte Gendefekte in den Keimzellen zu reparieren. Die Keimbahntherapie ist eine präventive Strategie, um Erbkrankheiten gar nicht erst ausbrechen zu lassen. Da die technischen Voraussetzungen für eine zuverlässige Korrektur von Erbschäden fehlen, ist die Keimbahntherapie auf absehbare Zeit risikobelastet und deshalb ethisch abzulehnen. Die **somatische Gentherapie** zielt darauf ab, Transgene in somatische Zellen zu schleusen und dort zu exprimieren, um Krankheitssymptome zu mindern. Im Jahr 1990 wurde das erste Gentherapie-Protokoll zum Transfer des Adenosindeaminase (ADA)-Gens in T-Zellen eines ADA-defizienten Patienten klinisch angewandt. Seither wurden mehrere hundert klinische Studien mit vielen tausend Patienten initiiert.

Die Entwicklung der Gentherapie hat in den vergangenen Jahren eine stürmische Entwicklung genommen. Die wissenschaftlichen und technischen Herausforderungen sind neben der Identifizierung geeigneter krankheitsrelevanter Kandidatengene der effiziente Gentransfer und die ausreichende Expression im krankhaften Gewebe. Virale Vektoren stellen wichtige Werkzeuge dar, um Zielgene in Zellen zu schleusen und dort zur Expression zu bringen.

Es gibt drei Arten der somatischen Gentherapie:

- *Ex-vivo*-Gentherapie: Zellen werden aus dem Körper entnommen (z. B. Blut- oder Knochenmarkzellen) und mit dem Vektor inkubiert. Die transduzierten Zellen werden anschließend in den Körper zurückgeführt (Beispiel: T-Lymphozyten für die AIDS-Therapie).
- *In-situ*-Gentherapie: Vektoren oder *producer*-Zellen werden direkt in das zu transduzierende Gewebe im Körper appliziert (Beispiele: Vektoren für die Therapie der zystischen Fibrose; Thymidinkinase-vermittelte Suizid-Gentherapie bei Gehirntumoren).
- *In-vivo*-Gentherapie: Vektoren werde systemisch über den Blutkreislauf verabreicht. Eine Expression findet spezifisch in den Zielzellen oder im Zielorgan statt.

Die ungelösten Probleme der somatischen Gentherapie liegen darin, dass es schwierig ist, mit Genvektoren spezifische Zielzellen des Organismus zu erreichen und dort die Transgene in genügend hohen Mengen und über längere Zeiträume zu exprimieren.

Es gibt eine ganze Reihe von gewebespezifischen Promotern, welche nur in den jeweiligen Geweben aktivierbar sind. Beispielsweise werden Transgene, welche unter der Regulation des *tyrosinase-related protein-1-*Promoters (TMP-1) stehen, nur in Melanozyten exprimiert und Gene, welchen von einem Prostata-spezifischen-Antigen-Promoter (PSA) gesteuert werden, nur in Prostatazellen hochreguliert. Auf diese Weise ist es vorstellbar, Melanome oder Prostatakarzinome gentherapeutisch zu behandeln, ohne dass Nebenwirkungen in anderen Geweben auftreten.

Es ist schwierig, Transgene in ausreichend vielen Zellen einzuschleusen und dort eine dauerhafte Langzeitexpression sicherzustellen. Eine ganze Reihe verschiedener Methoden wurde entwickelt, um Transgene in Zielzellen zu transferieren. Man unterscheidet virale und nicht-virale Strategien, von denen einige wichtige im Folgenden dargestellt werden.

5.4.2 Retrovirale Gentherapie

Retroviren eignen sich besonders gut für den Gentransfer, da sie Zielgene effizient und stabil in das Genom der Wirtszellen integrieren (**Abb. 5.9**).

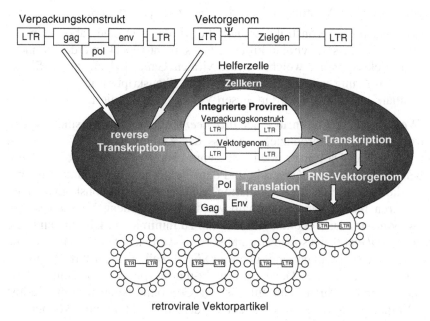

Abb. 5.9. Retrovirale Gentherapie

Ein großer Teil der klinischen Gentherapie-Studien basiert auf retroviralen Vektoren. In vielen Gentherapie-Protokollen werden murine Leukämieviren (MLV) verwendet. Retroviren sind RNA-Viren, welche ihr RNA-Genom in DNA überschreiben, um es in die Wirts-DNA zu integrieren.

MLV-basierte Vektoren

Das retrovirale Genom kodiert für drei Hauptproteine:

- Das *gag*-Gen kodiert die Proteinhülle des viralen Partikels. Bestimmte Signale 5' von *gag*-Gen (Ψ) stimulieren das Verpacken genomischer Sequenzen in virale Partikel. Weiterhin stimuliert Ψ die reverse Transkription und Integration in die Wirts-DNA.
- Das *pol*-Gen kodiert für alternativ gespleißte Enzyme mit Protease-, reverse-Transkriptase- und Integrase-Funktionen. Diese Enzyme sind für die Überschreibung der viralen RNA in doppelsträngige DNA (Provirus) und die Insertion in die Wirts-DNA notwendig.
- Das *env*-Genprodukt stellt ein Glykoprotein dar, welches in die Plasmamembran der Wirtszelle verankert ist und bei Eintritt und Austritt des Viruspartikels in und aus der Wirtszelle eine Rolle spielt.

LTR-Sequenzen (*long terminal repeats*) enthalten Promoter (5') und Polyadenylierungs-Sequenzen (3'). Sie produzieren *full-length* und gespleißte Transkripte.

Das einfachste Vektorsystem besteht aus zwei Komponenten:

- Ein *packaging*-Konstrukt enthält die viralen Proteine, aber kein Ψ-Signal, so dass die viralen Proteine selbst nicht gepackt werden können.
- Ein Vektorgenom, welches keine viralen Gene, jedoch das Ψ-Signal zur Initiierung von Verpackung, reverser Transkription und Integration enthält. Das Zielgen wird in diesen Vektor hineinkloniert.

Wenn beide Vektoren in einer *producer*-Zelle vorhanden sind, werden retrovirale Partikel produziert, so dass das Zielgen in das Wirts-Genom integriert wird. Da immer noch eine nennenswerte Sequenzhomologie zwischen dem *packaging*-Konstrukt und dem Vektorgenom vorhanden ist, besteht die Gefahr einer Rekombination, welche zu replikationskompetenten Retroviren führen könnte. Deshalb wurden verschiedene Verbesserungen entwickelt, um das Rekombinationsrisiko zu minimieren: Die viralen Gene *gag* und *pol* einerseits sowie *env* andererseits werden auf zwei verschiedene Plasmide verteilt und getrennt in die *producer*-Zellen eingeführt. Weiterhin können heterologe *env*-Gene oder nicht-murine *producer*-Zelllinien verwendet werden. Auch kann auf das *gag*-Gen ohne nennenswerten Verlust der Verpackungseffizienz verzichtet werden. Im Vektorgenom können die

LTR-Sequenzen durch heterologe Promoter- und Polyadenylierungssignale ausgetauscht werden.

Vorteilhaft ist, dass keine virale *de-novo*-Proteinsynthese notwendig ist, um genetisches Material mit retroviralen Vektoren auf eine Wirtszelle zu übertragen. Dadurch besteht eine geringe Wahrscheinlichkeit, dass eine unerwünschte Immunantwort gegen die transduzierten Zellen entsteht.

Ein weiterer wesentlicher Vorteil ist, dass retrovirale Vektoren in das Wirtsgenom integriert werden. Integrierte Vektoren können daher auf Tochterzellen weitergegeben werden. Eine nachhaltige und langfristige Expression der Zielgene im Wirtsgenom ist jedoch problematisch und bedarf weiterer Verbesserungen.

Da die Vektoren zufällig in das Genom integriert werden, besteht theoretisch die Möglichkeit, dass Vektoren an ungünstigen Stellen integrieren und normale Genfunktionen gestört oder abgeschaltete Gene angeschaltet werden. Wenn davon Tumorsuppressorgene und/oder Protoonkogene betroffen sind, könnte es zu einer Tumorentstehung kommen (**Insertionsmutagenese**). Tatsächlich wurden in einer französischen Gentherapiestudie zur Behandlung schwerer kombinierter Immundefizienz (*X-linked severe combined immune deficiency*, X-SCID) zwei Fälle bekannt, in denen es zu einer Leukämieentwicklung kam. Weitere Verbesserungen im Design retroviraler Vektoren sind an dieser Stelle notwendig.

Lentivirale Vektoren

MLV und davon abgeleitete Vektoren infizieren ausschließlich sich teilende Zellen. **Lentiviren** (z. B. HIV-1) können auch nicht-teilende Zellen transduzieren. Für bestimmte Fragestellungen sind daher lentivirale Vektoren vorteilhafter.

Neben den strukturellen Genen *gag, pol* und *env* besitzt das HIV-Genom sechs weitere akzessorische Gene: *tat, rev, vif, vpu, vpr* und *nef*. Lentivirale Vektoren der ersten Generation (Helfergenom mit Hülldeletion) wurden weiter entwickelt, indem zunehmend mehr akzessorische Gene deletiert wurden. Die natürliche HIV-1-Hülle prägt einen Tropismus für $CD4^+$-T-Zellen aus. Zwischenzeitlich werden häufig Hüllen mit nicht lentiviralen Komponenten verwendet (*vesicular stomatitis virus G protein*).

Experimentelle Anwendungsfelder umfassen unter anderem neurodegenerative Erkrankungen (Morbus Huntington, Morbus Parkinson), lysosomale Speicherkrankheiten, und verschiedene Retinopathien (makulare Degeneration, diabetische Retinopathie).

Sicherheitsbedenken bestehen auf Grund einer möglichen Entstehung pathogener, replikationskompetenter Retroviren durch Rekombination bei vorbestehender HIV-Infektion. Die Insertionsmutagenese birgt auch für lentivirale Vektoren ein gewisses Gefahrenpotenzial.

5.4.3 Adenovirale Gentherapie

Adenoviren wirken nicht onkogen im Menschen. Die adenoviralen Genome sind bekannt, leicht modifizierbar und in hohen Mengen produzierbar. Aus diesen Gründen sind adenovirale Vektoren für die Gentherapie attraktive Werkzeuge. Eine nachhaltige und lang andauernde Genexpression ist auf Grund der wirtseigenen Immunabwehr nur schwer mit adenoviralen Vektoren erzielbar. Dort, wo transiente Expressionen (Tage bis Wochen) ausreichen, sind adenovirale Vektoren geeignet.

Adenoviren der Subgruppe C (Typ 2 und 5) sind für gentherapeutische Zwecke besonders geeignet. Adenoviren dieser Gruppe verursachen Infektionen. Sie bestehen aus einem Kapsid, welches eine doppelsträngige DNA von ca. 36.000 kb trägt. Das Kapsid besteht aus mehreren Proteinen (*hexon, penton base, fiber* und andere Proteine). Neutralisierende Antikörper des Wirts richten sich primär gegen extrazelluläre Domänen von Hexon. Das Genom von Adenovirus Typ 5 besteht aus fünf *early* (E1, E2A, E2B, E3, E4) und fünf *late* Regionen (L1–L5). Die transkriptionalen Bereiche der verschiedenen *early* Gene überlappen beträchtlich. Die fünf *late* Gene werden nach Beginn der DNA-Replikation exprimiert und kodieren für virale Strukturproteine.

Replikation

Adenovektoren Ad5 oder Ad2 binden über die Proteine *fiber* und *penton base* an CAR-Rezeptoren (*coxsackie-adenovirus receptor*) und Integrine auf der Oberfläche der Wirtszellen. Die Internalisierung erfolgt über Endocytose. Die Adenoviren werden ins Cytoplasma freigesetzt und wandern über aktiven Mikrotubuli-gesteuerten Transport zum Zellkern. Dort binden die Kapside an die Zellkernmembran in der Nähe von Kernporen, während die adenovirale DNA in den Kern wandert und in die Wirts-DNA integriert. Virale E1A-Spleißvarianten fördern die Expression viraler *early* Proteine durch Interaktion mit zellulären Transkriptionsfaktoren (Rb, 2EF). Die Interaktion mit E1B unterdrückt die Apoptose. Das E3-Protein unterdrückt die Bildung von *major histocompatibility complex* (MHC) Klasse-I-vermittelter Antigenpräsentation auf der Zelloberfläche. Diesem Protein kommt daher immunsupprimierende Wirkung zu. Es verhindert weiterhin die Apoptose. Damit versucht das Virus zwei wirkungsvolle Maßnahmen (Apoptose und Immunantwort) zur Abwehr viraler Infektionen zu behindern. Etwa sechs Stunden nach der Infektion beginnen die DNA-Replikation und die

Transkription von *late* Genen, welche die Proteinkomponenten für die Kapsidbildung liefern. Die Virionen werden im Zellkern zusammengesetzt und über weitgehend unbekannte Mechanismen aus den Zellen heraustransportiert. Das E2-Gen kodiert für eine Polymerase und zwei weitere Proteine der DNA-Replikation. Eine spezifische DNA-Sequenz im viralen Genom erleichtert die Verpackung in das Kapsid. Das E4-Gen reguliert die selektive Expression viraler Gene und spielt eine wichtige Rolle für den Ablauf des viralen Replikationszyklus.

Vektorkonstruktion

Die E1-Region ist für entzündliche Reaktionen im Wirtsgewebe verantwortlich. Daher wurden E1-deletierte Ad-Vektoren hergestellt. Heterologe Promoter- (z. B. HCMV-*immediate/early* Promoter) und Polyadenylierungs-Sequenzen wurden als Ersatz in die Vektoren eingefügt. Zur vollständigen Deletion der E1-Region ist es notwendig, einen Teil der E3-Region ebenfalls zu entfernen, da beide Regionen überlappen. Die Infektionseffizienz eines $E1^-E3^-$-Ad-Vektors ist nicht beeinträchtigt. Solche Vektoren werden als adenovirale Vektoren der ersten Generation bezeichnet. Zum Nachweis der Transduktionseffizienz werden Reportergene in den Vektor eingefügt (β-Galactosidase, Luciferase, Chlorampenicol-Acetyltransferase). Als Kontrollvektoren werden Vektoren verwendet, welche dieselben Promoter-Steuersequenzen, jedoch kein Transgen tragen (AdNull). Insgesamt ist die Transfektionseffizienz adenoviraler Vektoren der ersten Generation relativ niedrig. Die Transgen-Expression ist auf Grund immunologischer Abwehrmechanismen des Wirts nur kurz, und viele Zelltypen und Gewebe lassen sich mit adenoviralen Vektoren nicht infizieren.

Weiter entwickelte Ad-Vektoren tragen zusätzliche Mutationen in *early* Genen, um die Immunantwort des Wirts herabzusetzen. Es wurde auch versucht, alle adenoviralen Gene aus Ad-Vektoren zu entfernen. In diesem Fall werden Helferviren benötigt, welche die Virusproduktion übernehmen, jedoch defizient beim Virus-*packaging* sind. Mit Hilfe des lox/Cre-Systems wird negativ auf **Helferviren** und **helferabhängige Vektoren** selektiert. In diesem Selektionssystem vermittelt die DNA-Rekombinase Cre des Bakteriophagen 1 Rekombinationen zwischen lox-Stellen. Dadurch werden Sequenzen zwischen zwei lox-Stellen deletiert. In dem auf diese Weise erzeugten Helfervirus psi5 wurden beispielsweise die *packaging*-Signale zwischen zwei lox-Stellen durch Cre herausgeschnitten, so dass dieses Virus keine Genomverpackung mehr leisten kann. Koinfektion mit psi5 und helferabhängigen Vektoren führt zum *packaging* des helferabhängigen Vektors mit Hilfe psi5-Genom-kodierter Proteine, ohne dass das psi5-Genom selbst verpackt wird.

Die Induktion neutralisierender Antikörper nach einmaliger Anwendung adenoviraler Genvektoren stellt ein Hauptproblem der Wiederverwendung von Ad-Vektoren in der Gentherapie dar. Dieses Problem wird durch Verwendung von Gentherapie-Vektoren unterschiedlicher Serotypen umgangen (z. B. Serotyp 2, 5 und 7a). Ob *seroswitch*-**Vektoren** eine nachhaltige Genexpression gewährleisten können, ist noch ungeklärt.

Die Spezifität adenoviraler Vektoren wird durch das Vorhandensein von CAR-Rezeptoren und Integrinen determiniert, welche zur zellulären Aufnahme notwendig sind. Die größte Vektormenge nach intravenöser Verabreichung findet sich in der Leber. Es stellt sich die Frage, wie andere Organe durch therapeutische Ad-Vektoren erreicht werden können. **Vektoren mit verändertem Tropismus** lassen sich durch Verwendung gewebespezifischer Promotersequenzen erzeugen. Das karzinoembryonale Antigen (CEA) und das α-Fetoprotein (AFP) stellen tumorspezifische Antigene dar, die in normalen Zellen nicht vorkommen. Ad-Vektoren mit CEA- oder AFP-Promotern exprimieren ihr Transgen daher ausschließlich in Tumorzellen. Eine andere Strategie ist, mit Hilfe bispezifischer Antikörper Ad-Vektoren in die Nähe der Zielzellen zu bringen.

Anwendung und Toxizität

Klinische Anwendungsfelder für adenovirale Gentherapien sind genetische Erkrankungen (zystische Fibrose, Hämophilie), Tumorerkrankungen (Transfer von Wildtyp-Tumorsuppressorgenen, Unterstützung der Immuntherapie, onkolytische Viren), kardiovaskuläre Symptome (Induktion oder Inhibition der Angiogenese) und *prodrug*-Aktivierung.

Im Allgemeinen ist der Gentransfer mit Ad-Vektoren in klinischen Studien als sicher eingestuft worden und wird von Patienten gut vertragen. Eine spektakuläre Ausnahme war die intravenöse Verabreichung hoher Dosen von Ad-Vektoren, die in einem Fall durch eine starke Immunabwehr zum Tod des Patienten geführt hat. Eine Weiterentwicklung adenoviraler Vektoren zielt auf eine Reduktion der Immunantwort, verlängerte Transgen-Expression und erhöhte Effizienz bei wiederholter Applikation.

5.4.4 Weitere virale Vektoren

Herpes simplex-Vektoren

Herpes-Viren sind große DNA-Viren, welche multiple Transgen-Kassetten beherbergen können. Sie können lebenslang in ihren Wirtszellen persistieren und rufen in nicht-integriertem Zustand keine Krankheits-symptome oder Immunantworten hervor. Herpes-simplex-Virus-1 (HSV-1) ist für den

Gentransfer in Nervengewebe besonders geeignet, da natürliche Infektionen benigne verlaufen und eine lebenslange Persistenz viraler Genome in Neuronen vorkommt. Weiterhin verändert dieser latente Zustand nicht die Nervenzellfunktion. Dies ist im Hinblick auf eine nachhaltige Transgen-Expression wünschenswert. Das HSV-1-Genom enthält einen neuronen-spezifischen Promoter, der während der Latenzphase aktiv bleibt (*latency active promoter*, LAP). Essentielle Gene können aus dem HSV-1-Genom deletiert werden, um replikationsdefiziente Vektoren zu generieren, während LAP therapeutische Zielgene steuert und die Latenzphase erhalten bleibt. Dies ist möglich, weil die Latenzphase nicht die Expression viraler lytischer Funktionen erfordert.

Die doppelsträngige Virus-DNA ist von ein einem Lipid-*bilayer* mit dichtem Proteinbesatz umgeben (Tegument). Bei der Infektion der Wirtszelle sind Glykoproteine für die Anheftung an die Zelloberfläche und die Fusion mit der Zellmembran notwendig. Nach der Anheftung penetriert das Viruskapsid die Zelloberfläche und wandert zur Zellkern-Membran, wo die virale DNA durch eine nukleäre Pore ins Innere des Zellkerns injiziert wird. Als Teil einer sequenziellen Expressionskaskade lytischer Gene werden *immediate early* (IE)-Gene gebildet. *Early* (E)-Gene kodieren Enzyme für die virale DNA-Synthese und *late* (L)-Gene strukturelle Virion-Komponenten. Nach DNA-Synthese wird die virale DNA in die neu assemblierten Kapside verpackt. Die viralen Partikel können mit der Zellmembran fusionieren und Nachbarzellen oder entfernter liegende Zellen infizieren.

Das HSV-1-Genom trägt essenzielle und akzessorische Gene. Letztere können ohne Einfluss auf die Virusvermehrung deletiert werden. Da etwa die Hälfte des HSV-1-Genoms nicht essentiell ist, kann es entfernt und durch Transgen-Sequenzen ersetzt werden, ohne dass die Replikationsfähigkeit verloren geht. Es lassen sich Multigen-Vektoren herstellen mit komplexen Sätzen verschiedener Transgene mit koordinierter oder komplementärer Funktion. Auch bakterielle artefizielle Chromosomen (BACs) lassen sich einfügen. Die Verwendung drug-sensibler Transaktivatoren ermöglicht die zeitliche Regulation und die Dauer der Transgen-Expression.

HSV-vermittelte Gentransfer-Methoden eignen sich besonders für das periphere Nervensystem. Sowohl bei der peripheren Neuropathie als auch bei der Schmerzbehandlung existieren Peptide als Zielstrukturen für gentherapeutische Interventionen. Neurotrope Faktoren (Neurotrophin 3) verhindern die periphere Neuropathie, und Opioid-Peptide (Proencephalin) mindern das Auftreten von Schmerzen. Mittels HSV-basierten Vektoren ist es möglich, kurzlebige Peptide in ausreichend hohen Mengen bereitzustellen, ohne intolerable Nebenwirkungen hervorzurufen. Darüber hinaus sind HSV-basierte Vektoren sind auch für die Behandlung von Gehirntumoren interessant.

Vaccinia-Viren

Vaccinia-Viren werden bereits seit über 200 Jahren zur Vakzinierung gegen Pocken verwendet. Als Genvektoren weisen sie verschiedene Vorteile auf: Sie haben ein breites Wirtsspektrum, ihr Genom ist sequenziert, so dass rekombinante Vektoren leicht hergestellt werden können, und rekombinante Vektoren können in hohen Titern für den *in-vivo*-Gebrauch produziert werden. Infizierte Zellen werden effektiv abgetötet, und die Verbreitung von Zelle zu Zelle ist effizient.

Vaccinia-Viren sind doppelsträngige DNA-Viren, welche von einer Doppelmembran umgeben werden. Virale Enzyme sind für die Transkription viraler DNA zuständig. Die Transkription wird in drei Stadien unterteilt: *early, intermediate* und *late*. Jedes Stadium hat spezifische Promoter und Transkriptionsfaktoren. Die Replikation des Virusgenoms findet im Cytoplasma statt, d. h. die Virus-DNA wird nicht in das Wirtsgenom integriert. Der Replikationszyklus ist relativ kurz und dauert nur 12 Stunden.

Zur Herstellung rekombinanter Vektoren müssen *Vaccinia*-Promoter verwendet werden, welche spezifisch für die *Vaccinia*-Polymerase sind. Eukaryotische Promoter entfalten keine Wirkung. *Vaccinia*-Viren rufen eine starke Immunantwort des Wirtes hervor, welche jedoch von den Viren effektiv unterdrückt wird (z. B. Hemmung der Interferon-Funktionen). *Vaccinia*-Vektoren sind besonders für die Anwendung *in vivo* vorteilhaft.

Da Pockenviren nicht mehr in der Bevölkerung verbreitet sind, besteht nur eine extrem geringe Gefahr der Rekombination zwischen veränderten *Vaccinia*-Vektoren und Wildtyp-Viren. *Vaccinia*-Viren haben die Eigenschaft, das umgebende Wirtsgewebe zu zerstören. Daher wurden Vektoren entwickelt, welche spezifisch Tumorgewebe angreifen (**onkolytische Viren**). Die Entwicklung von *Vaccinia*-basierten Vektoren zur Behandlung von Pockeninfektionen trägt der Befürchtung Rechnung, dass Pockenviren zur biologischen Kriegsführung und von Terroristen eingesetzt werden könnten.

Baculoviren

Ein Hauptproblem der Gentherapie im Allgemeinen stellt die geringe Effizienz des Gentransfers dar. Baculoviren infizieren normalerweise Insektenzellen und sind in der Natur und in den Lebensmitteln, die wir verzehren, weit verbreitet. Seit den 1950er Jahren wurden Baculoviren als Biopestizide zur Bekämpfung von Schadinsekten eingesetzt. Baculoviren können nicht nur Insektenzellen sondern auch menschliche Zellen penetrieren. Jedoch findet in menschlichen Zellen keine Virusreplikation statt.

Das doppelsträngige DNA-Genom ist von Nukleoproteinen umgeben, welche eine *core*-Struktur bilden und von einem stabähnlichen Kapsid umhüllt sind. *Core* und Kapsid bilden ein Nukleokapsid, welches im Zellkern der infizierten Zelle gebildet wird. Beim Aussprossen wird das Nukleokapsid von der Plasmamembran umhüllt. Membranumhüllte Nukleokapside werden als Virions oder Viruspartikel bezeichnet. Die Aufnahme in Wirtszellen geschieht über adsorptive Endocytose. Die Virusreplikation gliedert sich in *early*, *intermediate* und *late* Phasen.

Baculovirus-Genome sind sehr groß (80–200 kb) und erlauben den Transfer von Expressionskassetten bis zu 50 kb Größe sowie die Herstellung von Hybridvektoren (z. B. Baculovirus-adeno-assoziierte Virushybride). Am besten untersucht ist der *Autographa californica multiple nuclear polyhedrosis virus* (AcMNPV). Baculoviren eignen sich zu Vakzinierungszwecken. Rekombinante Vektoren, welche DNA-Sequenzen für geeignete Antigene tragen, rufen eine hohe Antikörperproduktion und effiziente Immunisierung hervor. Andererseits verursachen Baculoviren keine toxischen, allergischen oder andere pathogenen Nebenwirkungen. Baculoviren werden vom Komplementsystem des Wirts schnell inaktiviert. Dies stellt einen Nachteil für die Gentherapie mit baculoviralen Vektoren dar.

5.4.5 Nicht-virale Gentherapie

Zu den Möglichkeiten des nicht-viralen Gentransfers zählen Bakterien, kationische Liposom-DNA-Komplexe (Lipoplexe), Polymer-DNA-Komplexe (Polyplexe), nackte Plasmid-DNA-*gene-gun*-Applikationen u. A. Die Flexibilität bei der Generierung ist im Vergleich zu viralen Vektoren sehr hoch, jedoch ist die Effizienz des Gentransfers in Zielzellen noch problematisch.

Bakterien

Neben Viren können auch Bakterien für den Transfer von genetischem Material in Säugetierzellen verwendet werden. Der Transfer von Expressionsplasmiden mit *Listeria monocytogenes* und *Salmonella typhimurium* stellt eine interessante Alternative zu viralen Vektoren dar, da

- DNA in großen Mengen (mehrere Gene) transferiert werden kann,
- plasmidtragende Bakterien kostengünstig und in hohen Mengen herstellbar sind,
- die bakterielle Infektion durch Standard-Antibiotika kontrolliert und damit eine hohe Sicherheit gewährleistet werden kann.

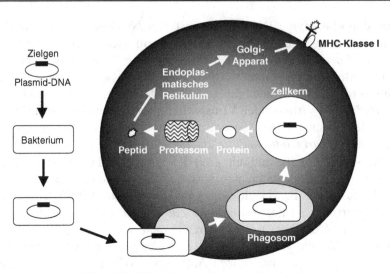

Abb. 5.10. Bakterienvermittelter Gentransfer

Der bakterienvermittelte Gentransfer funktioniert folgendermaßen (**Abb. 5.10**): Plasmid-DNA mit dem Zielgen wird in invasive Bakterien (*Listeria*) eingeführt. Nach phagozytärer Aufnahme verlassen die Bakterien die Phagozyten-Vakuole und gelangen ins Cytoplasma. Die Mikroben sterben im Cytoplasma ab. Dies geschieht entweder durch metabolische Auxotrophie, genetisch eingeführte Autolysine oder extern zugeführtes Antibiotikum. Dadurch wird das Plasmid freigesetzt, welches in den Zellkern wandert, dort in das Wirtsgenom integriert und exprimiert wird. Parallel dazu werden die bakteriellen Proteine durch Proteasomen degradiert. Die entstehenden Peptide werden von MHC-Klasse-I-Molekülen im endoplasmatischen Reticulum geladen. Die Peptid-MHC-I-Komplexe wandern über den Golgi-Apparat an die Zelloberfläche, wo sie eine starke Immunantwort auslösen. *Salmonella*-Vektoren verbleiben im Phagosom. Die Plasmid-DNA gelangt über bislang ungeklärte Mechanismen ins Cytosol und anschließend in den Zellkern.

Physikochemische Methoden des Gentransfers

Zu den physikochemischen Methoden zählen die **Calciumpräzipitation der DNA** und die **Elektroporation**, welche sich für Laboruntersuchungen bewährt haben. Bei der Elektroporation erfolgt die intrazelluläre Aufnahme von DNA durch Membranporen, welche sich unter Einwirkung starker elektrischer Felder kurzfristig ausbilden. Elektrokinetische Protokolle zum Gentransfer *in vivo* wurden entwickelt, haben bislang jedoch noch nicht das klinische Stadium erreicht.

Zu den nicht-viralen Strategien zählt der **gene gun approach** („Genbe-schuss"). Es wurden ballistische Methoden entwickelt, welche an Goldpartikel gebundene DNA in das Zellinnere schießen können (*gene gun*). Diese Art des „biolistischen" Gentransfers erlaubt die Transfektion von Zielzellen, welche sich normalerweise resistent gegenüber der Transfektion mit anderen Methoden erweisen. Der *gene gun approach* ist eine Anwendung aus dem Bereich der Nanotechnologie. Die Anzahl transfizierbarer Zellen mit dieser Technik ist limitiert und beträgt 5–10% der Zellen in einer Schicht aus 10–20 Zellen. Der *gene gun approach* ist daher ungeeignet für Erkrankungen, bei denen ein großer Teil oder sogar alle betroffenen Zellen transduziert werden müssen. Auch sind innen liegende Gewebestrukturen beispielsweise im Gehirn oder die Lumina der Lungen mit dieser Methode nicht erreichbar.

Das Konzept des **rezeptorvermittelten Gentransfers** beruht auf rezeptorvermittelter Endocytose. Es gibt zwei Mechanismen der Endocytose:

* Clathrin-abhängige rezeptorvermittelte Endocytose: Die Bindung eines Liganden an einen Zelloberflächen-Rezeptor. Die Ligand-Rezeptor-Komplexe werden in *clathrin-coated pits* angesammelt, welche sich einstülpen und ins Zellinnere abtropfen. Diese Vesikel fusionieren mit Endosomen. Von hier aus werden Liganden und Rezeptoren ihren intrazellulären Zielorten zugeführt (Lysosomen, Golgi-Apparat, Zellkern, Zellmembran etc.).
* Clathrin-unabhängige Endocytose beruht auf Phagocytose und Pinocytose. Die Internalisierung geschieht durch Pseudopodien, nicht durch Einstülpungen (*pits*). Aufgenommene Partikel werden in Phagosomen gespeichert.

Das Prinzip dieser Methode beruht darauf, dass die Effizienz und Zellspezifität der Aufnahme in die Zielzellen durch Kopplung der DNA an geeignete Träger, welche an Rezeptoren auf der Zellmembran der Zielzellen binden, besser ist. Beispielsweise stellen der Transferrinrezeptor oder das CD3-Antigen auf der Oberfläche von Lymphozyten geeignete Rezeptoren für diese Anwendung dar.

Bei der **Lipofektion** werden Liposomen als Genfähren verwendet. Liposomen sind kleinste Tröpfchen mit einer äußeren Lipid-Doppelschicht und einer wässrigen inneren Phase, welche Plasmide aufnehmen kann. Liposomen werden von Zellen endozytiert, so dass Transgene aufgenommen werden. Eine Weiterentwicklung der Lipofektion stellt die Generierung von Liposomen mit spezifischen Liganden dar, welche an Rezeptoren von Zielzellen binden (s. Kap. 4.6).

5.5 Stammzell-Therapie

5.5.1 Einleitung

Stammzellen weisen drei charakteristische Eigenschaften auf:

- Sie besitzen die Kapazität zur Selbsterneuerung.
- Sie besitzen die Kapazität, sich in verschiedene Differenzierungslinien zu entwickeln.
- Sie können Gewebe funktionell rekonstituieren.

Als omni- oder totipotent werden Zellen bezeichnet, aus welchen alle Gewebe hervorgehen können. Dieser Begriff wird meist nur für befruchtete Eier und Blastomere des frühen Embryos verwendet. Als oligopotent, multipotent und pluripotent werden Stammzellen bezeichnet, welche sich in wenige bis viele Gewebetypen differenzieren können. Stammzellen, welche ihre Totipotenz durch fortschreitende Differenzierung verloren haben, heißen Vorläufer- oder Progenitorzellen. Zellen, welche sich nur in einen Gewebetyp differenzieren, sind unipotent.

Man unterscheidet embryonale und adulte Stammzellen. Embryonale Stammzellen sind pluripotent, d. h. sie können sich in die meisten Gewebe und Organe des Körpers ausdifferenzieren.

5.5.2 Embryonale Stammzellen

Nach der Verschmelzung von Ei und Samen beginnt die Zellteilung mit charakteristischen Furchungen. Der entstehende Zellhaufen heißt **Morula**, die Tochterzellen **Blastomere**. Aus den Zellteilungen entstehen identische totipotente Tochterzellen. Man spricht daher von **symmetrischen Teilungen**. Wenn die Zahl der Blastomere 32 oder 64 übersteigt, entsteht ein Hohlraum in dem Zellhaufen. In diesem Stadium, welches **Blastozyste** genannt wird, können embryonale Stammzellen für experimentelle Zwecke entnommen werden. Die Blastozyste besteht aus einer äußeren Schicht von Zellen, einer inneren Zellschicht und einem flüssigkeitserfüllten Hohlraum. Aus der äußeren Zellschicht (Trophektoderm, Trophoblast) entsteht extraembryonales Gewebe, welches zur Placenta gehört. Die innere Zellschicht besteht aus zwei Zellgruppen: Der Hypoblast bildet das extraembryonale Ektoderm und den Epiblasten, welcher sich während der nachfolgenden **Gastrulation** zu den drei Keimblättern des Embryos wieterentwickelt (Ektoderm, Mesoderm und Endoderm). Bei der Gastrulation geht die Totipotenz der Stammzellen verloren und der Differenzierungsgrad nimmt zu. Dies wird als **Determinierung** bezeichnet. Die weiter fortschreitende Differenzierung wird durch eine

Reihe sich gegenseitig beeinflussender Faktoren gesteuert, welche Position, Größe und Gestalt eines Organs definieren. Dabei handelt es sich um komplexe Einflussfaktoren (extrazelluläre Matrix, Zellgestalt, Zellproliferation, Zell-Zell-Interaktionen, mechanische Kräfte). Protein-Protein-Interaktionen bilden ein dynamisches sich gegenseitig beeinflussendes Netzwerk zur Signalweiterleitung. Ob eine Stammzelle zu einer Gehirnzelle, einer Herzzelle oder einer Leberzelle differenziert, wird durch die Gesamtheit all dieser Faktoren gesteuert. Ausdifferenzierte Zellen mit speziellen Funktionen sind **terminal differenziert**. Zellteilungen, welche zur terminalen Differenzierung führen, werden als **asymmetrische Teilungen** bezeichnet.

Die **embryonalen Stammzellen** entstammen dem Epiblast und bilden die treibende Kraft bei der Embryogenese. Weiterhin kennt man **embryonale Keimzellen**, welche aus primordialen Keimzellen hervorgehen. Sie wandern im Verlauf der Entwicklung in die Gonaden. Werden embryonale Keimzellen in den Blastozyst injiziert, gehen aus ihnen Gewebe aller drei Keimblätter hervor. Bei Mäusen hat man spontan entstehende Tumoren beobachtet (Teratomkarzinome), welche aus Zellen mit Stammzellkapazität hervorgegangen sind. Sie werden als **embryonale Karzinomzellen** bezeichnet.

Embryonale Stammzellen weisen eine Reihe von Zellmarkern als Kennzeichen der Pluripotenz auf. Sie fehlen in ausdifferenzierten Zellen. Dazu zählt der Transkriptionsfaktor **Oct-3/4**, welcher spezifisch im frühen Embryo, in der Keimbahn und in pluripotenten Stammzellen exprimiert wird. Das Homeoprotein **Nanog** wird in embryonalen Stammzellen und im Präimplantationsembryo exprimiert. Weitere spezifische Marker menschlicher embryonaler Stammzellen sind die Zelloberflächenproteine SSEA-3, SSEA-4, TRA1-60, TRA1-81 und GCTM-2. Zu den Markern auf embryonalen Stammzellen, welche auch in anderen Zelltypen gefunden werden können, zählen CD90, CD133, CD117 und HTERT, dem Genprodukt des humanen Telomerase-Gens. Diese Marker sind für experimentelle Zwecke wichtig, wenn nachgewiesen werden soll, dass es sich bei einer zu untersuchenden Zellpopulation tatsächlich um embryonale Stammzellen handelt.

Das Selbsterneuerungspotenzial von embryonalen Stammzellen wird über die Bindung des *leukemia inhibitory factors* (LIF) an einen Rezeptorkomplex bestehend aus LIF-Rezeptor-β und gp130 gesteuert. Die Ligandenbindung induziert eine Konformationsänderung am Rezeptor. Dies führt zu einer Autophosphorylierung von **JAK**-Molekülen, welche daraufhin an **STAT3**-Moleküle binden und phosphorylieren. Phosphorylierte STAT3-Moleküle dimerisieren und wandern in den Zellkern, wo sie an *consensus*-Promotersequenzen binden und die Genexpression regulieren.

5.5.3 Adulte Stammzellen

Adulte Stammzellen kommen in vielen Geweben vor (Knochenmark, Nervengewebe, Leber, Gastrointestinal-Trakt, Haut, Muskel etc.). Sie sind für Wundheilungs- und Regenerierungsprozesse wichtig. **Hämatopoetische Stammzellen** gehen aus Knochenmark-Stammzellen hervor, welche auch Stroma-Stammzellen bilden (**Abb. 5.11**).

Hämatopoetische Stammzellen bilden lymphoide Stammzellen, welche zu T- und B-Zellen ausreifen, sowie Erythrozyten (Erythropoese), Leukozyten (Leukopoese) und Thrombozyten (Thrombopoese). Die Leukopoese gliedert sich in verschiedene Differenzierungswege, welche zur Bildung neutrophiler, basophiler und eosinophiler Leukozyten führt. Weiterhin differenzieren sich Promonozyten zu Monozyten aus. Bei der Thrombopoese entstehen die Thrombozyten aus Megakaryozyten.

Neurale Stammzellen bilden Neuronen, Astrozyten und Oligodendrozyten. **Mesenchymale Stammzellen** differenzieren zu Fibroblasten, Osteoblasten, Chrondroblasten, Adipozyten und Skelettmuskeln. Interessanterweise können Stammzellen aus einem bestimmten Gewebe auch zu Zellen eines anderen Gewebes ausdifferenzieren. Beispielsweise können hämatopoetische Stammzellen nicht nur Blutzellen bilden, sondern auch zu Herzmuskelzellen, Skelettmuskelzellen, neuroektodermale Zellen, Hepatozyten, Lungenepithelzellen etc. differenzieren. Diese Eigenschaft wird als

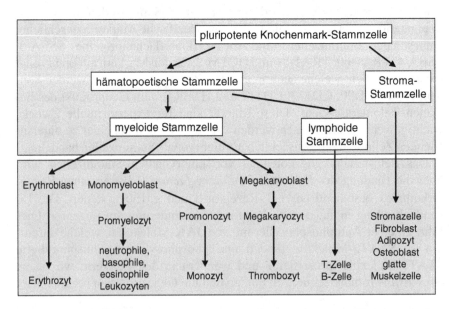

Abb. 5.11. Stammbaum der Blutzell-Bildung im Knochenmark (Hämatopoese)

Stammzell-Plastizität bezeichnet. Es gibt verschiedene Mechanismen, welche die Stammzell-Plastizität erklären:

- Gewebespezifische Stammzellen kommen in jedem Organ vor.
- Pluripotente Stammzellen können dedifferenzieren und in einen anderen Zelltyp redifferenzieren. Eine Reprogrammierung bereits teilweise differenzierter Zellen in weniger differenzierte Stadien geschieht durch epigenetische Vorgänge (DNA-Methylierung und Histonacetylierung).
- Fusion zwischen Stammzelle und Gewebezelle. Dies führt zum Transfer zellulärer Inhalte einschließlich Proteine, RNA und DNA von der Stammzelle in die Gewebezelle.
- Multi- oder pluripotente Stammzellen persistieren nach der peri- und postnatalen Phase und kommen auch im adulten Organismus vor.

In adulten Geweben entstehen Tumoren aus Tumorstammzellen. Kanzerogene Stoffe setzen einen Entdifferenzierungsprozess in Gang, welcher als **Anaplasie** bezeichnet wird. Diese Kanzerogene wirken nicht auf Einzelzellen, sondern auf Geweberegionen (*field cancerization*). Enthalten diese Gewebebereiche Stammzellen, können diese zu Tumorstammzellen umprogrammiert werden, aus denen sich Tumoren entwickeln.

5.5.4 Anwendungsmöglichkeiten

Zelltherapie und *tissue engineering*: Adulte Stammzellen werden zur hämatopoetischen Stammzell-Transplantation nach Strahlen- oder Radiotherapie eingesetzt (**Abb. 5.12**). Keratinozyten werden für die Generierung künstlich hergestellter Hauttransplantate benutzt. Prinzipiell sind Krankheiten mit intrinsischem Stammzelldefekt (d. h. das Problem liegt bei den Stammzellen selbst) einer Stammzelltherapie zugänglich, während Krankheiten mit extrinsisch verursachtem Stammzellversagen kaum mit einer Stammzelltherapie behandelbar sind. Darum sind Knochenmark-Transplantationen beispielsweise bei der Fanconi-Änamie erfolgreich, jedoch Transplantationen hepatischer Stammzellen bei Hepatitis-C-induzierter Leberzirrhose kaum.

Die Behandlung von Krankheiten, welche durch Zellverlust oder Dysfunktion von Zellen hervorgerufen werden, ist vielfach durch einen Mangel an transplantierbarem Gewebe eingeschränkt. Hier könnten Stammzellen als Quelle transplantierbarer Zellen in Zukunft neue therapeutische Optionen eröffnen (**Abb. 5.13**). In geeigneten Tiermodellen konnte bereits gezeigt werden, dass die Transplantation von Stammzellen und Stammzellderivaten tatsächlich therapeutisches Potenzial besitzt.

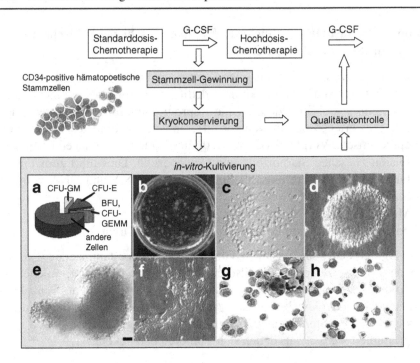

Abb. 5.12a–h. Hochdosis-Chemotherapie und periphere Blut-Stammzell-Transplantation. Stammzellen werden durch Wachstumsfaktoren (G-CSF) vom Knochenmark in das periphere Blut ausgeschwemmt. Dort werden die Zellen entnommen, aufgereinigt und bis zur Weiterverarbeitung in flüssigem Stickstoff eingefroren. Durch *in-vitro*-Verfahren wird sichergestellt, dass die eingefrorenen Stammzellen vital sind und normal ausdifferenzieren (s. Fotos). Danach wird der Tumorpatient mit hochdosierter Chemotherapie behandelt, welche nicht nur Tumorzellen effektiv abtötet, sondern auch gesundes Knochenmark schädigt. Die eingefrorenen Stammzellen werden nun dem Patienten reinfundiert. Sie finden ihren Weg zurück in das Knochenmark, wo sie gesunde Blutzellen produzieren. **a** *Colony forming cells* in der Ausgangspopulation (CFU-E: *colony forming unit for erythrocytes*), **b** Ansicht einer Petrischale nach 14 Tagen Kultur, **c** CFU-GM (*colony forming unit for granulocytes-macrophages*), **d** CFU-GEMM (*colony forming unit for granulocytes-erythrocytes-macrophages*), **e** BFU (*burst forming unit, erythroid differentation*), **f** Stromakolonie aus Knochenmark (diese findet man nicht in mobilisierten Stammzellen), **g** Megakaryozytendifferenzierung nach 13 Tagen Kultur, **h** Erythrozytendifferenzierung nach 13 Tagen Kultur (Fotos von Angelika Müller, Jena).

Gewebe und Organe, welche sich selbst regenerieren, sind besonders geeignete Zielstrukturen für Stammzelltherapien. Die Produktion großer Mengen von Stammzellen *in vitro* ermöglicht die Transplantation entweder von Stammzellen selbst oder von *in vitro* gezüchteten dreidimensionalen Geweben in das krankhafte Organ. Dabei ist nicht nur die Regeneration

Therapeutisches Klonen aus embryonalen Stammzellen

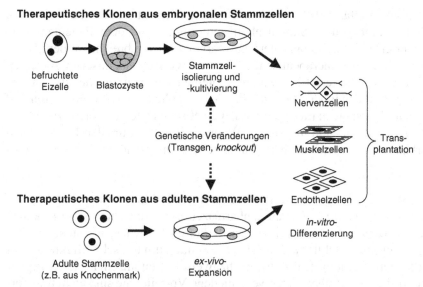

Abb. 5.13. Therapeutisches Klonen aus embryonalen und adulten Stammzellen. Embryonale Stammzellen werden aus Blastozysten gewonnen und *in vitro* kultiviert. Durch Zugabe geeigneter Kombinationen von Wachstumsfaktoren differenzieren die Stammzellen zu den gewünschten Geweben aus (Nervenzellen, Muskelzellen, Endothelzellen etc.). Diese werden in die entsprechenden geschädigten oder krankhaften Organe von Patienten transplantiert. Ähnlich verfährt man bei adulten Stammzellen. Zusätzlich können Stammzellen *in vitro* gentechnisch verändert werden, um die gewünschten Eigenschaften zu optimieren.

ganzer Organe von Interesse. Auch die Wiederherstellung der Vaskularisierung von Organen nach ischämischen Zustanden kann von therapeutischen Stammzellen erreicht werden.

Wichtig ist, dass definierte Zellpopulationen verwendet werden und dass die differenzierten Zellen karyotypisch normal bleiben, um die Entstehung von krebsartigem Wachstum (Teratome) zu vermeiden.

Die Gewebeunverträglichkeit und die immunologische Abstoßung fremder Zellen sind noch problematisch. Eine Lösungsmöglichkeit ist die Verwendung embryonaler Stammzell-Linien, welche die verschiedenen Ausprägungen des *major-histocompatibility*-Komplexes (MHC) repräsentiert. Bei Bedarf könnte man sich aus dieser Reihe von Zelllinien diejenige heraussuchen, welche in ihrem Antigenmuster am besten mit dem des Patienten übereinstimmt. Rekombinante Veränderungen der Stammzellen können weiter dazu beitragen, immunologische Abwehrreaktionen zu mindern, beispielsweise durch Veränderungen des MHC-Komplexes. Einer menschlichen Eizelle könnte der Zellkern entnommen und mit dem Zellkern einer

Zelle des Empfängers fusioniert werden. Aus den entstehenden Blastozysten könnten embryonale Stammzellen entnommen und dem Patienten ohne Gefahr einer immunologischen Abwehrreaktion verabreicht werden. Diese Möglichkeit des therapeutischen Klonens wird unter ethischen Aspekten kontrovers diskutiert. Eine weitere Strategie ist es, Stammzellen des Patienten selbst zu gewinnen, diese *in vitro* zu expandieren und differenzieren und sie dem Patienten zu transplantieren. Genetische Defekte, welche zu Organversagen führen, sind mit einiger Wahrscheinlichkeit in allen Körperzellen vorhanden und somit auch in Stammzellen. Dies schränkt die Stammzell-Nutzung ein.

Toxizitätsprüfung von Fremdstoffen und Medikamenten: Stammzellen können für *screening*-Verfahren pharmazeutischer und chemischer Produkte dienen. Bislang wurden primäre Zellkulturen (z. B. Hepatozyten, Kardiomyozyten) und etablierte Zelllinien verwendet, um toxische Effekte bei der Produktentwicklung frühzeitig nachzuweisen. Stammzellen bieten gegenüber bisherigen Zellsystemen verschiedene Vorteile: Sie sind nicht transformiert und weisen einen normalen Karyotyp auf. Sie differenzieren sich in Zellen der drei Keimblätter (Ektoderm, Mesoderm, Endoderm) aus und können vielfältige schädliche Wirkungen anzeigen, welche mit ausdifferenzierten Zellen nicht nachweisbar sind. Neben mutagenen und zytotoxischen Effekten können mit Stammzellen auch teratogene Effekte nachgewiesen werden, da die Stammzelldifferenzierung der Embryodifferenzierung sehr ähnlich ist. Stammzellen für die Toxizitätsprüfung können in großen Mengen aus der Placenta isoliert werden (placentare Stammzellen). Placentagewebe wird normalerweise nach der Geburt verworfen. Ethische Bedenken können hier ausgeschlossen werden.

Transgene und *knockout*-Mäuse: Die Generierung von Mäusestämmen mit definierten Genveränderungen stellt eine attraktive Methode dar, um aussagekräftige Analysen zur Funktion von Genen und genetischen Signalwegen durchzuführen. Diese Technologie hilft durch Gendefekte verursachte Krankheiten (Erbkrankheiten, neurodegenerative Erkrankungen, Krebs) besser zu verstehen und darauf basierend neue Therapieansätze zu entwickeln.

Transgene Mäuse werden generiert, in dem ein Genkonstrukt mit einem geeigneten Promoter in den männlichen Pronucleus einer befruchteten Eizelle überführt wird. Dabei handelt es sich um den Kern der Spermazelle, der in die Eizelle eingedrungen ist, aber noch nicht mit dem weiblichen Kern verschmolzen ist. Die Eizellen werden pseudoträchtigen Weibchen

implantiert, welche den transgenen Nachwuchs austragen. Bei 10–30%
wird das Transgen tatsächlich auch ins Genom integriert. Diese Mäuse
sind heterozygot, d. h. ein Allel trägt das Transgen, das andere nicht. Die
Kreuzung einer transgenen Maus der ersten Generation mit einer normalen
Maus führt nach den Regeln der Mendel'schen Vererbungslehre bei 25%
der Nachkommen zu homozygot transgenen Tieren. Werden diese wiederum miteinander verkreuzt, erhält man eine transgene Mauslinie. Durch
Transfer bestimmter Promoter- oder anderer Regulationssequenzen können
transgene Mäuse das Transgen in bestimmten Organen oder im gesamten
Organismus überexprimieren. Schwer steuerbar ist der Integrationsort des
Transgens im Genom.

Nachdem es gelungen war, embryonale Stammzellen aus der Maus zu
isolieren und zu züchten, wurde die Transgen-Technologie weiterentwickelt, um eine gezielte Inaktivierung von Genen in *knockout*-**Mäusen** zu
erzielen (**Abb. 5.14**). Zunächst wird ein Genkonstrukt des Zielgens mit
einer Mutation hergestellt. Das kann beispielsweise dadurch geschehen,
dass eine fremde Gensequenz eingebaut wird (z. B. das Neomycin-Resistenzgen), welche das normale Leseraster unterbricht. Dieses Genkonstrukt
wird in embryonale Stammzellen transfiziert. Hier kann es zu einer homologen Rekombination kommen. Dabei lagert sich das mutierte Gen an das
Wildtyp-Allel an und es kommt zu einem Genaustausch. Die embryonalen
Stammzellen werden anschließend mit Neomycin behandelt. Solche
Stammzellen, welche das Neomycin-Resistenzgen integriert haben, überleben, alle anderen gehen zu Grunde. Homolog rekombinante Stammzellen
werden in Blastozysten eingebracht. Embryonale Stammzellen können
zu diesem Zeitpunkt in der Blastozyste zur Entstehung aller Gewebe

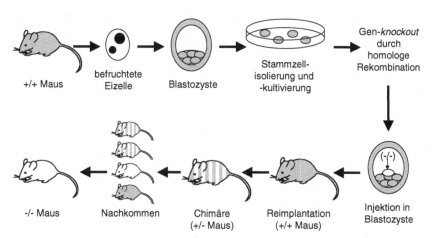

Abb. 5.14. Generierung von *knockout*-Mäusen

beitragen. Es entstehen Chimären, also Tiere, welche Eigenschaften der eigenen Stammzellen und der übertragenen Stammzellen aufweisen. Besiedeln die embryonalen Stammzellen mit dem erzeugten Gendefekt die Keimbahn, wird der Gendefekt auf die nächste Generation vererbt. Durch Verpaarung heterozygoter Mäuse gelangt man ähnlich wie bei transgenen Tieren zu homozygoten Nachkommen.

6 Molekulare Toxikologie

6.1 Genotoxizität, Mutagenese und DNA-Reparatur

6.1.1 DNA-Schäden und DNA-Mutationen

Arten von DNA-Schäden: Es gibt viele verschiedene Arten von DNA-Schäden, welche einerseits Kontrollpunkte (*checkpoints*) im Zellzyklus, DNA-Reparaturmechanismen und den programmierten Zelltod (Apoptose) aktivieren können, andererseits bei Ausbleiben dieser drei Kontrollmechanismen zu persistierenden Mutationen führen können. Im Wesentlichen können diese Schäden in vier Gruppen zusammengefasst werden:

- **Schäden an DNA-Basen:** Hierzu zählen beispielsweise O^6-Methylguanin, Thyminglycol, fragmentierte Basen durch oxidativen Stress, UV-Licht-induzierte Cyclobutandimere und 6-4-Photoprodukte. Alkyladdukte entstehen durch Alkylanzien und große *bulky* Addukte durch polyzyklische Kohlenwasserstoffe. Desaminierungen führen zu Punktmutationen, da die Aminogruppe von Cytosin durch ein Sauerstoffatom ersetzt wird, so dass Uracil entsteht. Durch Hydrolyse von Basen entstehen Depurinierungen und Depyrimidierungen.
- **Schäden am DNA-Rückgrat:** Hierzu zählen abasische Stellen sowie DNA-Einzel- und Doppelstrang-Brüche.
- *Cross-links:* Bifunktionelle Moleküle (Cisplatin, Psoralen etc.) bilden Interstrang-Addukte zwischen zwei komplementären DNA-Strängen und DNA-Protein-Addukten.
- **Aberrante *nonduplex*-DNA-Formen** (DNA-Blasen, *Holliday*-Strukturen, Gabelstrukturen), welche bei abgebrochener Replikation, Rekombination oder DNA-Reparatur entstehen.

Exogene DNA-schädigende Agenzien: DNA-Schäden können durch Fremdstoffe, welche aus der Umwelt aufgenommen werden (Xenobiotika) oder durch endogene Stoffwechselprodukte entstehen. Die Mehrzahl mutagener Fremdstoffe wird im Organismus durch Phase-I/II-Enzyme aktiviert. Die eigentliche physiologische Funktion der Phase-I/II-Enzyme stellt jedoch die Abwehr schädlicher Substanzen aus der Umwelt, vor allem aus

Pflanzen dar. Pflanzen haben sich in der Evolution vor Pflanzenfressern durch die Produktion toxischer Sekundärmetabolite zur Wehr gesetzt. Als Reaktion haben Pflanzenfresser eine Vielzahl biotransformatorischer Enzyme entwickelt, welche schädliche Phytochemikalien detoxifizieren. In den allermeisten Fällen wird durch Phase-I/II-Biotransformation tatsächlich eine Entgiftung erzielt. In einigen Fällen jedoch führt die Biotransformation zur Generierung elektrophiler Moleküle, welche eine hohe Affinität haben, mit der DNA zu reagieren. Einige Phase-II-Enzyme katalysieren nicht nur die Konjugation wasserlöslicher Moleküle oder Molekülgruppen zur Entgiftung, sondern sie aktivieren auch bestimmte Präkanzerogene.

Chemische Kanzerogene gehören zu ganz unterschiedlichen Substanzklassen. Allen gemeinsam ist, dass sie direkt oder nach metabolischer Umwandlung elektrophil sind. Sie reagieren mit nukleophilen Gruppen in biologischen Molekülen. Kovalente Addukte mit der DNA bewirken Replikationsfehler, welche zu persistierenden Mutationen führen.

Neben der Vielzahl mutagener Fremdstoffe anthropogenen Ursprungs (Industriegifte etc.) enthalten auch viele Nahrungsmittel Substanzen, welche ebenfalls die DNA schädigen und potenziell mutagen sind. Manche Untersuchungen belegen, dass der Verzehr DNA-schädigender Substanzen aus Nahrungsmitteln bei weitem den Anteil einer Exposition mit DNA-schädigenden Industriechemikalien übersteigt. Aus der Fülle kanzerogener Substanzen sollen hier beispielhaft fünf große Substanzklassen mit einigen Vertretern genannt werden:

- polyzyklische aromatische Kohlenwasserstoffe (Beispiele: Benzo[a]pyren, 3-Methylcholantren, Benzanthracen),.
- aromatische Amine (Beispiele: β-Nathylamin, 2-Acetylaminofluoren, o-Toluidin),
- N-Nitrosoverbindungen (Beispiele: Dimethylnitrosamin, N-Nitroso-N-Methylharnstoff),
- kanzerogene Naturstoffe (Beispiele: Aflatoxin B1, Safrol, Aristolochiasäure),
- Alkylanzien (Beispiele: Stickstofflost, Ethylenoxid)

Die wichtigsten chemischen Reaktionen, welche zur Adduktbildung kanzerogener Moleküle mit der DNA führen, sind der Transfer von Alkyl-, Arylamin- oder Aralkylgruppen (**Abb. 6.1**). Durch Oxidation von Kohlenstoffatomen durch Cytochrom-P450-Isoformen entstehen alkylierende oder aralkylierende Verbindungen, während Oxidation oder Reduktion von Stickstoffatomen zu arylaminierenden Stoffen führt.

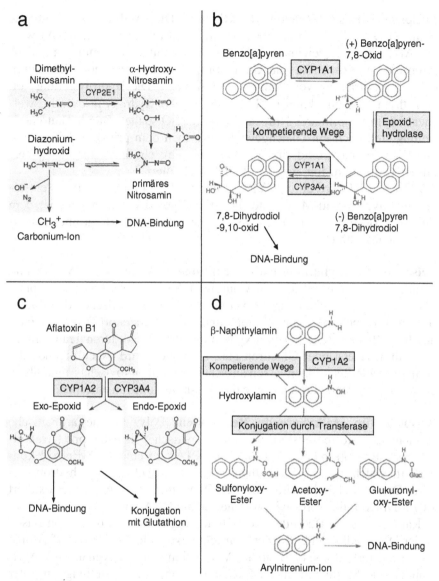

Abb. 6.1a–d. Metabolische Aktivierung von Kanzerogenen (nach Tannock u. Hill 1998). **a** Alkylierende Reaktion von Dimethylnitrosamin; **b** Aralkylierende Reaktion von Benzo[a]pyren; **c** Alkylierende Reaktion von Aflatoxin B1; **d** Arylaminierende Reaktion von β-Naphthylamin (aus Tannock und Hill 1998 mit freundlicher Genehmigung der McGraw-Hill Co.).

Beispiele für alkylierende Reaktionen: Die Addition alkylierender Gruppen (z. B. $R-CH_2^+$) an elektronenreiche Moleküle (z. B. DNA) wird als Alkylierung bezeichnet. *N*-Nitroso-Verbindungen kommen in Nahrungsmitteln, Kosmetika und Gummiprodukten vor oder entstehen durch endogene Nitrierung von Aminen und Amiden. Die Hydrolysierung von Dimethylnitrosamin durch CYP2E1 führt zu α-Hydroxynitrosamin, welches sich in ein primäres Nitrosamin und CH_2O spaltet. Durch Tautomerisierung stellt sich ein Gleichgewicht zwischen dem primären Nitrosamin und Diazoniumhydroxid ein. Aus letzterem entsteht durch spontanen Zerfall ein Carbonium-Ion, welches die DNA alkyliert.

Aflatoxin B1 wird durch CYP1A2 und CYP3A4 bioaktiviert. Es entstehen reaktive Epoxid-Metabolite. Das Exo-Epoxid bindet gegenüber dem Endo-Epoxid bevorzugt an die DNA. Eine Entgiftung erfolgt über Konjugation an Glutathion.

Beispiele für arylaminierende Reaktionen: Aromatische Amine und Amide interagieren mit der DNA durch Bildung von Arylnitrenium-Ionen ($Ar-NH^+$). Sie entstehen durch Spaltung der Bindung zwischen dem Stickstoff-Atom einer Arylamino-Gruppe und einem Sauerstoff-Atom, welches durch CYP-vermittelte *N*-Hydroxylierung entsteht und durch Transferasen mit Sulfat, Acetat oder Glucuronsäure konjugiert wird. Nachfolgende dekonjugierende Reaktionen lassen ausscheidbare, nicht toxische Metaboliten oder DNA-bindende Produkte wie das Arylnitrenium-Ion enstehen.

Beispiele für aralkylierende Reaktionen: Polyzyklische aromatische Kohlenwasserstoffe transferieren eine aromatische Alkyl-Gruppe (Aralkyl-Gruppe). Benzo[a]pyren wird durch CYP1A1 zu einem 7,8-Epoxid konvertiert, welches durch Epoxidhydrolase zu 7,8-Dihydrodiol hydrolysiert wird. Dieser Metabolit wird durch CYP1A1 und CYP3A4 weiter oxidiert zu 7,8-Dihydrodiol-9,10-oxid, welches an die DNA bindet.

Kanzerogene Stoffe bilden Addukte mit bestimmten Atomen von Basen in der DNA. Alkylantien binden häufig an exozyklische Sauerstoff-Atome oder Stickstoff-Atome (z. B. an der N^7-Position von Deoxyguanosin). Arylaminierende Stoffe binden an Stickstoff-Atome in N^7-Stellung. In einer nachfolgenden Reaktion findet ein Rearrangement statt und C^8-Deoxyguanosin-Addukte entstehen. Polyzyklische aralkylierende Stoffe bilden verschiedene Addukte durch Bindung an exozyklische Stickstoff-Atome von Adenin und Guanin.

Die Adduktbildung stört die DNA-Replikation und kann zu Basen-Substitutionen führen. Der Zelle stehen verschiedene Abwehrmechanismen zur Verfügung, welche der Vermeidung von DNA-Mutationen dienen:

- Mechanismen der oxidativen Stressantwort zur Vermeidung von oxidativen DNA-Schäden durch endogene und exogene reaktive Sauerstoff-Spezies.

- Multiple Kontrollmechanismen im DNA-Replikationsapparat, um die Fehlerrate möglichst gering zu halten (< 1 Fehler/10^6 Nukleotide).

- Mechanismen zur Regulation der Zellzyklus-Progression, um eine fehlerfreie Chromosomen-Duplikation und -Segregation bei der Zellteilung zu gewährleisten. Dazu dienen bestimmte Zellzyklus-Kontrollpunkte (*checkpoints*).

- DNA-Reparaturmechanismen zur Behebung von Läsionen an der DNA. Es sind über 130 DNA-Reparaturgene bekannt.

- Kann die DNA nach massiver Schädigung nicht repariert werden, geht die Zelle zugrunde. Der programmierte Zelltod (Apoptose) kann daher ebenfalls als Schutzmechanismus vor Mutationen aufgefasst werden.

- DNA-Schäden können transkriptionelle Veränderungen hervorrufen (Herauf- bzw. Herunterregulation der Genexpression).

Werden Proto-Onkogene durch Mutationen aktiviert und Tumorsuppressor-Gene inaktiviert, kann maligne Entartung stattfinden.

Endogene DNA-schädigende Agenzien: Wasser und **reaktive Sauerstoff-Spezies** (*reactive oxygen species*, ROS) sind die Hauptquellen endogener DNA-Schädigung. Aus Wasser können Hydrolyseprodukte entstehen, welche die DNA angreifen (H_2O_2, $\cdot OH$, H_2, e^-, $H\cdot$ und $O_2^{\cdot -}$). Besonders häufig kommt die Hydrolyse von *N*-glycosidischen Bindungen in Purinen vor. Man schätzt, dass etwa 10.000 Purine pro Tag im menschlichen Genom auf diese Weise verloren gehen. Im Vergleich zu Purinen sind Pyrimidine nur zu 5% betroffen. Es entstehen apurinische/apyridinische Stellen (*AP-sites*), welche zytotoxisch und mutagen sind und zu DNA-Einzelstrang-Brüchen führen können. Eine hydrolytische Abspaltung exozyklischer Aminogruppen in Cytosin und 5-Methylcytosin führt zur Bildung von Uracil bzw. Thymidin, welche dann mit Guanin als Fehlpaarung auftreten. Die Rate der Cytosin-Desaminierung ist hoch und wird auf 500 pro Zelle pro Tag beziffert. In ähnlicher Weise kann Adenin zu Hypoxanthin und Guanin zu Xanthin desaminiert werden.

Die Oxidation durch ROS ist eine weitere Ursache spontaner DNA-Schäden. ROS entstehen als Nebenprodukte des oxidativen Stoffwechsels, bei Entzündungsprozessen und bei γ-Bestrahlung. Die mitochondriale Elektronen-Transportkette ist nicht nur die Quelle der ATP-Produktion durch oxidative Phosphorylierung, sondern auch die Hauptquelle für ROS (H_2O_2 und $O_2^{\cdot -}$). Die räumliche Nähe der Entstehung von ROS zur mitochondrialen DNA erklärt, warum oxidative Schäden in mitochondrialer DNA häufiger

als in nukleärer DNA gefunden werden. Bei chronischen Entzündungspro-
zessen setzen aktivierte Makrophagen und neutrophile Leukozyten NO,
$O_2^{\cdot-}$, $\cdot$OH, und HOCl frei, welche die DNA benachbarter Zellen schädigen.
Fettsäure-Radikale, Aldehyde und andere Stoffe entstehen während der
Lipid-Peroxidation und verursachen Etheno-Addukte von Pyrimidinen und
Purinen. Die Oxidation von Basen, welche sich hauptsächlich an elektrophi-
len Kohlenstoff-Zentren ereignet, führt zu stark mutagenen Molekülen wie
z. B. 8-Hydroxyguanin, Formamidopyridine und Pyrimidin-Glycole. Die
Oxidation des DNA-Rückgrates führt zu DNA-Einzelstrang-Brüchen und ist
ebenfalls mutagen.

Auch endogene Produkte des normalen Stoffwechsels schädigen die
DNA: reaktive Sauerstoff-Spezies, Östrogene, Häm-Präkursoren, Aminosäuren und Glycooxidations-Produkte.

6.1.2 Oxidativer und nitrosativer Stress

Im Verlaufe der Entwicklung des Lebens auf der Erde führte die Freisetzung molekularen Sauerstoffs durch Phytoplankton und Blaualgen zur Bildung freier Radikale und Peroxid-Nebenprodukte mit hoher Toxizität.
Dieser Selektionsdruck in der Evolution machte die Entwicklung antioxi-
dativer Entgiftungsmechanismen notwendig. Man schätzt, dass beispielsweise Glutathion seit 4 Mrd. Jahren zur oxidativen Entgiftung dient. Während Sauerstoff und seine Reaktionsprodukte einerseits toxisch wirken,
unterstützen andererseits Sauerstoff-induzierte DNA-Mutationen den Fort-
gang der Evolution. Diese ambivalenten Eigenschaften wurden auch als
Paradoxon des Sauerstoffs bezeichnet.

Heute kommen anthropogene Umweltgifte hinzu, vor denen sich die
Organismen ebenfalls durch antioxidative Mechanismen schützen müssen.
Durch die Metabolisierung vieler Medikamente im Organismus entstehen
zytotoxische Radikalmoleküle. ROS greifen Zellmembran-Lipide, Chromatin und die DNA an. Die Interaktion von ROS mit Lipiden ist besonders schädlich, da ein einziges ROS-Molekül aufgrund autokatalytischer
Ausbreitung Lipid-peroxidierender Reaktionen viele toxische Reaktionsprodukte generieren kann, wie z. B. Wasserstoffperoxid, Peroxyradikale,
Alkoxyradikale und α,β-ungesättigte Aldehyde. Lipidperoxidation ist für
verschiedene altersbedingte Erkrankungen relevant. Dazu zählen Morbus
Parkinson, Morbus Alzheimer, Arteriosklerose und Katarakt. Für die Kanzerogenese wird die Reaktion mit der DNA als die bedeutsamste eingestuft. Die Wirkung freier Radikale auf die DNA beruht vor allem auf
der Induktion von DNA-Strangbrüchen und der Regulation bestimmter
Gene. Beide Ereignisse können letztendlich zum programmierten Zelltod

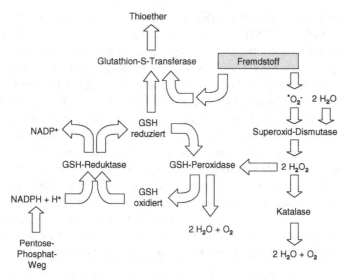

Abb. 6.2. Antioxidative Mechanismen der Zelle (verändert nach Efferth et al. 1995 mit freundlicher Genehmigung des Springer Verlages)

(Apoptose) beitragen. Aerobe Lebewesen haben daher verschiedene Schutzmechanismen zur Bekämpfung von oxidativem Stress durch ROS und Lipidperoxidations-Produkte entwickelt.

Dazu gehören die Enzyme **Catalase** und die Superoxid-Dismutasen sowie die Glutathion-assoziierten Proteine Glutathion-Reduktase, Glutathion-Peroxidase und die Glutathion-*S*-Transferasen (**Abb. 6.2**), aber auch nicht enzymatische Moleküle wie α-Tocopherol. Antioxidative Enzyme schützen vor der Krebsentstehung.

Es wurden verschiedene Isozyme der **Superoxid-Dismutase** (SOD) identifiziert. Dazu zählen die eisenabhängigen FeSODs in Cytosol, Mitochondrien und Chloroplasten. Die extrazelluläre EC-SOD kommt in der extrazellulären Flüssigkeit oder membranassoziiert vor. Die Kupfer- und Zinkabhängige CuZnSOD der Eukaryoten ist cytoplasmatisch lokalisiert. Darüber hinaus kennt man bei Eukaryoten auch eine Mangan-abhängige SOD (MnSOD). SODs katalysieren die Dismutation von Superoxid-Anionen ($2 \ O_2^-$) in Anwesenheit von Protonen ($2 \ H^+$) zu molekularem Sauerstoff (O_2) und Wasserstoff-Peroxid (H_2O_2). Wasserstoff-Peroxid wird durch Catalase anschließend zu Wasser umgewandelt. SODs inhibieren auf Grund ihrer detoxifizierenden Wirkung auch die Apoptose.

Die **Catalase** katalysiert folgende Reaktion: $2 \ H_2O_2 \rightarrow O_2 + 2 \ H_2O$ und ist damit den SOD-vermittelten Prozessen nachgeschaltet. Catalase wurde ebenfalls als Inhibitor der Apoptose beschrieben.

Glutathion-S-Transferasen (GSTs) katalysieren die nukleophile Reaktion von Glutathion (GSH) zu vielen hydrophoben Xenobiotika, welche dann als konjugierte Metabolite weniger toxisch sind und leichter aus dem Organismus ausgeschieden werden können (s. Kap. 2.3.1). Oxidiertes Glutathion wird von der Glutathion-Reduktase in die reduzierte Form zurückgeführt. Daneben können GSTs auch an der Reparatur von oxidativen Schäden an Membranlipiden und an der DNA beteiligt sein. Unabhängig von der enzymatischen Aktivität binden GSTs hydrophobe Substanzen und stellen somit intrazelluläre Transport- und Speicherdepots dar.

Selen-abhängige **Glutathion-Peroxidasen** schützen vor Lipidperoxidation durch Beendigung der Lipidperoxidations-Kaskade. Dies geschieht durch Reduktion von Fettsäure-Hydroperoxiden (FS-OOH) und Phospholipid-Hydroperoxiden (PL-OOH). Hydroxylradikale werden durch eine Glutathion-Peroxidase-vermittelte Reaktion eliminiert und zu Wasser umgewandelt. Dabei wird oxidiertes Glutathion gebildet (GSSG):

$$ROOH + 2\,GSH \rightarrow ROH + H_2O + GSSG$$

GSSG beeinflusst Thiol-Austauschreaktionen, wodurch gemischte Disulfide entstehen. Der zelluläre Glutathionspiegel wird durch die NADPH-abhängige **Glutathion-Reduktase** aus GSSG regeneriert. **Glucose-6-Phosphat-Dehydrogenase**, welches den zellulären NADPH-Spiegel aufrechthält, kann daher ebenfalls als antioxidatives Enzym aufgefasst werden.

Nicht nur oxidativer Stess durch ROS sondern auch **nitrosativer Stress** durch **reaktive Stickstoff-Spezies** (*reactive nitrogen species*, RNS) kann die DNA schädigen. Sie entstehen bei chronischen Entzündungen und tragen zur Kanzerogenese bei. Peroxynitrit ($ONOO^-$) verursacht eine oxidative Schädigung und Nitierung von DNA-Basen. Im Gegensatz zu Sauerstoffradikalen ist die Halbwertzeit von RNS meist länger, und sie können durch Zellen diffundieren. In diesem Zusammenhang spielt auch Stickoxid ($NO^.$) eine Rolle. Es wird von inflammatorischen Zellen freigesetzt und kann bei benachbarten Zellen DNA-Mutationen in krebsverursachenden Genen hervorrufen. Neben DNA-Schädigungen spielen auch RNS-induzierte Veränderungen an Proteinen eine Rolle, welche die zelluläre Integrität aufrecht erhalten. $NO^.$modifiziert den Tumorsuppressor p53 an funktionell relevanten Stellen im Protein. Dies kann zur Selektion von mutierten Zellen führen. $NO.$beeinflusst Zellzyklus-Kontrollpunkte, die Apoptose, sowie DNA-Reparaturprozesse, was den Kanzerogenese-Prozess fördert.

Die induzierbare **Stoffoxid-Synthetase** (*inducible nitric oxide synthetase*, iNOS) produziert NO. Peroxide wie Myeloperoxidase und eosinophile Peroxidase generieren Stickstoffdioxid ($NO_2^.$) aus H_2O_2 und Nitrit. Diese

Enzyme werden in inflammatorischen Zellen aktiviert und durch proinflammatorische Cytokine (Tumornekrosefaktor-α, Interleukine-1β, -6 und Interferon-γ) reguliert. Inflammatorische Zellen im Tumorgewebe und umgebenden Stromagewebe sind Makrophagen, dendritische Zellen und tumorinfiltrierende Lymphozyten (TIL).

6.1.3 DNA-Reparatur

Einleitung

Der zellulären DNA kommt gegenüber allen anderen Makromolekülen (Lipiden, Proteinen, RNA) als potenziell kritisches Zielmolekül eine besondere Rolle zu. Die Matrizenfunktion der DNA kann durch verschiedene Mechanismen gestört werden. Dem Nachweis von DNA-Schäden kommt daher zur Beurteilung toxischer Agenzien eine besondere Bedeutung zu (**Abb. 6.3**). In der Entwicklungsgeschichte des Lebens auf der Erde ist eine Vielzahl von Reparaturwegen entwickelt worden, welche DNA-Läsionen beheben und die ursprüngliche Nukleotid-Sequenz wiederherstellen. Die Haupt-Reparaturmechanismen sind:

- direkte Schadensreversion,
- Basen-Exzisions-Reparatur (BER),
- Nukleotid-Exzisions-Reparatur (NER),
- *base-mismatch*-Reparatur (MMR),
- DNA-Doppelstrangbruch (DSB)-Reparatur.

Die Aufrechterhaltung der genetischen Stabilität ist von zentraler Bedeutung für Überleben und Wachstum aller Lebensformen vom Einzeller bis hin zum komplexen Organismus. Neben der Vermeidung der Kanzerogenese sind DNA-Reparaturprozesse wichtig für

- die Alterung. Werden DNA-Schäden im Genom akkumuliert, nimmt der Verlust von Genfunktionen zu.
- die Arteriosklerose (Arterienverkalkung). Die Ablagerung von Fettsäuren, Cholesterin etc. an der Innenseite von Arterien (*Plaques*) behindert den Blutfluss. Wenn Herzkranz-Gefäße betroffen sind, kommt es zum Herzinfarkt. Die Entstehung von *Plaques* wird durch Kanzerogen-induzierte DNA-Schäden (z. B. durch Zigarettenrauch) begünstigt.
- neurodegenerative Erkrankungen (Morbus Alzheimer). DNA-Schäden im alternden Hirn vermindern die Funktionalität neuronaler Netze. Dies trägt zur Entstehung neurodegenerativer Erkrankungen bei.
- spezifische DNA-Reparaturkrankheiten (Xeroderma pigmentosum etc.).

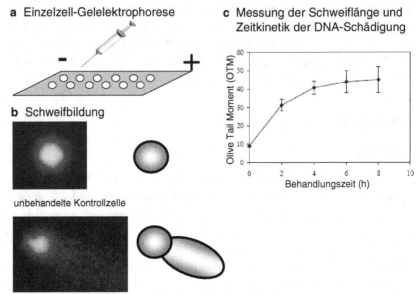

a Einzelzell-Gelelektrophorese

c Messung der Schweiflänge und Zeitkinetik der DNA-Schädigung

b Schweifbildung

unbehandelte Kontrollzelle

mit DNA-schädigendem Agens behandelte Zelle

Abb. 6.3a–c. Nachweis von DNA-Schäden in einzelnen Zellen mittels *Comet-Assay*. **a** Eine Zellsuspension wird in der Gelelektrophorese einer elektrischen Spannung ausgesetzt. **b** Enthalten Zellen durch Exposition mit DNA-schädigenden Agenzien DNA-Strangbrüche, wandern DNA-Fragmente aus dem Zellkern aus. Sie werden entsprechend ihrer Länge im elektrischen Feld aufgetrennt. Lange Fragmente wandern weniger als kurze Fragmente. Stark geschädigte Zellen weisen mehr kurze Fragmente aus als weniger geschädigte Zellen. Es entstehen Schweife (Kometen) unterschiedlicher Länge. Ungeschädigte Zellen haben intakte Kerne ohne Schweife. **c** Die Schweiflänge wird mit computergestützten Verfahren ausgemessen (Fotos in Abb. **b** von Rolf Rauh; Abb. **c** nach Efferth et al., 2005 mit freundlicher Genehmigung von Elsevier).

Reversionsreparatur der DNA

Bei der direkten Reparatur wird die Bindung zwischen Addukt und DNA aufgebrochen, der alkylierende Substituent entfernt und die normale DNA-Konfiguration wiederhergestellt. Alkylierende Reaktionen können zu N- und O-alkylierten Purinen und Pyrimidinen sowie zu Phosphotriestern führen. O^6-Alkylguanine (O^6-Methylguanin und O^6-Ethylguanin) sind besonders kritische Läsionen und verursachen GC $\rightarrow$ AT-Transitionen. Exogene (d. h. synthetische) methylierende Agenzien sind N-Methyl-N'-Nitro-N-Nitrosoguanin (MNNG), N-Methyl-N-Nitrosoharnstoff (MNU) und Dimethylnitrosamin. Eine endogen (natürlich vorkommende) alkylierende Substanz

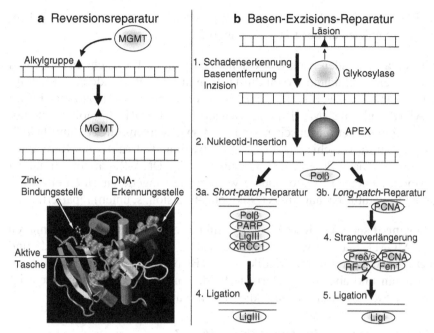

Abb. 6.4a,b. Einzelstrang-Reparatur (1) (verändert nach Christmann et al. 2003, Schwarzl et al. 2005 mit freundlicher Genehmigung von Elsevier und Spandidos Publishing)

ist S-Adenosylmethionin. O^6-alkylierte Läsionen werden beim Menschen durch O^6-**Methylguanin-DNA-Methyltransferase (MGMT)** repariert (**Abb. 6.4a**). Es entfernt die Methyl-Gruppe von der O^6-Position des Guanins und überträgt sie auf einen Cystein-Rest des Proteins. Diese Transfer-Reaktion führt zu einer irreversiblen Inaktivierung der MGMT, welche anschließend degradiert wird. MGMT ist daher kein Enzym im klassischen Sinne, da Enzyme definitionsgemäß chemische Reaktionen katalysieren, ohne selbst verändert zu werden. MGMT wird daher als **Suizidprotein** bezeichnet. Neben O^6-Methylguanin-Läsionen repariert MGMT auch O^6-Ethylguanin-, O^6-Butylguanin- und O^4-Methylthymidin-Addukte.

In *E. coli* behebt AlkB DNA-Methylierungsschäden in einer Sauerstoff-, Ketoglutarat- und Fe(II)-abhängigen Reaktion durch Kopplung einer oxidativen Decarboxylierung von Ketoglutarat an eine Hydroxylierung methylierter Basen. Beim Menschen kommen drei **AlkB-Homologe** vor: hABH1, hABH2 und hABH3. Die letzten beiden Proteine hABH2 reparieren 1-Methyladenin, 3-Methylcytosin und 1-Ethyladenin. Ob das *hABH1*-Gen überhaupt ein funktionelles Protein kodiert, ist noch unklar. Während hABH2 vorwiegend einzel- und doppelsträngige DNA repariert, behebt hABH3 Schäden an der RNA (s. Kap. 6.1.7).

Photolyasen binden nach DNA-Schädigung durch UV-Licht an DNA und revertieren Cyclobutan-Pyrimidin-Dimere und 6-4-Photoaddukte. Photolyasen enthalten zwei nicht kovalent gebundene Chromophoren: Flavin (FADH) und Folat (MTHF) oder Deazaflavin (8-HDH). Photolyase-homologe Proteine beim Menschen sind die **Cryptochrome** hCry1 und hCry2. Sie werden in verschiedenen Geweben exprimiert, darunter der Retina, wo sie als circadiane Photorezeptoren agieren. Die DNA-Reparaturaktivität ist verloren gegangen. Photoaddukte werden bei Säugetieren durch einen anderen Reparaturmechanismus (Nukleotid-Exzision, s. unten) repariert.

Therapeutische Ansätze: Manche Tumorarten (Hirntumoren) exprimieren viel MGMT und entwickeln eine Resistenz gegen chlorethylierende und methylierende Antitumor-Medikamente (BCNU, Temozolomide). O^6-Benzylguanin und abgeleitete Derivate binden an MGMT und inhibieren das Protein. Sie verbessern dadurch die Effektivität einer Tumortherapie.

Basen-Exzisions-Reparatur der DNA

Geringfügige Basenschädigungen (*non-bulky adducts*), welche nicht eine Distorsion der DNA-Helix bewirken, werden mittels Basen-Exzisionsreparatur (BER) behoben. DNA-Glycosylasen erkennen Basen, welche durch endogene Entzündung oder exogene Agenzien (ionisierende Strahlen, langwelliges UV-Licht, Alkylanzien, Kanzerogene, Zytostatika u. a.) entstanden sind. Mit Hilfe der BER werden u. a. folgende DNA-Läsionen repariert: inkorporiertes Uracil, fragmentierte Pyrimidine, *N*-alkylierte Purine (7-Methylguanin, 3-Methyladenin, 3-Methylguanin), 8-Oxo-7,8-Dihydroguanin (8-Oxoguanin), Thyminglycol. 8-Oxoguanin ist die häufigste Läsion. Sie ist sehr mutagen, da Fehlpaarungen mit Adenin entstehen. Die BER läuft in folgenden Schritten ab (**Abb. 6.4b**):

1. Schadenserkennung, Basenentfernung und Inzision: **DNA-Glycosylasen** erkennen und entfernen die geschädigte oder falsche Base durch Hydrolysierung der *N*-glycosidischen Bindung. Dabei entstehen apurinische oder apyrimidinische Stellen (*AP-sites*). Unabhängig von der Aktivität von DNA-Glycosylasen können *AP-sites* in *N*-Alkylpurinen auch spontan durch Hydrolyse der *N*-glycosidischen Bindungen entstehen. Die verschiedenen DNA-Glycosylasen weisen überlappende Substratspezifitäten auf (*MBD4, MPG, MYH, NEIL1, NEIL2, NEIL3, NTH1, OGG1, SMUG1, TDG* und *UNG*). Typ-I-Glycosylasen (monofunktionelle DNA-Glycosylasen; z. B. MPG) entfernen die geschädigte

Base, und es entsteht eine apurinische Stelle (*AP-site*). Anschließend schneiden **AP-Endonukleasen** (z. B. APEX) die Phosphodiester-Bindung an der *AP-site* auf, so dass ein DNA-Einzelstrangbruch entsteht. Typ-II-Glycosylasen (bifunktionelle DNA-Glycosylasen; z. B. OGG1) führen beide Reaktionsschritte aus.

2. Nukleotid-Insertion: **DNA-Polymerase-β** (Polβ) tauscht ein Nukleotid an der *AP-site* aus.
3. In Abhängigkeit von der Art der Basenschädigung erfolgt eine *short-patch-* oder eine *long-patch-Reparatur*. Die *short-patch*-Reparatur wird von Polβ prozessiert. Bei der seltener vorkommenden *long-patch*-Reparatur dissoziiert Polβ ab und das *proliferation-dependent nuclear antigen* (**PCNA**) schneidet mehrere der Schadstelle benachbarte Nukleotide heraus.
4. Strang-Verlagerung: Bei der *long-patch*-Reparatur werden durch einen Proteinkomplex aus **Polε** oder **Polδ** zusammen mit PCNA und RF-C bis zu 10 Nukleotide verschoben und durch die Endonuklease **Fen1** abgeschnitten.
5. *Ligation:* Die **DNA-Ligasen I und III** ligieren den neu-synthetisierten Strang mit der DNA. Ligase I ist in der *long-patch*-Reparatur aktiv, Ligase III in der *short-patch*-Reparatur.

Nukleotid-Exzisions-Reparatur (NER)

BER und NER ist gemeinsam, dass sie den komplementären DNA-Strang als Matritze für die Neusynthese benutzen und daher fehlerfrei arbeiten. Drei Eigenschaften unterscheiden BER von NER:

- BER ist bei kleinen Basen-Addukten (*non bulky lesions*) wirksam, während NER bei größeren Schäden (*bulky lesions*) aktiviert wird.
- Bei der NER werden ca. 30 Nukleotide ausgetauscht, bei der BER nur 1–10.
- Bei der BER wird die geschädigte Base als freie Base herausgeschnitten, während bei der NER die Schadstelle als Teil eines längeren einzelsträngigen Fragmentes herausgeschnitten wird.

Bulky adducts wie Acetylaminofluoren-Guanin, Benzo[a]pyren-Guanin, Aflatoxin-Addukte, Thymidin-Psoralen oder Cisplatin-Addukte, UV-induzierte 6-4-Photoaddukte, Cyclobutan-Pyrimidin-Dimere, hemmen die DNA-Replikation oder führen zu einer Fehlpaarung mit Adenin. Bei der DNA-Replikation führt diese Fehlpaarung zu einer G → T-Transversion.

NER ist mit etwa 30 beteiligten Proteinen ein komplexer Reparaturweg. Es werden zwei Hauptwege unterschieden: die **globale genomische Reparatur (GBR)** und die **transkriptionsgekoppelte Reparatur (TCR)**. Die

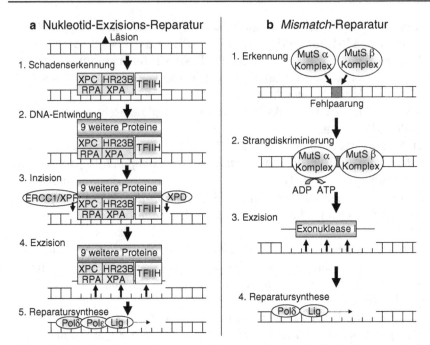

Abb. 6.5a,b. Einzelstrang-Reparatur (2) (verändert nach Christmann et al. 2003 mit freundlicher Genehmigung von Elsevier)

globale genomische Reparatur ist weitgehend unabhängig von der transkriptionellen Aktivität betroffener Genabschnitte und entfernt Läsionen in transkriptionell aktiven und inaktiven Bereichen mit gleicher Effizienz. Ein Beispiel hierfür sind 6-4-Photoprodukte (6-4-PPs), welche durch UV-Bestrahlung an der DNA entstehen. Sie führen zu einer stärkeren Distorsion der DNA als die ebenfalls durch UV-Licht entstehenden Cyclobutandimere (CBDs). 6-4-PPs werden durch GBR revertiert. CBDs hingegen werden bevorzugt in transkriptionell aktiven Genen repariert.

An der GGR sind die XP-Proteine (XPA bis XPG) beteiligt. Sie sind nach der UV-hypersensitiven Erbkrankheit Xeroderma pigmentosum benannt. Hier führen XP-Mutationen zu extremer Empfindlichkeit gegenüber Sonnenlicht und Auftreten von Hautkrebs im frühen Alter. Die Schadensbehebung erfolgt in vier Schritten (**Abb. 6.5a**):

1. Erkennung des DNA-Schadens: Die Proteinkomplexe XPC-HR23B und RPA-XPA erkennen DNA-Läsionen wie UV-induzierte 6-4-Photoprodukte oder Cisplatin-DNA-Addukte. Ein weiterer Proteinkomplex besteht aus *damaged binding proteins 1/2* (DDB1, DDB2) und XPE. Unklar ist bisher, in welcher Reihenfolge diese Proteinkomplexe an die DNA-Schadstelle binden.

2. DNA-Entwindung: Nach Schadenserkennung bindet ein weiterer Proteinkomplex bestehend aus dem Transkriptionsfaktor TFIIH und 9 weiteren Proteinen (XPB, XPD, GTF2H1, GTF2H2, GTF2H3, GTF2H4, Cdk7, CCNH und MNAT1) an die Schadstelle. Die Bindung dieses Proteinkomplexes bewirkt die Entwindung der DNA um die Schadensstelle herum.

3. Exzision der DNA-Läsion: Flankierend zur Schadstelle führen XPD Inzisionen in 3'-Position und der ERCC1-XPF-Komplex in 5'-Position durch. Eine 27–29 Basen lange DNA-Sequenz, welche den Schaden trägt und an welche die Proteinkomplexe binden, wird entfernt (Exzision).

4. Reparatursynthese: Die entstehende Lücke wird durch die Aktivität der Polymerasen POLδ und POLε aufgefüllt und durch DNA-Ligase I sowie weiterer akzessorischer Faktoren wieder versiegelt.

Weniger gut verstanden ist die **transkriptionsgekoppelte Reparatur** (TCR). DNA-Schäden werden in konstitutiven (*housekeeping*) Genen wesentlich effizienter repariert als Schäden in nicht-kodierenden Sequenzen. Die Spezifität der TCR läßt sich sogar innerhalb eines Genes nachweisen. Der transkribierte 5'-Strang aktiver Gene weist höhere Reparaturraten auf als der nicht-transkribierte 3'-Strang. Eine TCR erfolgt nur in Genen, welche von der RNA-Polymerase II abgelesen werden. Schäden in ribosomalen Genen werden kaum repariert, da die Transkription ribosomaler Gene RNA-Polymerase-I-abhängig ist. Dies gilt auch für mitochondriale Gene.

Der TCR geht eine Blockade der RNA-Polymerase II (RNAPII) durch eine DNA-Läsion voraus. Anschließend binden der Transkriptionsfaktor TFIIS sowie CSA, CSB an die Schadstelle. CSA und CSB sind zwei DNA-Reparaturproteine, welche nach dem vererblichen **Cockayne-Syndrom** (Photosensibilität, Zwergwuchs, mentale Retardierung, Tod im Kindesalter) benannt wurden. CSA- und CSB-Mutationen sind an der Krankheitsentstehung beteiligt. RNAPII diffundiert von der Läsion ab, so dass die Exonukleasen XPF-ERCC1 und XPG den schadhaften DNA-Strang herausschneiden können. Die Reparatursynthese erfolgt wie bei GGR durch POLδ, POLε und DNA-Ligase I.

Mismatch Reparatur (MMR)

Bei *E.-coli*-Bakterien ist die *mismatch*-Reparatur (MMR) besonders gut untersucht worden. MMR korrigiert Einzelbasen-Fehlpaarungen sowie kleine Insertions- und Deletions-Fehlpaarungen mehrerer Basen. Basen-*mismatches* entstehen durch spontane oder chemisch induzierte Basen-Deaminierung, -Oxidation und -Methylierung sowie durch Replikationsfehler. MMR wird auch als *replication error repair* (RER) bezeichnet. Beispiele für chemisch induzierte Basen-Fehlpaarungen sind Alkylierungs-induziertes

O^6-Methylguanin gepaart mit Cytosin oder Thymin, Cisplatin-induzierte 1,2-Intrastrang *cross-links*, UV-induzierte Photoprodukte, Purinaddukte von Benzo[a]7,8-dihydrodiol-9,10-Epoxiden oder 2-Aminofluoren und 8-Oxoguanin.

Beteiligte Proteine bei *E. coli* sind u. a. MutS, MutL, MutH. Homologe DNA-Reparaturgene beim Menschen sind *hMSH6/GTBP/P160* und *hMSH2* (*E.coli MutS*) sowie *hMLH1, hPMS1* und *hPMS2* (*E. coli MutL*). Das nicht-polypöse Kolonkarzinom (HNPCC) ist eine vererbliche Form des Darmkrebses, welche bei 5% der Darmkrebs-Patienten auftritt und durch Mutationen in MMR-Genen verursacht wird.

Die Schadensbehebung erfolgt in vier Schritten (**Abb. 6.5b**):

1. Erkennung der DNA-Läsion: Die Erkennung von Basen-Fehlpaarungen oder chemisch modifizierten Basen erfolgt durch die hMSH2/hMSH6- oder hMSH2/hMSH3-Proteinkomplexe. Sie werden zur Aktivierung phosphoryliert. Das hMSH2/hMSH6-Heterodimer wird als MutSα-Komplex bezeichnet und kann sowohl an Einzelbasen-Fehlpaarungen als auch an Insertions- bzw. Deletions-Fehlpaarungen binden. Das hMSH2/hMSH3-Heterodimer (MutSβ-Komplex) hingegen kann lediglich Insertions- und Deletions-Fehlpaarungen erkennen.

2. Strang-Diskriminierung: Es werden zwei mechanistische Modelle diskutiert: Beim *molecular-switch*-Modell geht man davon aus, dass ADP an den MutSα-Komplex bindet und dadurch die Fehlpaarung erkannt wird. Der MutSα-ADP-Komplex entspricht dem aktiven Zustand. Durch Bindung an eine Fehlpaarung wird eine ADP → ATP-Transition sowie eine intrinsische ATPase-Aktivität stimuliert. Dies bewirkt eine Konformationsänderung und das Andocken des MutLα-Komplexes (hMLH1-hPMS2). Im *hydrolysis-driven-translocation*-Modell induziert die ATP-Hydrolyse eine Translokation des MutSα-Komplexes.

3. Exzision: Nach Bindung an die Fehlpaarung assoziiert MutSα mit MutLα. Die Exzision des fehlgepaarten Stranges geschieht durch Exonuklease I.

4. Reparatursynthese: Die Neusynthese nimmt POLδ vor.

Doppel-Strangbruch-Reparatur

DNA-Doppelstrang-Brüche (DSBs) ereignen sich infolge ionisierender Bestrahlung oder Exposition mit DNA-Topoisomerase-II-Inhibitoren (s. Kap. 3.12). DSBs können sowohl genotoxische Effekte (Chromosomenbrüche und -austausche) als auch Apoptose induzieren. Sie werden über zwei Hauptwege repariert: die fehlerfreie homologe Rekombination (HR) und die fehleranfällige nicht-homologe Endenvereinigung (*non-homologous*

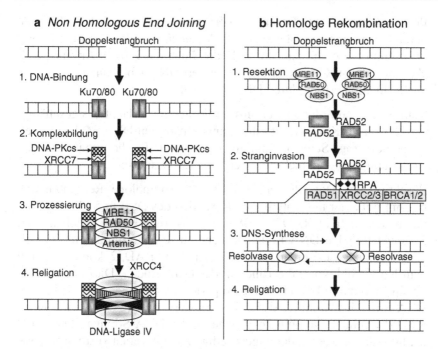

Abb. 6.6a,b. Doppelstrang-Reparatur (verändert nach Christmann et al. 2003 mit freundlicher Genehmigung von Elsevier)

end-joining, NHEJ). In einfachen Eukaryoten wie Hefen überwiegt HR, während bei Säugetieren NHEJ der vorherrschende Reparaturweg ist. Auch der Zellzyklus ist bedeutsam: NHEJ findet hauptsächlich in der G_0/G_1-Phase statt, HR dagegen in der späten S- und G_2-Phase.

Beim *non-homologous end-joining* werden die beiden Enden eines DSB ligiert, ohne dass eine Sequenzhomologie zwischen den beiden DNA-Enden benötigt wird. Die Reparatur erfolgt in folgenden Schritten (**Abb. 6.6a**):

1. DNA-Bindung: Ein Heterodimer bestehend aus Ku70 und Ku80 bindet an die geschädigte DNA und verhindert damit zunächst einen Verdau der DNA durch Exonukleasen.
2. Komplexbildung: Das Ku-Heterodimer assoziiert mit der katalytischen Untereinheit der DNA-Proteinkinase (DNA-PK) bestehend aus XRCC7 und DNA-PKcs. Der gesamte Proteinkomplex wird jetzt als DNA-PK-Holoenzym bezeichnet. DNA-PKcs weist Ser/Thr-Kinaseaktivtät auf und phosphoryliert XRCC4, welches nun mit der DNA-Ligase-IV komplexiert.
3. Prozessierung der DNA-Enden: Der XRCC4-Ligase-IV-Komplex bindet an die DNA-Enden und fügt diese zusammen. Ein Komplex aus den

Proteinen MRE11, RAD50 und NBS1 prozessiert die DNA am 3'-Ende durch Entfernung überhängender DNA. Die *flap*-Endonuklease-1 (Fen1) übernimmt diese Aufgabe am 5'-Ende. Auch das Protein Artemis, welches mit DNA-PK komplexiert, prozessiert DNA-Überhänge.

4. Die Religation erfolgt durch DNA-Ligase-IV.

Während der **homologen Rekombination (HR)** gelangt das geschädigte Chromosom in Kontakt mit einem ungeschädigten DNA-Molekül, welches eine homologe Sequenz trägt und als *template* für die Reparatur dient. Die Reparatur erfolgt in mehreren Schritten (**Abb. 6.6b**):

1. Resektion des Doppelstrang-Bruches: Die homologe Rekombination beginnt mit einer nukleolytischen Resektion des DSB in 5'-3'-Richtung durch den MRE11-RAD50-NBS1-Proteinkomplex. Es entstehen zwei 3'-einzelsträngige DNA-Enden, welche an RAD52 binden, um vor einem Exonuklease-Verdau geschützt zu sein. RAD52 kompetiert mit dem Ku-Komplex um die Bindung der DNA-Enden. Dies entscheidet, ob ein DSB durch HR oder NHEJ repariert wird.

2. DNA-Stranginvasion: RAD52 komplexiert mit RAD51 und RPA. RAD51 ist eine Rekombinase, welche für den DNA-Strangaustausch mit der homologen Region der ungeschädigten DNA verantwortlich ist. Dieser Vorgang wird auch als Stranginvasion bezeichnet. RPA stabilisiert die DNA-Strangpaarung durch Bindung an den entfernten DNA-Strang. Weitere RAD51-paraloge Proteine (RAD51B, RAD51C, RAD51D, XRCC2, XRCC3) unterstützen die RAD51-Funktion. Auch die Tumorsuppressoren BRCA1 und BRCA2 binden an RAD51.

3. DNA-Synthese: Danach erfolgt ein *crossing-over* der Einzelstränge der beiden benachbarten DNA-Duplexstrukturen (*Holliday junctions*) sowie die DNA-Synthese.

4. Religation: spezifische Endonukleasen (Resolvasen) schneiden die DNA-Stränge, um die *Holliday junctions* aufzulösen. Durch die anschließende Religation entstehen zwei rekombinante Moleküle, welche je eine reparierte Stelle enthalten.

6.1.4 Zellzyklus-Progression und -Kontrolle

Zellzyklus-Progression

Die Zellteilung erfolgt in verschiedenen Phasen, welche als **G1-, S-, G2- und M-Phasen** bezeichnet werden. Die Synthese der DNA erfolgt in der S-Phase, während die Verteilung der Chromosomen auf die beiden Tochterzellen in der Mitose (M-Phase) erfolgt. S- und M-Phase sind durch Ruhephasen getrennt, die als G1- und G2-Phase bezeichnet werden. Dabei

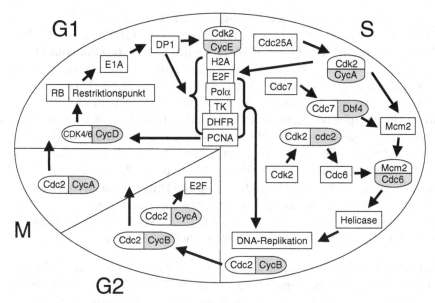

Abb. 6.7. Molekulare Regulation des Zellzyklus

steht G steht für *gap*. Der Zellzyklus proliferierender Zellen folgt der molekular definierten Abfolge dieser vier Phasen. Sich nicht teilende Zellen befinden sich in der **G0-Phase**.

Für den Übergang von einer Zellzyklus-Phase in die nächste sind **Cycline** und **Cyclin-abhängige Kinasen** (Cdks) von zentraler Bedeutung. Cdks komplexieren mit Cyclinen und steuern deren Aktivität. Die Aktivität von Cdks wiederum wird durch **Cdk-Inhibitoren** reguliert. Es lässt sich ein Modell mit drei Ebenen entwerfen. Auf der untersten Ebene sind die Cycline angesiedelt, auf der zweiten die Cdks und auf der dritten die Cdk-Inhibitoren (**Abb. 6.7**). Die Zellzyklus-Progression wird reguliert durch:

- Cyclin-Expression und –Degradation,
- Phosphorylierung von Cyclinen, Cdks und anderen Proteinen,
- Regulation der Cyclin/Cdk-Dimerisierung,
- Bindung von Cdk-Inhibitorproteinen.

G1-Phase: In der frühen G1-Phase wird eine **Cyclin D**-Expression induziert. Bei Fehlen externer Wachstumsfaktoren wird die Cyclin D-Expression auf Grund einer kurzen Halbwertszeit (20 min) herunterreguliert, und die Zelle tritt aus dem Zellzyklus in die G0-Phase über. Es sind drei Cyclin-D-Proteine bekannt: Cyclin D1, D2 und D3. Obwohl sie funktionell redundant sind, ist in Tumoren häufig nur Cyclin D1 dysreguliert.

Cyclin D-Isoformen bilden Komplexe mit **Cdk4 und Cdk6**. Die Cyclin-D-Cdk4/6-Komplexe phosphorylieren in der späten G1-Phase das **Retinoblastom-Protein Rb**. Diese Reaktion wird als **Restriktionspunkt** bezeichnet, da bei Fehlen externer Wachstumssignale eine Progression des Zellzyklus blockiert wird. In vielen Tumoren fehlt der Restriktionspunkt.

Bei der Rb-Phosphorylierung wird der Transkriptionsfaktor **E1A** frei, der mit nicht-phosphoryliertem Rb komplexiert. E1A geht jetzt Komplexe mit anderen Proteinen ein (z. B. DP-1). Diese neuen E1A-Komplexe bewirken die transkriptionelle Aktivierung von S-Phase-Genen. Dazu zählen Cyclin E, DNA-Polymerase-α, E2F1, Histon H2A, cdc2, das *proliferating cell nuclear antigen* (PCNA), Thymidinkinase und Dihydrofolat-Reduktase.

Die Cyclin-E-Kinaseaktivität ist an der Grenze von der G1- zur S-Phase am höchsten. Cyclin E assoziiert mit Cdk2. **Cyclin-E-Cdk2-Komplexe** phosphorylieren ebenfalls Rb, aber auch eine Reihe weiterer Substrate.

S-Phase: Cyclin A erscheint zuerst in G1, wird in den S- und G2-Phasen stärker exprimiert und verschwindet in der M-Phase wieder. Es ist für die Transition von der G1- in die S-Phase, für die Progression durch die S-Phase und die anschließende G2/M-Transition verantwortlich. Für die G1/S-Transition komplexiert Cyclin A mit **Cdk2** und für die G2/M-Transition mit **Cdc2** (Cdk1). Eintritt und Progression durch die S-Phase werden durch **Cdc7** und **Cdc25A** reguliert. Cdc25A dephosphoryliert Cdk2, um die G1/S-Transition voranzutreiben. Cdc7 ist für die DNA-Replikation essentiell. Es komplexiert mit dem regulatorischen Kofaktor Dbf4. Dieser Komplex phosphoryliert **Mcm2** (*minichromosome maintenance protein 2*), welches seinerseits einen Komplex weiterer MCM-Proteine mit Helicase-Aktivität reguliert. Cdk2- und Cdc2-vermittelte Phosphorylierungen führen zur Bindung des **Cdc6**-Proteins an den MCM-Komplex. Anschließend wird die DNA durch die Helicase-Aktivität des MCM-Komplexes denaturiert und die DNA-Replikation findet statt.

G2/M-Phasen: Die G2/M-Transition wird sowohl durch den **Cyclin A/Cdc2-Komplex** (s. oben) als auch den **Cyclin B/Cdc2-Komplex** vorangetrieben. Cyclin B erscheint zuerst in der S-Phase, zeigt in der G2-Phase die höchste Expression und wird in der Anaphase der Mitose degradiert. Es gibt drei Cyclin-B-Formen: B1, B2 und B3.

Zellzyklus-Kontrolle

Die Zellteilung gehört zu den wichtigsten biologischen Prozessen überhaupt. Dementsprechend wichtig ist der korrekte und fehlerfreie Ablauf des Zellzyklus. Definierte Kontrollpunkte (*checkpoints*) dienen der Überprüfung der genomischen Integrität. Diese Kontrollpunkte erlauben es den

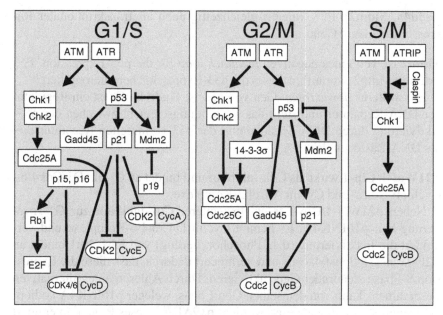

Abb. 6.8. Kontrollpunkte des Zellzyklus

Zellzyklus anzuhalten, um Schäden zu beheben. Anschließend wird der Zellzyklus fortgesetzt. Bei schwerer Schädigung kann die Zelle die Apoptose einleiten oder permanent den Zellzyklus arretieren (**Seneszenz**). Man kennt u. a. folgende Kontrollpunkte (**Abb. 6.8**):

- *DNA damage* G1/S und G2/M *checkpoints* dienen der Reparatur von DNA-Schäden.
- *DNA replication checkpoints* (S/M) dienen der Reparatur von Fehlern während der DNA-Replikation (s.Kap. 6.2.7).

ATM und ATR sind Sensorproteine, welche bei DNA-Schädigung die Arretierung des Zellzyklus in verschiedenen Phasen aktivieren können. Diese beiden Proteine schalten die G1/S- und G2/M-Kontrollpunkte durch Phosphorylierung von Chk1, Chk2 und p53 ein. Für den S/M-Kontrollpunkt ist das ATR-interagierende Protein (ATRIP) als weiteres Protein notwendig. ATM, ATR und ATRIP stellen daher *master*-Proteine für die Kontrollpunkt-Steuerung dar.

G1/S *DNA damage* checkpoint: Nach DNA-Schädigung in der frühen und mittleren G1-Phase kann der Zellzyklus durch **Wildtyp-p53** angehalten werden. Mutiertes p53 hat diese Fähigkeit verloren. Die p53-Aktivierung induziert die Transkription nachgeschalteter Gene (z. B. p21Waf-1/Cip-1,

Gadd45, Mdm2). P53 fungiert gleichzeitig auch als transkriptionaler Repressor für andere Gene.

Mdm2 ist Teil eines negativen *feedback loop* für die p53-Expression. P53 aktiviert Mdm2, woraufhin dieses die p53-Expression herunterreguliert.

Ein weiteres *downstream*-Gen von p53 ist **Gadd45**. Es ist ein Regulator der DNA-Reparatur und stellt das Verbindungselement zwischen der p53-Aktivierung durch DNA-Schäden und der p53-vermittelten Reparatur dieser DNA-Läsionen dar.

P21Waf-1/Cip-1 wirkt als Cdk-Inhibitor und bindet an Cyclin D1/Cdk4/6-, Cyclin E/Cdk2- und Cyclin A/Cdk2-Komplexe.

Neben p21Waf-1/Cip-1 trägt ein weiterer Cdk-Inhibitor zur G1-Arretierung bei: **p16INK4A**. Es hemmt Cyclin D/Cdk4/6-Komplexe und verhindert die Inaktivierung (d. h. Phosphorylierung) von **Rb1**. Rb1 bindet an E2F-Transkriptionsfaktoren und verhindert dadurch, dass diese die Expression S-Phase-steuernder Gene aktivieren. Durch Ablesen eines alternativen Leserahmens kann von demselben Gen-Locus, welcher p16INK4A kodiert, ein weiteres Protein abgelesen werden: **p19ARF**. Dieses Protein interagiert mit dem p53-Antagonisten Mdm2. Die p19ARF-vermittelte Hemmung von Mdm2 fördert die p53-Aktivierung und führt ebenfalls zu einer Arretierung in der G1-Phase.

G2/M *DNA damage checkpoint*: DNA-Schädigung durch oxidativen Stress oder ionisierende Strahlen führen zur Arretierung in G2. Dadurch wird die **Cyclin B/Cdc2**-Kinaseaktivität an der G2/M-Grenze gehemmt. Normalerweise aktivieren die Cdc25A und Cdc25C-Phosphatasen den Cyclin B/Cdc2-Komplex, indem sie Cdc2 dephosphorylieren. Nach DNA-Schädigung werden diese Cdc25-Phosphatasen nicht hyperphosphoryliert und damit nicht aktiviert. Es findet keine Komplexierung mit Cyclin B/Cdc2 und keine Dephosphorylierung von Cdc2 statt. Die Komplexbildung der Cdc25-Proteine mit Cyclin B/Cdc2 wird durch die Chk1 und Chk2-Kinasen blockiert, welche Cdc25 hyperphosphorylieren. Dadurch gehen Cdc25-Proteine einen weiteren Komplex mit dem Protein 14-3-3σ eingehen. Die Chk2-Kinase wird durch ATM phosphoryliert und aktiviert.

Es gibt noch weitere Regulationsmechanismen der G2/M-Arretierung:

- Nach DNA-Schädigung transaktiviert p53 das 14-3-3σ-Protein. Dieses bindet an den Cyclin-B/Cdc2-Komplex im Cytoplasma, welcher nicht mehr in den Zellkern wandern kann, um dort den Eintritt in die Mitose auszulösen.
- p21 kann an den Cyclin-A/Cdk2-Komplex binden. Dadurch wird die Cyclin-B/Cdc2-Kinaseaktivität verzögert aktiviert, was ebenfalls zur G2-Arretierung beiträgt.

Replication checkpoint (S/M checkpoint): Die Mitose wird blockiert, wenn Fehler bei der DNA-Replikation auftreten, z. B. bei Depletion der Nukleotid-*Pools* oder bei DNA-Läsionen durch Alkylanzien (MMS) (s. Kap. 6.2.7). Wenn die Replikationsgabel mit einem Schaden kollidiert, wird die Replikation angehalten und der Übertritt von der S- in die M-Phase blockiert. Die *checkpoint*-Kinase ATR (ATM-*related protein*) wird mittels eines ATR-interagierenden Proteins (ATRIP) an der Schadstelle rekrutiert. Danach phosphoryliert und aktiviert ATR die Effektorkinase Chk1. Die Rekrutierung von Chk1 an ATR wird erleichtert durch Claspin. Die weitere Signalweiterleitung erfolgt über Cdc25-Proteine wie beim G2/M-*checkpoint*.

6.1.5 DNA-Schadenstoleranz

Angesichts der hohen Frequenzen, mit denen sich DNA-Schäden ereignen (Beispiel: 10.000 Purinschäden/Tag im menschlichen Genom), entkommt ein nur kleiner, aber dennoch signifikanter Anteil an Läsionen der antioxidativen Abwehr, Zellzyklus-Kontrolle und DNA-Reparatur. Da persistierende DNA-Läsionen die DNA-Replikation behindern und zytotoxisch wirken, entwickelten sich in der Evolution Mechanismen der DNA-Schadensvermeidung und -toleranz. Beides sind unabhängige Prozesse. Über die DNA-Schadensvermeidung (*DNA damage avoidance*) ist bisher wenig bekannt. Unter Beteiligung des humanen hMms2-Proteins bedient sich die Zelle temporär einer nicht geschädigten DNA-Kopie (z. B. allelische Kopien) zur Generierung fehlerfreier DNA-Sequenzen. Mechanismen der **DNA-Schadenstoleranz** erlauben eine vollständige DNA-Replikation trotz bestehender DNA-Schäden. Man kennt zwei Formen der Schadenstoleranz, welche für die Mutagenese von Zellen verantwortlich sind: *template switching* und *lesion bypass* (**Abb. 6.9.**). Beide Mechanismen stellen eine funktionelle Redundanz zur Toleranz von DNA-Schäden dar, welche es Zellen erlauben, trotz nicht reparierter DNA-Läsionen zu überleben. Die Schadenstoleranz ist bei *Saccharomyces cerevisiae* am besten untersucht. Dort sind die Gene *rad6* und *rad16* (*rad* steht für *radiation sensitive*) sowohl am *template switching* als auch am *lesion bypass* beteiligt. Beim Menschen kennt man zwei *rad6*-Homologe: *HHR6A* und *HHR6B*.

Template switching: Obwohl die DNA-Synthese an einem geschädigten DNA-Strang blockiert wird, kann die DNA-Synthese am ungeschädigten Strang noch in einem gewissen Ausmaß erfolgen. Der neu synthetisierte Tochterstrang dient als *template*. Nach Dissoziation der beiden neu synthetisierten Tochterstränge erfolgt ein *re-annealing* an die ursprünglichen

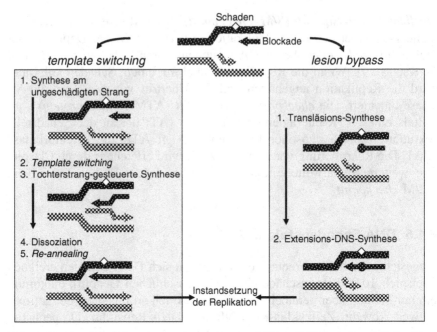

Abb. 6.9. DNA-Schadenstoleranz (verändert nach Wang 2001 mit freundlicher Genehmigung der American Society for Pharmacology and Experimental Therapeutics)

Parentalstränge und eine semikonservative Replikation. Damit wird die Schadstelle übersprungen und der Replikationsapparat kann mit der normalen DNA-Synthese fortfahren. Da die DNA-Schadstelle umgangen wird, erfolgt die DNA-Synthese am Tochterstrang fehlerfrei.

Lesion bypass: Im Gegensatz zum *template switching* wird beim *lesion bypass* der geschädigte DNA-Strang verwendet. Es erfolgt eine Nukleotid-Inkorporation gegenüber der Schadstelle (**Transläsions-Synthese**). Im nächsten Schritt findet die Extension der DNA-Synthese statt. Danach nimmt der Replikationsapparat wieder seine DNA-Synthesetätigkeit auf. Wird das korrekte Nukleotid eingebaut, erfolgt ein fehlerfreier *lesion bypass*. Jedoch kann es auch zum fehlerhaften Einbau kommen. *Lesion bypass* wird durch spezifische DNA-Polymerasen (Pol) bewerkstelligt, welche den geschädigten DNA-Strang als *template* benutzen.

Die humane **DNA-Polymerase η (Polη)** wird vom XPV-(POLH)-Gen kodiert. Interessanterweise führen vererbliche Gendefekte zu einer Variante der Xeroderma pigmentosum (XPV). Während die üblichen *XP*-Genmutationen mit einer defizienten Nukleotid-Exzisions-Reparatur (NER) einhergehen, sind XPV-Patienten nach UV-Bestrahlung NER-profizient, jedoch defizient in der DNA-Replikation. XPV-Patienten sind daher hypersensibel gegenüber UV-induzierten Mutationen und haben eine Prädisposition für Hautkrebs. Polη katalysiert eine fehlerhafte DNA-Synthese bei UV-induzierten Schäden, Addukten von Benzo[a]pyren, GG-Cisplatin-Intrastrang-Addukten, O^6-Guanin-Methylierung u. a.

Die humane **DNA-Polymerase** ι (Polι) nimmt eine Ausnahmestellung ein, da sie nicht der üblichen Watson–Crick–Basenpaarung folgt. In ungeschädigten DNA-Bereichen inkorporiert Polι viel häufiger G anstelle A bei einem gegenüberliegenden T. Als Folge bricht die DNA-Elongation bei gegenüber liegendem T ab (*T-stop*). Das Enzym hat ebenfalls nur geringe katalytische Effizienz bei gegenüber liegendem C. Daher ist die Polι-Katalyse relativ schwerfällig und es werden nur kurze DNA-Stücke synthetisiert. Sie dient ganz speziellen Funktionen wie z. B. die somatische Hypermutation während der Immunglobulin-Entwicklung. Somatische Hypermutation von schweren und leichten Antikörperketten-Genen ereignen sich mit etwa 100.000 fach höherer Mutationsrate als in anderen Genen.

8-Oxoguanin wird von der **DNA-Polymerase** κ (Polκ) fehlerhaft durch bevorzugten Einbau von A prozessiert. Gegenüber abasischen Schadstellen wird meist A eingebaut. Gegenüber Acetylaminofluoren-modifizierten Guaninen wird häufiger T als C eingebaut. Polκ trägt wesentlich zur Acetylaminofluoren-induzierten Mutagenese in Säugetierzellen bei.

Die humane **DNA-Polymerase** ζ (Polζ) spielt eine wichtige Rolle bei der UV-induzierten Mutagenese und bei der somatischen Hypermutation in Antikörper-Genen. Mutationen, welche durch Transläsions-Synthese an Schadstellen generiert werden, bezeichnet man als zielgerichtete Mutationen (*targeted mutations*). Es können sich jedoch auch Mutationen an nicht geschädigten DNA-Bereichen ereignen (*untargeted mutations*), wenn DNA-schädigende Agenzien andere DNA-Polymerasen mit hoher Fidelität hemmen. *N*-Methyl-*N'*-Nitro-*N*-Nitrosoguanin (MNNG) induziert *untargeted mutations* in Säugetier-Zellen, an deren Entstehung Polζ beteiligt ist.

Es stellt sich abschließend die Frage, wieso sich DNA-Schadenstoleranz und daraus resultierende Mutagenese in der Evolution durchsetzen konnte. Die Fähigkeit DNA-Schäden durch *lesion bypass* zu tolerieren, erlaubt einer Zelle eine potenziell letale Replikationsblockade zu umgehen. Da die Transläsions-DNA-Synthese fehlerhaft erfolgen kann, wird dieser Effekt mit dem Risiko der Mutation in Kauf genommen. Für Bakterien und andere Einzeller stellt dies durchaus ein attraktiver Kompromiss dar, sich schnell und effektiv an Umweltveränderungen anzupassen. In Vielzellern, welche im Körperinneren eine eigene interne stabile „Umwelt" für die meisten Zellen generiert haben, entfällt der Vorteil einer schnellen Adaptation an die Umwelt durch DNA-Schadenstoleranz und Mutagenese. Der Mutagenese folgt hier meist eine Kanzerogenese. Da Krebs häufig eine Alterserscheinung ist, beeinträchtigt die Kanzerogenese die Fortpflanzung kaum. Somit entsteht kein evolutionärer Selektionsdruck, fehlerhafte DNA-Replikationsmechanismen zu eliminieren. Da Keimzellen ebenso wie somatische Stammzellen eine extrem geringe Rate an DNA-Schädigungen aufweisen, besteht nur eine geringe Gefahr Mutationen über die Keimbahn in die nächste Generation zu vererben.

6.1.6 Erkennung von DNA-Schäden durch Chromatin-Proteine

Alle DNA-Reparaturprozesse beginnen mit der Erkennung der DNA-Läsion. Dafür sind Sensor-Proteine verantwortlich, welche die Art der DNA-Schädigung erkennen und mit einem korrespondierenden Reparaturweg koppeln. Bei der Nukleotid-Exzisions-Reparatur sind dies die Proteinkomplexe XPC-HR23B und RPA-XPA, bei der *Mismatch*-Reparatur die hMSH2/hMSH6- oder hMSH2/hMSH3-Proteinkomplexe, beim *non-homologous end-joining* das Ku70/Ku80-Heterodimer usw. Neben dieser spezifischen existiert eine **unspezifische Schadenserkennung** durch *damage-DNA-binding* (DDB)-Proteine, welche präferentiell an geschädigte DNA binden, jedoch keine DNA-Reparatur einleiten. Dazu zählen verschiedene Chromatin-Proteine und Transkriptionsfaktoren.

Dennoch spielt das Chromatin für DNA-Reparaturprozesse eine gewisse Rolle. Die DNA eukaryotischer Zellen ist mit Nukleoprotein-Komplexen verpackt, welche man als **Chromatin** bezeichnet. Die Grundstruktur des Chromatins ist das **Nukleosom**. Es besteht aus acht Histonen (je zwei Kopien von H2A, H2B, H3 und H4), um welche 146 DNA-Basenpaare gewickelt sind. Ein Verknüpfungsbereich (*linker region*) besteht aus DNA variabler Länge, welche mit *linker*-Histon H1 und/oder Nicht-Histon-Proteinen (vor allem HMG-Proteine) interagiert. Diese ganze Struktur bildet *loops* aus und ist mit einem Kernskelett-Protein-Netzwerk verankert. Nukleosomen behindern häufig den Zugang von Transkriptionsfaktoren und reprimieren die Transkription. Nukleosomen werden durch Acetylierung, Methylierung, Phosphorylierung, Ubiquitinierung und Poly-ADP-Ribosylierung modifiziert. Durch diese Reaktionen wird ein spezifischer posttranslationaler **Histon-Code** festgelegt, welcher die Bindung von Transkriptionsfaktoren und Polymerase-Komplexen an die DNA erleichtert. Die Chromatinstruktur beeinflusst darüber hinaus auch die Effizienz der DNA-Reparatur. Gensequenzen in transkriptionell kompetenten Chromatinstrukturen werden leichter repariert als Heterochromatin, da Schadstellen von Reparaturproteinen leichter erreicht werden.

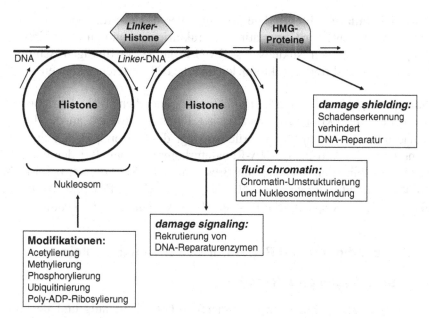

Abb. 6.10. DNA-Schadenserkennung durch Chromatinproteine

Es werden drei Mechanismen diskutiert, wie Chromatin-Proteine DNA-Schäden erkennen: das *damage-shielding*-Modell, das *fluid-chromatin*-Modell und das *damage-signaling*-Modell (**Abb. 6.10**).

Damage-shielding–**Modell:** *High mobility group* (HMG)-Proteine sind die größte Gruppe der Nicht-Histon-Proteine. Sie gehören zu drei Familien: HMGB, HMGN und HMGA-Proteine. HMGB-Proteine weisen HMG-Boxen als nicht-spezifische DNA-Bindungsregion auf. Sie binden DNA in der *minor groove* und führen zu Beugung, Entwindung, *loop*-Bildung und *supercoiling* der DNA. Weiterhin binden diese Proteine an bereits gebeugte oder entwundene DNA. Solche Konformationsänderungen treten z. B. bei Intrastrang-*cross-links* mit dem Tumormedikament Cisplatin auf. HMG-Proteine besetzen die DNA-Läsion und verhindern den Zugang von Reparaturproteinen. Nicht reparierte Cisplatin-Addukte führen zum Zelltod. HMG-Proteine sind daher für die Sensibilität von Tumorzellen gegenüber Cisplatin mitverantwortlich. Da einige Proteine mit HMG-Boxen Transkriptionsfaktoren sind und ihre Bindung an DNA-Schäden mit höherer Affinität erfolgt als an die eigentlichen Promoter-Bindungsstellen, kommt die Bindung an DNA-Addukte einem *hijacking* gleich. Dadurch wird die normale Transkription bestimmter nachgeschalteter Gene unterbunden. Dieser Mechanismus wurde beim humanen ribosomalen RNA-Transkriptionsfaktor UBF nachgewiesen.

Fluid-**Chromatin-Modell:** Die Bindung von HMG-Proteinen an DNA-Schadstellen führt zur Chromatin-Umstrukturierung und zu einer Entwindung des betroffenen Nukleosoms. HMG-Proteine „verflüssigen" Chromatin, so dass Transkriptionsfaktoren leichter die DNA erreichen können.

Damage-signaling-**Modell:** Chromatin-Proteine dienen als Erkennungselemente zur Rekrutierung spezifischer Reparaturproteine an der DNA-Schadstelle. Bei Doppelstrangbrüchen trägt das Histon γ-H2AX zur Assemblierung spezifischer DNA-Reparaturkomplexe bei. Bei der homologen Rekombination sind dies die Brca1- und Rad51-Proteine, beim nicht homologen *end joining* die Rad50-, Nbs1- und Mre11-Proteine. Weiterhin aktiviert γ-H2AX spezifische Proteine des *DNA-damage checkpoints*.

6.1.7 Schädigung und Reparatur von RNA und Proteinen

RNA-Schädigung und -Reparatur

DNA-schädigende Substanzen reagieren schon allein aufgrund der vorkommenden Mengenverhältnisse in Zellen nicht nur mit der DNA, sondern auch mit der RNA. RNA-Schädigung ruft eine Apoptose hervor. Der Informationsgehalt der RNA ist größer als der der DNA. Während nur 3% der menschlichen DNA kodierende Sequenzen enthält, besitzen fast alle RNA-Sequenzen funktionelle Bedeutung – ob sie für Proteine (mRNA) kodieren oder der Translation dienen (ribosomale RNA und tRNA).

RNA-Reparaturenzyme: Gegenüber alkylierenden Substanzen, welche Methyl- oder Ethyl-Gruppen an organische Makromoleküle anhängen, haben die Zellen verschiedene Abwehrmechanismen entwickelt (z. B. Glycosylasen etc.). Reparaturproteine aus der Familie der *AlkB*-Gene reparieren nicht nur DNA-Schäden (durch Hydroxylierung der Methyl-Gruppe an geschädigten DNA-Basen), sondern auch RNA-Schäden. Von den humanen AlkB-Reparaturproteinen weist hABH3 RNA-Reparaturaktivität auf.

RNA-Chaperone: Das YB-1 Protein bindet an gebrochene oder durch *cross-links* vernetzte RNA-Moleküle und unterstützt die Entwindung von RNA-Duplex-Strukturen. Dadurch wird die RNA degradiert.

RNA-Prozessierungsfaktoren: Das *LMS1*-Gen kodiert ein Protein, welches in die Prozessierung primärer RNA-Transkripte zu maturierten mRNA-Molekülen involviert ist. In Hefen führt eine *LMS1*-Deletion zur Resistenz gegenüber UV-Licht. Das menschliche *LMS1*-Gen ist mit der Tumorinvasion assoziiert.

Faktoren der RNA-Qualitätskontrolle: Falsch gespleißte mRNA-Moleküle und mRNA-Moleküle mit falschen Terminationscodons werden durch Überwachungsfaktoren wie beispielsweise *human upstream binding factors* (UBF) aussortiert.

Protein-Schädigung und Reparatur

Auf Proteinebene schützen molekulare Chaperone und Hitzeschockproteine gegenüber Stressfaktoren wie Hitzeschock (z. B. Fieber), oxidativem Stress (z. B. ROS), Schwermetallen, Anti-Tumormedikamenten, Entzündungsreaktionen, Alkohol etc. Solche Faktoren verändern häufig den Redox-Status und führen zur Missfaltung von Proteinen. Sie werden unter dem Begriff „**Hitzeschock-Antwort**" zusammengefasst und kommen ubiquitär bei Bakterien, Pflanzen und Tieren vor. Die beteiligten **Hitzeschock-Proteine** (HSPs) sind evolutionär hoch konserviert (**molekulare Chaperone und Proteasen**). Molekulare Chaperone interagieren mit naszenten (neu synthetisierten) Proteinketten zur Faltung und Translokation. Ubiquitinabhängige Proteasen sorgen dafür, dass falsch gefaltete Protein-Zwischenprodukte degradiert werden. Bei zellulärem Stress binden molekulare Chaperone vermehrt Protein-Zwischenprodukte, um Missfaltung und Protein-Aggregation zu verhindern und eine Neufaltung zu erleichtern. Hitzeschock induziert eine translationale Arretierung in der Zelle. Entsprechend ihrem Molekulargewicht unterscheidet man sechs HSP-Familien: HSP100, HSP90, HSP70, HSP60, HSP40 und die kleinen HSPs (Hämoxigenase, HSP32, HSP27, αB-Crystallin und HSP20). Sie kommen in Cytosol, Mitochondrien, endoplasmatischem Reticulum und Zellkern vor. In jeder Proteinfamilie gibt es konstitutiv exprimierte oder induzierbare Mitglieder. Die Promoter von *HSP*-Genen tragen ein Hitzeschock-Element (HSE). An sie binden Hitzeschock-Transkriptionsfaktoren (HSFs). Das gemeinsame Signal ist die Proteinschädigung zur Aktivierung von HSFs und Bindung an HSEs. In menschlichen Zellen wurden HSF1, HSF2 und HSF4 identifiziert. Interessanterweise werden *HSP*-Gene auch durch physiologische Prozesse reguliert, z. B. Zellproliferation, und -differenzierung. HSPs werden in verschiedenen Tumorarten überexprimiert. Sie sind an der Modulation der Aktivitäten von Zellzyklus-Proteinen, -Kinasen und anderen Proteinen beteiligt, welche für die Tumorprogression bedeutsam sind. Weiterhin sind die Signalwege von Stress-Antwort und Apoptose miteinander verknüpft. Die HSP-Induktion schützt vor stressinduzierter Apoptose durch Beeinflussung von Schlüsselproteinen der Apoptosekaskade (Hemmung pro-apoptotischer Proteine aus der Bcl-2-Familie, Hemmung der Cytochrom-C-Freisetzung, Hemmung der Caspaseaktivierung). Dies führt zur Toleranz (bzw. Resistenz) gegenüber Hitze, oxidativem Stress und anderen Stress-Stimuli.

Milde Stressbedingungen führen zur *HSP*-Induktion und Protein-Reparatur, Apoptose-Inhibition und Überleben der Zelle. Kleine HSPs fördern die Bildung reduzierten Glutathions, wodurch ROS effektiver entgiftet werden. Aggressiver Stress, welcher die Reparaturkapazität der HSPs übersteigt, führt zur Einleitung der Apoptose (s. Kap. 6.2.5).

6.2 Kanzerogenese

Fremdstoffe können akut toxisch wirken (Organversagen, Vergiftungen) oder Langzeitfolgen (chronische Vergiftungen, Tumorentstehung) haben. Krebserregende Stoffe werden als Karzinogene oder Kanzerogene bezeichnet. Meist werden diese Begriffe synonym verwendet. Jedoch ist der Begriff kanzerogen umfassender, da er nicht nur die Entstehung von Tumoren epithelialer Gewebe (Karzinome) sondern auch Krebse mesenchymalen Ursprungs (Sarkome) und Tumoren des hämatopoetischen (blutbildenden) Systems (Leukämien und Lymphome) mit einschließt.

Kanzerogene Stoffe, welche die DNA schädigen, werden als genotoxisch bezeichnet. Durch DNA-Veränderungen können normale Zellen zu Tumorzellen transformiert werden (**Abb. 6.11**). Veränderungen an RNA, Proteinen und Lipiden sind nicht ursächlich für die Krebsentstehung verantwortlich.

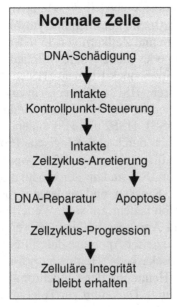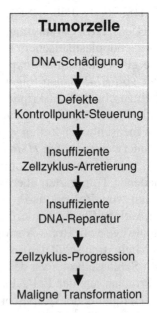

Abb. 6.11. DNA-Schädigung, Kontrollpunkte und maligne Transformation

Sie können jedoch unter bestimmten Umständen das maligne Wachstum unterstützen. Man unterscheidet drei Arten der Kanzerogenese:

- die chemische Kanzerogenese durch organische und anorganische chemische Stoffe,
- die physikalische Kanzerogenese durch ionisierende oder ultraviolette Strahlen (Beispiel: Lymphome nach dem Tschernobyl-Unfall, Hautkrebs durch übermäßige Sonneneinstrahlung),
- die biologische Kanzerogenese durch Viren (Beispiel: Hepatitisviren bei Leberkrebs), durch Bakterien, welche chronische Entzündungsprozesse in Gang setzen (Beispiel: *Heliobacter pylori* beim Magenkrebs) oder durch Immuninsuffizienz (Beispiel: AIDS und Kaposi-Sarkom).

6.2.1 Mehrschritt-Kanzerogenese

Die Krebsentstehung erfolgt in mehreren Schritten. Man unterscheidet drei Stadien der Kanzerogenese: Initiation, Promotion und Progression (**Abb. 6.12**).

Bei der **Initiation** kommt es zu permanenten DNA-Schädigungen. Sie führen zu Replikationsfehlern und zu Mutationen (Basenaustausch oder *frameshift*-Mutation). Wenn Mutationen in der kodierenden Region von

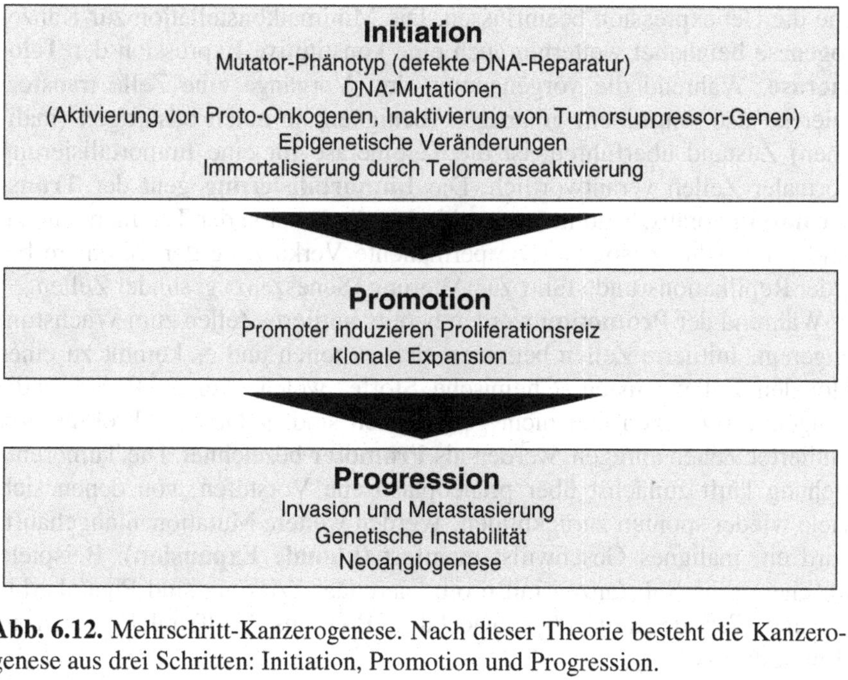

Initiation
Mutator-Phänotyp (defekte DNA-Reparatur)
DNA-Mutationen
(Aktivierung von Proto-Onkogenen, Inaktivierung von Tumorsuppressor-Genen)
Epigenetische Veränderungen
Immortalisierung durch Telomeraseaktivierung

Promotion
Promoter induzieren Proliferationsreiz
klonale Expansion

Progression
Invasion und Metastasierung
Genetische Instabilität
Neoangiogenese

Abb. 6.12. Mehrschritt-Kanzerogenese. Nach dieser Theorie besteht die Kanzerogenese aus drei Schritten: Initiation, Promotion und Progression.

Genen entstehen, welche für Zellwachstum und Differenzierung bedeutsam sind, kann es zu einer bösartigen Entartung der Zelle kommen. Drei zelluläre Funktionen sind für die Initiation wichtig:

- Der zelluläre Metabolismus aktiviert oder inaktiviert chemische Kanzerogene (Biotransformation durch Phase-I/II-Enzyme).
- DNA-Reparaturmechanismen können DNA-Schäden beheben oder eine falsche Base an die geschädigte Stelle einfügen und damit eine Mutation erzeugen.
- Durch die Zellproliferation werden Mutationen auf Tochterzellen übertragen.

Die Initiation ist irreversibel. Dennoch entsteht nicht aus jeder initiierten Zelle ein Tumor, da die meisten geschädigten Zellen durch den programmierten Zelltod (Apoptose) aus dem Organismus entfernt werden. Da eine initiierte Zelle noch nicht autonom wächst, ist sie noch keine Tumorzelle. Viele DNA-Läsionen können in der Lebenszeit eines Organismus angesammelt werden, ohne dass daraus ein Tumor entsteht. Dazu bedarf es weiterer Ereignisse.

Neben der Inaktivierung von DNA-Reparatur-Genen, welche zum Mutator-Phänotyp führen, der Aktivierung von **Proto-Onkogenen** sowie der Inaktivierung von **TumorsuppressorGenen** kommen **epigenetische Ereignisse** (Veränderungen im Methylierungsmuster von Genen) hinzu, welche die Genexpression beeinflussen. Die Minimalkonstellation zur Kanzerogenese beinhaltet weiterhin auch eine konstitutive Expression der **Telomerase**. Während die vorgenannten drei Vorgänge eine Zelle transformieren, also von einem gutartigen (benignen) in einen bösartigen (malignen) Zustand überführen, ist die Telomerase für eine Immortalisierung normaler Zellen verantwortlich. Die **Immortalisierung** geht der **Transformation** voraus. Telomerase verhindert die Erosion der Telomere an den Enden der Chromosomen. Die permanente Verkürzung der Telomere bei jeder Replikationsrunde führt zur Alterung (Seneszenz) gesunder Zellen.

Während der **Promotion** werden bereits initiierte Zellen zum Wachstum angeregt. Initiierte Zellen beginnen sich zu teilen und es kommt zu einer klonalen Zellexpansion. Chemische Stoffe, welche keine DNA-Schädigungen verursachen und nicht genotoxisch sind, jedoch die Proliferation initiierter Zellen anregen, werden als **Promoter** bezeichnet. Die Tumorentstehung läuft zunächst über präneoplastische Vorstufen, von denen sich viele wieder spontan zurückbilden. Werden weitere Mutationen angehäuft, wird ein malignes Geschwulst manifest (**klonale Expansion**). Beispiele für chemische Substanzen mit promovierender Wirkung sind Phenobarbital und Tetradecanoyl-Phorbolacetat (TPA) aus Wolfsmilchgewächsen (Euphorbiaceen).

TPA hat strukturelle Ähnlichkeit zu Diacylglycerin (DG), welches als Signalmolekül Proteinkinase C (PKC) aktiviert. PKC aktiviert ihrerseits das Zellwachstum. TPA kann DG im Signaltransduktions-Weg ersetzen. Während die Signalwirkung von DG regulierbar ist, d. h. an- und abgeschaltet werden kann, wird PKC durch TPA permanent aktiviert. Dadurch entsteht ein fortwährender Proliferationsreiz, welcher aus einer initiierten, nicht wachsenden Zelle eine proliferierende Tumorzelle entstehen lässt.

Entsprechend ihrer Funktion in der Kanzerogenese können folgende Gruppen von Chemikalien unterschieden werden:

- **Primäre Kanzerogene** wirken direkt ohne metabolische Aktivierung krebserzeugend.
- **Sekundäre Kanzerogene (= Präkanzerogene)** werden durch biotransformatorische Enzyme (z. B. Cytochrom-P450-Monooxigenasen) erst aktiviert.
- **Kokanzerogene** verstärken die Effekte von Kanzerogenen, in dem sie biotransformatorische Enzyme induzieren und dadurch vermehrt Präkanzerogene in aktivierte Kanzerogene umgewandelt werden.
- **Promoter** erhöhen indirekt kanzerogene Effekte durch Wachstumsstimulation.

Während der **Progressionsphase** nimmt die Aggressivität des Tumors zu. Sie ist gekennzeichnet durch die **Invasion** des Tumors in das umgebende Normalgewebe, die Streuung von Tochtergeschwulsten (**Metastasen**) sowie die **genetische Instabilität** des Tumors. Darunter versteht man nicht nur die weitere Ansammlung von Punktmutationen (Basensubstitutionen) sondern auch größere strukturelle Veränderungen auf chromosomaler Ebene (Translokationen, Deletionen, Amplifikationen) sowie Vervielfältigung oder Verlust ganzer Chromosomen (Aneuploidie). Wesentliche Voraussetzung eines progressiven Tumorwachstums ist die Verfügbarkeit von Nährstoffen und Sauerstoff. Dazu regt der Tumor selbst z. B. durch Ausscheidung entsprechender Wachstumsfaktoren die Bildung neuer Blutgefäße an (**Neoangiogenese**).

Das klassische Dreistufenmodell der Kanzerogenese (Initiation, Promotion, Progression) ist bereits in den 1950er Jahren entwickelt worden und besitzt noch heute große Erklärungskraft. Später wurden weitere Theorien der *multistage carcinogenesis* aufgestellt. Beim Darmkrebs ereignen sich Mutationen in mindestens vier Genen auf verschiedenen Chromosomen. Der Darmkrebs eignet sich besonders gut als Modelltumor für Studien zur Tumorprogression, da er histologisch klar voneinander unterscheidbare Stadien vom gutartigen hin zum bösartigen Wachstum aufweist. Diese Mutationen lassen sich den verschiedenen histologischen Stadien der Tumorentwicklung zuordnen (**Abb. 6.13**).

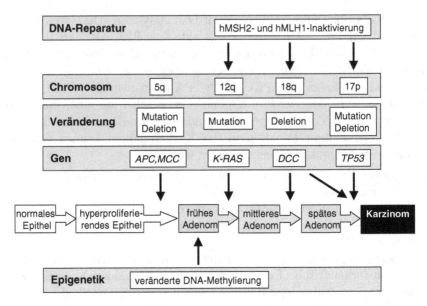

Abb. 6.13. Genetisches Modell der Entstehung von Kolorektalkarzinomen (verändert nach Fearon u. Vogelstein 1990 mit freundlicher Genehmigung von Cell Press)

Mutationen im *APC* (adenomatösen *Polyposis coli*)-Gen, welche sporadisch oder selten auch hereditär auftreten, regen normale Darmzellen zum Wachstum an. Hypomethylierung oder mutationsgetriebene Aktivierung des Kirsten-ras (*K-ras*)-Protoonkogens und Verlust des *DCC* (*deleted in colon carcinoma*)-Gens führen zur Progression des gutartigen Adenoms. Kommt nun ein Funktionsverlust des Tumorsuppressors p53 durch Deletion des entsprechenden Gen-*Locus* auf Chromosom 17 oder durch Punktmutation im *TP53* Gen hinzu, entsteht ein bösartiges Karzinom.

Die *two hit*-**Hypothese** wurde von Knudsen für das Retinoblastom, einen Augentumor im Kindesalter, postuliert. Nach dieser Vorstellung üben Tumorsuppressor-Gene dann einen tumorigenen Effekt aus, wenn beide Allele durch Mutation oder chromosomale Deletion inaktiviert werden. Ist das erste Allel des *RB* (*retinoblastoma*)-Gens auf Chromosom 13 bereits in den Keimzellen inaktiviert, liegt eine vererbliche, familiäre Prädisposition für diese Krebsart vor. Diese Mutation ist rezessiv. Wird das zweite Allel in den somatischen Zellen inaktiviert, kommt es zur Entstehung eines Retinoblastoms. Wenn ein mutiertes Allel vom väterlichen und vom mütterlichen Chromosom vererbt wird, liegt ein *loss of heterozygosity* (**LOH**) des *RB*-Gens vor, welcher ebenfalls zur Tumorentstehung führt.

6.2.2 Mutator-Phänotyp

In normalen Zellen stellen DNA-Replikation und chromosomale Segregation Prozesse von höchster Präzision dar. In der Zellkultur finden 1×10^{-10} Einzelbasensubstitutionen pro DNA-Nukleotid pro Zellteilung und 2×10^{-7} Genmutationen pro Zellteilung statt. In Stammzellen wurden sogar noch geringere Häufigkeiten gefunden. Die Fidelität dieses Prozesses betrifft sowohl somatische Zellen als auch Keimbahnzellen. Schäden an der DNA können durch reaktive Moleküle entstehen, welche sowohl endogen bei normalen metabolischen Prozessen gebildet werden als auch exogen aus der Umwelt aufgenommen werden. Übersteigt die Menge der DNA-Schäden die Reparaturkapazität der Zellen, können aus den verbleibenden Schäden während der DNA-Replikation **Mutationen** entstehen. Mutationen führen unter bestimmten Umständen zu Krankheiten wie Krebs. In der Tat enthalten Tumorzellen viele Tausend Mutationen. Dies spricht gegen die Annahme, dass selten auftretende, spontane Mutationen in normalen Zellen ausreichen, um das ganze Ausmaß genetischer Veränderungen in Tumorzellen zu erklären. Es wurde daher ein **Mutator-Phänotyp** als frühes Ereignis der Krebsentstehung postuliert (**Abb. 6.14**). Dieser Phänotyp entsteht durch Mutationen in Genen, welche in normalen Zellen für die Aufrechterhaltung der genetischen Integrität verantwortlich sind. Mutationen in DNA-Polymerasen und DNA-Reparaturgenen machen die DNA anfälliger für Mutationen und verursachen den fehlerhaften Einbau von Basen oder die mangelhafte Reparatur von DNA-Läsionen. Daraus resultiert früh in der Kanzerogenese eine genetische Instabilität von Tumoren.

Die Entstehung des Mutator-Phänotyps wird auf Mutationen in bestimmten Zielgenen zurückgeführt. Prinzipiell sind hierfür Vertreter der

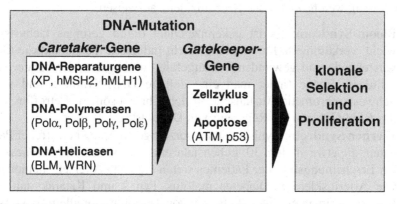

Abb. 6.14. Mutator-Phänotyp. Mutationen in Schlüsselgenen (*caretakers* und *gatekeepers*), welche für die Aufrechterhaltung der genetischen Statbilität verantwortlich sind, leisten der Akkumulation weiterer Mutationen Vorschub

caretaker- und *gatekeeper*-Gene in Betracht zu ziehen. **Caretaker-Gene** sind Gene, deren kodierte Proteine die Fidelität der DNA-Synthese gewährleisten oder einer effizienten DNA-Reparatur dienen. Bei vererblichen Defekten in **DNA-Reparaturgenen** lassen sich Mutator-Phänotypen besonders gut analysieren. Beispiele sind:

- Xeroderma pigmentosum: Angeborene Mutationen in *XP*-Genen, welche UV-Licht-induzierte DNA-Schäden über den Nukleotid-Exzisions-Reparaturweg beheben, erhöhen die Anfälligkeit für UV-induzierte Hauttumoren.

- Vererblicher nicht polypöser Darmkrebs *(hereditary non-polyposis colon cancer*, HNPCC): Mutationen in Genen der *mismatch*-Reparatur sind assoziiert mit der Länge repetitiver Nukleotid-Sequenzen. Die unterschiedlichen Sequenzlängen beruhen auf Fehlern (*slippage*) der DNA-Polymerasen.

Zu den *caretaker*-Genen gehören auch die **DNA-Polymerasen** Polα, Polδ und Polε. Polβ ist mit dem Basen-Exzisions-Reparaturweg assoziiert (s. Kap. 6.1.3). Polγ ist für die mitochondriale DNA-Synthese verantwortlich. In eukaryotischen Zellen spielt Polδ für die DNA-Replikation die wichtigste Rolle. Sie besitzt neben ihrer Polymerase-Aktivität eine 3'→5' Exonuklease-Aktivität und kann falsch eingebaute, nicht komplementäre Basen entfernen. Mäuse, bei denen Wildtyp-Polδ durch eine mutierte Polδ ohne *proofreading*-Aktivität ersetzt wird, entwickeln Lymphome sowie verschiedene epitheliale Tumorarten.

Zu den *caretaker*-Genen zählen ebenfalls die **DNA-Helicasen**. Sie entwinden doppelsträngige DNA, bevor sie von DNA-Polymerasen abgelesen wird. Vererbliche Mutationen in DNA-Helicasen führen zu Krankheitssyndromen, welche eine hohe Krebsinzidenz aufweisen:

- **Bloom-Syndrom**: Es ist gekennzeichnet durch geringes Geburtsgewicht, verkümmerte Entwicklung, Licht-induzierte Telangiektasie (hervorstehende und gewundende Blutgefäße) und erhöhte Krebsrate. Auf zellulärer Ebene findet man eine defekte DNA-Synthese und viele Schwesterchromatid-Austausche in den Chromosomen. Betroffen sind das *BLM*-Gen und die Reparatur von Doppelstrang-Brüchen.

- **Werner-Syndrom**: Typisch ist die vorzeitige Alterung betroffener Patienten, die etwa ab dem 30. Lebensjahr einsetzt. Neben einem seneszenten Erscheinungsbild der Patienten treten typische Alterserscheinungen wie Arteriosklerose, Diabetes mellitus Typ 2 und Katarakt auf. Es kommt zu einem erhöhten Auftreten von Tumoren (vor allem Sarkome). Homozygote Mutationen im *WRN(RecQL1)*-Gen führen zu Störungen der Reparatur von Doppelstrang-Brüchen und der Telomer-Erhaltung.

Genprodukte der *gatekeeper*-**Gene** regulieren den Zellzyklus oder die Apoptose. Auch in dieser Gruppe gibt es charakteristische Erbkrankheiten:

- **Ataxia telangiectasia** (AT): Diese Erbkrankheit ist durch Ataxie (instabile Gehweise) und Telangiektasie (missgebildete Blutgefäße) gekennzeichnet. AT-Zellen weisen eine defekte DNA-Reparatur auf. Dieser Reparaturdefekt beruht auf Mutationen im *ATM*-Gen (*ataxia telangiectasia mutated*), welches für die Zellzyklus-Kontrolle bedeutsam ist. AT-Patienten entwickeln häufig Lymphome.
- **Li-Fraumeni-Syndrom**: Heterozygote Mutationen im Tumorsuppressor-Gen *TP53* werden über die Keimbahn vererbt. Geht das verbleibende *TP53*-Wildtyp-Allel verloren, entstehen meist bereits in jungen Jahren mesenchymale oder epitheliale Tumoren.

Neben DNA-Mutationen spielt die **klonale Selektion und Expansion** für den Mutator-Phänotyp eine wesentliche Rolle. Dabei erlangen mutierte Zellen einen selektiven Wachstumsvorteil, so dass sie proliferieren und sich ausbreiten können. Ohne Zellproliferation können sich DNA-Schäden nicht manifestieren. Klonale Expansion treibt die Tumorprogression voran und führt zu weiteren Mutationen und aggressiveren Zelltypen. Auftretende Restriktionen im gesunden Wirtsgewebe, wie z. B. eingeschränktes Sauerstoff-Angebot, fehlende Wachstumsfaktoren oder Faktoren der Angiogenese (Blutgefäß-Bildung) werden vom Tumor durch klonale Selektion von Mutationen in spezifischen Genen überwunden. Nach jeder Selektionsrunde steigen die Mutationshäufigkeit und die genetische Instabilität. In diesem Stadium entsteht die für Tumoren typische Heterogenität der Zell-Subpopulationen. Die enorme Heterogenität mutierter Gene wirkt einer Revertierbarkeit maligner Zellen zum normalen Zelltypus entgegen. Die Tumorprogression ist genetisch irreversibel.

Die Vielzahl an Mutationen legt die Vermutung nahe, dass die Fidelität der DNA-Replikation so weit sinkt, dass die Tumorzelle an die Grenze der Überlebensfähigkeit kommt. Weitere Fehler der DNA-Replikation sind letal für die Zelle. Tatsächlich ist der Anteil apoptotischer Zellen in einem Tumor im Vergleich zum Normalgewebe hoch.

6.2.3 Chromosomale Instabilität

Es gibt verschiedene Arten der chromosomalen Instabilität: **Translokationen**, **Inversionen**, **Amplifikationen** und **Deletionen** (**Abb. 6.15** und **Abb. 6.16**). Dies sind Veränderungen innerhalb einzelner Chromosomen. Weiterhin kommen Vervielfältigung oder Verlust ganzer Chromosomen vor. Veränderungen der Chromosomenzahl bezeichnet man als **Aneuploidie** (s. Kap. 6.2.7).

a Komparative genomische Hybridisierung (CGH)

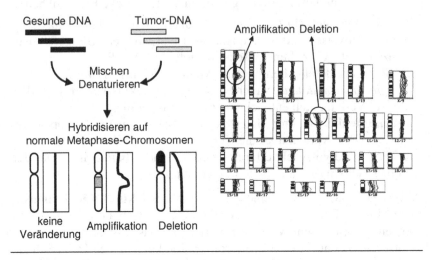

b Multicolor-Fluoreszenz-*in situ*-Hybridisierung (M-FISH)

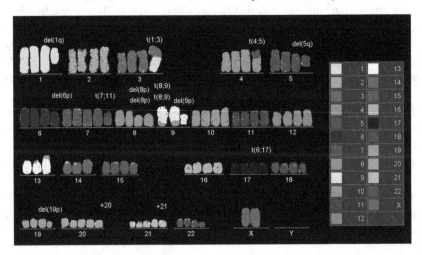

Abb. 6.15a,b. Nachweis chromosomaler Instabilität. **a** Bei der CGH wird DNA aus Tumor- und Normalgewebe mit unterschiedlichen Fluoreszenzfarbstoffen markiert und mit Metaphasen gesunder Lymphozyten hybridisiert. Aus dem Fluoreszenzverhältnis von Tumor- und Normal-DNA werden Hinzugewinn (Amplifikation) oder Verlust (Deletion) von Tumor-DNA mittels quantitativer Bildanalyse ermittelt. **b** Bei der M-FISH werden mehrere Fluorochrome oder Liganden verwendet, um Chromosomen spezifisch anzufärben und den Austausch genetischen Materials sichtbar zu machen (nach Efferth et al. 2002a und Weise et al. 2002 mit freundlicher Genehmigung von Elsevier und Karger).

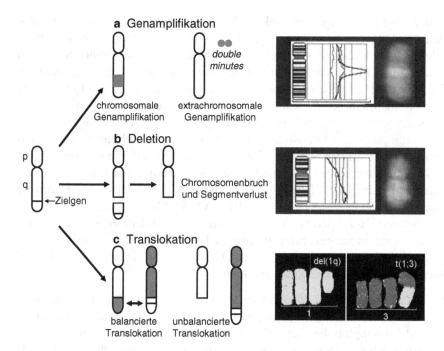

Abb. 6.16a–c. Formen chromosomaler Instabilität. **a** Genamplifikation: Amplifizierte Genkopien werden entweder in Chromosomen integriert oder in extrachromosomalen Partikeln (*double minutes*) organisiert. *Double minutes* sind definitionsgemäß keine „Minichromosomen", da sie kein Centromer besitzen. **b** Deletion: Chromosomenbrüche führen zu Deletionen oder Translokationen. Bei der Deletion geht das abgebrochene Chromosomenstück im Verlauf einer nachfolgenden Replikation verloren. **c** Translokation: Chromosomenbrüche an zwei verschiedenen Chromosomen können dazu führen, dass die abgebrochenen Stücke in das jeweils andere Chromosom integriert werden (balancierte Translokation). Chromosomenstücke eines Chromosoms können auch in ein anderes Chromosom integriert werden, ohne dass Chromosomenmaterial von diesem Chromosom auf das erste übertragen wird (unbalancierte Translokation) (CGH und M-FISH-Abbildungen nach Efferth et al. 2002b und Weise et al. 2002 mit freundlicher Genehmigung von Elsevier und Karger).

Translokationen

Bei einer Translokation werden chromosomale Abschnitte von einem Chromosom auf ein anderes übertragen. Man unterscheidet zwei verschiedene Muster. Translokationen, welche sich zufällig ereignen und von Patient zu Patient ohne Bezug zum Tumortyp variieren, werden als **idiopathische Translokationen** bezeichnet. Ihre Anzahl nimmt im Laufe der Tumorprogression zu. In welchem Umfang sie ursächlich zur Aggressivität von Tumoren beitragen, ist unklar. Sie können chromosomale Abschnitte betreffen, welche in keinem Bezug zur Tumorentwicklung stehen. Weit interessanter hingegen sind die **spezifischen Translokationen**. Sie treten konsistent bei bestimmten Tumortypen auf. Sie haben kausale Bedeutung für die Entstehung dieser Tumorarten und treten bevorzugt bei Leukämien, Lymphomen, einigen Sarkomarten und anderen seltenen soliden Tumorarten auf, jedoch weniger oft bei den häufig vorkommenden soliden Tumorarten. Idiopathische Translokationen treten in großer Zahl auch bei soliden epithelialen Tumoren auf. Translokationen entstehen durch nicht reparierte DNA-Doppelstrangbrüche. Häufig ist hierfür ein Funktionsverlust von Proteinen der Doppelstrangbruch-Reparatur oder Zellzyklus-Kontrolle verantwortlich (z. B. ATM, ATR, BRCA1, BRCA2, p53 etc.). Auch bei Inversionen (Herauslösen eines Segmentes aus dem Chromosom und Wiedereinsetzen in umgekehrter Richtung) kennt man spezifische und idiopathische Formen. Prinzipiell können spezifische Translokationen und Inversionen zwei Konsequenzen haben:

- T-Zell-Rezeptor (*TCR*)- oder Immunglobulin-Gene können in die Nähe eines Proto-Onkogens gelangen, wodurch dieses aktiviert wird. *TCR*- und Immunglobulin-Gene sind deshalb häufig in chromosomale Aberrationen bei der Krebsentstehung involviert, weil sie auch normalerweise rearrangiert werden, um in der Immunantwort Antigen-Rezeptorgene zu generieren.
- Es entstehen Chromosomenbrüche in zwei Chromosomen und chromosomales Material wird zwischen den beteiligten Chromosomen ausgetauscht. Dadurch können Fusionsgene entstehen, welche für Proteinchimären kodieren.

Eine umfassende Beschreibung der Translokationen sprengt den Rahmen dieses Buches. Deshalb werden beispielhaft einige wenige besonders wichtige Translokationen erwähnt:

In Lymphomen vom Burkitt-Typ kommen in etwa 90% der Fälle Translokationen vom langen Arm des Chromosom 8, Bande 24 auf den langen Arm des Chromosoms 14, Bande 32 vor. Diese als **t(8;14)(q24;q32)** bezeichnete Translokation bringt das **Proto-Onkogen *c-MYC*** in die Nähe des Immunglobulin-schwere-Kette (*IgH*)-Gens. Das c-MYC-Protein ist ein Transkriptionsfaktor und weist eine basische DNA-Bindungsdomäne sowie *helix-loop-helix* (b-HLH) und Leucin-*zipper*-Motive zur Proteindimerisierung auf. Heterodimere können mit den verwandten MAX, MAD oder MXI-1 Proteinen zustande kommen. In gesunden Zellen stehen die Dimere in einem Gleichgewicht. C-MYC-MAX-Dimere sind transkriptionell aktiv, MAX-MAD und MAX-MXI-1 hingegen inaktiv. Durch die Translokation wird das *c-MYC*-Gen transkriptionell aktiviert. Der entstehende Überschuss

an c-MYC-Protein führt zu einem Ungleichgewicht der Dimerisierungs-
partner. Dies führt zu aberranter Transkription nachgeschalteter Zielgene,
welche Ausgangspunkt für eine Tumorentstehung ist.

Bei follikulären Lymphomen findet man meist eine **t(14;18)(q32;q21)**-
Translokation, welche das *BCL2*-**Gen** mit dem *IgH*-Bereich verknüpft.
Das Bcl-2-Protein verhindert die Apoptose. Die transkriptionelle Aktivierung des *BCL2*-Gens durch diese Translokation verhindert das Absterben
massiv geschädigter Zellen, welche normalerweise durch Apoptose aus
dem Organismus entfernt werden. Die ausbleibende Apoptose stellt in
diesem Fall ein krebsauslösendes Ereignis dar.

Eine Genfusion findet bei der **t(9;22)(q34;q11)-Translokation** statt.
Das aberrante Chromosom, welches die Translokation trägt wird auch als
Philadelphia-Chromosom bezeichnet. Das **Proto-Onkogen** *c-ABL* wird
von Chromosom 9q34 auf Chromosom 22q11 transloziert und dort mit
dem *BCR*-Gen (*breakpoint cluster region*) fusioniert. Es entsteht ein
Bcr/Abl-Protein mit erhöhter Tyrosinkinase-Aktivtät. Diese Translokation
kommt mit zwei unterschiedlichen Bruchpunkten bei akuten lymphoblasti-
schen und bei chronisch myeloischen Leukämien vor.

Therapeutischer Ansatz: Imatinib (Gleevec, STI571) ist ein *small-
molecule*-Inhibitor verschiedener Tyrosinkinasen. Die Tyrosinkinase-
Domäne wird besetzt und die Enzymaktivität lahm gelegt. Bcr/Abl ist in
Leukämien mit Philadelphia-Chromosom permanent aktiv. Imatinib
hemmt das Wachstum solcher Leukämien. Da Imatinib auch andere Tyrosinkinasen wie etwa c-Kit blockiert, werden c-Kit-exprimierende Tumoren
(Beispiel: gastrointestinale Stromatumoren) ebenfalls durch dieses Arzneimittel gehemmt.

Amplifikation

Die Vervielfältigung von Proto-Onkogenen erhöht die Überlebenswahrscheinlichkeit von Tumorzellen. In gesunden Zellen wird eine Genamplifikation als genetische Instabilität wahrgenommen und der Tumorsuppressor
p53 induziert die Apoptose. Wenn das *TP53*-Gen jedoch mutiert ist und
das p53-Protein seine Funktionsfähigkeit verloren hat, wird keine Apoptose eingeleitet. Stattdessen kann in weiteren Replikationsrunden die amplifizierte Sequenz (**Amplikon**) weiter vervielfältigt werden. Genamplifikationen sind für eine Tumorprogression kennzeichnend.

Beispiele sind die Genamplifikationen der epidermalen Wachstumsfaktor-Rezeptoren HER1/EGFR/cErbB1 und HER2/neu/cErbB2. Beide Rezeptoren besitzen Tyrosinkinase-Aktivität.

Therapeutische Ansätze: Es wurden verschiedene *small molecules* und
monoklonale Antikörper entwicklelt, welche die Aktivität dieser Rezeptoren

blockieren. **Gefitinib** (Iressa, Tarveca) bindet spezifisch an mutierte HER1-Formen und setzt deren Tyrosinkinase-Aktivität außer Kraft. Das Arzneimittel dient zur Therapie von Lungenkrebs. Trastuzumab (Herceptin) ist ein monoklonaler Antikörper gegen HER2. Er bindet extrazellulär an HER2 und legt dessen Wirkung lahm. Der Antikörper wird zur Behandlung von Brustkrebs eingesetzt.

Deletion

Bei Deletionen geht Chromosomenmaterial verloren. Die Größe der Deletion kann erheblich schwanken und reicht von einzelnen DNA-Basen bis hin zu großen Chromosomenteilen. Kleine Deletionen können zu einer Verschiebung des Leserahmens bei der Transkription (*frameshift*-Mutationen) und zu inaktiven Proteinen führen. Bei größeren Deletionen gehen Teile von Genen, ganze Gene oder mehrere Gene verloren. Ein Beispiel ist das Tumorsuppressor-Gen *CDKN2A*, welches für das Protein p16 kodiert. Wird es deletiert, geht die Kontrollfunktion über den Zellzyklus verloren. P16 inhibiert cyclinabhängige Kinasen (Cdks), welche die Transition von der G1- in die S-Phase steuern. Bei Genverlust beginnen Zellen unkontrolliert zu wachsen.

6.2.4 Onkogene und Tumorsuppressor-Gene

Onkogene wurden ursprünglich nicht in Tumorzellen, sondern in krebsverursachenden Retroviren gefunden. Es gibt zwei Gruppen von Tumorviren:

- DNA-Viren mit linear vorliegender doppelsträngiger DNA,
- RNA-tragende Retroviren mit reverser Transkriptase, welche die RNA in DNA umschreibt.

Bei den **viralen Onkogenen** (*v-onc*) handelt es sich nicht um originär virale Gene sondern um zelluläre Gene, welche im Zuge viraler Infektionen vom zellulären Genom in das virale Genom integriert worden sind. Dieser Prozess heißt Transduktion und führt zu Veränderungen in Struktur und Regulation der Onkogen-Sequenzen. Diese Veränderungen sind Ursache für die transformierenden Eigenschaften der viralen Onkogene.

Nahe Verwandte der viralen Onkogene wurden auch in Tumoren gefunden, welche nicht durch tumorinduzierende Viren sondern spontan entstanden sind. Diese Gene werden als **zelluläre Onkogene** (*c-onc*) bezeichnet. Sie werden durch verschiedene Formen der genetischen Instabilität aktiviert (Punktmutationen, chromosomale Translokationen und Genamplifikationen). Die inaktiven zellulären Onkogene heißen **Proto-Onkogene**.

Die Proteine, welche von Proto-Onkogenen kodiert werden (**Onkopro-teine**), sind an der zellulären Regulation von Proliferations-, Apoptose- und Differenzierungssignalen beteiligt. Solche Signale erreichen Zellen auf der Zelloberfläche (z. B. durch Bindung von Wachstumsfaktoren an Wachstumsfaktor-Rezeptoren). Die Information wird dann über intrazelluläre Signal-Transduktionswege in den Zellkern geleitet, wodurch die Expression von Zielgenen induziert oder reprimiert wird. Auf diese Weise werden DNA-Synthese, Cytoskelett-Architektur, Zell-Zell-Kontakte und zellulärer Stoffwechsel gesteuert. Die konstitutive Aktivierung von Proto-Onkogenen durch Mutation und genomische Instabilität führt dazu, dass die korrespondierenden Signalwege in der Zelle ebenfalls permanent aktiviert werden und sich einer kontrollierten Regulation entziehen. Onkoproteine werden auf Grund ihrer zellulären Lokalisation und biochemischen Eigenschaften in folgende Klassen eingruppiert:

- Wachstumsfaktoren (Beispiele: Sis, Int-1),
- Wachstumsfaktor-Rezeptoren (Beispiele: Kit, Met, ErbB1/Her1, ErbB2/Her2),
- cytoplasmatische Protein-Tyrosinkinasen (Beispiele: Bcr-Abl, Src),
- Zellmembran-assoziierte Guanin-Nukleotid-bindende Proteine (Beispiele: H-Ras, K-Ras, N-Ras),
- lösliche cytoplasmatische Serin-Threonin-Proteinkinasen (Beispiele: Raf, Mos),
- nukleäre Proteine (Beispiele: c-Myc, c-Fos, c-Jun, Ets),
- anti-apoptotische Proteine (Beispiel: Bcl-2).

Im Gegensatz zu Onkogenen schützen **Tumorsuppressor-Gene** vor maligner Entartung. Während Onkogene dominant wirken, verhalten sich Tumorsuppressor-Gene rezessiv. Mutationen und Deletionen inaktivieren Tumorsuppressor-Gene. Während sich die Aktivierung von Proto-Onkogenen meist sporadisch in somatischen Zellen im Laufe des Lebens ereignet, erfolgt die Inaktivierung von Tumorsuppressor-Genen sowohl sporadisch als auch hereditär über die Keimbahn. Die Entstehung familiär vererblicher Tumoren sowie Erbkrankheiten mit Prädisposition für eine Krebserkrankung beruhen häufig auf der Vererbung mutierter Tumorsuppressor-Gene. Beispiele für wichtige Tumorsuppressor-Gene sind in **Tabelle 6.1** aufgeführt.

Aus der Vielzahl der Onkogene und Tumorsuppressor-Gene werden an dieser Stelle nur das *ras*-Proto-Onkogen und das Tumorsuppressor-Gen *TP53* als besonders wichtige Vertreter dargestellt.

Tabelle 6.1. Tumorsuppressor-Gene. Mutationen in somatischen Zellen tragen zur Krebsentstehung bei. In Keimbahn-Zellen führen Mutationen in Tumorsuppressorgenen zu Erbkrankheiten mit Prädispositionen für Krebserkrankungen

Gen	Tumor	hereditäres Syndrom
TP53	verschiedene	Li-Fraumeni-Syndrom
RB1	Retinoblastom	Retinoblastom
APC	Kolonkarzinom	familiäre Adenomatosis polyposis
hMSH2	Kolorektalkarzinom	hereditäres nicht polypöses Kolonkarzinom
NF1	Fibrome	Neurofibromatose Typ 1
NF2	Schwannome, Menningiome	Neurofibromatose Typ 2
MEN1	Insulinom	multiple endokrine Neoplasie 1
MEN2	Phäochromocytom	multiple endokrine Neoplasie 2
WT1	Wilms' Tumor	Wilms' Tumor
VHL	Nierenkarzinom u. a.	von-Hippel-Lindau-Syndrom

Ras-Proto-Onkogene

Es gibt vier verschiedene Ras-Proteine (H-Ras, N-Ras, K-Ras4A und K-Ras4B), welche 90% Homologie aufweisen. Ras-Proteine sind mit der inneren Seite der Zellmembran assoziiert. Sie leiten extrazelluläre Signale, welche beispielsweise über epidermale Wachstumsfaktor-Rezeptoren (EGFR, HER) empfangen werden, in das Zellinnere weiter. Die Aktivität wird durch ein Reaktionsgleichgewicht zwischen inaktiven GDP- und aktiven GTP-gebundenen Ras-Formen reguliert. Aktivierte Ras-Proteine binden und aktivieren an eine sehr große Zahl von Effektormolekülen. Mutationen in *ras*-Genen kommen an Codon 12,13 oder 61 vor. Etwa 30% aller menschlichen Tumoren tragen *ras*-Mutationen, welche eine permanente, nicht mehr regulierbare Aktivität hervorrufen. Neben Mutation wird eine Ras-Signalweiterleitung auch durch *upstream*-Ereignisse stimuliert. So führt die onkogene Aktivierung in EGFR1/HER1- und EGFR2/HER2-Rezeptoren ebenfalls zu einer persistierenden Ras-Aktivierung.

Eine aberrante Ras-Aktivierung wirkt über verschiedene Mechanismen kanzerogen, wie z. B. Zellproliferation, Zellzyklus-Kontrolle, Apoptose, Angiogenese, Invasion und Metastase. Dazu interagiert Ras mit nachgeschalteten Effektorproteinen, welche über mehrere Signaltransduktions-Wege stimuliert werden.

Am besten untersucht ist die Ras-vermittelte Aktivierung der Raf-Serin/Threoninkinasen (c-Raf-1, A-Raf, B-Raf). Ras fördert die Assoziation von Raf-Proteinen an die innere Zellmembran. Raf phosphoryliert anschließend MEK1 und MEK2. Diese wiederum phosphorylieren ERK1 und

ERK2 Mitogen-aktivierte Proteinkinasen (MAPKs). Aktivierte MAPKs wandern in den Zellkern und regulieren die Genexpression von Zielgenen durch Interaktion mit Transkriptionsfaktoren (z. B. Ets).

Ein weiterer Ras-abhängiger Signaltransduktions-Weg ist die Phosphoinositol-3'-OH-Kinase (PI3K)-vermittelte Aktivierung von Akt und Rac. Nach Aktivierung durch Ras phosphoryliert PI3K die Signalmoleküle Phosphatidylinositol-4,5-Biphosphat zur Bildung von Phosphatidylinositol-3,4,5-Triphosphat (PIP_3). PIP_3 aktiviert Akt, welches den anti-apoptotischen Transkriptionsfaktor NF-κB heraufreguliert.

Therapeutische Ansätze: Voraussetzung für die transformierende Aktivität von Ras ist die Assoziation mit der Zellmembran. Dafür ist die posttranslationale Farnesylierung des carboxyterminalen Endes von Ras notwendig. Eine therapeutische Strategie zur Hemmung der onkogenen Eigenschaften von Ras besteht darin, die Anheftung von Ras an die Zellmembran zu unterbinden. **Farnesyltransferase-Inhibitoren** hemmen spezifisch die Aktivität der Farnesyltransferase, welche die Farnesyl-Gruppe an Ras-Proteine anhängt. In der präklinischen Erprobung gelang es, die Farnesylierung von H-Ras durch Farnesyltransferase-Inhibitoren und die H-Ras-abhängige Signaltransduktion zu unterdrücken. Nachteil der Farnesyltransferase-Inhibitoren ist, dass sie die onkogene Aktivität von K- und N-Ras nicht blockieren. Wenn die Farnesylierung dieser beiden Ras-Isoformen inhibiert wird, dann werden sie zum Substrat einer alternativen Geranylgeranylierungs-Reaktion durch das Enzym Geranylgeranyltransferase I. Diese Reaktion ermöglicht ebenfalls die Anheftung der beiden Ras-Proteine an die Membran. Nachteilig ist ebenfalls, dass Farnesyltransferase-Inhibitoren nicht Ras-spezifisch sind, sondern auch andere Mitglieder der Ras-Familie hemmen (Rho-GTPasen).

Ein anderes Konzept zur Hemmung der onkogenen Ras-Funktion ist die Verwendung von **S-Prenylcystein-Analoga**. Sie verhindern die Lipid-Lipid-Interaktion zwischen den Farnesylgruppen von Ras und den entsprechenden Prenyl-Bindungsstellen ihrer Bindungspartner (z. B. Galectin-3).

Die Hemmung der Ras-Proteinexpression durch *antisense*-Oligonukleotide oder transfektierter *antisense-RNA* sowie *small interference RNA stellen* weitere neue therapeutische Ansätze dar.

Tumorsuppressor-Gen TP53

Etwa die Hälfte aller menschlichen Tumoren tragen Mutationen im *TP53*-Gen, welche die Funktion des kodierten p53-Proteins lahm legen. Andere Tumoren schalten p53 beispielsweise durch Amplifikation des *MDM2*-Gens aus, welches p53 inhibiert. Die Inaktivierung des p53-Proteins nimmt eine Schlüsselstellung in der Kanzerogenese ein. Es wurden verschiedene Hypothesen entwickelt, welche sich gegenseitig ergänzen, um die anti-kanzerogene Wirkung dieses Gens zu erklären.

- P53 als „Wächter des Genoms". Nach dieser Hypothese bewahrt Wild-typ-p53 das Genom vor kanzerogenen Mutationen durch genotoxischen Stress (UV-Strahlen des Sonnenlichtes, Ernährungsfaktoren, xenobioti-sche Substanzen). Stärkster Beweis für diese Hypothese sind *TP53-knockout*-Mäuse, welche zu 100% Tumoren entwickeln und Patienten mit vererblichen *TP53*-Keimbahnmutationen, welche meist an Krebs erkranken (**Li-Fraumeni-Syndrom**).
- P53 als Regulator der Apoptose. Wildtyp-p53 induziert Apoptose. Tu-moren mit mutiertem, inaktivem p53 sind gegenüber der Induktion der Apoptose resistent. Da Tumorzellen mit mutiertem p53 gegenüber sol-chen mit Wildtyp-p53 einen Selektionsvorteil haben, wird klar, warum die Häufigkeit inaktivierender Mutationen im *TP53*-Gen bei menschli-chen Tumoren so hoch ist.
- P53 reagiert auf hypoxischen Stress. Tumoren, welche schneller wach-sen als die sie versorgenden Blutgefäße, werden hypoxisch. Hypoxie aktiviert Wildtyp-p53, wodurch eine Apoptose induziert wird. Mutier-tes p53 verhindert die Apoptose-Induktion, und die Tumorzellen über-leben unter hypoxischen Bedingungen.

P53 ist ein Transkriptionsfaktor, welcher an p53-responsive Promoter-elemente von *downstream*-Genen bindet und diese transkriptionell aktiviert. Da p53 für diese Aufgabe Tetramere bildet, wirken Mutationen dominant negativ. Als Transkriptionsfaktor reguliert p53 vielfältige biologische Pro-zesse wie z. B. Zellzyklus-Arretierung, DNA-Reparatur, Apoptose, Diffe-renzierung und zelluläre Seneszenz.

Therapeutische Ansätze: In Tumoren mit mutiertem p53 führt der **Gen-transfer von Wildtyp-*TP53*** zu erhöhten Apoptoseraten und Sensibilität gegenüber Chemo- und Radiotherapie. Weitere experimentelle Ansätze für die Therapie mit p53 als Zielmolekül sind:

- **Konformationsänderungen von mutiertem p53** durch *small molecu-les* vermögen die Funktion des p53-Proteins wiederherzustellen.
- Das molekulare Chaperon HSP90 stabilisiert mutiertes p53. Der **HSP90-Inhibitor Geldanamycin** wirkt daher gegen mutiertes p53 und hemmt Tumorzellen.
- Die **Hemmung von negativen p53-Regulatoren** (z. B. Mdm2) stabili-siert Wildtyp-p53, so dass leichter eine Apoptose induziert wird.
- **Proteasom-Inhibitoren** (z. B. PS-341) stabilisieren ebenfalls Wildtyp-p53.

6.2.5 Apoptose

Man unterscheidet zwei verschiedene Arten des Zelltodes: Apoptose und Nekrose (**Abb. 6.17**). Apoptose ist ein komplex regulierter biologischer Prozess, bei dem die Zelle ein molekulares „Selbstmord-Programm" aktiviert. Apoptose spielt nicht nur bei der Kanzerogenese und anderen Krankheitszuständen (neurodegenerative Erkrankungen, Autoimmun-Erkrankungen etc.) eine Rolle, sondern vor allem auch bei der normalen Entwicklung von Organismen und der Gewebehomöostase. Typische Kennzeichen sind Zellschrumpfung, Fragmentierung der DNA durch spezifische Endonukleasen, welche zur Entstehung charakteristischer apoptotischer Körperchen (*apoptotic bodies*) führt, und schließlich Phagocytose der apoptotischen Zelle durch Makrophagen. Entzündungsreaktionen finden nicht statt. **Nekrose** ist eine passive Form des Zelltodes, bei der die zellulären Ionengradienten zusammenbrechen, die Zellen anschwellen und lysiert werden. Dabei werden Entzündungsmediatoren freigesetzt. Die Nekrose wird auch als „Unfalltod" bezeichnet.

Die initiale zelluläre Reaktion auf DNA-Schäden ist die Zellzyklus-Arretierung. Dies gibt der Zelle genügend Zeit Schäden zu beheben, bevor sie in die nächste Zellgeneration übertragen werden. Bei extrem hohem Schadensaufkommen, welche die Reparaturkapazität der Zelle übersteigt,

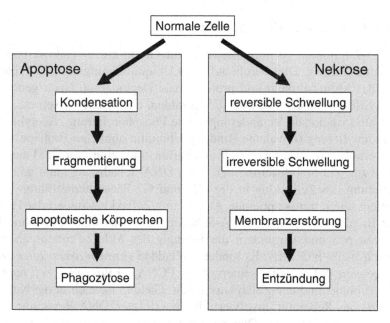

Abb. 6.17. Kennzeichen von Apoptose und Nekrose

schaltet die Zelle auf den **programmierten Zelltod (Apoptose)** um. Durch den Tod einer einzelnen stark geschädigten Zelle wird deren Entartung zur Krebszelle vermieden und dadurch der Organismus als Ganzes gesund erhalten. Häufig zeigen Tumoren jedoch eine verminderte Fähigkeit zur Einleitung einer Apoptose, beispielsweise durch Mutationen in Apoptose-induzierenden Genen oder permanente Aktivierung Apoptose-reprimierender Gene.

Die Umschaltung von DNA-Reparatur zur Apoptose wird u. a. durch den zellulären Energiehaushalt reguliert. Lange anhaltende DNA-Reparatur verbraucht viel Energie in Form von ATP. Diese Energie fehlt ATP-abhängigen Ionenpumpen, welche die intrazelluläre Ca^{2+}-Konzentrationen auf einem niedrigen Niveau halten. Steigende Ca^{2+}-Spiegel aktivieren die Apoptosekaskade. Da Apoptose ebenfalls ein energieverbrauchender Prozess ist, werden bei einsetzender Apoptose, ATP-abhängige DNA-Reparaturenzyme gespalten (z. B. ATM, DNA-PK und PARP) und DNA-Reparaturprozesse abgeschaltet. Da PARP das p53-Protein durch Poly(ADP)-Adenylierung inhibiert, wird durch die Spaltung von PARP p53 aktiviert und die Apoptose eingeleitet.

Mit der Zeit führen hohe Apoptoseraten zur Selektion Apoptose-resistenter Zellklone. Apoptose-Resistenz und unzureichende DNA-Reparatur führen zur Anhäufung von Mutationen, zur Entstehung genomischer Instabilität und zur Tumorprogression.

Regulation der Apoptose durch p53

Die p53-Expression ist normalerweise auf Grund kurzer Halbwertszeiten (5–40 min) niedrig. Dies beruht auf einer Ubiquitinierung des p53-Proteins durch das Mdm2-Protein und proteasomale Degradation. Nach genotoxischem Stress (ionisierende oder UV-Strahlen, chemische Noxen etc.) finden posttranslationale Veränderungen wie Phosphorylierung, Acetylierung und Sumoylierung (kovalente Bindung Ubiquitin-ähnlicher Proteine) statt. Diese erhöhen die Halbwertszeit. Weiterhin trägt eine erhöhte Translationsrate zur p53-Stabilisierung bei. Nach DNA-Schädigung kann p53 eine Arretierung des Zellzyklus in der G1- und G2-Phase herbeiführen. Dies geschieht durch transkriptionale Aktivierung Zellzyklus-steuernder Proteine (z. B. p21WAF1/Cip1). DNA-Schäden führen zu einer Phosphorylierung von p53 und verhindern die Bindung des Mdm2-Proteins an p53. Dadurch bleibt p53 aktiv. Es bindet an Gadd45 (*growth arrest after DNA damage gene 45*), welches seinerseits an PCNA (*proliferating cell nuclear antigen*) bindet und den Zellzyklus anhält. Gadd45 ist auch in die Nukleotid-Exzisions-Reparatur involviert. Nach erfolgter DNA-Reparatur wird der Zellzyklus fortgesetzt. Dies wird durch einen autoregulatorischen *loop* in Gang gesetzt: eine Aktivierung von p53 induziert Mdm2, welches p53 inhibiert.

Ist die DNA-Schädigung so stark ausgeprägt, dass die Reparaturkapazität der Zelle überlastet ist, induziert p53 den programmierten Zelltod. Dies geschieht zum einen über die transkriptionelle Aktivierung des pro-apoptotischen *BAX*-Gens (s. unten) und zum anderen durch die direkte Interaktion von p53 mit Mitochondrien. Beide Prozesse stimulieren die Apoptose. Darüber hinaus induziert p53 die Expression apoptoseinduzierender Todesrezeptoren (z. B. CD95 und DR5), welche über einen Mitochondrienunabhängigen Signalweg eine Apoptose einleiten.

Es gibt noch weitere Ebenen der Apoptose-Regulation: Beispielsweise kann der Transkriptionsfaktor NF-κB die Expression der anti-apoptotischen Proteine Bcl-xL, A1/Bfl1, cIAP-1 und cIAP2 heraufregulieren und damit eine Apoptose hemmen. Weiterhin kann das Ras-Onkoprotein über den MAPK-Signalweg (s. oben und Kap. 1.4) den AP-1-Transkriptionsfaktor aktivieren, welcher p53 antagonisiert. Ras kann auch den p53-Antagonisten Mdm2 induzieren und über den PI3/Akt-Signalweg den proapoptotischen CD95-Liganden aktivieren.

Intrinsischer Signalweg der Apoptose

Es gibt zwei Hauptrouten der Apoptose: ein extrinsischer und ein intrinsischer Weg (**Abb. 6.18**). Der intrinsische Apoptoseweg wird u. a. durch DNA-schädigende Agenzien, UV- und ionisierende Strahlen und reaktive Sauerstoff-Spezies (ROS) ausgelöst. Das Zellwachstum ist von der Verfügbarkeit verschiedener Wachstumsfaktoren, Cytokine und Hormone abhängig. Wenn diese fehlen, wird ebenfalls Apoptose eingeleitet (*death by neglect*).

Der intrinsische Signalweg wird durch **Mitochondrien** initiiert (**Abb. 6.18b**). Hier spielen Proteine der **Bcl-2-Familie** eine zentrale Rolle. Sie sind in der äußeren Mitochondrienmembran, aber auch im endoplasmatischen Reticulum und der Kernmembran lokalisiert. Die anti-apoptotischen Mitglieder dieser Familie sind Bcl-2 Bcl-x_L, A1/Bfl1 und Mcl-1. Zu den pro-apoptotischen Proteinen zählen Bax, Bcl-x_S, Bak, Bad, Bid, Bim und Nbk. Das Bax-Protein bildet Poren in der Mitochondrienmembran, wodurch **Cytochrom C** aus den Mitochondrien in das Cytosol freigesetzt werden kann. Je nach dem ob anti- oder proapoptotische Mitglieder der Bcl-2-Familie mit Bax dimerisieren, wird die Porenbildung und Cytochrom-C-Freisetzung verhindert oder ermöglicht. Verschiebt sich das Gleichgewicht zugunsten anti-apoptotischer Mitglieder (z. B. durch Bcl-2 Überexpression bei follikulären Lymphomen mit t(14;18)(q32;q21) Translokation, s. Kap. 6.2.3), entwickelt sich eine Apoptose-Resistenz.

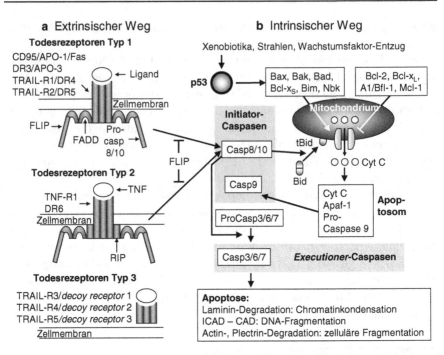

Abb. 6.18a,b. Extrinsische und intrinsische Wege der Apoptose

Cytochrom C stimuliert die Bildung des **Apoptosoms**, eines Protein-komplexes aus Apaf-1 und Procaspase-9, welche sich im Apoptosom au-tokatalytisch zur aktiven Caspase-9 spaltet. Caspase-9 aktiviert weitere nachgeschaltete Caspasen.

Die Permeabilisierung der Mitochondrienmembran setzt weitere pro-apoptotische Proteine in Gang. Dazu zählen Smac/DIABLO (*second mito-chondria-derived facilitating caspase activation by sequestering caspase inhibitors/directed IAP-binding protein with low pI*) und AIF (*apoptosis-inducing factor*). Smac/DIABLO bindet die *inhibitors of apoptosis* (IAPs). IAPs sind Ubiquitinligasen, welche Caspasen degradieren. Es sind acht IAPs bekannt darunter Survivin, XIAP, c-IAP1 und c-IAP2. AIF induziert morphologische Veränderungen im Zellkern.

Bei den **Caspasen** handelt es sich um Cysteinaspartyl-Proteinasen, wel-che intrazelluläre Substrate spalten. Sie liegen als inaktive Präkursoren (Zymogene) vor, welche durch proteolytische Spaltung an definierten Aspartatresten aktiviert werden. Die aktiven Enzyme liegen als Tetramere bestehend aus zwei großen und zwei kleinen Untereinheiten vor. **Initiator-Caspasen** (Caspase-8, -9, -10) werden in Komplexen wie DISC oder dem Apoptosom rekrutiert. Diese Caspasen spalten und aktivieren nachgeschal-tete *executioner*-**Caspasen** (Caspase-3, -6, -7). Dieser Zwischenschritt ermöglicht die Amplifikation proapoptotischer Signale. *Executioner*-Caspasen degradieren vielfältige zelluläre Substrate. Die Spaltung von Lamin führt zu der für die Apoptose typischen Chromatinkondensation und Zellkern-Schrumpfung. Auf die Degradation von DNA-Reparaturenzymen wurde bereits hingewiesen. Die Spaltung von ICAD (DFF45, *inhibitor of caspase-3-activated DNase*) setzt CAD (DFF40, *caspase-activated deoxyribonuclease*) frei, welche die DNA im Zellkern fragmentiert. Die Degradation der Cytoskelett-Proteine Actin und Plectrin führt zur zellulären Fragmentierung. Es entstehen **apoptotische Körperchen (*apoptotic bodies*)**, welche schließlich durch Phagozyten aufgenommen werden. Dabei binden Phagozyten an Phosphatidylserin oder Oberflächen-Oligosaccharide der apoptotischen Körperchen. Phosphatidylserin ist in gesunden Zellen auf der Innenseite der Plasmamembran lokalisiert. Im Verlauf der Apoptose kommt es zur Umlagerung, und Phosphatidylserin liegt nun auf der Zelloberfläche apoptotischer Zellen.

Weiterhin existiert auch ein Caspase-unabhängiger Weg des Zelltodes. Er wird als **Autophagie** oder **Typ-II-Zelltod** bezeichnet und von *death associated proteins* (DAPs) gesteuert.

Extrinsischer Signalweg der Apoptose

Der extrinsische Weg wird durch die Bindung von spezifischen **Todesliganden** an **Todesrezeptoren** in Gang gesetzt (**Abb. 6.18a**). Diese gehören zur großen Familie der Tumornekrosefaktor-Rezeptoren (TNF-R). Es sind sechs Todesrezeptoren bekannt, welche mit unterschiedlichen Bezeichnungen in der Literatur erscheinen: TNF-R1 (CD120a), CD95 (APO-1, Fas, DR2), TRAIL-R1 (APO-R2, DR4), DR3 (APO-3, LARD, TRAMP, WSL1), TRAIL-R2 (DR5, KILLER, TRICK2) und DR6. Davon ist CD95 am intensivsten untersucht.

Die Liganden der Todesrezeptoren gehören zur TNF-Familie. Der Ligand von CD95 wird als CD95L (FasL, APO-1L, CD178) bezeichnet. Der TRAIL-Ligand bindet einerseits an die funktionsfähigen Rezeptoren TRAIL-R1 und TRAIL-R2, welche Signale zur Induktion der Apoptose weiterleiten. Andererseits bindet TRAIL auch an TRAIL-R3 (LID, TRID), TRAIL-R4 und TRAIL-R5 (OPG). Diese drei Rezeptoren besitzen keine intrazelluläre Domäne zur Weiterleitung von Apoptosesignalen. Sie fungieren wahrscheinlich nur als Köder, um Todesliganden zu binden und von den funktionsfähigen Rezeptoren abzufangen. Sie werden als *decoy*-**Rezeptoren** bezeichnet und verhindern den TRAIL-induzierten Zelltod.

Entscheidend für die Signalweiterleitung ist die Bildung eines multimeren Komplexproteins. Bei der Bindung eines Liganden kommt es zu einer Trimerisierung der Rezeptoren. Drei Rezeptormoleküle binden ein

Ligandenmolekül. Weiterhin sind ein Adapterprotein namens *Fas-associated death domain protein* (**FADD/Mort1**) sowie Procaspase-8 und Caspase-10 an der Komplexbildung beteiligt. Dieser Proteinkomplex wird als *death-inducing signal complex* (**DISC**) bezeichnet. Procaspase-8 aktiviert sich durch autokatalytische Spaltung selbst. Es entsteht aktive Caspase-8. Die Signalweiterleitung kann auf zwei Weisen erfolgen: Beim ersten Typ wird Caspase-8 im DISC in großen Mengen aktiviert. Caspase-8 spaltet die nachgeschaltete Procaspase-3, und Caspase-3 degradiert verschiedene Zielmoleküle in der Zelle durch Proteolyse. Beim zweiten Typ wird nur wenig Caspase-8 im DISC aktiviert. Die Signalweiterleitung erfolgt über die Mitochondrien. Caspase-8 spaltet das Bid-Protein aus der Bcl-2-Familie. Durch die Zerspaltung von Bid wird die Mitochondrienmembran permeabilisiert, und Cytochrom C wird ins Cytosol freigesetzt. Es kommt zur Entstehung des Apoptosoms und zur Caspase-Aktivierung.

Therapeutische Ansätze

Die Aufklärung der Apoptose-Signalkaskaden eröffnet neue Möglichkeiten, Apoptose-modulierende Agenzien zu entwickeln. **Todesliganden** leiten eine Apoptose ein, selbst wenn Tumoren durch antiapoptotische Proteine aus der Bcl-2-Familie oder mutiertes p53 resistent gegen etablierte Zytostatika geworden sind. **TRAIL** ist ein viel versprechender Kandidat für die Tumortherapie, da er mit hoher Spezifität an Krebszellen, nicht jedoch an gesundes Gewebe bindet. Dies beruht darauf, dass normale Zellen auf ihrer Zelloberfläche hohe Mengen *decoy*-Rezeptoren exprimieren, welche um die TRAIL-Bindung konkurrieren und die Aktivierung von TRAIL-Rezeptoren reduzieren. Es gibt jedoch auch TRAIL-resistente Tumoren, beispielsweise durch Mutationen im DR5-Todesrezeptor. Im Tierexperiment wirkt TRAIL in der Kombination mit etablierten Zytostatika synergistisch. Mit Kombinationstherapien lässt sich eine TRAIL-Resistenz umgehen. Der **Tumornekrose-Faktor-α** (TNF-α) eignet sich als Krebstherapeutikum auf Grund hoher systemischer Toxizität (ischämische und hämorrhagische Schädigung gesunden Gewebes) nicht. Dies trifft auch für agonistische **Antikörper gegen CD95** (APO-1/Fas) zu, welche in Tierexperimenten letale Effekte durch Leberversagen hervorrufen.

Eine Zytostatika-Resistenz wird häufig durch Überexpression des antiapoptotischen Bcl-2-Proteins verursacht. Eine Hemmung der Bcl-2-Expression durch *antisense*-Moleküle, Ribozyme oder *siRNA* sensibilisiert Tumorzellen gegenüber Zytostatika. Ein anderer Ansatz ist es, die Dimerisierung pro- und antiapoptotischer Proteine aus der Bcl-2-Familie zu unterbrechen. Für die Bindung der beiden Partner ist die BH3-Domäne der Proteine verantwortlich. Mit *small molecules*, welche die BH3-Domäne nachahmen (*BH3-mimetics*), lässt sich die Dimerisierung unterdrücken, das Gleichgewicht zwischen pro- und anti-apoptotischen Signalen verschieben und eine Apoptose auslösen. Weitere Zielmoleküle für die Therapie sind Smac/DIABLO, welches IAPs antagonisiert, und Survivin, welches durch *antisense*-Moleküle, Ribozyme oder *siRNA* ausgeschaltet werden kann.

6.2.6 Zelluläre Seneszenz

Normale diploide Zellen haben eine begrenzte Verdopplungsfähigkeit. Nach 50 bis 70 Zellteilungen gehen die Zellen in eine zelluläre Alterung (Seneszenz) über. Die mögliche Anzahl von Zellteilungen wird durch die Länge der Telomere an den Enden der Chromosomen bestimmt. **Telomere** haben eine Größe von 5–10 kb und bestehen aus repetitiven Sequenzen: $(TTAGGG)_n$. Sie bedecken die Chromosomenenden zum Schutz der DNA. Bei jeder Zellteilung verkürzen sich die Telomere um 50–100 bp, da die DNA-Replikationsmaschinerie die DNA-Enden nicht replizieren kann. Dies ist als *end replication problem* bekannt. Reduziert sich die Telomerlänge auf eine kritische Größe, wird p53 aktiviert und eine permanente Zellzyklus-Arretierung bzw. Apoptose eingeleitet.

Die **Telomerase** wirkt einer Verkürzung der Telomere durch Neusynthese repetitiver TTAGGG-Sequenzen entgegen. Telomerase besteht aus einer RNA-Komponente (TERC), welche als *template* für die Synthese der Telomersequenz dient, und einer reversen Transkriptase (TERT). Die Telomeraseaktivität ist sehr restriktiv reguliert und überwiegend nur in der Embryogenese aktiv. Im adulten Organismus weisen Keimzellen, Stammzellen und aktivierte Lymphozyten Telomeraseaktivität auf. In den meisten anderen mitotisch aktiven Geweben (gastrointestinale Epithelzellen, Hautzellen etc.) ist die Telomerase inaktiv. Hier findet im Laufe des Lebens eine kontinuierliche Verkürzung der Telomere statt. In mitotisch inaktiven Geweben (Gehirn, Herzgewebe) bleibt die Telomerlänge hingegen stabil. Bestimmte Faktoren, darunter oxidativer Stress durch freie Radikalmoleküle sowie epigenetische Chromatinveränderungen beschleunigen die Telomerverkürzung und tragen zu einer schnelleren Alterung bei.

Die Hemmung der Telomeraseaktivität verhindert die Kanzerogenese, da transformierte Zellen nicht unbegrenzt wachsen können. Telomerase ist in über 80% der menschlichen Tumoren aktiv. Die Expression der Telomerase in normalen Zellen führt zur Zelltransformation. Als **Transformation** bezeichnet man die Fähigkeit von Zellen unbegrenzt zu wachsen. Transformierte Zellen sind zwar immortalisiert, jedoch noch keine Krebszellen.

Die Telomerase ist somit kein onkogener Faktor. Dennoch unterstützt die Telomerase den bösartigen Prozess.

Eine Verkürzung der Telomere trägt zur Krebsinitiation bei. Chromosomen mit verkürzten Telomeren weisen eine höhere chromosomale Instabilität auf als Chromosomen mit langen Telomeren. Wird zusätzlich p53 inaktiviert, kommt es sekundär zur Expression der Telomerase. Die Telomeraseaktivität trägt zur Tumorprogression bei.

Therapeutische Ansätze: Da Telomerase in den meisten Tumoren, nicht jedoch im umgebenden gesunden Nachbargewebe aktiv ist, stellt es ein interessantes therapeutisches Zielmolekül dar. Eine Hemmung der Telomerase-Aktivität, kann auf verschiedene Weise erfolgen:

- Durch *antisense*-Oligodeoxynukleotide und *hammerhead*-Ribozyme gegen die RNA-Komponente TERC.
- Durch dominant negative TERT-cDNA-Konstrukte, welche die Telomerase-Aktivität hemmen.
- Durch Inhibitoren der reversen Transkriptase, welche für die AIDS-Behandlung eingesetzt werden. Beispielsweise unterdrückt 3'-Azido-3'-Deoxythymidin (AZT) die RNA-abhängige DNA-Polymerase-Aktivität der Telomerase und führt zu einer Verkürzung der Telomere.
- TERT kann bei der Immuntherapie als tumorassoziiertes Antigen für zytotoxische T-Lymphozyten dienen.
- Die 3'-Überhänge der Telomere sind guaninreich und bilden viersträngige DNA-Strukturen (G-Quadruplexe), welche die Telomerase-Aktivität hemmen. Chemische Substanzen (Beispiele: Acridinderivate, Porphyrinderivate), welche die G-Quadruplex-Entstehung stabilisieren, hemmen das Tumorzell-Wachstum.
- *Small-molecule*-Inhibitoren blockieren die Verankerung der Telomerase an das Telomer oder die Assemblierung des Telomerase-Holoenzyms.

6.2.7 Chromosomen-Segregation und Aneuploidie

Normale somatische Zellen des Menschen besitzen 23 Chromosomenpaare (diploider Chromosomensatz). Keimzellen sind haploid und besitzen 23 einzelne Chromosomen. Die meisten Tumoren haben mehr als 46 Chromosomen (oft zwischen 60 und 90). Diese abnorme Chromosomenzahl, welche **Aneuploidie** genannt wird, schwankt nicht nur zwischen verschiedenen Tumoren, sondern auch innerhalb eines Tumors zwischen den einzelnen Tumorzellen. Prinzipiell kann es zu Hinzugewinnen (**Hyperdiploidie**) und zu Verlusten von Chromosomen kommen (**Hypodiploidie**).

Hypodiploide Tumorzellen sind seltener anzutreffen, da sie eine geringere Überlebenswahrscheinlichkeit haben. Hyperdiploide Chromosomensätze sind meist mehr als diploid jedoch weniger als tetraploid. Man geht daher davon aus, dass hyperdiploide Chromosomensätze aus einer Duplikation des gesamten Genoms (**Tetraploidie**) und anschließendem graduellen Verlust einzelner Chromosomen hervorgehen. Der **DNA-Index** gibt den Grad der Aneuploidie an. Er errechnet sich aus der durchschnittlichen Chromosomenzahl einer Tumorpopulation im Verhältnis zum Chromosomensatz gesunder Zellen.

Aneuploidie trägt zur Entwicklung eines aggressiven Phänotyps in der Tumorprogression bei, insbesondere durch Polysomie von Chromosomen mit aktivierten Onkogenen oder mutierten Tumorsuppressor-Genen.

Obwohl die meisten Tumoren aneuploid sind, gibt es einen kleinen Prozentsatz diploider Tumoren. Sie weisen spezifische Defekte in DNA-Reparaturwegen auf. Die Mechanismen der Aneuploidie sind grundverschieden von denen, die zur Anhäufung von DNA-Mutationen führen. DNA-Reparaturdefekte führen zu einer erhöhten Mutationsrate in einfachen *repeat*-Sequenzen (Mikrosatelliten). Dies wird als **Mikrosatelliten-Instabilität (MIN)** bezeichnet. Dagegen führt eine **chromosomale Instabilität (CIN)** zu Aneuploidie. Möglicherweise beschleunigt CIN die LOH-Rate (*loss of heterozygosity*) von Tumorsuppressor-Genen und die Duplikation onkogentragenden Chromosomen. Somit könnten entartete Zellen durch CIN einen Wachstumsvorteil bei der Kanzerogenese erhalten. Es deutet vieles darauf hin, dass Fehlregulationen der Mitose Ursache für CIN und Aneuploidie sind.

Abnorme mitotische Spindeln: Aneuploide Tumoren besitzen überzählige Centrosomen. Eine Vervielfältigung der Chromosomen macht abnorme Mitosen und fehlerhafte Chromosomensegregation wahrscheinlicher. STK15/Aurora2 ist eine Centromer-assoziierte Serin-Threonin-Kinase, welche in aneuploiden Tumoren überexprimiert ist. Das kodierende Gen ist amplifiziert. Aurora-Kinasen phosphorylieren Histonproteine und fördern die Chromosomenkondensation.

Kontrollpunkte der mitotischen Spindel (*checkpoints*): Während der Mitose teilt sich die parentale Zelle in zwei Tochterzellen mit je diploidem Chromosomensatz. Die ungleiche Verteilung der Chromosomen auf die Tochterzellen erzeugt Aneuploidie. Die mitotischen *checkpoints* stellen sicher, dass die Chromosomen korrekt in der Metaphase angeordnet und an die mitotische Spindel angeheftet werden, bevor die Chromosomen-Segregation stattfindet. Es gibt zwei *checkpoints* der Mitose:

- G2/M-*checkpoint*: Bevor eine Zelle in die Mitose eintritt, werden Mikrotubuli-abhängige Vorgänge kontrolliert, wie z. B. die Trennung duplizierter Zentrosomen in der G2-Phase und Verzögerungen der G2/M-Transition in Gegenwart von Mikrotubuli-Giften (s. Kap. 6.1.4).
- Der Metaphase-*checkpoint* kontrolliert die Anheftung der mitotischen Spindel an die Kinetochoren. Wenn einzelne Kinetochoren nicht mit der Spindel verknüpft sind, wird die Trennung der Tochterchromatiden angehalten, um eine Anheftung zu ermöglichen (s. Kap. 6.1.4).

In aneuploiden Zellen wurden Mutationen in Genen gefunden, welche mitotische *checkpoints* steuern (*BUB1*, *BUBR1* und *MAD2*).

Auch **Telomere** tragen zur Entstehung der Aneuploidie bei. Eine Erosion der Telomere destabilisiert den Karyotyp, so dass sich Translokationen ereignen und betroffene Zellen in der G_2M-Phase arretieren. Wenn sich nun die Chromosomen, nicht jedoch das Cytoplasma replizieren, entsteht eine Tetraploidie.

6.2.8 Invasion und Metastasierung

Grundbegriffe

Krebszellen können in benachbarte Gewebe wandern. Dieser Vorgang wird als **Invasion** bezeichnet. Tumorzellen überschreiten die Grenzen des gesunden Gewebes, aus dem sie hervorgehen, und dringen in Blutgefäße ein. Mit dem Blutstrom erreichen sie entfernt liegende Organe, um dort sekundäre Tumoren (Tochtergeschwulste, **Metastasen**) zu bilden. Tumoren, welche invadieren und metastasieren, sind deshalb bösartig (**maligne**), weil sie die Funktionsfähigkeit der betroffenen Gewebe zerstören und den Patienten umbringen. Invasion und Metastasierung sind jedoch keine ausschließlichen Kennzeichen von Tumoren. Sie treten auch während der Embryonalentwicklung (Beispiel: Bildung des Mesoderms aus dem Ektoderm) und im gesunden Gewebe des adulten Organismus auf (Beispiel: Leukozyten, welche die Blutgefäße verlassen und in Gewebe invadieren). Auch bei anderen krankheitsrelevanten Vorgängen spielt die Invasion eine Rolle (Beispiel: Eindringen von Mikroorganismen durch die Epithelien von Haut oder Gastrointestinal-Trakt in tiefer liegende Gewebe). Nicht invasive Tumoren sind gutartig (**benigne**). Sie sind von einer Tumorkapsel umgeben und lassen sich durch Operation vollständig entfernen. Betroffene Patienten können geheilt werden. Benigne Tumorarten ohne Entartungspotenzial bleiben gutartig. Maligne Tumoren können jedoch aus gutartigen Vorläuferstadien hervorgehen. Aus einem gesunden, wenig wachsenden Deckgewebe (Epithel) kann ein stärker proliferierendes Gewebe entstehen, welches als

Hyperplasie bezeichnet wird. Die Hyperplasie weist noch Zellen mit normaler Zellmorphologie und Gewebestruktur, jedoch mit erhöhter Proliferationsrate auf. Eine Hyperplasie kann in eine **Dysplasie** übergehen, bei der eine Entdifferenzierung einsetzt. Zellmorphologie und Gewebestruktur beginnen sich gegenüber dem Normalgewebe zu verändern. Da die natürlichen Grenzen des Normalgewebes noch nicht überschritten sind, spricht man auch von einem *carcinoma in situ*. Im nächsten Schritt beginnt die Invasion gefolgt von der Metastasierung.

Tumoren, welche aus epithelialen Geweben hervorgehen, werden definitionsgemäß als **Karzinome,** Tumoren aus mesenchymalen Geweben als **Sarkome** bezeichnet. **Leukämien** und **Lymphome** entstehen aus Zellen des blutbildenden (hämatopoetischen) Systems. Karzinome können aus Drüsengeweben (**Adenokarzinome**) oder Deckgeweben (**Plattenepithel- oder squamöse Karzinome**) hervorgehen. Benigne Tumoren werden mit dem Suffix „-om" gekennzeichnet. Einige Beispiele sind:

* Hepatome sind benigne Lebertumoren, Hepatokarzinome (oder hepatozelluläre Karzinome) sind maligne.
* Ein Adenom des Darms ist gutartig, ein Adenokarzinom des Darms hingegen nicht.
* Das Lipom ist ein gutartiges Fettgeschwulst. Das Liposarkom ist bösartig.
* Das Fibrom besteht aus gutartigen Bindegewebszellen. Fibrosarkome sind maligne entartet.

Die Nomenklatur ist jedoch nicht ganz stringent und es gibt Ausnahmen. Beispiele hierfür sind:

* Das Melanom ist ein maligner Hauttumor.
* Das Plasmocytom ist ein bösartiger Knochenkrebs.

Invasion und Metastasierung sind wesentliche Merkmale des Malignitätsgrades von Tumoren. Sie sind wichtige Prognosefaktoren, welche Auskunft über die Wahrscheinlichkeit des Krankheitsverlaufes geben. Für therapeutische und prognostische Zwecke wurden daher qualitative und quantitative Kriterien zur Definition von Stadium und Grad einer Tumorerkrankung entwickelt. Die Bestimmung des Stadiums (das *staging*) erfolgt mittels **TNM-System.** Die Größe des Primärtumors und die Tiefe der Invasion in das benachbarte Gewebe werden nach definierten Kriterien als T1, T2, T3, T4 bestimmt. Diese Kriterien werden für jede Tumorart gesondert festgelegt. Allgemein gilt, dass T1 einen kleinen Tumor, T4 einen großen Tumor beschreibt. Die Anzahl und die Größe befallener Lymphknoten sowie die Invasion der Lymphknoten-Kapseln durch Lymphknoten-Metastasen werden durch das N-Stadium beschrieben. N steht für Lymphknoten (englisch: *node*). Ein weiterer Parameter ist das Vorhandensein von

Fernmetastasen, d. h. von Tochtergeschwulsten, welche über das Blutgefäßsystem im Körper gestreut wurden. Das M-Stadium (M steht für Metastase) gibt Anzahl von Metastasen und Anzahl befallener Organe an. Ein Tumor mit einem T1N0M0 *staging* bedeutet ein kleiner Tumor ohne Lymphknoten- und Fernmetastasierung. Dieser Tumor kann mit den gegebenen therapeutischen Optionen (Operation, Bestrahlung, Chemotherapie) mit hoher Wahrscheinlichkeit erfolgreich behandelt werden. Ein Tumor mit einem T4N2M1 *staging* hat eine schlechtere Prognose, da der Tumor aufgrund seiner Größe bereits Lymphknoten befallen und Tochtergeschulste in entfernter liegenden Organen gebildet hat. Nicht selten kann man auf Grund der Tumorgröße eine Fernmetastasierung vermuten, obwohl Metastasen mit den klinischen Diagnoseverfahren noch nicht nachweisbar sind. In solchen Fällen verwendet man die Bezeichnung Mx (Beispiel: T3N1Mx). Solche Tumoren werden vom behandelnden Arzt wie Tumoren mit gesichertem Metastasenbefund therapiert.

Neben dem *staging* spielt das **grading** eine wichtige Rolle. Das Wachstum von Tumoren und ihre Neigung zu Invasion und Metastasierung hängen vom Differenzierungsgrad des Tumorgewebes ab. Im mikroskopischen Gewebeschnitt lässt sich erkennen, wie ähnlich das Tumorgewebe dem gesunden Herkunftsgewebe ist. Tumoren, welche dem gesunden Gewebe noch sehr ähneln, sind hoch differenziert. Tumoren, welche die Struktur des Gewebes, aus dem sie entstanden sind, nicht mehr aufweisen, werden als entdifferenziert bezeichnet. Je entdifferenzierter Tumoren sind, desto schlechter ist ihre Prognose. Tumoren werden mit abnehmendem Differenzierungsgrad von *grade I* bis *grade IV* klassifiziert.

Die Metastasierung erfolgt in verschiedenen Schritten, welche man mit dem Begriff **metastatische Kaskade** zusammenfasst (**Abb. 6.19**):

1. **lokale Invasion** und **Migration**: Absiedelung einzelner Zellen aus dem Tumorzellverband und Einwandern in benachbartes gesundes Gewebe. Kennzeichnend ist der Verlust von Zelladhäsionsmolekülen auf der Zelloberfläche, so dass der Kontakt unter den Tumorzellen und der Zusammenhalt des Tumorgewebes gelockert werden. Durch andere Adhäsionsmoleküle (z. B. Integrine) heften sich Tumorzellen an die extrazelluläre Matrix an und wandern in normales Gewebe ein. Tumorzellen sezernieren Enzyme, welche die extrazelluläre Matrix degradieren und die Migration der Tumorzellen durch das normale Gewebe erleichtern.
2. **Intravasation**: Abgesiedelte Tumorzellen erreichen Blutgefäße und dringen in diese ein. Dazu dienen einerseits Adhäsionsmoleküle, welche ein Anheften der Tumorzellen an Endothelzellen von Blutgefäßen ermöglichen. Andererseits müssen proteolytische Enzyme die Blutgefäßwände penetrieren, so dass die Tumorzellen diese passieren können.

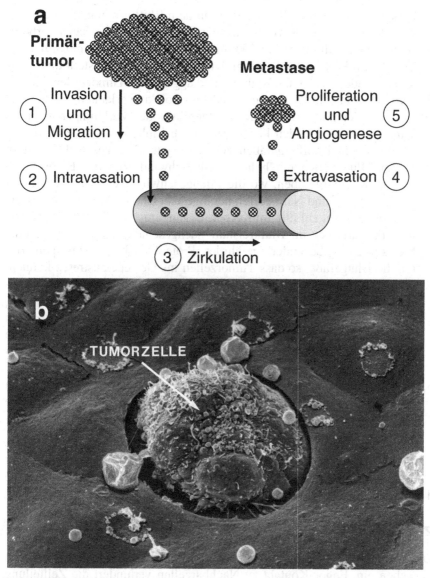

Abb. 6.19a,b. Metastatische Kaskade. **a** Die Absiedelung von Tumorzellen und Entstehung von Tochtergeschwulsten beruht auf den fünf dargestellten Schritten. **b** Elektronenmikroskopische Darstellung einer Tumorzelle, welche die Endothelzellschicht eines Blutgefäßes durchbricht (Foto von Eberhard Spieß, Heidelberg)

3. **Zirkulation**: Tumorzellen werden mit dem Blutfluss in entfernter gelegene Regionen des Körpers transportiert. Da die hohe Sauerstoffkonzentration im Blut toxisch wirkt, überleben nur wenige Tumorzellen die Zirkulation im Blutgefäßsystem. Die Zirkulationsphase stellt eine Auslese besonders widerstandsfähiger und aggressiver Tumorzellen dar.

4. **Extravasation** im Zielorgan: Adhäsionsmoleküle erlauben die Anlagerung von Tumorzellen an die Blutgefäßwände. Verklumpen mehrere Tumorzellen und bilden kleine Tumorzell-Emboli, kommt die Mikrozirkulation in Kapillargefäßen zum Erliegen. Dies geschieht nicht in großen Blutgefäßen mit hoher Fließgeschwindigkeit des Blutes, sondern in Kapillargefäßen, wo die Fließgeschwindigkeit zum Austausch von Sauerstoff und Nährstoffen herabgesetzt ist. Die Metastasierung erfolgt daher nicht zufällig im Körper. Organe mit Kapillarnetzen, welche dem Primärtumor im Blutkreislauf nachgeschaltet sind, sind für eine Metastasierung besonders gefährdet. Proteolytische Enzyme penetrieren die Blutgefäße, so dass Tumorzellen ins Gewebe austreten können. Die zielgerichtete Metastasierung von Tumorzellen in bestimmte Organe wird als *homing factor* bezeichnet. Er wird durch den Blutkreislauf und Organe mit Kapillarnetzen einerseits und durch Rezeptorstrukturen für Tumorzellen in den Zielorganen andererseits bestimmt. Typische Organe, in denen häufig eine Metastasierung erfolgt, sind Lunge, Knochen, Gehirn, Leber und Nebenniere.

5. **Proliferation** und **Angiogenese**: Ein dereguliert Zellzyklus führt zu kontinuierlicher Zellteilung und Tumorwachstum. Wird eine bestimmte Größe überschritten, werden neue Blutgefäße gebildet, welche die Metastase mit Nährstoffen und Sauerstoff versorgen.

Wird einer dieser Schritte unterbrochen, findet die Metastasierung nicht statt. Metastasen können ihrerseits ebenfalls Zellen absiedeln, welche neue Tochtergeschwulste (**sekundäre Metastasen**) bilden.

Zell-Zell-Adhäsion

Die Zelladhäsion nimmt eine Schlüsselstellung für die Organisation von Geweben ein. Enger Kontakt zu Nachbarzellen verhindert die Zellteilung (**Kontaktinhibition**). Die maligne Transformation ist durch Verlust der zellulären Kontaktinhibition und Gewebeorganisation gekennzeichnet. Die Zelladhäsion erfolgt durch Zell-Zell- und Zell-Matrix-Kontakte.

Bei den Zell-Zell-Kontakten unterscheidet man die homotypische von der heterotypischen Zell-Zell-Adhäsion. Unter homotypischer Zell-Zell-Adhäsion versteht man Interaktionen zwischen Tumorzellen. Werden Adhäsionsreaktionen geschwächt, invadieren Tumorzellen in das benachbarte gesunde Gewebe. Heterotypische Zell-Zell-Adhäsion findet zwischen Tumorzellen und Gefäß-Endothelzellen bei der Extravasation statt.

Homotypische Zell-Zell-Adhäsion: Es kommt zu einer Bindung zwischen zwei Zellen gleichen Typs. Der Prototyp der **homotypischen Adhäsion** epithelialer Zellen stellt das epitheliale Cadherin (**E-Cadherin**) dar, welches über *adherens junctions* agiert. *Adherens junctions* verbinden Bündel von Actin-Filamenten zwischen zwei Zellen oder zwischen Zelle und extrazellulärer Matrix. E-Cadherin ist ein Transmembran-Glykoprotein. Weitere Kontaktzonen zwischen Zellen sind *tight junctions* (Permeabilitätsbarrieren zwischen Zellen), Desmosomen (Verknüpfungspunkte für Intermediärfilamente zweier Zellen), Hemidesmosomen (Verknüpfungspunkte für Intermediärfilamente an die Basalmembran) und *gap junctions* (Kanäle zwischen Zellen zur Übermittlung von kleinen Signalmolekülen). Die E-Cadherin-Moleküle zweier benachbarter Zellen bilden Dimere, wodurch eine stabile Verknüpfung zwischen den beiden beteiligten Zellen entsteht. Diese extrazellulären Interaktionen vermitteln eine relativ schwache Adhäsion. Solche homotypischen E-Cadherin-Interaktionen können durch bestimmte **Proteoglycane** (z. B. **MUC-1**) sterisch behindert werden. Proteoglycane sind Moleküle, bei denen der Anteil der Zuckerketten größer ist als der Proteinanteil. (Im Gegensatz dazu ist bei Glykoproteinen der Proteinanteil größer). E-Cadherin komplexiert intrazellulär mit Cateninen und Cytoskelett-Elementen. Interaktionen zwischen E-Cadherin und Actin-Filamenten verursachen eine Umorganisation des Cytoskelettes, welche die Migration der Tumorzelle erleichtert. Der Verlust von E-Cadherin induziert in immortalisierten Zellen einen invasiven Phänotyp. Das E-Cadherin-kodierende Gen (*CDH1*) wird daher ein Invasionssuppressor-Gen angesehen.

Adherens junctions und **Desmosomen** tragen zur Aufrechterhaltung der epithelialen Struktur von Geweben bei. Desmosomale Cadherine fungieren daher als Suppressormoleküle der Invasion. *Gap junctions* stellen membranübergreifende Kanäle dar, welche aus Connexinen aufgebaut sind. Sie dienen der Kommunikation zwischen Zellen und werden als Promoter der Invasion angesehen.

Bei der **heterotypischen Zell-Zell-Adhäsion** kommt es zur **N-Cadherin**-vermittelten Interaktion von Tumorzellen mit Stromazellen (Bindegewebszellen). Während E-Cadherin in invadierenden Tumorzellen herunterreguliert ist, wird die N-Cadherin-Expression heraufreguliert. N-Cadherin fördert Invasion und Migration. Wenn sowohl E- als auch N-Cadherin überexprimiert werden, wirkt N-Cadherin dominant.

Es gibt zwei Arten heterotypischer Zell-Zell-Adhäsionen. Bei der **heterotypisch-homophilen Reaktion** treten zwei Zellen unterschiedlichen

Typs über zwei gleiche Moleküle (z. B. Cadherine) miteinander in Kontakt. Bei der **heterotypisch-heterophilen Reaktion** adhärieren Zellen unterschiedlichen Typs über zwei unterschiedliche Bindungspartner, beispielsweise E-Cadherin von epithelialen Zellen und bestimmte Integrine ($\alpha_E\beta_7$-Integrin) von T-Lymphozyten. Diese Adhäsionsreaktion fördert das Auswandern von T-Lymphozyten ins Zielgewebe. Da T-Lymphozyten gegenüber Tumorzellen zytotoxisch sind, wirken solche Adhäsionsreaktionen invasionssupprimierend.

Eine andere heterotypisch-heterophile Reaktion findet bei der Extravasation zwischen Tumorzellen und Gefäßendothel-Zellen statt. Galectin-3 auf Endothelzellen bindet mit niedriger Affinität an das T-Antigen auf Tumorzellen. Werden gleichzeitig vom gesunden Gewebe bestimmte Chemokine ausgeschüttet, aktivieren Tumorzellen bestimmte Integrine. Diese treten mit IgCAM-Molekülen auf Endothelzellen in Kontakt und bilden nun hochaffine Bindungen. Im letzten Schritt kommt eine heterotypische homophile Reaktion zwischen einem CD3-Molekül auf der Tumorzelle und einem CD3-Molekül auf der Endothelzelle zustande. Diese Interaktion setzt den Migrationsprozess der Tumorzellen durch die Gefäßwand in Gang. Bei der normalen Immunreaktion im gesunden Gewebe findet dieser Mechanismus zwischen Endothelzellen und Lymphozyten statt.

Von besonderer Bedeutung sind das **CD44** Transmembran-Glykoprotein und seine Isoformen. CD44-Proteine sind die hauptsächlichen Adhäsionsmoleküle für Hyaluronsäure, einen Bestandteil der extrazellulären Matrix. Weiterhin bindet CD44 auch andere Glycosaminoglycane, Collagen, Laminin und Fibronectin. Intrazellulär interagiert CD44 mit dem Actin-Cytoskelett. Somit fungiert CD44 als Mediator und Signal-Transduktor zwischen extrazellulärer Matrix und Actin. CD44 ist am Lymphozyten-*homing* in periphere lymphoide Gewebe, an Wundheilungsprozessen, Zellmigration, Tumorzellwachstum und Metastasierung beteiligt. Ein lösliches CD44-Fragment (sCD44), welches von dem membranständigen CD44 durch Matrix-Metalloproteinasen auf der extrazellulären Seite abgespalten wird und im Blut und anderen Körperflüssigkeiten vorkommt, fungiert als Antagonist und Regulator. Daneben gibt es ein cytosolisches Fragment (CD44ICD), welches in den Kern transloziert und dort als Transkriptionsfaktor agiert. Neben diesen posttranslational unterschiedlichen CD44-Formen gibt es verschiedene Spleißvarianten. Die kleinste Form ist die Standardform, welche auf hämatopoetischen Zellen vorkommt und für das Lymphozyten-*homing* verantwortlich ist. Es wird von fünf N- und fünf carboxyterminalen Exons des CD44-Gens kodiert. Die 10 dazwischen liegenden Exons werden nicht translatiert. Durch alternatives Spleißen können verschiedene Varianten entstehen, bei denen eine unterschiedliche Anzahl dieser 10 Exons verwendet werden. Die Spleißvarianten sind für die Ausprägung des metastatischen Phänotyps besonders wichtig. Werden extrazelluläre Domänen von CD44-Varianten proteolytisch abgespalten, können diese Fragmente Signale an andere Transmembran-Moleküle (Wachstumsfaktorrezeptoren der ErbB/HER-Familie, c-Met) weiterleiten und proliferationsstimulierende oder antiapoptotische Effekte erzielen. Da CD44 und seine Varianten über Adapterproteine (Ankyrin) intrazellulär mit Actin-Filamenten verknüpft sind, kommt es zu Umlagerungen des Cytoskelettes, welche den Metastasierungsprozess begünstigen.

Zell-Matrix-Interaktionen

Die extrazelluläre Matrix (EZM) nimmt eine Schlüsselstellung für die Aufrechterhaltung der Gewebestruktur ein. Bei der Invasion fungiert die EZM als Barriere. Bei der Migration von Tumorzellen kommt es zu einem dynamischen Gleichgewicht zwischen der Bildung und Auflösung von Zell-EZM-Kontakten. EZM-Rezeptoren auf der Oberfläche von Tumorzellen kommt dabei eine duale Funktion zu, da sie sowohl für die Adhäsion an die Matrix bei der Migration als auch für die Arretierung der Tumorzelle innerhalb der Matrix notwendig sind. Die zellulären Rezeptoren der EZM-Moleküle gehören meist zur Integrin-Familie. Integrine sind integrale Membran-Glykoproteine aus zwei Untereinheiten (a und b), welche über Disulfidbrücken verbunden sind. Durch die Kombination verschiedener Untereinheiten wird die Ligandenspezifität erzielt. Karzinomzellen tendieren dazu, weniger Integrine zu exprimieren und diese in einem disorganisierten Muster zu bilden. Bestandteile der EZM und der Basalmembran sind Collagene, Fibronectin, Laminin, Entactin, Heparansulfat-haltige Proteoglycane, etc. Interaktionen zwischen EZM und Integrinen sind nicht nur an der Invasion sondern auch an Signaltransduktions-Prozessen der Differenzierung, Proliferation und Apoptose beteiligt. Bestimmte Integrine ($\alpha6\beta4$-Integrine) interagieren mit Laminin, dem wichtigsten Glykoprotein in Basalmembranen. Es gibt 15 verschiedene Laminin-Isoformen. Die Reaktion invadierender Tumorzellen mit Laminin erhöht das metastatische Potenzial durch Induktion der Proliferation und Hemmung der Apoptose. Weiterhin hat Laminin eine chemotaktische Wirkung, welche die Tumorzell-Migration fördert. Die Induktion von Matrix-Metalloproteinasen durch Laminin führt zur Degradation der EZM.

Migration

Invadierende Tumorzellen bewegen sich aktiv von einem Gewebe in ein anderes. Der Unterschied zwischen Invasion und Migration liegt darin, dass Invasion die Passage einer Barriere mit einschließt, Migration hingegen nicht. Migration ist nicht beschränkt auf Krebszellen. Auch in normalen Geweben kann man migrierende Zellen beobachten, z. B. bei Wundheilungsvorgängen. Mobilitätsfaktoren (Chemokine, Collagene, komplementabgeleitete Peptide, Bindegewebs-Faktoren) binden an Zelloberflächen-Rezeptoren und regen die Zellen zur Migration an. Dies geschieht in Form chemotaktischer Reaktionen entlang des Konzentrationsgradienten zur Quelle dieser Faktoren hin (positive Mobilitätsfaktoren) oder von der Quelle der Faktoren weg (negative Mobilitätsfaktoren).

Proteolyse

Proteolytische Enzyme stören die Zelladhäsion durch Prozessierung von Komponenten, welche sowohl für Zell-Zell- als auch Zell-EZM-Adhäsion wichtig sind. Proteolytische Systeme spielen bei vielen Vorgängen sowohl in der Embryogenese als auch im adulten Organismus eine wichtige Rolle. Die Proteolyse ist für die Tumorprogression besonders wichtig. Zunächst werden Proenzyme proteolytisch aktiviert, bevor sie ihr eigentliches Substrat degradieren. Solche Kaskaden wirken auf verschiedene Weise: Sie zersetzen die EZM, um Tumorzellen die Invasion zu erleichtern; sie aktivieren Mobilitätsfaktoren; sie begünstigen das *shedding* proinvasiver Fragmente von Oberflächenmolekülen etc. Die meisten dieser Proteinasen gehören zum Plasminogen-Aktivator-System vom Urokinase-Typ oder zu den Matrix-Metalloproteinasen.

Die Degradation der EZM ist von zentraler Bedeutung für den Invasionsprozess. Es werden nicht nur Proteine, sondern auch andere Bestandteile der Matrix wie z. B. Glycosaminglycane degradiert. Die Aktivität der Serin-Protease Plasmin resultiert aus der proteolytischen Reaktionskaskade des Plasminogen-Aktivator (PA)-Systems. Während das PA-System in fast allen Tumorarten aktiv ist, sind MMPs auf bestimmte Tumorarten beschränkt. Dennoch gibt es eine gewisse funktionelle Überlappung zwischen uPA-System und MMPs. Zum PA-System gehören das Proenzym Plasminogen, der **Plasminogen-Aktivator vom Urokinase-Typ (u-PA)** und sein Proenzym (Pro-u-PA), der u-PA-Inhibitor PAI-1, der u-PA-Rezeptor (uPAR) auf der Zelloberfläche sowie der Plasmin-Inhibitor α2-Antiplasmin. All diese Elemente des PA-Systems erlauben eine fein abstufbare Regulation der Proteolyse-Prozesse. uPA ist primär an Gewebedegradation und *tissue remodeling* (einschließlich Tumorinvasion) beteiligt. Neben u-PA gibt es eine weitere Serinprotease, welche als **t-PA** (s. Kap. 3.8) bezeichnet wird und hauptsächlich für die Thrombolyse verantwortlich ist. Ein dritter Plasminogen-Aktivator ist das **Plasma-Callicrein**. Tumorinfiltrierende Stromazellen (Fibroblasten und Endothelzellen) setzen u-PA frei und degradieren die EZM. Die Aktivierung des u-PA-Systems begünstigt jedoch nicht nur den Invasionsprozess, sondern auch Zellwachstum, Differenzierung, Apoptose und Angiogenese. Krebszellen penetrieren die Basalmembran mit Hilfe von **Matrix-Metalloproteinasen (MMPs)**, welche Collagen Typ IV und andere Matrix-Bestandteile abbauen. MMPs sind Zink-abhängige Proenzyme, welche erst durch Abspaltung eines Peptidfragmentes aktiviert werden. Daneben steuern MMPs auch die Tumor-Neoangiogenese und die Proliferation durch Aktivierung oder Deaktivierung von Wachstumsfaktoren. Mehr als 20 Mitglieder dieser Familie sind bekannt:

- Collagenasen (MMP-1, -8, und -13) spalten interstitielles Collagen und andere EZM-Bestandteile.
- Gelatinasen (MMP-2, und -9) verdauen denaturiertes Collagen und Gelatine.
- Stromalysine (MMP-3 und -10) aktivieren Pro-MMPs durch proteolytische Spaltung und verdauen andere EZM-Komponenten.
- Matrilysine (MMP-7 und -26) prozessieren Zelloberflächen-Moleküle wie Fas-Ligand und E-Cadherin.
- Membrangebundene MMPs (MMP-14, -15, -16, -17, -24 und -25) aktivieren pro-MMP-2 und andere EZM-Moleküle.
- andere MMPs, welche nicht in die vorgenannten Gruppen passen und Nicht-Matrix-Substrate prozessieren (z. B. Wachstumsfaktoren und Angiogenesefaktoren).

Die MMP-Expression ist in Tumoren häufig hochreguliert. In Gegenwart von Tumorzellen werden Stromazellen und an Entzündungsprozessen beteiligte, tumorinfiltrierende Zellen stimuliert, MMPs zu produzieren.

Neben der kontrollierten Aktivierung von Pro-MMPs stellen spezifische Inhibitoren der Matrix-Metalloproteinasen (*tissue inhibitors of MMPs*; **TIMPs**) wichtige Regulatoren der MMP-Aktivität dar. TIMP1 – TIMP4 sind vier natürlich vorkommende Inhibitoren im EZM, welche nicht-kovalent an MMPs binden. Die Imbalance zwischen MMPs und TIMPs spielen für Tumorinvasion und -metastasierung eine wichtige Rolle in frühen Stadien der Kanzerogenese.

Metastasen-Suppressorgene

Metastasen-Suppressorgene sind Gene, welche die Metastasierung unterdrücken, ohne das primäre Tumorzell-Wachstum zu hemmen. Insofern sind sie von Tumorsuppressor-Genen zu unterscheiden.

Die Ausstreuung primärer Tumorzellen ereignet sich sehr früh im Krankheitsverlauf. Mikroskopisch nicht nachweisbare Mikrometastasen überleben autonom vom Primärtumor, da sie von den Wachstumsbedingungen ihres umgebenden Normalgewebes abhängen. Sie sprechen häufig schlecht auf eine Tumortherapie an, da sie nicht oder wenig proliferieren. Sie können nach operativer oder radiotherapeutischer Entfernung des Primärtumors aktiviert werden und zu einem Rückfall des Tumorleidens führen. Das bekannteste metastasensupprimierende Gen ist das *non-metastatic 23*-Gen (*NM23*). Weitere Beispiele sind *KAI1, KISS, MKK4, BRMS1, SSECKS, RHOGDI2, VDUP1, CRSP3, TXNIP, DRG1* und *RKIP*. Viele dieser Gene wirken auf zentrale Signal-Transduktionswege wie den *mitogen activated protein kinase/extracellular signal regulated kinase* (MAPK/ ERK)-Weg, den *stress-activated protein kinase/c-Jun N-terminal kinase* (SAPK/JNK)- und den p38-Weg.

Chemokine

Chemokine sind niedermolekulare 8–14 kDa große chemotaktische Cytokine, welche an G-Protein-gekoppelte Rezeptoren binden. Sie werden in vier Familien eingeteilt, welche die Bezeichnungen CXCL, CCL, CX3CL und CL tragen (L steht für Ligand). Es gibt etwa 50 Chemokine, von denen die Mehrheit zu den CC- und CXC-Chemokinen gehören. Weiterhin sind 18 Chemokin-Rezeptoren bekannt. Jeder Rezeptor bindet Liganden aus einer der vier Chemokin-Familien. Dementsprechend werden die Rezeptoren mit CXCR, CCR, CX3CR und CR bezeichnet.

Nach ihrer Funktion unterscheidet man inflammatorische und homöostatische Chemokine. Inflammatorische Chemokine werden nicht konstitutiv exprimiert. Sie werden bei entsprechenden Reizen (z. B. Entzündung) induziert. Ihre Expression führt zur Rekrutierung von Leukozyten an der Entzündungsstelle. Dazu im Gegensatz werden andere Chemokine in bestimmten Geweben konstitutiv exprimiert. Sie spielen bei der Entwicklung und Homöostase des Immunsystems eine Rolle. Chemokine wirken präferenziell auf Lymphozyten, in gewissem Umfang jedoch auch auf dendritische Zellen. Daneben gibt es noch *dual-function*-Chemokine, welche bei Entzündungsreizen hochreguliert werden und bei der Immunantwort Lymphozyten rekrutieren.

Nach Bindung der Chemokine an ihre Rezeptoren werden verschiedene G-Protein-gekoppelte Signal-Transduktionswege stimuliert (Phospholipase Cβ (PLCβ)-Isoformen, Phosphoinositol-3-Kinasen (PI3K), verschiedene Src-Kinasen etc.). Nahezu alle Zelltypen können Chemokine und Chemokin-Rezeptoren exprimieren. Bei Tumorerkrankungen fungieren Chemokine als „Straßenschilder" für Invasion und Metastasierung. Bestimmte Chemokin-Rezeptoren (z. B. CXCR4) fördern eine organspezifische Tumormetastasierung. Dieser Effekt trägt zur Ausprägung des oben beschriebenen *homing factor* bei. Darüber hinaus wirken Chemokine unter bestimmten Umständen als parakrine oder autokrine Wachstumsfaktoren und *survival*-Signale. Sie können auch angiogenetische Prozesse beeinflussen.

Therapeutische Ansätze

Die Hemmung von MMPs zur Tumortherapie kann auf drei Ebenen erfolgen: Transkription, pro-MMP-Aktivierung und MMP-Inhibition.

Die Unterdrückung der Transkription von MMPs wurde in experimentellen Ansätzen mit Interferonen und mit *small molecules* versucht, welche die MAPK- oder ERK-Signal-Transduktionswege lahm legen. Auch Inhibitoren von Transkriptionsfaktoren wie AP-1 oder NF-κB blockieren die MMP-Expression. Solche Strategien sind jedoch nicht spezifisch und wirken auf viele verschiedene Gene. Selektiver sind *antisense*-Genkonstrukte, Ribozyme oder RNA-Interferenz.

Eine MMP-Aktivierung lässt sich mit spezifischen Antikörpern oder *small molecules* verhindern, welche gegen membranständige MMPs gerichtet sind. Protease-Inhibitoren, welche in der HIV-Therapie eingesetzt werden, sind ebenfalls in der Lage, pro-MMPs zu hemmen. Die MMP-Inhibition durch TIMPs kann wegen unerwünschter Nebeneffekte therapeutisch nicht ausgenutzt werden. Offensichtlich ist das MMP/TIMP-Wirkungsspektrum zu komplex.

Es wurden synthetische MMP-Inhibitoren entwickelt, welche als Pseudomimetika das aktive Zentrum von MMP-Substraten nachahmen (z. B. **Batimastat** und **Marimastat**). Sie enthalten eine Hydroxamat-Gruppe, welches das Zink-Ion in MMPs cheliert.

Insgesamt sind die Ergebnisse der klinischen Studien mit MMP-Inhibitoren enttäuschend. Die enorme Vielfalt der MMP-Funktionen unter verschiedenen physiologischen Bedingungen im gesunden und kranken Gewebe mag erklären, warum die Hemmstoffe der ersten Generation gescheitert und Weiterentwicklungen notwendig sind.

6.2.9 Neoangiogenese

Die Bildung neuer Blutgefäße im Tumorgewebe wird als **Neoangiogenese** bezeichnet. Sie ist zum Tumorwachstum und zur Metastasierung notwendig und ein wichtiges Element der Tumorprogression.

Tumoren benötigen ebenso wie normales Gewebe Sauerstoff und Nährstoffe. Stoffwechsel-Endprodukte müssen abtransportiert werden. Der Zugang zum Blutgefäßsystem ist daher essentiell. Ohne Blutgefäße bleiben Tumoren auf mikroskopische Größe begrenzt (0,5–1 mm). Dies ist die **avaskuläre Phase** des Tumorwachstums. Tumorzellen brauchen Zugang zu Blutgefäßen, welche nicht weiter als 150–200 µm entfernt sind. Dies ist die Grenze der Sauerstoffdiffusion. Außerhalb dieses Bereiches werden Tumorzellen apoptotisch. Viele Mikrotumoren bleiben auf dem avaskulären Stadium stehen. Nur ein sehr kleiner Teil dieser „schlafenden" Mikrotumoren erreicht die zweite **vaskuläre Phase**, welche mit einem exponentiellen Zellwachstum einhergeht.

Die Regulation der Tumor-Neoangiogenese erfolgt durch verschiedene pro- und anti-angiogenetische Faktoren. Wird das Gleichgewicht in Richtung pro-angiogenetische Faktoren verschoben, erfolgt eine Gefäß-Neubildung. Dieser Vorgang wird als *angiogenic switch* bezeichnet. Die Abfolge avaskuläre Phase → *angiogenic switch* → vaskuläre Phase gilt auch für die Entstehung von Metastasen. Ein *angiogenic switch* wird in Tumoren durch verschiedene Faktoren aktiviert:

- Angiogene Onkoproteine (z. B. Ras) erhöhen die Expression pro-angiogener Proteine. Dazu zählen VEGFs (*vascular endothelial growth factors*), FGFs (*fibroblast growth factors*), PDGF (*platelet-derived growth factor*) und EGF (*epidermal growth factor*). Weiterhin können Onkogene die Expression von Angiogenese-Inhibitoren (z. B. Thrombospondin, Endostatin, Angiostatin, Tumstatin) herunterregulieren.

- Mutationen in Tumorsuppressor-Genen (*TP53*) beeinflussen das angiogene Gleichgewicht. Mutiertes p53 reguliert die Expression von Thrombospondin herunter und von vaskulärem epithelialem Wachstumsfaktor (VEGFA) herauf. Wildtyp-p53 fördert im Gegensatz zu seinen mutierten Formen die Mdm2-vermittelte Ubiquinierung und proteasomale Degradation von HIF-1. Diese Funktionen begünstigen die Gefäßneubildung in Tumoren. Andererseits werden Tumorzellen mit p53-Mutationen unter hypoxischen Bedingungen selektioniert, da sie keine Apoptose einleiten können und überleben.

- Kann die wachsende Tumormasse nicht mehr ausreichend mit Sauerstoff und Nährstoffen durch die Blutgefäße versorgt werden, tritt eine Hypoxie (Sauerstoffmangel) bzw. Ischämie (Unterversorgung durch mangelhafte Blutzufuhr) im Tumorgewebe auf. Hypoxie aktiviert den Hypoxie-induzierenden Faktor-1 (HIF-1). Dieses Protein kann die Expression pro-angiogener Proteine z. B. VEGFA induzieren. Deshalb ist VEGFA ubiquitär in Tumoren exprimiert.

- Normale Fibroblasten können durch Tumorzellen veranlasst werden, pro-angiogene Faktoren zu bilden.

- Endothelzell-Vorläufer aus dem Knochenmark können zum Tumor wandern und dort Blutgefäße bilden.

Während der normalen Embryogenese werden Gefäße aus Endothelzell-Vorläufern gebildet. Wenn diese ein primitives Netzwerk aus Blutgefäßen gebildet haben, findet die weitere Ausdifferenzierung durch Auswachsen weiterer Gefäße aus bereits existierenden statt. Es entsteht ein stabiles und ausgereiftes Blutgefäßsystem. Bei Tumoren ist die Situation anders. Das ständige Ungleichgewicht zwischen positiven und negativen Regulationsfaktoren ist am besten mit einer nicht heilenden Wunde zu vergleichen. Die Tumorgefäße wachsen immer weiter, sie differenzieren nicht aus und kommen nicht zum Stillstand. Strukturelle und funktionelle Abnormitäten unterscheiden Tumorgefäße von normalen Blutgefäßen: Sie sind unregelmäßig geformt, häufig erweitert und können tote Enden aufweisen. Weiterhin können Tumorgefäße leck sein und Hämorrhagien verursachen. Tumorzellen wachsen in die Gefäßwände ein. Das Blut fließt unregelmäßig in Tumorgefäßen, häufig langsamer und manchmal oszillierend.

Tumoren können nicht nur neue Gefäße bilden, sie können sich auch bereits existierender Blutgefäße im normalen Gewebe bemächtigen, indem Tumorzellen die normalen Zellen verdrängen, welche um Mikrogefäße wachsen. Dieser Vorgang heißt **Gefäßkooption**.

Therapeutische Ansätze

Inhibitoren der Neoangiogenese unterdrücken entweder die Endothelzell-Proliferation im Tumorbett oder induzieren die Apoptose von Endothelzellen. Bei Behandlung mit Angiogenese-Inhibitoren kann es anfänglich sogar zu einem verstärkten Blutfluss im Tumor kommen. Bei Fortsetzung der Behandlung verringert er sich, so dass es zu der erwünschten Minderversorgung des Tumorgewebes mit Sauerstoff und Nährstoffen kommt. Dieser paradoxe Effekt erklärt sich durch die Verminderung der lecken und perforierten Tumorgefäße auf Grund einer Hemmung pro-angiogener Faktoren. Die Reduktion der Gefäßneubildung bei einer chronisch anti-angiogenen Therapie führt zu einer nachhaltigen Apoptose im Tumorgewebe und die Tumormasse schrumpft.

Anti-angiogene Effekte bei der konventionellen Chemotherapie wurden in der Vergangenheit nur wenig berücksichtigt. Zytostatika müssen die Kapillarendothelien passieren, bevor sie ins Tumorgewebe gelangen. Da die Endothelzellen in Tumorgefäßen auf Grund angiogener Signale wesentlich schneller proliferieren als Gefäß-Endothelzellen in gesunden Geweben, werden sie durch Zytostatika stärker geschädigt. Dies beruht auf der generellen Eigenschaft von Zytostatika, schnell proliferierende Zellen stärker als quieszente Zellen zu schädigen. Weiterhin sind Endothelzellen auch in Tumorgefäßen nicht transformiert, d. h. sie sind genetisch stabil und weisen keine p53-Mutationen auf. Die apoptotischen Effekte von Zytostatika sind gegenüber Endothelzellen mit Wildtyp-p53 stärker als gegenüber p53-mutierten Tumorzellen. Die therapeutische Effizienz herkömmlicher

Tumormedikamente beruht daher auch auf ihrer Fähigkeit eine Apoptose in Endothelzellen von Tumorgefäßen zu induzieren. Traditionell werden Zytostatika in der maximal tolerierbaren Dosis für die Tumorbehandlung eingesetzt. Dies macht ein therapiefreies Intervall vor der nächsten Zytostatikagabe notwendig, damit sich gesunde Gewebe (Knochenmark, Gastrointestinaltrakt) erholen können. Während dieses Intervalls erholen sich schlechterdings auch die Endothelzellen in Tumorgefäßen, so dass verbleibende nicht abgetötete Tumorzellen schnell wieder beginnen zu proliferieren und ein erneutes Tumorwachstum verursachen. Im Tierexperiment zeigen sich bei der Tumorbehandlung nach traditionellem Muster keine nachhaltige Tumorabtötung und keine Heilung tumortragender Tiere. Werden hingegen die Dosis reduziert und die therapiefreien Intervalle minimiert, überleben die Mäuse ohne erhebliche Toxizität im normalen Gewebe. Bei Zytostatika-resistenten Tumoren kommt es nicht zu einer Heilung, wohl aber zu einer Verlangsamung des Tumorwachstums unter Dauerbehandlung bei reduzierter Dosis. Wird nun ein Angiogenese-Inhibitor mit dem Zytostatikum kombiniert, beobachtet man vollständige Tumorregressionen und lang anhaltende Überlebenszeiten in den meisten Versuchstieren. In klinischen Studien muss überprüft werden, ob sich diese Ergebnisse auf die klinische Situation übertragen lassen.

Lymphangiogenese

Die lymphatischen Netzwerke in oder um Tumoren herum bestehen ähnlich wie bei Blutgefäßen aus disorganisierten und teilweise lecken Lymphbahnen, welche ihrer Drainage-Funktion nicht mehr gerecht werden. Diese Unregelmäßigkeiten machen Lymphbahnen anfälliger für die Invasion durch Tumorzellen. Weiterhin bestehen Interaktionen zwischen Tumorzellen und lymphatischen endothelialen Zellen (LECs) tumorassoziierter lymphatischer Netzwerke.

Viele solide Tumoren haben einen erhöhten interstitiellen Flüssigkeitsdruck auf Grund ihrer disorganisierten Lymphbahn-Struktur. Dies stellt eine Barriere für den transkapillaren Transport dar und trägt zu einer hypoxischen und ischämischen Umgebung im Tumor bei. Die Neubildung von Lymphbahnen senkt den interstitiellen Flüssigkeitsdruck und verbessert die Drainage der interstitiellen Flüssigkeit und damit den Austausch von Nährstoffen und Sauerstoff sowie den Abtransport von Stoffwechselprodukten. Dies stellt die biologische Grundlage für die Entwicklung der Lymphangiogenese in Tumoren dar.

Es wird vermutet, dass es in Analogie zum *angiogenic switch* einen *lymphoangiogenic switch* gibt und dass die Wachstumsfaktoren an der Infiltration des Tumorgewebes mit Lymphbahnen beteiligt sind. Lymphangiogene

Faktoren sind *fibroblast-derived growth factor* FGF2, *platelet-derived growth factor* PDGF und andere Faktoren, welche auch bei der Bildung von Blutgefäßen eine Rolle spielen (VEGF, Angiopoetin). Neue Lymphbahnen entstehen durch Aussprossung aus bestehenden.

6.2.10 Epigenetik

Toxische Substanzen haben das Potenzial, unerwünschte Wirkungen durch Schäden in der DNA hervorzurufen. Neben den genetischen Schäden müssen auch epigenetische Mechanismen in Betracht gezogen werden.

Unter epigenetischen Veränderungen versteht man genomische Veränderungen, welche über die Zellteilung weitervererbt werden, jedoch nicht die Basensequenz der DNA betreffen. Die **Epigenetik** beschäftigt sich mit der Weitergabe von Informationen durch Regulationsmechanismen zeitlich und räumlich unterschiedlicher Genaktivität. Die gemeinsamen Eigenschaften epigenetischer Veränderungen sind:

- die potenzielle Reversibilität, welche im Gegensatz zu genetischen Mutationen steht.
- der Positionseffekt: epigenetische Veränderungen können entfernt liegende Gene beeinflussen.
- Effekte auf Gengruppen, welche im Genom nahe benachbart sind.
- die große Häufigkeit epigenetischer Veränderungen. Sie liegt um Größenordnungen über der genetischer Veränderungen.
- ihre Veränderbarkeit durch die Umwelt.

Die Anpassung von Organismen an sich verändernde Umweltbedingungen durch adaptive und vererbliche epigenetische Veränderungen stellt das zentrale Dogma der Evolutionsbiologie in Frage, wonach zufällige (DNA-) Mutation und Selektion die alleinigen Motoren der Evolution darstellen. Zu epigenetischen Mechanismen zählen Chromatin-Veränderungen (posttranslationale Histonmodifikation, Nukleosom-Anordnung und DNA-Chromatin-Komplexe) sowie die Methylierung von Cytosinen in der DNA. DNA-Methylierung ist auch am *imprinting* beteiligt, bei dem homologe Gene differentiell exprimiert werden in Abhängigkeit, ob sie von väterlicher oder mütterlicher Seite vererbt wurden. Dies steht im Gegensatz zur klassischen Mendel'schen Genetik mit gleicher Vererbung parentaler Merkmale und vorhersagbarem Erbgang genetischer Eigenschaften unter der Nachkommenschaft.

Etwa 4% der Cytosine sind in Säugetier-DNA methyliert. Die Hauptfunktion der DNA-Methylierung ist die transkriptionelle Regulation der Genexpression während der Entwicklung, in unterschiedlichen Geweben und

Organen, das oben genannte *imprinting* sowie die Ausschaltung von Transposon-Elementen. Im Allgemeinen führt DNA-Methylierung zur Unterdrückung der Transkription. Typischerweise werden Promoterregionen methyliert, wodurch die Transkription abgeschaltet wird. Jedoch gibt es auch eine Hypermethylierung von Nicht-Promoter-Regionen in *imprint*-Kontrollregionen, welche mit einer erhöhten Genexpression einhergehen. Die Aufrechterhaltung unterschiedlicher Methylierungsmuster ist für die Regulation einer normalen Genexpression wichtig. Interessanterweise schaltet die DNA-Methylierung eine Transkription genomischer „Parasiten" (z. B. viraler Sequenzen) ab, welche die genomische Stabilität stören.

Die Methylierung von Promoterbereichen mit hohem CG-Anteil (*CpG islands*) verhindert einerseits die Bindung von Transkriptionsfaktoren. Andererseits können andere Proteine an diese DNA-Abschnitte binden und die eigentlichen Transkriptionsfaktoren verdrängen. Zusätzlich ist häufig die Methylierung von *CpG islands* mit einer **Deacetylierung von Histonen** gekoppelt. Histone sind „Packproteine", welche die DNA in repetitive nukleosomale Einheiten verpacken und zu Chromatinfibern höherer Ordnung falten. Histone werden auf posttranslationaler Ebene vielfältig an ihren aminoterminalen Enden modifiziert (Acetylierung, Methylierung, Phosphorylierung, Ubiquitinierung). Die Acetylierung wird durch die Histonacetyltransferasen und die Histondeacetylasen kontrolliert. Acetylierung ist mit nukleosomalen Umlagerungsprozessen und transkriptioneller Aktivierung verknüpft. Deacetylierung verursacht eine transkriptionelle Repression durch Chromatinkondensation.

DNA-Methylierung und Histon-Deacetylierung unterstützen sich gegenseitig in der effizienten Abschaltung der Transkription. An der DNA-Methylierung sind die **DNA-Methyltransferasen** DNMT1 und DNMT3b beteiligt. Als Quelle für Methyl-Gruppen dient *S*-Adenosyl-Methionin. DNMTs rekrutieren Histondeacetylasen. Nach Bindung des Methyl-CpG-bindenden Proteins MeCP2 an methylierte DNA komplexiert das SIN3-Protein, welches seinerseits Teil eines Deacetylase-Komplexes ist, an MeCP2. Dies führt zu einer Histon-Deacetylierung der methylierten DNA.

Aberrante DNA-Methylierung trägt zur Krebsentstehung bei und ist für einige seltene neuronale entwicklungsbiologische Erkrankungen verantwortlich. Hypermethylierte *CpG islands* sind ein charakteristisches Kennzeichen vieler Tumorarten. Eine DNA-Hypermethylierung bei der Kanzerogenese ist ein Hinweis dafür, dass kanzerogene Chemikalien die DNA-Methylierungsmuster verändern und dass veränderte Methylierungsmuster für die Ausprägung toxischer Effekte durch Xenobiotika mit verantwortlich sind. Beispielsweise wird DNMT1 durch Cadmium gehemmt. Cadmium verursacht daher eine Hypermethylierung. Arsen induziert eine Hypomethylierung des *ras*-Onkogens. Arsen, Dichloressigsäure und Trichloressigsäure induzieren eine Hypomethylierung und eine daraus resultierende Aktivierung des *c-myc*-Onkogens. Veränderte DNA-Methylierung und Histon-Acetylierung wurden bei der Nickel-induzierten Kanzerogenese beobachtet. Die hepatokanzerogenen Eigenschaften von Phenobarbitalen in experimentellen Nagetier-Modellen beruhen zumindest teilweise auf Methylierungseffekten.

Das epigenetische Modell der Krebsentstehung steht nicht im Gegensatz zum genetischen, sondern ergänzt es. Das Epigenom trägt ebenso wie das Genom zu Kanzerogenese, Tumorwachstum, Invasion und Metastasierung durch spezifische Veränderungen der Genexpression bei.

Epigenetische Veränderungen passen in das klassische Mehrstufenkonzept der Krebsentstehung bestehend aus Initiations-, Promotions- und Progressionsphasen. Während der Initiation können epigenetische Alterationen den Effekt genetischer Schädigungen beeinflussen, indem sie die Suszeptibilität der DNA für Läsionen erhöhen. Dabei wirken epigenetische Veränderungen komplementär. Beispielsweise macht ein *loss of imprinting* (LOI) beim kolorektalen Karzinom durch epigenetische Ereignisse das gesunde Darmgewebe anfälliger für genetische Insulte. Epigenetische Veränderungen treten vermehrt auch bei der Tumorprogression auf.

Eine Potenzierung genetischer Schäden durch epigenetische Veränderungen trägt zur Erklärung des altersbedingten Ansteigens der Krebsinzidenz bei. Da sich epigenetische Veränderungen über die Lebenszeit akkumulieren, führen sie zu einer allmählichen Erosion der DNA-Methylierungsmuster in spezifischen Genen.

Therapeutische Ansätze

DNMT-Inhibitoren: Epigenetische Veränderungen sind im Gegensatz zu genetischen Mutationen reversibel. Hypermethylierte Gene können durch DNMT-Inhibitoren demethyliert und reaktiviert werden. Auf diese Weise lässt sich die Funktion still gelegter Tumorsuppressor-Gene wiederherstellen. DNMT-Inhibitoren mit Aktivität gegen Leukämien sind die Nukleosid-Deoxycytidin-Analoga 5-Azacytidin und 5-Aza-2'Deoxycytidin (*Decitabine*). Gegen solide Tumoren wirken sie nicht. Weiterhin ist ihr Gebrauch durch hohe Toxizität eingeschränkt. Eine weniger toxische Neuentwicklung ist **Zebularin**, ein Nukleosid-Analogon, welches nicht nur die DNA-Methylierung, sondern auch die Cytidindeaminase hemmt.

Histondeacetylase-Inhibitoren: Dazu zählen kurzkettige Fettsäuren (z. B. Butyrat), Hydroxaminsäuren (z. B. Trichostatin A), Tetrapeptide und Benzamide. Interessanterweise induzieren Histondeacetylase-Inhibitoren keine genomweite Deacetylierung. Lediglich 2–10% der Gene werden nach einer

Behandlung reaktiviert und exprimiert. Dies spricht für eine spezifische Wirkweise. Die aktivierten Gene sind Regulatoren des Zellwachstums, der Apoptose und der Differenzierung.

6.2.11 Chemoprävention

Ein großer Teil der Tumoren kann bislang nicht befriedigend therapiert werden und viele Patienten sterben an ihrer Krankheit. Gerade daher kommt der Prävention von Krebserkrankungen eine besonders wichtige Rolle zu. Krebsprävention ist ein multidisziplinärer Ansatz aus Molekularbiologie, Pharmakologie, Ernährungswissenschaft, Infektiologie, Psychologie und Gesundheitsökonomik. Verschiedene Formen der Krebsprävention können unterschieden werden:

- primäre Prävention durch Vermeidung der Exposition mit kanzerogenen Agenzien,
- Chemoprävention und Ernährung,
- Früherkennung und Prävention von präneoplastischen Läsionen und Tumoren in frühen Stadien,
- Prävention von Rezidiven und Metastasen,
- Prävention bei Personen mit hoher Prädisposition für Krebs (Beispiel: vererbliche DNA-Reparaturkrankheiten).

Unter **Chemoprävention** versteht man die Verwendung natürlich vorkommender oder synthetischer chemischer Verbindungen, um die kanzerogene Entwicklung zu verhindern, zu revertieren oder zu unterdrücken.

Medikamente zur Behandlung von Tumorerkrankungen sind von Substanzen zur Krebsvorbeugung zu unterscheiden. Zytostatika sind in der Regel toxisch und häufig sogar mutagen und kanzerogen. Im Tierexperiment besitzen sie meist keine protektiven Eigenschaften gegenüber Tumoren – im Gegenteil sie machen die Tiere auf Grund ihrer Toxizität krank. Andererseits haben viele chemopräventive Substanzen wenig oder keine therapeutischen Heileffekte, wenn ein Tumor bereits entstanden ist. Jedoch verhindern sie im Vorfeld eine Krebsentstehung.

Mehrere tausend Substanzen zeigten in der Vergangenheit präklinisch chemopräventive Eigenschaften. Wichtige chemopräventive Stoffe sind beispielsweise die **Retinoide**. Dazu zählen natürliches **Vitamin A (Retinol)**, Ester-Derivate davon sowie synthetische Retinoide. Ihre biologische Wirksamkeit wird durch nukleäre Retinsäure-Rezeptoren (RARs) und Retinoid-X-Rezeptoren (RXR) vermittelt. Weitere interessante chemopräventive Stoffe sind **β-Carotin, Calcium, α-Tocopherol, Selen, nicht-steroidale antiinflammatorische Drogen (NSAIDs, Aspirin** etc.), polyphenolische

Extrakte aus grünem Tee (**Epigallocatechingallat**), **Flavonoide** aus Obst und Gemüsen, **Curcumin** aus der Gelbwurzel (*Curcuma longa*) und **Resveratrol** aus Rotwein u.v.m. Toxischen Nebeneffekten kommt bei der Chemoprävention eine besondere Bedeutung zu. Bei langfristiger Anwendung sind selbst schwache toxische Nebenwirkungen nicht akzeptabel. Es ist nicht einfach, wirksame chemopräventive Substanzen ohne Nebenwirkungen für den Markt zu entwickeln. Beispiel für solche Risiko-Nutzen-Beziehungen sind Retinoide und β-Carotin. Retinoide zeigen eine deutliche Wirksamkeit in etlichen präklinischen Untersuchungsmodellen. Jedoch weisen sie dosisabhängige Nebenwirkungen auf (trockene Haut und Schleimhäute). Hingegen prägt β-Carotin keine klinisch nachweisbare Toxizität aus, eine klinisch nachweisbare chemopräventive Wirkung bleibt allerdings ebenso aus. Die riesige Zahl chemopräventiver Substanzen, welche präklinisch identifiziert wurden und die geringe Zahl, welche die klinische Prüfung der Phasen I bis III durchlaufen, ist frappierend. Ein Grund dafür dürfte sein, dass klinische Studien große finanzielle Ressourcen verschlingen und der zu erwartende Gewinn bei chemopräventiven Substanzen für pharmazeutische Unternehmen begrenzt bleibt. Weiterhin bestehen die Zielgruppen für klinische Prüfungen aus gesunden Probanden oder (noch) gesunden Risikogruppen. Die Bereitschaft dieser Personenkreise an langwierigen klinischen Studien teilzunehmen, ist geringer als bei Krebspatienten.

Chemopräventive Substanzen haben meist mehrere Zielmoleküle:

- Blockierung der Kanzerogen-Aktivität durch Inhibition der zellulären Kanzerogenaufnahme oder Kanzerogenaktivierung, vermehrte Kanzerogen-Detoxifizierung, Inhibition der Bindung von Kanzerogenen an die DNA oder verbesserte DNA-Reparatur.
- Antioxidative Wirkung: Abfangen und Entgiften reaktiver elektrophiler Moleküle und Sauerstoff-Radikale oder Hemmung des Arachidonsäure-Stoffwechsels (Entzündungshemmung).
- Die antiproliferativen Wirkungen von chemopräventiven Substanzen sind vielfältig. Dazu zählen die Modulation von Signal-Transduktionswegen und Wachstumsfaktorwirkungen, die Inhibition der terminalen Differenzierung, der Aktivität von Onkogenen, des Polyamin-Stoffwechsels, des programmierten Zelltodes (Apoptose), der Tumor-Neoangiogenese, der Degradation der Basalmembran als metastasierungsfördernder Schritt sowie die Stimulierung der Immunantwort und anti-metastatischer Gene.

Dem Modell der Mehrschritt-Kanzerogenese folgend, werden Substanzen welche unter die erste und zweite Kategorie fallen, als Inhibitoren der Tumorinitiation angesehen, Substanzen der dritten Kategorie als Hemmstoffe der Tumorpromotion und -progression.

6.3 Teratogenität

Die **Teratologie** beschäftigt sich mit der abnormen pränatalen Entwicklung. Exposition mit teratogenen Stoffen führt zur abnormen Entwicklung von Embryonen und Föten. Ein besonders bekanntes Beispiel sind die teratogenen Effekte von **Thalidomid (Kontergan)** aus den 1950er Jahren. Teratogene Effekte können direkt auf den Embryo wirken oder indirekt über den mütterlichen Stoffwechsel. Sie werden vermittelt durch veränderte Gen-Expressionsmuster, Apoptose, Zellmigration oder Zellproliferation, Beeinflussung der Histogenese und der Proteinfunktion etc.

Es gibt zwei verschiedene Reaktionen teratogener Substanzen: Einerseits können sie dosisabhängig und reversibel sein. Solche Effekte entstehen durch die Bindung von Substanzen an Rezeptoren. Sie erscheinen bei hohen Plasmakonzentrationen und verschwinden bei Eliminierung des Schadstoffes. Andere teratogene Effekte sind rezeptorunabhängig. Viele Arzneimittel und Umweltchemikalien sind Proteratogene. Sie werden im Embryo von Peroxidasen (Lipoxigenase, Prostaglandin-H-Synthase, Myeloperoxidase, Thyroidperoxidase) zu reaktiven Intermediaten umgewandelt, welche die eigentlichen teratogenen Stoffe darstellen. Cytochrom-P450-Monooxigenasen kommen in Embryonen nur in geringen Mengen vor. Dennoch spielen sie für die Teratogenese eine Rolle, wenn in der mütterlichen Leber Proteratogene bioaktiviert werden, welche über den Blutkreislauf in den Embryo gelangen. In beiden Fällen entstehen reaktive freie Radikale und reaktive Sauerstoff-Spezies. Wenn sie nicht durch Phase-II-Enzyme (Glutathionperoxidase, Lipid-Hydroperoxidase, Superoxid-Dismutase, Catalase) detoxifiziert werden, oxidieren sie nukleophile Makromoleküle (DNA, Proteine, Lipide) oder bilden kovalente Addukte mit ihnen. Diese Reaktionen sind irreversibel und die entstehenden Schäden sind im Gegensatz zu rezeptorvermittelten Effekten kumulativ. Sie treten daher auch noch nach Monaten oder Jahren auf.

Die Schädigung der DNA ist für die Teratogenese ähnlich bedeutsam wie für die Kanzerogenese. Es ist daher nicht verwunderlich, dass Tumorsuppressor-Gene wie *TP53* auch als Teratogenese-Suppressoren fungieren. Aus evolutionsbiologischer Sicht ist dies einleuchtend, da der evolutionäre Druck einer schadensfreien Reproduktion der Nachkommenschaft mindestens so hoch ist wie der, die erwachsenen Organismen so lange vor Krebs zu schützen, bis sie sich fortgepflanzt haben.

Das Schwangerschaftsstadium hat einen besonders wichtigen Einfluss auf teratogene Effekte. Während der ersten beiden Wochen nach der Verschmelzung von Ei und Spermium ist es unwahrscheinlich, dass teratogene Effekte auftreten, da die Zellen in diesem Stadium noch pluripotent sind.

Zellen, welche durch toxische Stoffe abgetötet werden, können durch andere Zellen ersetzt werden. Wenn die Zellschädigung massiv ist, stirbt der Embryo als Ganzes ab. Diese Phase wird daher auch als „Alles-oder-nichts"-Phase bezeichnet. Während der Organogenese (18–60 Tage nach der Verschmelzung von Ei und Spermium) ist der Embryo gegenüber teratogenen Einflüssen besonders empfindlich. In dieser Zeit ereignen sich die meisten Missbildungen. Die anschließende fötale Phase ist durch Zellwachstum und -migration gekennzeichnet. Eine Exposition mit teratogenen Stoffen verursacht in dieser Zeit eine Verzögerung des fötalen Wachstums oder Funktionsstörungen des zentralen Nervensystems, welche Jahre nach der Geburt in der Kindheit manifest werden.

Teratogene Effekte treten auf, wenn eine bestimmte Schwellendosis überschritten wird. Über diesem Schwellenwert besteht eine Dosisabhängigkeit. Chronische Expositionen haben ein höheres teratogenes Potenzial als akute. Beispielsweise tritt das **fötale Alkoholsyndrom** nicht auf, wenn die Mutter während der Schwangerschaft einmal betrunken war (selbst im ersten Trimester während der Organogenese). Das Risiko steigt jedoch drastisch bei konstantem Alkoholkonsum während der Schwangerschaft an. Typische Symptome des fötalen Alkoholsyndroms sind Wachstumsretardation, Mikroencephalie, geistige Unterentwicklung, neurologisch bedingte Verhaltensstörungen und Missbildungen im Gesichtsbereich.

Die Assoziation zwischen **Zigarettenkonsum** schwangerer Frauen und niedrigem Gewicht des Neugeborenen sowie dem Auftreten von Frühgeburten ist gut belegt. Außerdem treten Missbildungen in Gesicht, Armen, Füßen, Urogenitaltrakt u. a. auf.

Teratogene Effekte treten ebenfalls auf, wenn Schwangere **antiepileptische Medikamente** einnehmen. Anomalien treten in ZNS, Herzkreislauf-System, Urogenital- und Gastrointestinaltrakt auf. Wachstumsretardation, Missbildungen im Gesicht und an den Fingern sowie eine allgemeine Entwicklungsstörung sind ebenfalls kennzeichnend. Das Risiko epileptischer Mütter, welche während der Schwangerschaft mit antiepileptischen Medikamenten behandelt worden sind, liegt zwei- bis dreimal höher als das gesunder unbehandelter Mütter. Das Risiko bei gesunden Frauen, Kinder mit Missbildungen zu gebären, liegt bei 3–5%.

Genetische Faktoren von Mutter und Fötus beeinflussen Transport, Absorption, Verteilung, Rezeptorbindung und Ausscheidung von Arzneimitteln und Xenobiotika. Sie wirken sich daher auch auf die teratogene Wirkung von Schadstoffen aus.

6.4 Reproduktive und endokrine Toxizität

Die industrielle Entwicklung hat im zurückliegenden Jahrhundert eine Fülle von chemischen Verbindungen hervorgebracht, welche die Reproduktionsfähigkeit beeinträchtigen. Chemikalien, welche die Wirkung von endogenen Steroidhormonen nachahmen, werden als **Xenoöstrogene** bzw. **Xenoandrogene** bezeichnet. Pestizide (z. B. DDT, 1,2-Dibrom-3-Chlorpropan), Fungizide (Vinclozolin), Herbizide (Linuron), Schwermetalle (Blei, Chrom, Quecksilber), Dioxine, ionisierende Strahlen und hohe Temperaturen können normale endokrine Abläufe stören.

Das endokrine System besteht aus verschiedenen miteinander verknüpften Bestandteilen (**Hypothalamus** und **Hypophyse** im Gehirn sowie **Gonaden**). Der Hypothalamus setzt *gonadotrophin-releasing hormone* (GnRH) ins Blut frei. GnRH stimuliert die Freisetzung von Gonadotrophinen (*luteinizing hormone*, LH) und follikelstimulierendem Hormon (FSH) aus der Hypophyse. LH und FSH wirken nach Verbreitung über den Blutkreislauf auf die Gonaden (Hoden, Eierstöcke). Die Produktion von Testosteron und Östrogen in den Gonaden wirkt als negativer *feedback*-Mechanismus auf Hypothalamus und Hypophyse. Xenoöstrogene und Xenoandrogene wirken auf Hypophyse, Hypothalamus und Gonaden. Innerhalb der Hoden wirken Giftstoffe auf verschiedene Zelltypen (somatische Zellen, Leydig- und Sertoli-Zellen sowie Keimzellen), indem sie den programmierten Zelltod (Apoptose) induzieren. Beim Menschen wird die Umweltbelastung mit Fremdstoffen, welche endokrine Funktionen stören, mit einer herabgesetzten Reproduktionskapazität bei Männern und einer erhöhten Brustkrebs-Inzidenz bei Frauen in Verbindung gebracht.

Föten sind gegenüber Giftstoffen bereits in geringsten Konzentrationen empfindlich, welche über das mütterliche Blut aufgenommen werden. Chemikalien, welche die Hormonfunktion stören, führen zu Sterilität, erhöhtem Risiko für Brust-, Prostata- und Gebärmutterhals-Krebs, Geschlechtsdefekten und Endometriose.

Eine Zerstörung der primordialen Eifollikel durch **Ovitoxine** kann eine **frühzeitige Menopause** bei Frauen auslösen. Zu den Ovitoxinen zählen u. a. **polyzyklische Kohlenwasserstoffe** (9,10-Dimethylbenzanthracen (DMBA), 3-Methylcholandren und Benzo[a]pyren), welche in Zigarettenrauch und Autoabgasen vorkommen.

Die *in-utero*-Exposition mit antiandrogenen Chemikalien kann im Fötus **Fehlbildungen der männlichen Geschlechtsentwicklung** verursachen. Ein bekannter Fremdstoff, welcher für diesen Effekt verantwortlich ist, stellt das Fungizid **Vinclozolin** dar. Diese Substanz wird zur Behandlung von Früchten, Gemüsen etc. verwendet. Vinclozolin interagiert mit dem

Androgen-Rezeptor. Ein weiteres bekanntes Beispiel ist **Diethylstilbestrol**, ein synthetisches Östrogen, welches zur Vermeidung von Fehlgeburten und als Wirkprinzip der „Pille danach" in den 1950er bis 1970er Jahren verwendet wurde. Es schädigt zwar nicht die Föten, jedoch verursacht es Schäden des reproduktiven Traktes sowie Adenokarzinome der *Vagina* bei weiblichen Nachkommen im Erwachsenenalter.

Manche Giftstoffe prägen **geschlechtsspezifische Wirkungen** aus. Toxische Chemikalien können die Keimzellen in Frühstadien der Meiose in Ovarien und bei der Spermatogenese schädigen. Zu den bekanntesten Chemikalien mit reproduktionstoxischen Eigenschaften zählen die **Phthalate**. Phthalatester dienen als Weichmacher für PVC-Böden, Kosmetika, medizinische Produkte, Spielzeug und Nahrungsmittel-Verpackungen. Im männlichen Organismus kommt es im Gegensatz zum weiblichen zu Störungen bei der Geschlechtsdifferenzierung. Phthalate erzeugen ein ähnliches Krankheitsbild wie beim **testikulären Dysgenese-Syndrom** (niedrige Spermienzahlen, Crytorchidismus, Hypospadie und Hodenkrebs), was ähnliche Ätiologien vermuten lässt. Bei Frauen erhöhen Phthalate die Rate der Fehlgeburten und erniedrigen die Rate der Schwangerschaften.

Östrogene Xenobiotika wie **Dichlordiphenyl-Trichlorethan (DDT), polychlorierte Biphenyle (PCBs), Bisphenol A, Methoxychlor-Metabolite** u. a. wird eine **Störung endokriner Funktionen** zugeschrieben durch Bindung an nukleäre Östrogenrezeptoren. **2,3,7,8-Tetrachlordibenzo-*p*-Dioxin (TCDD), Dibenzofurane** und PCBs haben indirekte antiöstrogene Wirkung durch Bindung an den Aryl-Kohlenwasserstoff-Rezeptor und anschließende Interferenz mit Östrogenrezeptor-Bindungsstellen in der DNA. **Vinclozolin** und DDT-Analoga binden kompetitiv an den Androgenrezeptor und prägen antiandrogene Effekte aus. Neben Weichmachern und anderen Industriechemikalien werden synthetische Östrogene auch als Pharmaka zur Behandlung von Brustkrebs und Osteoporose eingesetzt. Sie werden als Kontrazeptiva („Anti-Babypille") und in der post-menopausalen Hormon-Ersatztherapie verwendet. Über die *Faeces* werden überschüssige Mengen ausgeschieden.

Störungen endokriner Funktionen durch die Freisetzung xenobiotischer Östrogene in die Umwelt lassen sich bei wildlebenden Tieren beobachten, beispielsweise als Feminisierung männlicher Vögel, Alligatoren und Fische in Florida. Auch Zwitterbildungen wurden bei Fischen beobachtet. Männliche Raubkatzen (Panther) wiesen abnorme Spermien und niedrige Spermienzahlen auf.

Interessanterweise haben nicht nur anthropogene Umweltgifte östrogene Aktivität, sondern auch einige pflanzliche Inhaltsstoffe. Sie werden als **Phytoöstrogene** bezeichnet (**Abb. 6.20**). Phytochemische Substanzklassen mit östrogenen Eigenschaften sind **Isoflavone** und **Isoflavonoide, Lignane,**

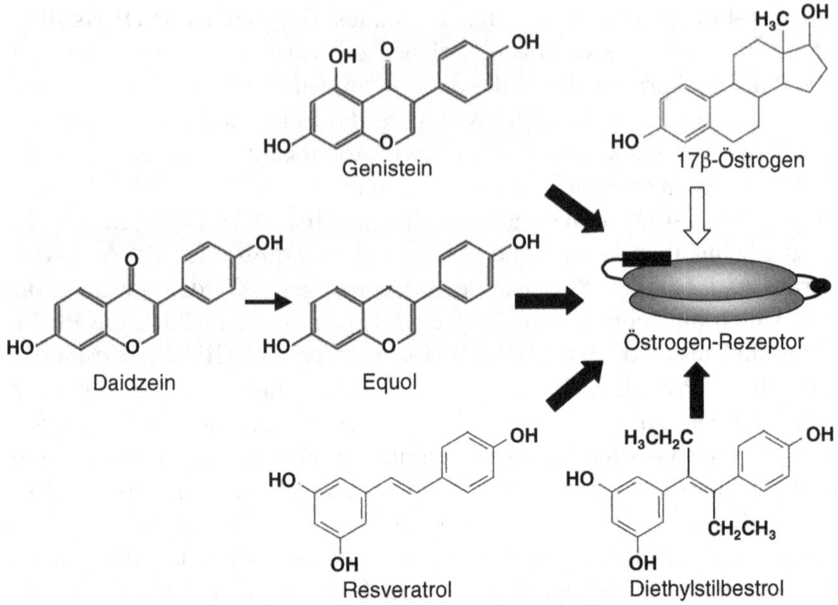

Abb. 6.20. Chemische Strukturverwandtschaft von Phytoöstrogenen und Diethylstilbestrol mit 17β-Östrogen

Mycotoxine sowie **Coumestane.** Isoflavone liegen als biologisch inaktive Glycoside vor. Im Magen-Darm-Trakt wird der Glycosid-Anteil durch Darmbakterien abgespalten. Die entstehenden Aglycone (z. B. **Genistein, Daidzein**) sind biologisch aktiv. Daidzein wird zu Equol verstoffwechselt. Aglycosidische Metabolite kompetieren mit 17β-Östrogen um die Bindung an Östrogenrezeptoren. Sie können agonistisch oder antagonistisch wirken. Es gibt Hinweise, dass einige dieser Stoffe (z. B. in Sojabohnen) Frauen vor Brustkrebs schützen.

Die Östrogen-Signalweiterleitung wird durch zwei nukleäre Rezeptoren vermittelt: **Östrogenrezeptor-α (ERα) und -β (ERβ).** Sie fungieren als ligandenaktivierte Transkriptionsfaktoren in Verbindung mit zahlreichen koregulatorischen Proteinen, um die Transkription ER-abhängiger Gene entweder zu aktivieren oder zu reprimieren. Dies geschieht über Bindung der Rezeptoren an Östrogen-responsive Elemente (EREs) in Promotern von Zielgenen. Eine Regulation der Genexpression kann auch unabhängig von EREs erfolgen. Beide Östrogenrezeptor-Subtypen besitzen zwei Domänen zur Transaktivierung (AF-1 und AF-2). Während AF-1 die Genexpression in ligandenabhängiger Weise beeinflusst, vermittelt die AF-2-Region ligandenunabhängig transkriptionelle Aktivierung.

6.5 Hepatotoxizität

Die Leber ist das Hauptorgan für den Metabolismus vieler Arzneimittel. Sie werden durch Phase-I-Enzyme aktiviert. Dabei entstehen elektrophile Metabolite und freie Radikale als Nebenprodukte. Diese können toxisch wirken, da sie an Proteine, Lipide und DNA kovalent binden und oxidativen Stress verursachen. Einige Medikamente rufen eine Hepatotoxizität durch Schädigung bestimmter Organellen (Mitochondrien, endoplasmatisches Reticulum, Zellkern) hervor. Auf molekularer Ebene kommt es zu Störungen von Signal-Transduktionsprozessen und Transkriptionsfaktoren und in Folge zu veränderten Gen-Expressionsprofilen. Weiterhin kann es zur Depletion von Glutathion oder zur ATP-Depletion kommen. Dies kann einerseits zur Induktion der Apoptose oder zur Nekrose führen. Andererseits kann oxidativer Stress und kovalente Bindung an nukleophile Moleküle (z. B. DNA) sowohl das angeborene als auch das adaptive Immunsystem aktivieren und Abwehrreaktionen im Lebergewebe hervorrufen. Beide Faktoren tragen zur Pathogenese der Hepatotoxizität bei. Der Schweregrad der Hepatotoxizität hängt von verschiedenen Faktoren ab: Konzentration und Expositionsdauer der toxischen Substanz, umweltbedingte und genetische Faktoren, welche den Arzneimittel-Metabolismus und -Transport beeinflussen, sowie Reparatur- und Regenerationsprozesse.

Arzneimittel-induzierte Lebererkrankungen sind immens wichtig, da sie erhebliche Sicherheitsanforderungen an die Arzneimittelentwicklung in der pharmazeutischen Industrie stellen. In **Abb. 6.21** sind histologische Schnitte einer normalen Leber im Vergleich zur Fettleber und Leberzirrhose dargestellt. Fettleber und Leberzirrhose können nicht nur duch Überernährung und Alkoholmissbrauch enstehen, sondern auch durch Arzneimittel und Gifte. Es sind etliche hundert pharmakologisch wirksame Substanzen bekannt, welche Leberschäden verursachen können. In den Vereinigten Staaten ist die Hälfte aller Fälle **akuten Leberversagens** auf Medikamente zurückzuführen. Die Mehrheit dieser Fälle beruht auf den toxischen Wirkungen von **Acetaminophen**. Im Fall von **Triglizaton** hat das häufige Auftreten von akutem Leberversagen mit der Notwendigkeit zur Lebertransplantation dazu geführt, dass die Substanz vom Markt genommen wurde. *Ecstasy*, ein Amphetamin-Derivat ist eine Ursache für Leberversagen, vor allem bei Jugendlichen.

Akute Lebertoxizität kann sich als akute Hepatitis, Cholestasis oder als gemischtes Erscheinungsbild äußern. Eine Hepatitis wird durch Entzündungen hervorgerufen und ist häufig mit der Entstehung eines hepatozellulären Karzinoms assoziiert. Gelbsucht ist ein typisches Symptom schwerer Hepatitis. Sie verläuft in etwa 10% der Fälle tödlich. Für arzneimittelinduzierte,

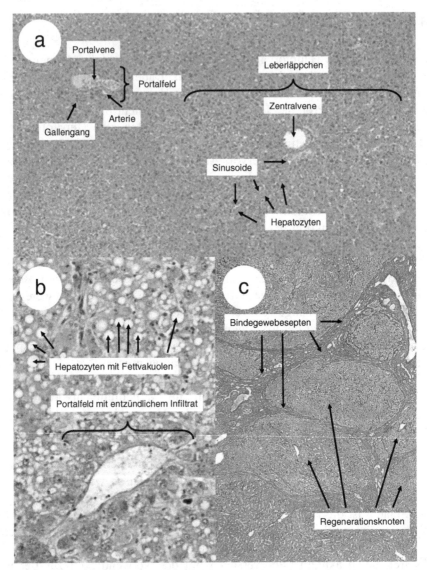

Abb. 6.21a–c. Hepatotoxizität. Histologie **a** einer normalen Leber, **b** einer Fettleber und **c** einer Leberzirrhose. Bei der Fettleber enthalten die Hepatozyten große Fettvakuolen. Absterbende Hepatozyten rufen durch das freigesetzte Fett Entzündungen hervor. Ursachen einer Fettleber sind Überernährung, Alkoholmissbrauch sowie unerwünschte Wirkungen von Arzneimitteln und Toxinen. Bei der Leberzirrhose liegen Zentralvenen im Randbereich und Portalvenen im Zentrum der Regenerationsknoten. Dieser unregelmäßige Aufbau stört Blutfluss und Leberfunktion. Ursachen einer Leberzirrhose sind Alkoholmissbrauch, chronische Hepatitis-Virus-B- und C-Entzündungen (Fotos von Burkhard Helmke, Heidelberg)

akute Leberversagen steht außer der Lebertransplantation keine andere therapeutische Option zur Verfügung.

Eine Cholestasis entwickelt sich aus einer Verletzung oder Entzündung der Lebergänge. Sie ist nicht lebensbedrohlich, kann jedoch zu einem Untergang der Lebergänge und in seltenen Fällen zu Leberzirrhose führen. Arzneimittel, welche eine Cholestasis verursachen können, sind beispielsweise ACE-Inhibitoren, Erythromycin, Phenytoin, Sulfonamide, trizyklische Antidepressiva.

Etliche Medikamente rufen **chronische Lebererkrankungen** hervor. Dazu zählen Nitrofurantoin (chronische Hepatitis), Tetracyclin, Trimethoprim-Sulfamethoxazol (chronische Cholestasis), Allopurinol, Diltiazem, Penizillamin, Procainamid (granulomatöse Hepatitis), Amiodaron, Tamoxifen (nicht alkoholische Steatohepatitis) sowie Methotrexat und Vitamin A (Leberfibrose).

Hepatotoxizität ist in einigen Fällen vorhersagbar, dosisabhängig und im Tiermodell reproduzierbar. Toxische Reaktionen dieser Art werden als **direkte toxische Schäden** bezeichnet. In den meisten Fällen jedoch ist eine Hepatotoxizität schwer vorhersagbar, nicht dosisabhängig und auch nicht im Tiermodell reproduzierbar (**idiosynkratische Schäden**). Für sie können Reaktionen des Immunsystems verantwortlich sein. Weniger als 1% aller Patienten sind davon betroffen. Idiosynkratische Reaktionen sind bekannt von Medikamenten wie Amiodaron, Dantrolen, Isoniazid, Ketoconazol, Troglitazon, u.v.m.

Daneben haben auch viele Nahrungsmittel-Zusätze und Heilkräuter hepatotoxische Wirkungen. Dies ist besonders erwähnenswert, da pflanzliche Produkte in der Öffentlichkeit vielfach als „sanfte Medizin" ohne Nebenwirkungen missverstanden werden.

6.6 Nephrotoxizität

Nephrotoxizität im adulten Organismus

Medikamenteninduzierte Nephrotoxizität ist eine Hauptursache für akutes Nierenversagen. Nephrotoxizität ist meist reversibel nach Absetzen des verursachenden Agens, jedoch bleiben in vielen Fällen partielle Nierenschädigungen zurück. Akutes Nierenversagen durch nephrotoxische Stoffe kommt bei älteren Menschen häufiger vor, da

- die glomeruläre Filtrationsrate altersabhängig sinkt und damit auch die *clearance* von Medikamenten herabgesetzt wird,
- der Blutfluss in der Niere altersabhängig sinkt und damit die Medikamentenkonzentrationen in der Medulla ansteigen,

- die Pharmakokinetik in älteren und jüngeren Patienten differiert,
- der Wassergehalt des Körpers altersabhängig sinkt und damit die Verteilung von Medikamenten verändert wird,
- der Leberstoffwechsel altersabhängig sinkt und damit die Halbwertszeit vieler Medikamente steigt.

Hämodynamisches Nierenversagen: Prostaglandine werden von **Cyclooxigenasen** (COX) produziert und regulieren die renale Hämodynamik und den tubulären Transport. COX2-Inhibitoren hemmen spezifisch das induzierbare COX2, jedoch nicht konstitutives COX1. Theoretisch sollte also keine Vasokonstriktion als Folge einer unspezifischen COX1-Hemmung stattfinden. Jedoch werden vasokonstriktorische Leukotriene produziert, welche renale Ischämien erzeugen. Weiterhin induzieren COX2-Inhibitoren Apoptose, was ebenfalls die Nierenfunktion reduziert.

Hämodynamisches Nierenversagen kann auch Folge einer Beeinflussung des Renin-Angiotensin-Systems durch **ACE-Inhibitoren und Angiotensin-II-Rezeptorblocker** sein. Insbesondere bei vorbestehenden Beeinträchtigungen der Nierenfunktion (Nierenarterienstenose, Nephrosklerose) führt eine Verminderung des systemischen Blutdruckes zu einem Abfall des Kapillardruckes in den Glomeruli und der glomerulären Filtrationsrate und damit letzlich zu einem Nierenversagen.

Nieren-Tubuliepithel-Toxizität: Eine direkte Schädigung der Tubuli-epithelien kann eine akute tubuläre Nekrose hervorrufen (**Abb. 6.22**). Antivirale Nukleotid-Analoga (Cidofivir, Adefovir) werden durch den humanen organischen Anionen-Transporter (hOAT) vom Blut in die proximalen Tubuli transportiert, wo sie nephrotoxisch wirken können. Auch Biphosphonate (Pamidronat) schädigen die Tubuliepithelien.

Kristallnephropathie: Die Ablagerung von Kristallen in der Niere kann zu Nierenversagen führen. Da solche Kristallmoleküle im Urin relativ unlöslich sind, präzipitieren sie im Lumen der distalen Nierentubuli. Eine Kristallnephropathie kann hervorgerufen werden durch Sulfadiazine (Toxoplasmose-Behandlung), Acyclovir (Varicella-zoster-, Herpes-simplex-Virus-Behandlung) und Indinavir (HIV-Behandlung).

Osmotische Nephrose: Hyperosmolare Agenzien verursachen eine Schädigung der Nierentubuli. Ein Nierenversagen entsteht infolge von Zellschwellung und Vakuolisierung (Schädigung der Zellintegrität) sowie Verschluss der tubulären Lumina durch angeschwollene Tubulizellen. Intravenös verabreichte Immunglobuline (Behandlung von Immunerkrankungen) und Hydroxyethyl-Stärke (Plasma-Expander in der hypotensiven Therapie) können eine osmotische Nephrose hervorrufen.

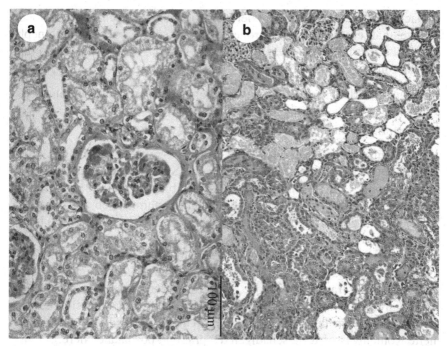

Abb. 6.22a,b. Nephrotoxizität. **a** Normale Niere mit Bowman'scher Kapsel, Henle'scher Schleife sowie proximalen und distalen Tubuli. **b** Bei der akuten tubulären Nekrose (akutes Nierenversagen) wird die glomeruläre Filtrationsrate drastisch reduziert. Hauptursachen sind toxische Stoffe oder Ischämie (Unterversorgung durch mangelhafte Durchblutung). Es kommt zur Epithelnekrose der Tubuli. Die Sterblichkeitsrate liegt bei 50% (nach http://ntp.niehs.nih.gov/ntpweb/ und http://www.cord.edu/faculty/todt/336/lab/epithelium/kidney2.htm mit freundlicher Genehmigung des National Toxicology Program, Resarch Triangle Park, NC, USA und William L. Todt, Moorhead, MN, USA).

Nephrotoxizität im Fötus

Umweltchemikalien und Medikamente können die fötale Niere in Abhängigkeit vom Entwicklungsstadium schädigen. Eine Hauptfunktion der fötalen Niere ist die Aufrechterhaltung der Urinausscheidung und des Volumens der Amnionflüssigkeit. Eine beeinträchtige Nierenfunktion im Fötus reduziert hautpsächlich die Menge an Amnionflüssigkeit.

Die Nierenentwicklung erfolgt in drei Stufen:

1. aglomerulärer Pronephros (nicht funktional; 3.–5. Schwangerschaftswoche),
2. Mesonephros (funktional, 3.–12.Schwangerschaftswoche),
3. Metanephros (funktional, 6.–36. Schwangerschaftswoche).

Nach der 36. Woche ist die Nierenentwicklung abgeschlossen und jede Niere enthält etwa 1 Mio. Nephrone. Diese Entwicklung kann durch nephrotoxische Einflüsse behindert werden und zu kongentialen Nierenerkrankungen führen. Negative Einflüsse

- stoppen, verlangsamen oder beschleunigen die Nierenentwicklung,
- fördern abnorme Entwicklungen,
- interferieren mit einer ordnungsgemäßen Ausreifung.

Das Renin-Angiotensin-System ist für die Nierenentwicklung besonders wichtig. Die Aktivität des Renin-Angiogenin-Systems ist in der perinatalen Phase erhöht. COX-2-Inhibitoren, ACE-Inhibitoren und Inhibitoren der Angiotensin-II-Rezeptoren wirken besonders nephrotoxisch auf die fötale Niere. Organische Anionen- und Kationentransporter (OATs, OCTs) transportieren Immunsuppressiva (Cyclosporin A) und Mycotoxine aus kontaminierter Nahrung (Ochratoxin A, Fumonisine) in die fötale Niere. Nephrotoxische Effekte werden durch Veränderungen in der Regulation von zellulärer Proliferation, Apoptose, Zell-Zell-Kontakten und Zelladhäsion sowie durch oxidativen Stress und Modulation der Genexpression hervorgerufen. Schwermetalle (Blei, Cadmium, Uran, Quecksilber) und halogenierte Kohlenwasserstoffe schädigen die prä- und postnatale Niere.

6.7 Kardiotoxizität

6.7.1 Myokardiale Reaktionen auf toxischen Stress

Kardiotoxische Wirkungen von Umweltgiften und Medikamenten sind seit langem bekannt. Sie verursachen in ihrer frühesten Entstehungsphase biochemische Veränderungen. Dazu zählen Störungen der Calciumhomöostase und des Energiemetabolismus (ATP-Depletion). Die Aktivierung *early response genes* und Signal-Transduktionswege bestimmen die myokardiale Reaktion auf toxische Insulte.

Physiologische Veränderungen finden sowohl in der frühen Phase als auch der späteren Entwicklung einer manifesten Kardiomyopathie statt. Ein frühes Symptom einer Kardiotoxizität ist die **kardiale Arrhythmie**, welche durch gestörte Calciumkonzentrationen entsteht und zu einer gestörten Weiterleitung elektrischer Reize führt. Diese Erscheinungen sind in der frühen Phase reversibel und nicht mit myokardialem Zelltod assoziiert. Dies trifft nicht für kardiale Dysfunktionen in der späten Phase zu, welche meist durch Kardiomyopathie und Apoptose hervorgerufen werden.

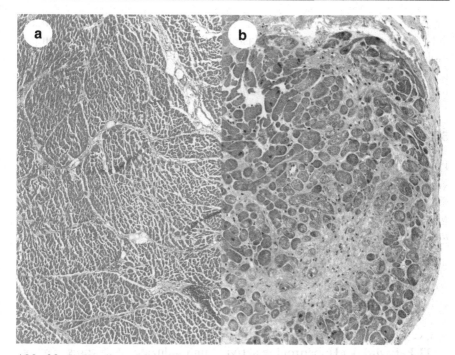

Abb. 23a,b. Kardiotoxizität. Histologische Schnitte **a** eines gesunden Herzens und **b** einer dilatativen Kardiomyopathie. Bei der dilatativen Kardiomyopathie sind die Herzkammern vergrößert. Dies führt zu verminderter Pumpleistung des Herzens. Mikroskopisch erkennt man hypertrophe Myozyten, vergrößerte Muskelfasern und Fibrosen (Fotos von Burkhard Helmke, Heidelberg)

Wenn das Herzgewebe extensiven und lang anhaltenden toxischen Reizen ausgesetzt ist, entstehen Veränderungen in der myokardialen Morphologie. Es entsteht eine **kardiale Hypertrophie**, welche zunächst eine protektive und adaptive Reaktion darstellt. Eine fortwährende Hypertrophie kann zu einer schweren und irreversiblen **Kardiomyopathie (Abb. 6.23)** bis hin zu Herzversagen und plötzlichem Tod führen.

Der Verlust kardialer Myozyten durch Apoptose ist ein typisches Kennzeichen der Kardiomyopathie. Da das Herzgewebe terminal differenziert ist, können untergegangene Myozyten nicht ersetzt werden. Auch die Nekrose spielt eine große Rolle. Da die Apoptose ein energieabhängiger Prozess ist, hängt die Entscheidung, ob eine geschädigte Herzzelle in die Apoptose oder Nekrose übertritt, von den verfügbaren ATP-Mengen ab. Eine Ischämie führt zu einer umfänglichen ATP-Depletion und verursacht nekrotischen Zelltod, eine häufige Situation beim Myokard-Infarkt.

Bei der **myokardialen Adaption** verändert das ventrikuläre Myokard seine Struktur und Funktion. Dieser Prozess wird als *remodeling* bezeichnet.

Im heranreifenden Organismus stellt das myokardiale *remodeling* eine nützliche Anpassung an steigende Belastungen dar. Toxische Stimuli rufen pathologische Adaptationsprozesse hervor, welche langfristig zur myokardialen Dysfunktion führen. *Remodeling* äußert sich in einer Vergrößerung der myokardialen Masse und einer veränderten Gestalt des Ventrikels.

6.7.2 Molekulare Mechanismen der Kardiotoxizität

Die myokardiale Genregulation nach toxischer Schädigung ist noch unvollständig verstanden. Zu den Transkriptionsfaktoren, welche in die kardiale Hypertrophie involviert sind, gehören *activator protein-1* (AP-1), *transcriptional enhancer factor-1* (TEF-1), *serum response factor* (SRF), *nuclear factors of activated T cells* (NFATs) und GATA4.

AP-1 ist ein Heterodimer aus Mitgliedern der Jun- und Fos-Familien. AP-1 bindet an spezifische Bindungsstellen im Promoter von Zielgenen, welche aktiviert werden. Stress, welcher durch Ischämie in Kardiomyozyten erzeugt wird, erhöht die c-Jun Expression und damit die AP-1 Aktivität. Bei Hypertrophie kann AP-1 die Aktivität von Fas und FasL regulieren, welche eine Rezeptor-vermittelte Apoptose induzieren.

TEF-1 wird bei Hypertrophie aktiviert und induziert die Expression von β-*myosin heavy chain* (β-MHC) und skelettalem α-Actin. Beides sind fötale Gene. Ihre adulten Isoformen (α-MHC und kardiales α-Actin) werden herunterreguliert. Dieser Prozess führt zu Hypertrophie und Verdickung der ventrikulären Herzwand.

Bei myokardialer Streckung wird **SRF** aktiviert, wodurch die c-Fos-Expression induziert und die AP-1-Aktivität erhöht wird.

Hypertrophe Stimuli erhöhen die Calciumspiegel in myokardialen Zellen. Dies aktiviert Kalzineurin, welches wiederum **NFAT3** dephosphoryliert. Daraufhin wandert NFAT3 vom Cytoplasma in den Zellkern und interagiert mit GATA4, welches an entsprechende Bindungsstellen im Promoter von Zielgenen bindet und deren Expression induziert.

Toxische Schädigungen verursachen eine **mitochondriale Permeabilitätstransition** (MPT). Die mitochondriale Homöostase geht verloren und Makromoleküle passieren die Mitochondrienmembran. Die Mitochondrien schwellen an, die äußere Mitochondrienmembran zerreißt und Cytochrom C wird freigesetzt, welches Apoptose induziert. Durch den Cytochrom-C-Verlust wird der Elektronentransport in den Mitochondrien blockiert. Dies führt zur Beeinträchtigung der ATP-Produktion, welche den nekrotischen Zelltod fördert.

Bei chronischem Herzversagen sind die Konzentrationen des **Tumornekrose-Faktors-α** (TNF-α) im Serum erhöht. Die proinflammatorischen

Cytokine Interleukin-1 und -2 und Interferon-γ induzieren die TNF-α-Produktion in Kardiomyozyten. TNF-α induziert Apoptose in Kardiomyozyten. Weitere Cytokine (Interleukin-6, Cardiotrophin-1, Endothelin-1) sind ebenfalls an der Entstehung der Kardiomyopathie beteiligt. Myokardialer Stress verursacht die Freisetzung von **Calcium** aus dem endoplasmatischen Reticulum. Erhöhte Ca^{2+}-Konzentrationen im Cytoplasma aktivieren die Serin/Threonin-Phosphatase **Calcineurin**. Es reguliert die Genexpression über Interaktion mit NFAT3. Calcium aktiviert darüber hinaus verschiedene Signal-Transduktionswege (**Ras, Mitogenaktivierte Proteinkinase (MAPK), Proteinkinase C**). Calcium kommt eine weitreichende Rolle bei der Koordinierung physiologischer Reaktionen auf Stress zu.

Oxidativer Stress und MAPKs sind am myokardialen *remodeling* beteiligt und spielen eine Hauptrolle für kardiotoxische Effekte. Besonders wichtig ist p38-MAPK, welches myokardiale Apoptose vermittelt.

6.7.3 Beispiele kardiotoxisch wirkender Substanzen

Anthracycline (Doxorubicin, Daunorubicin), welche in der Krebstherapie seit Jahrzehnten eingesetzt werden, wirken kardiotoxisch. Sie verursachen eine dosisabhängige Kardiomyopathie mit Beeinträchtigung der linksventrikulären Funktion bis hin zu kongestivem Herzversagen. Auf zellulärer Ebene kommt es zur Lipidperoxidation durch freie Radikalmoleküle, einer Erniedrigung der Glutathion-Peroxidase sowie mitochondrialer Dysfunktion mit nachfolgender ATP-Depletion. Eine Anthracyclin-vermittelte Kardiotoxizität beruht auf der Schädigung des sarcoplasmatischen Reticulums in Herzzellen durch freie Radikalmoleküle. P38-MAPK ist für die Signalweiterleitung einer Anthracyclin-induzierter Apoptose wichtig.

Lokalanästhetika (Bupivacain) hemmen spannungsgesteuerte Na^+-Kanäle in neuronalen Membranen. Sie können sich nach perineuraler Verabreichung in anderen Organen des Körpers anreichern, wo sie ebenfalls die Funktion von Na^+-Kanälen beeinflussen. Die Hemmung der Natriumkanäle im Herzen führt u. a. zu Tachykardie und ventrikulären Arrhythmien, welche tödlich verlaufen können.

Obwohl **Antihistaminika** der zweiten Generation (Terfenadin, Astemizol) als hochspezifische H1-Rezeptorantagonisten mit geringen Nebenwirkungen entwickelt wurden, stellte sich bald heraus, dass sie eine Verlängerung des QT-Intervalls und schwere kardiale Arrhythmien hervorrufen können. Die QT-Intervallverlängerung beruht auf der Blockade von Kaliumkanälen, insbesondere des *delayed-rectifier* (IKr)-Kaliumkanals. Diese Antihistaminika können bei Überdosierung, Interaktion mit anderen gleichzeitig verabreichten Medikamenten, Polymorphismen im *CYP3A4*-Gen oder vorbestehende Herzerkrankungen kardiotoxisch wirken.

6.8 Neurotoxizität

Unter Neurotoxizität versteht man strukturelle und funktionelle Veränderungen des Nervensystems nach Exposition mit toxischen Agenzien. Neurotoxizität wird oft im peripheren Nervensystem beobachtet, da das ZNS im adulten Organismus durch Hirnschranken geschützt ist.

6.8.1 Blut-Hirn-Schranke

Das Hirngewebe ist gegen Giftstoffe und Schwankungen in Ionen- und Metabolitenkonzentrationen durch zwei Hirnschranken geschützt. Eine Barriere trennt den Blutkreislauf von der interstitiellen Flüssigkeit. Dies ist die **Blut-Hirn-Schranke**. Eine zweite Barriere trennt den Blutkreislauf von der zerebrospinalen Flüssigkeit (CSF). Sie heißt **Blut-CSF-Schranke**. Eine zentrale Rolle kommt den Endothelzellen der Blutgefäße zu, welche einen selektiven Transport vom Blut ins Gehirn und umgekehrt regulieren. Endothelzellen wirken als Schranken, welche feste Verbindungen (Zonulae occludentes) miteinander ausprägen und den Stoffaustausch unterbinden. Die Permeabilität von Molekülen hängt wesentlich von deren Größe und der Lipophilie ab. Niedermolekulare und wasserlösliche Nährstoffe und Makromoleküle, welche für die Funktion des Gehirns wichtig sind, können die Blut-Hirn-Schranke durch spezifische Carrier-Mechanismen oder erleichterte Diffusion passieren.

Die **Na⁺-K⁺-ATPase** ist am Na$^+$-Transport vom Endothel ins Gehirn und K$^+$-Transport vom Gehirn ins Endothel beteiligt. Diese Ionen sind für die Reizleitung in Nerven wichtig. Durch assymmetrische ATPase-Expression in Membranen endothelialer Zellen werden niedrige Kaliumkonzentrationen in der extrazellulären ZNS-Flüssigkeit aufrechterhalten.

Verschiedene Transportproteine verhindern den Übertritt von Fremdstoffen ins Gehirngewebe. Es handelt sich um **ABC-Transporter** (s. Kap. 2.4.1), welche eine Vielzahl von Xenobiotika zurück ins Blut befördern. Die Endothelzellen experimieren verschiedene Phase-I- und II-Enzyme, welche eine enzymatische Abwehrbarriere für Fremdstoffe darstellen. Darüber hinaus sind auch zahlreiche organische Anionen und Kationen-Transporter exprimiert, welche ebenfalls Bestandteile der Blut-Hirn-Schranke sind.

6.8.2 Toxizität im zentralen Nervensystem

Während bei adulten Organismen der Übertritt endogener und exogener toxischer Substanzen aus dem Blutgefäßsystem ins Gehirngewebe effektiv unterdrückt wird, ist die Blut-Hirn-Schranke im fötalen Organismus noch nicht voll ausgeprägt. Die Ausbildung der Blut-Hirn-Schranke ist etwa sechs Monate nach der Geburt abgeschlossen. Unter anderem spielen ATP-bindende Kassetten (ABC)-Transporter eine wichtige Rolle für die Ausprägung der Blut-Hirn-Schranke (**Abb. 6.24**). Neurotoxische Einwirkungen sind daher in der frühen Entwicklung besonders schädlich. Die verschiedenen Gehirnregionen differenzieren sich während der Entwicklung unterschiedlich aus. Zelluläre Mechanismen der Differenzierung sind

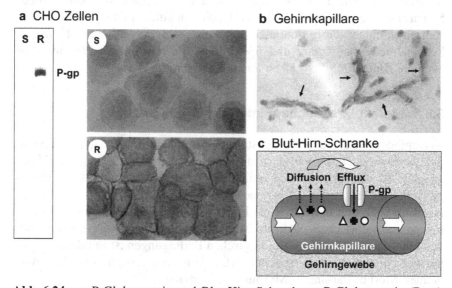

Abb. 6.24a–c. P-Glykoprotein und Blut-Hirn-Schranke. **a** P-Glykoprotein (P-gp) ist ein membranständiges Protein mit einem Molekulargewicht von 170.000. Im Westernblot erscheint es bei chemoresistenten (R), jedoch nicht bei chemosensiblen (S) CHO-Zellen. In der Immunzytochemie lässt sich die membranständige Lokalisation des P-gp bei resistenten Zellen darstellen. **b** Im Gehirn verhindert P-gp nicht nur die Diffusion von Krebsmedikamenten sondern auch von vielen anderen Medikamenten und Toxinen von den Hirnkapillaren in das Gehirngewebe. Es ist in den Gehirnkapillaren exprimiert. **c** Toxische Stoffe, die aus den Kapillaren in das Gehirngewebe diffundieren, werden von P-gp unter ATP-Verbrauch wieder zurück in das Blut gepumpt. P-gp stellt eine wichtige Komponente der Blut-Hirn-Schranke dar (**a** und **b** nach Volm et al. 1990 und Efferth et al. 1991 mit freundlicher Genehmigung der Nature Publishing Group, des Thieme Verlages und des International Institute of Anticancer Research).

Zellprofileration, Zellmigration und Synaptogenese (Neuronenverschaltung). Neurotransmitter steuern diese Vorgänge. Giftstoffe, welche mit der Neurotransmission während der Entwicklung interferieren, verursachen permanente ZNS-Schädigungen.

Wichtig für die Gehirnentwicklung sind Phasen sehr schnellen Wachstums (*brain growth spurts*) während des dritten Trimesters der Schwangerschaft und in der frühen Kindheit. Besonders Gliazellen, welche die Axone myelinisieren, wachsen in diesen Phasen besonders schnell. Während dieser Phasen ist das Gehirn für Giftstoffe (Alkohol, Nicotin, Pestizide) besonders anfällig. Gliazellen sind offensichtlich wichtige Zielstrukturen für neurotoxische Stoffe.

Auch wenn die Blut-Hirn-Schranke noch nicht ausgeprägt ist, ist der Fötus nicht ungeschützt, da die **Placenta-Schranke** eine wichtige Schutzfunktion übernimmt. Beim Neugeborenen übernimmt die **Blut-Milch-Schranke** eine protektive Funktion. Hochmolekulare und hydrophile Substanzen können diese Schranke nur sehr schwer passieren. Hingegen können niedermolekulare und lipophile Stoffe sowohl die Placenta- aus auch die Blut-Milch-Schranken leicht überqueren.

6.8.3　Molekulare Mechanismen der ZNS-Toxizität

Verschiedene neurotoxische Substanzen (z. B. auch *Ectasy*: 3,4,-Methylendioxymethamphetamin) fördern die Entstehung reaktiver Sauerstoff-Spezies (ROS). Sie bringen den oxidativen Metabolismus aus dem Gleichgewicht und führen zu Energiedepletion. Stickoxide (NO) tragen zur Neurotoxizität bei, in dem sie die Funktion von Glutamat, einem der wichtigsten exzitatorischen Neurotransmitter, modulieren. Die Neurotoxizität von Glutamat unter pathophysiologischen Bedingungen ist mit dem Auftreten verschiedener neurologischer Erkrankungen assoziiert (Morbus Alzheimer, Morbus Parkinson, Morbus Huntington u. a.).

ROS können verschiedene Transkriptionsfaktoren aktivieren. Dazu zählen die AP-1- und NF-κB-Transkriptionsfaktoren. Diese beiden Faktoren gehören zusammen mit CREB und den STATs zu den Zelloberflächenverknüpften Transkriptionsfaktoren. Daneben gibt es noch die entwicklungsspezifischen Faktoren (Oct-1, Oct-2), die Transkriptionsfaktoren, welche auf interne Signale reagieren (p53) und die Steroidrezeptor-Superfamilie (GR, ER, PR, RXRs und RARs). Diese unterschiedlichen Faktoren fasst man mit dem Überbegriff **konditionelle Transkriptionsfaktoren** zusammen. Sie werden unter bestimmten Bedingungen aktiviert. Daneben gibt es **konstitutive Transkriptionsfaktoren** (Sp1). Sie werden durch toxische Noxen nicht transkriptionell aktiviert. Jedoch wird ihre Fähigkeit an die

DNA zu binden durch bestimmte Schwermetalle (Blei, Zink) beeinträchtigt. Die Veränderung der Expression und Funktion von Transkriptionsfaktoren führt zu aberranter Expression nachgeschalteter Gene und zur Ausprägung toxischer Wirkungen.

6.8.4 Beispiele neurotoxischer ZNS-Gifte

Schwermetalle, insbesondere Blei und Quecksilber gehören zu den Substanzen, welche die größten neurotoxischen Wirkungen auf das ZNS haben. Blei interferiert mit Calcium und greift in calciumgesteuerte Prozesse ein. Blei kann die intrazellulären Calcium-konzentrationen erhöhen. Es kann Calcium substituieren, da einige calciumbindende Proteine auch Blei binden. Weiterhin greift Blei in calciumgesteuerte Signal-Transduktionswege ein (Proteinkinase C). Viele Metalle (Kupfer, Magnesium, Mangan, Eisen, Zink und Molybdän) sind als Katalysatoren, *second messenger* und Regulatoren der Genexpression essentiell für eine optimale ZNS-Funktion. Als Spurenelemente sind sie Kofaktoren zur Aktivierung und Stabilisierung zahlreicher Enzyme. Der Transport von Metallionen muss daher über die Blut-Hirn-Schranke hinweg gewährleistet sein. Nichtessentielle Metalle ohne funktionelle Eigenschaften für Enzyme können über die gleichen Transportmechanismen ins Gehirngewebe gelangen. So erklärt sich, warum giftige Metalle wie Blei oder Quecksilber trotz Blut-Hirn-Schranke das Gehirngewebe erreichen.

Antiepileptika wirken neurotoxisch auf Föten, wenn epileptische Frauen während der Schangerschaft behandelt werden. Phenytoin interagiert mit Natriumkanälen und schädigt das Cerebellum und den Hippocampus.

Ethanol ist ein gut dokumentiertes Neurotoxin, welches bei pränataler Exposition physische und mentale Dysfunktionen in Kindern erzeugt. Das **fötale Alkoholsyndrom** (FAS) ist durch prä- und postnatale Wachstumsretardierung gekennzeichnet. Neben einer Reduktion der Gesamtgehirngröße sind einige Gehirnregionen besonders betroffen. Das Corpus callosum ist reduziert und fehlt manchmal ganz. Auch Cerebellum und Basalganglien weisen reduzierte Größen auf. Cerebraler Cortex und limbisches System sind weniger stark betroffen. Mikroenzephalie kommt in 80% der FAS-Fälle vor. Ethanol hemmt die Zellproliferation und induziert Apoptose in Neuronen. Solche Effekte resultieren aus direkten toxischen Effekten von Ethanol, der Hemmung neurotrophischer Eigenschaften von Glutamat und der Aktivierung von GABA-Rezeptoren.

Neben akuten neurotoxischen Effekten kommt es auch vor, dass die Toxizität erst Jahre später auftritt. Dies wird als **stille Neurotoxizität** bezeichnet. Darunter versteht man persistierende morphologische und/oder biochemische Schäden, welche klinisch unauffällig bleiben, bis sie durch zusätzliche Ereignisse in Erscheinung treten. In dieser Hinsicht ist die stille Neurotoxizität der Kanzerogenese vergleichbar, wo ebenfalls die Exposition mit kanzerogenen Noxen Jahre bis Jahrzehnte vor der klinischen Manifestation der Erkrankung erfolgt. Beispiele für eine stille Neurotoxizität sind Morbus Guam, eine dem Morbus Parkinson vergleichbare Demenz, und die Creutzfeld–Jakob–Krankheit, die humane Variante der bovinen spongiformen Encephalopathie (BSE). Es gibt verschiedene Erklärungsansätze zur Entstehung: Eine Möglichkeit ist, dass Neurotoxine letale Schäden in einer Subpopulation neuronaler Zellen verursacht. Diese Schädigung reicht nicht aus, um die gesamte Gehirnfunktion lahm zu legen. Erst wenn andere exogene Faktoren hinzukommen (Stress, Krankheiten, zusätzliche chemische Expositionen, natürliche Alterungsprozesse), werden die Schäden manifest. Eine zweite Erklärungsmöglichkeit ist, dass subletale Schäden allmählich zu einem progressiven Funktionsverlust führen. Während der Organismus solche Effekte anfänglich noch kompensieren kann, werden die Schäden im Laufe der Zeit sichtbar. Das Konzept, dass Erkrankungen im Erwachsenenalter ihre Ursache in der fötalen Entwicklung haben können, wurde von David Barker formuliert (**Barker-Hypothese**). Ein klassisches Beispiel ist Diethylstilbestrol. Die Exposition von Föten mit dieser Substanz verursacht schwere Verhaltensanomalien im Erwachsenenalter.

6.8.5 Toxizität im peripheren Nervensystem

Periphere Neuropathien sind eine häufige Komplikation medikamenteninduzierter Toxizität, da das periphere Nervensystem nicht wie das ZNS durch die Blut-Hirn-Schranke geschützt ist. Periphere Neuropathien durch Umweltgifte treten seltener auf. Sie treten Wochen bis Monate nach Exposition auf und können trotz Absetzen des Medikamentes anhalten, da geschädigtes Nervengewebe nicht regeneriert wird. Periphere Neurotoxizität ist meist mit einer axonalen Degeneration assoziiert.

Verschiedene Zytostatika darunter Vincristin und Paclitaxel verursachen eine dosisabhängige Schädigung des Nervengewebes. Beide Medikamente sind Mikrotubuli-Inhibitoren (s. Kap. 3.12). Mikrotubuli sind nicht nur essentiell zur Verteilung der Chromosomen während der Mitose auf die Tochterzellen, sondern auch für den axonalen Transport in Nervenzellen. Hier verursacht ihre Schädigung neurotoxische Effekte.

Inhibitoren der reversen Transkriptase, welche in der antiretroviralen Therapie eingesetzt werden, verursachen Brüche und Risse im Myelin, welches die Nerven ummantelt. Das Immunsuppressivum Tacrolimus induziert schwere Demyelinisierung.

6.9 Hauttoxizität

Die Haut hat wichtige Funktionen als Barriere zwischen Organismus und Umwelt. Sie bietet mechanischen Schutz, verhindert das Eindringen toxischer oder infektiöser Substanzen, reguliert die Körpertemperatur und hat Immunabwehr-Funktionen inne. Schließlich verhindert die Haut auch den Flüssigkeitsverlust aus dem Körper, in dem sie Verdunstungen minimiert.

Die Haut ist aus verschiedenen Schichten zusammengesetzt. Die oberste Schicht ist die Epidermis, welche aus Keratinozyten besteht. Während der Differenzierung wandern die Keratinozyten von der Basalschicht (Stratum germinatum) zum Stratum corneum an der Hautoberfläche. Beide Schichten gehören zur Epidermis. Ausgereifte Keratinozyten (Corneozyten) werden ständig abgeschilfert und durch nachrückende Keratinozyten ersetzt. Das Stratum corneum bietet mechanischen Schutz und verhindert Wasserverdunstung aus dem Körper. Unter der Epidermis liegt die Dermis, welche vaskularisiert ist. Von hier aus werden eingedrungene Fremdstoffe über das Blutgefäßsystem im Körper verteilt. Sie besteht aus Fibroblasten. Die unterste Schicht ist die Hypodermis mit ihren Fettdepots. Chemikalien können die Barrierenfunktion der Haut schädigen durch Keratindegradation (ätzende Substanzen) oder, indem sie die Haut brüchig machen (Lösungsmittel, Detergenzien). Häufig gelangen Chemikalien über Hautporen und Haarschäfte in den Körper. Auch über Schnitt- und Schürfwunden dringen xenobiotische Stoffe ein. UV-Strahlen werden bis zu einem gewissen Grad von Chromophoren in der Haut (Melanin) absorbiert.

Umweltgifte können als Feststoffe, Flüssigkeiten, Dämpfe, Rauchschwaden oder Gase mit dem menschlichen Organismus in Kontakt kommen. Die dadurch ausgelösten Effekte können chronisch oder akut sein und unmittelbar oder verzögert auftreten. Fremdstoffe werden über die Haut, über Inhalation oder über den Magen-Darmtrakt aufgenommen. Das Einatmen kontaminierter Luft stellt den Hauptweg der Penetration des Körpers mit toxischen Stoffen dar. Über die Haut dringen Flüssigkeiten oder Gase in den Körper ein. Im Körper können xenobiotische Substanzen über den Blutkreislauf alle Organe erreichen. Toxische Reaktionen der Haut sind Entzündungen und Allergien (atopische Dermatitis, Ekzeme, Akne), beispielsweise durch das Einwirken von Ozon, polyzyklischen aro-matischen Kohlenwasserstoffen, flüchtigen organischen Substanzen und Schwermetallen.

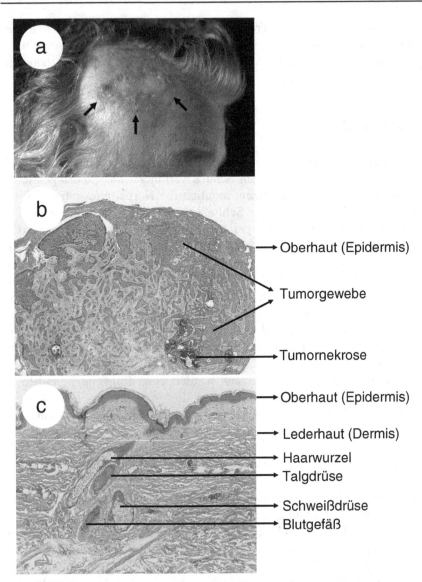

Abb. 6.25a–c. Hauttoxizität am Beispiel eines Basalioms (Basalzell-Karzinoms). **a** Erscheinungsbild eines Basalioms. **b** Histologische Darstellung eines Basalioms und **c** eines gesunden Hautgewebes. Basaliome entstehen vor allem durch UV-Licht (Sonneneinwirkung) (Foto **a** von Dirk Schadendorf, Mannheim. Fotos **b,c** von Burkhard Helmke, Heidelberg).

Die ultraviolette Strahlung des Sonnenlichtes kann **Hautkrebs** hervorrufen (**Abb. 6.25**). UV-Strahlen (UV-A, UV-B) schädigen die DNA direkt oder indirekt über die Bildung reaktiver Sauerstoff-Spezies. UV-Strahlen haben weiterhin immunsupprimierende Wirkungen. Es gibt verschiedene Zwischenstufen in der Entwicklung von Hauttumoren. Zu den prämalignen Erscheinungen zählen Keratosen und Warzen. Eine Übergangsform ist das Keratoakanthom, welches in manchen Fällen bösartig entartet. Intraepidermale Karzinome (*carcinoma in situ*) und Lentigo maligna (proliferierende bösartige Melanozyten) sind bereits krebsartige Wucherungen. Basalzell-Karzinome, squamöse Zellkarzinome und Melanome sind maligne Tumoren mit unterschiedlichem Metastasierungspotenzial.

Chemikalien können durch verzögerte Immunantworten eine **allergische Kontaktdermatitis** verursachen. Entzündungen werden durch Insektenstiche und Spinnenbisse hervorgerufen. Unterhalb bestimmter Schwellenwerte rufen Kontaktallergene keine Sensibilisierung der Haut hervor. Oberhalb dieser Werte besteht eine Dosis-Wirkungs-Abhängigkeit.

Neben Fremdstoffen aus der Umwelt gibt es auch Medikamente, welche toxische Nebenwirkungen auf der Haut hervorrufen. Dazu zählen krampflösende und antiepileptische Medikamente (Phenobarbital, Phenytoin, Carbamazepin), welche **Hautausschläge** auslösen. Calciumkanal-Blocker verursachen Exantheme, Ödeme, Photosensibilität, Psoriasis u. a. Urticaria, Exantheme und Hautausschläge werden als Nebenwirkungen von Sulfonamiden beobachtet. Auch die bei der Chemotherapie von Tumoren gefürchtete **Alopezie** (Haarausfall) ist als eine Erscheinungsform der Hauttoxizität aufzufassen.

6.10 Lungentoxizität

6.10.1 Anthropogene und biogene Schadstoffe in der Luft

Der Ausstoß toxischer Gase, Aerosole und Feststoffe in die Umwelt kann zu Atemwegserkrankungen führen oder bereits bestehende Lungenerkrankungen verschlimmern. Zu den Atemwegserkrankungen zählen:

- **Lungenfibrose**: entzündliche Reaktionen führen zu einem bindegewebigen Umbau des Lungengewebes (**Abb. 6.26**). Typische Symptome sind Reizhusten und Atemnot.
- **Asthma bronchiale**: chronische Entzündung der Luftröhrenäste.
- **Bronchitis**: akute Entzündung der Luftröhrenäste.
- **Lungenkrebs.**

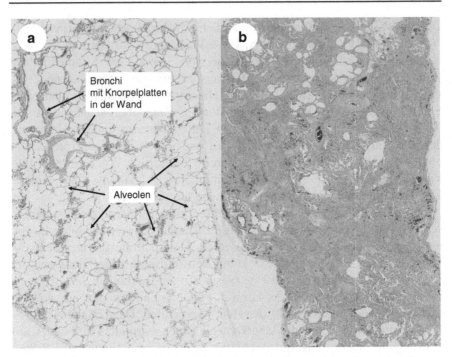

Abb. 6.26a,b Lungentoxizität. Histologische Darstellung **a** einer gesunden Lunge und **b** einer Lungenfibrose (gewöhnliche interstitielle Pneumonie). Bei der Lungenfibrose wird das normale Lungengewebe durch vernarbtes und fibrotisches Gewebe ersetzt. Sie wird hervorgerufen durch unerwünschte Arzneimittelwirkungen, Bestrahlung oder Exposition mit gefährlichen Stäuben (Fotos von Burkhard Helmke, Heidelberg).

Schutzmechanismen der Lunge gegen eingeatmete Festpartikel und gasförmige Schadstoffe sind die aerodynamische Filtration, die mukoziliäre *clearance*, der Partikeltransport und Entgiftung durch alveoläre Makrophagen sowie das angeborene und erworbene Immunsystem. Makrophagen phagozytieren Viren und Debris infizierter Zellen, präsentieren virale Antigene zytotoxischen T-Lymphozyten und produzieren Interferon zur Hemmung der viralen Replikation. Viele dieser Funktionen werden durch Stickstoffdioxid und andere Schadstoffe moduliert. Entzündungen viraler Infektionen werden durch gleichzeitige Exposition mit oxidativen Schadstoffen verschlimmert. Verbesserte Luftqualität mindert die gesundheitsschädlichen Effekte von Schadstoffen aus der Luft. Aerosole treffen zunächst auf Luft-Blutbarrieren. Die Alveolarepithelien absorbieren 80–90% und die Epithelien der leitenden Atemwege 10–20% der Schadstoffe. Wenn Schadstoffe diese Barrieren dennoch überwinden, gelangen sie über das Blut in die Leber, wo sie über Cytochrom-P450-Monooxigenasen metabolisiert und detoxifiziert werden.

Mineralpartikel (Asbest), Silikatfasern, Quartz und **Metalloxide** können Lungenfibrose verursachen. Solche Partikel verursachen DNA-Schäden und Apoptose. Es entstehen reaktive Sauerstoff-Spezies (ROS) und reaktive Stickstoff-Spezies (RNS), welche über verschiedene Signal-Transduktionswege (Proteinkinase C, mitogenaktivierte Kinase, p38-Kinase) Transkriptionsfaktoren (NF-κB, AP-1) stimulieren. Diese kontrollieren Entzündungsmediatoren (Tumornekrosefaktor-α, Interleukine) und Wachstumsfaktoren. Es kommt zu Entzündungen, Apoptose, Zellproliferation und im ungünstigsten Fall zur Entstehung von Lungenkrebs.

Mit den Fortschritten der Nanotechnologie nimmt auch die Bedeutung toxischer Wirkungen von **Nanopartikeln** (<100 nm) zu. Größere Oberflächen pro Masse im Vergleich zu größeren Partikeln gleicher chemischer Zusammensetzung erhöhen neben der Bioaktivität auch die Toxizität.

Seit einigen Jahren werden flüchtige organische Verbindungen (verschiedene Alkohole und aliphatische Ätherverbindungen) als Ersatz für Blei in Kraftfahrzeug-Treibstoffen zugesetzt. Sie stehen im Verdacht kanzerogen zu wirken.

Die Verbrennung von Holz und Kohle stellt die Hauptquelle der Luftverschmutzung in Häusern dar. Diese Energiequellen setzen 50-mal mehr Schadstoffe frei als Gas. Diese Luftverunreinigungen enthalten neben Festpartikeln **Stickstoffdioxid (NO_2), Kohlenmonoxid (CO) Schwefeldioxid (SO_2)** und **Kohlenwasserstoffe**. Stickstoffdioxid ruft Atemwegserkrankungen hervor. Bei bestehenden Infektionen verstärkt NO_2 und Ozon (O_3) die Symptome der Atemwegserkrankungen. Ozon verursacht eine Bronchokonstriktion, mindert die Lungenfunktion und ruft Entzündungen im Nasenbereich hervor. Personen mit Asthma oder anderen chronischen Atemwegserkrankungen sind durch Ozon besonders gefährdet.

Atemwegserkrankungen ereignen sich nicht nur bei Kontakt mit toxischen Stoffen aus der Luft. Auch Medikamente, welche oral oder intravenös appliziert werden, haben Nebenwirkungen auf die Lungen. **Bleomycine** sind Glycopeptid-Antibiotika, welche in der Tumortherapie eingesetzt werden. Sie lösen bei einem beträchtlichen Teil der Patienten Lungenentzündung und seltener auch Lungenfibrose aus. Die toxische Wirkung beruht darauf, dass das Lungengewebe die Bleomycin-Hydrolase nicht exprimiert, welche Bleomycin inaktiviert. Gemzitabine, welches ebenfalls in der Tumortherapie eingesetzt wird, ruft Entzündungsreaktionen in der alveolären Kapillarwand hervor. Atemnot und Husten wurden als Nebenwirkungen des Antiarrhythmikums **Amiodaron** beobachtet.

Neben anthropogenen (vom Menschen hergestellten) Schadstoffen gibt es auch schädliche **biogene Agenzien** (Pollen, Bakterien, Viren, Pilze,

Hausmilben und mikrobielle Toxine). **Bakterielle Endotoxine** (z. B. Lipo-polysaccharidproteine aus der Wand gramnegativer Bakterien) rufen Ent-zündungen hervor. Sie kommen in Getreidesilos und Tierställen vor.

6.10.2 Rauchen und Krebs

Die Häufigkeit der Lungenkrebs-Entstehung ist proportional zu der Anzahl der gerauchten Zigaretten pro Tag und der Zeitdauer des Rauchens. Auch Passivraucher haben ein erhöhtes Risiko. Durch den weit verbreiteten Zi-garettenkonsum gehören die Giftstoffe im Zigarettenrauch zu den wich-tigsten Schadstoffen überhaupt. Zigarettenrauch enthält hunderte bekannter und mutmaßlicher Kanzerogene. Zu den stärksten Kanzerogenen gehören polyzyklische aromatische Kohlenwasserstoffe, polyzyklische Amine und Nitrosamine. Benzo[a]pyren ist ein Verbrennungsprodukt, welches nicht nur im Zigarettenrauch entsteht, sondern auch beim Verbrennen von Holz, Grillen von Fleisch etc. Weiterhin wird mit dem Zigarettenrauch Cadmium inhaliert, da Tabakpflanzen es aus dem Boden akkummulieren.

Zigarettenrauchen erhöht nicht nur die Gefahr für Lungenkrebs sondern auch für andere Tumorarten im Kehlkopf, im Mund und im Nasenbereich sowie in Magen, Leber, Pankreas, Blase, Harnleiter, Niere u. a.

Tabakkarzinogene werden metabolisch aktiviert und detoxifiziert. Das Gleichgewicht zwischen Phase-I- und Phase-II-Enzymen bestimmt dabei das individuelle Krebsrisiko. Aktivierte Metabolite binden kovalent an die DNA. Werden diese Addukte nicht repariert, entstehen persistierende Muta-tionen. Kanzerogene des Tabakrauchs rufen bevorzugt G-T-Transversionen im Tumorsuppressor-Gen *TP53* hervor. Nicotin und tabakspezifische Nitro-samine binden an Rezeptoren, welche Signaltransduktionskaskaden aktivie-ren (z. B. Akt) und zu erniedrigter Apoptoseinduktion sowie erhöhter Angi-ogenese und Zelltransformation beitragen.

Gesundes Lungengewebe detoxifiziert inhalierte Giftstoffe durch ver-schiedene Abwehrmechanismen. Dies ist vergleichbar mit der SOS-Antwort von Mikroorganismen auf Schwermetalle und andere Giftstoffe. Zu diesen Mechanismen gehören beispielsweise Phase-II-Enzyme wie Glutathion-S-Transferasen und Transportmoleküle wie P-Glykoprotein (s. Kap. 2.3.1 und 2.4.1). Dadurch entsteht eine Breitspektrum-Resistenz (*multidrug resistan-ce*) gegen kanzerogene Substanzen. Wird dieses Entgiftungssystem überlas-tet, kommt es zur Tumorentstehung. Die Schutzproteine werden im Tumor-gewebe ebenso wie im Normalgewebe weiterhin exprimiert. Da eine *multidrug resistance* nicht nur gegenüber Kanzerogenen, sondern auch ge-genüber Antitumor-Medikamenten besteht, wirkt eine Chemotherapie nur ungenügend. Wer raucht riskiert nicht nur, dass er Lungenkrebs bekommt, sondern auch, dass die Tumortherapie fehlschlägt!

6.11 Knochenmark-Toxizität

Die Blutbildung (**Hämatopoese**) beruht auf dem Zusammenspiel des hämatopoetischen (Stamm- und Vorläuferzellen) und des Stromazell-Systems. Blutstammzellen differenzieren in verschiedene Blutzelltypen unter dem Einfluss von Wachstumsfaktoren und Cytokinen. Stammzellen differenzieren in Abkömmlinge der erythroiden Linie, der lymphoiden und myeloiden Linien sowie der megakaryozytären Linie. Am Ende der Differenzierungsprozesse gehen über verschiedene Zwischenstufen Erythrozyten, Leukozyten und Thrombozyten hervor (s. **Abb. 5.11** und **5.12**).

Die hohe Rate der Zellerneuerung und -differenzierung macht das hämatopoetische System anfällig für toxische Fremdstoffe. Knochenmarktoxizität äußert sich in einer Reduktion der zirkulierenden Blutzellen, da das Knochenmark zu wenig reife Blutzellen aus Vorläuferzellen generiert.

Bei der **aplastischen Anämie** versagen die pluripotenten Stammzellen. Es entsteht eine Knochenmark-Hypoplasie (**Abb. 6.27**). Die Knochenmarkzellen werden durch Fettzellen ersetzt. Blutzellen aller Differenzierungslinien (Erythrozyten, Leukozyten, Thrombozyten) werden nicht mehr gebildet. Es entsteht eine **Panzytopenie** (Anämie, Leukopenie und Thrombozytopenie gleichzeitig).

Bei der **einfachen Zytopenie** ist im Gegensatz zur aplastischen Anämie nur die Ausdifferenzierung einzelner Zelltypen gestört. Die *pure red cell aplasia* (PRCA) ist durch Anämie, Retikulozytopenie und erythroide Hypoplasie im Knochenmark gekennzeichnet, welche zu einer drastisch verminderten Erythrozytenproduktion führt. Eine Schädigung der myeloiden und megakaryozytären Differenzierung zu Leuko- und Thrombozyten ist nicht vorhanden. PRCA erfolgt nach viralen Infektionen (Parvoviren) und Exposition mit toxischen Chemikalien und Medikamenten. Die **sideroblastische Anämie** ist durch überschüssiges Eisen im Knochenmark und hypochromatische Zellen im peripheren Blut charakterisiert. **Thrombozytopenien** können durch toxische oder allergische Substanzen induziert werden. Im ersten Fall schädigen Xenobiotika Vorläuferzellen der Blutplättchen oder zirkulierende Thrombozyten. Im zweiten Fall entstehen Immunkomplexe, welche mit den Blutplättchen reagieren.

Schädigungen des Knochenmarks können lebensgefährlich sein. Knochenmark-Toxizität stellt in der Tumortherapie ein dosislimitierender Faktor sein. Dadurch können ausreichend hohe Mengen, welche den Tumor

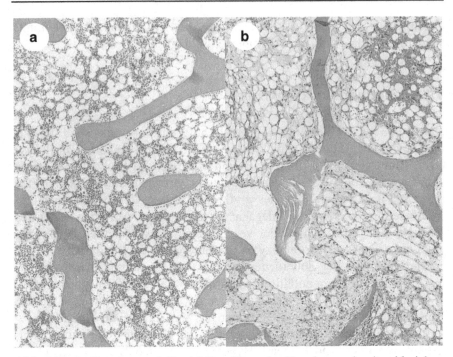

Abb. 6.27a,b. Knochenmark-Toxizität. **a** Normales Knochenmark mit zahlreichen unterschiedlich differenzierenden Zellen. **b** Knochenmark bei aplastischer Anämie: Zwischen den Fettzellen sind nur noch wenige hämatopoetische Zellen zu finden (Fotos von Burkhard Helmke, Heidelberg).

effektiv abtöten, nicht verabreicht werden. Bei der **Myelosuppression** kommt es zu einer erniedrigten Produktion weißer Blutkörperchen der myeloischen Differenzierungsreihe. Erniedrigte Zahlen an neutrophilen Leukozyten und Thrombozyten (Neutropenie, Thrombozytopenie) sind ebenfalls typische Nebenwirkungen der Tumortherapie. Bei älteren Patienten ist eine Myelosuppression häufig stärker ausgeprägt als bei jüngeren.

Immunsuppressiva können ebenfalls das Knochenmark schädigen. Azathioprin, Tacrolimus (FK-506), Mycophenolsäure (MMF) und Muromonab (OKT3) induzieren Thrombozytopenie, Anämie und Leukopenie durch Hemmung wichtiger Signal-Transduktionswege (PI3K, MAPK, AKT) sowie der Nukleinsäure-Synthese.

Einer Knochenmark-Toxizität kann durch Cytokine, myeloide (*granulocyte-colony-stimulating factor*, G-CSF), erythroide (Erythropoetin) und megakaryozytäre hämatopoetische **Wachstumsfaktoren** (Thrombopoetin) entgegen gewirkt werden. Es kann auch versucht werden, das Knochenmark durch den Transfer von Zytostatika-Resistenzgenen in gesunde hämatopoetische Stammzellen zu schützen. Bei der **Myeloprotektion-basierten**

Gentherapie sollen hämatopoetische Stammzellen vor den toxischen Wirkungen der Tumorchemotherapie bewahrt werden, indem ihnen Zytostatika-Resistenzgene (z. B. *MDR1* u. a.) transferiert werden (s. Kap. 5.5.4). In Verbindung mit peripherer Knochenmarktransplantation und Hochdosistherapie soll eine effizientere Tumorzellabtötung bei Aussparung der Nebenwirkungen auf das gesunde Knochenmark erzielt werden.

6.12 Immuntoxizität

Das Immunsystem schützt den Körper vor pathogenen Viren, Bakterien, Parasiten und Pilzen sowie anderen fremden Zellen und Stoffen. Es wehrt auch Tumorzellen ab. Jedoch ist der körpereigene Schutz vor Tumorzellen nicht vollkommen. Funktionell lassen sich zwei große Bereiche unterscheiden: die nicht-spezifische, **angeborene Immunität** und die spezifische, **erworbene Immunität**.

Nicht-spezifischen Schutz bieten mikrobielle Inhibitoren wie Lysozyme, Interferone (gegen Viren), das Komplementsystem, die Phagocytose von Fremdpartikeln durch Makrophagen und andere Leukozyten. Diese Mechanismen werden als erste Abwehrfront z. B. bei akuten Entzündungen nach Infektion mit Erregern aktiviert.

Die spezifische Immunantwort ist gekennzeichnet durch ein „Erinnerungsvermögen". Nach dem zweiten Kontakt mit demselben pathogenen Antigen wird eine verstärkte sekundäre Immunantwort hervorgerufen. Sie wird in lymphoiden Geweben (vorwiegend Knochenmark und Thymus, aber auch Milz und Lymphknoten und Peyersche Plaques) erzeugt. Lymphoide Stammzellen werden im Knochenmark generiert und reifen im Thymus aus. Diese **T-Lymphozyten** vermitteln die **zellvermittelte Immunität**. Sie dienen als *memory*-Zellen und zytotoxische Effektorzellen. T-Helfer- und T-Suppressor-Zellen sind an der Regulation der humoralen Immunität beteiligt. Die **humorale Immunität** wird von **B-Zellen** übernommen. Das sind lymphoide Zellen, welche im Knochenmark gebildet werden und dort ausreifen. Sie produzieren Immunglobuline (Antikörper).

Die **Immuntoxikologie** beschäftigt sich mit Schädigungen des Immunsystems durch Chemikalien, Arzneimittel oder andere Xenobiotika. Immunotoxische Effekte können sehr unterschiedlich sein: organspezifisch, zellspezifisch, funktionsspezifisch oder nicht spezifisch. Es können auch sekundäre Folgen nach Schädigungen anderer Organe auftreten. Es kann eine verstärkte oder eine abgeschwächte Immunantwort erfolgen.

Immunsuppression und **Immundepression** entstehen durch Medikamente wie Cyclosporin A, Cyclophosphamid, Azathioprin oder Prednison. Bei Organtransplantationen nutzt man diesen Effekt bewusst aus, um die Abstoßung des Spenderorgans durch das Wirtsgewebe zu verhindern. Schwermetalle (Quecksilber, Kupfer, Mangan, Kobalt, Cadmium, Chrom, Arsen), Umweltgifte (Dioxine (TCDD) und andere polychlorierte Kohlenwasserstoffe) sowie Alkylanzien wirken ebenfalls immunsuppressiv. Sie erhöhen die Anfälligkeit gegenüber mikrobiellen Infektionen und gegenüber einer Kanzerogenese (insbesondere virusinduzierte Hauttumoren und Lymphome). *Biological response modifier* (Interferone, Interleukine) wirken einer Immunsuppression entgegen. Sie verbessern die Abwehrkräfte, welche durch Unterernährung, im Alter, bei chronischen Infektionen und bei Krebserkrankungen geschwächt sind. Überschießende Reaktionen können grippeähnliche Reaktionen bis hin zu schweren kardiovaskulären und neurologischen Erscheinungen verursachen.

Immuntoxische Stoffe können auch eine **Immunstimulierung** oder **Immunpotenzierung** hervorrufen. Dazu zählen Schwermetalle (Blei), Carbamat-Pestizide und bestimmte Medikamente. Immunpotenzierende Effekte führen zu Hypersensibilität oder Autoimmunität. **Hypersensibilität** ist der Überbegriff für immunvermittelte und nicht-immunvermittelte Reaktionen. Immunvermittelte Reaktionen sind **Allergien**.

Überempfindlichkeitsreaktionen können vom Soforttyp oder vom verzögerten Typ sein. Unter den **Sofortreaktionen** sind die anaphylaktischen Reaktionen am bedeutsamsten. Es werden IgE-Immunglobuline gebildet, welche mit ihrem Fc-Teil auf Mastzellen und basophilen Granulozyten binden. Bei erneutem Kontakt mit dem allergenen Stoff binden zwei benachbarte IgE-Antikörpermoleküle ein Antigen. Dies wird als Überbrückung bezeichnet. Diese Reaktion verändert die Membranstruktur, so dass Granula mit Prostaglandinen und Mediatorstoffen (Histamin, Bradykinin, Serotonin etc.) ausgeschüttet werden (**Abb. 6.28**). Die Folgen sind Gefäßerweiterungen, Permeabilitätsstörungen der Kapillarwände, Kontraktion der Bronchialmuskulatur etc. Anaphylaktische Reaktionen können lokal (Asthma bronchiale) oder generalisiert mit lebensgefährlichem Blutdruckabfall auftreten (**anaphylaktischer Schock**).

Bei **Überempfindlichkeitsreaktionen vom verzögerten Typ** reagieren Antikörper, welche mit ihrem Fc-Teil auf Lymphozyten sitzen, mit einem Antigen. Dies führt dazu, dass an dem Ort, wo das Antigen gehäuft vorkommt, Lymphozyten infiltrieren. Neben spezifisch sensibilisierten Lymphozyten dringen auch nicht-sensibilisierte Lymphozyten ein. Die Reaktionen treten

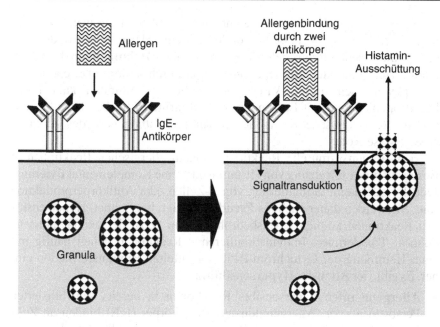

Abb. 6.28a–c. Überempfindlichkeitsreaktion vom Soforttyp bei Mastzellen

erst nach Tagen oder Wochen ein. Hierzu zählen **Haut- und Kontaktallergien** sowie **Transplantatabstoßungen**.

Die Haut ist nicht nur eine physikalische Barriere des Körpers gegen die Außenwelt. Sie wird auch durch das Immunsystem in ihrer Abwehrfunktion unterstützt. Das Immunsystem der Haut, auch *skin-associated lymphoid tissue* (SALT) genannt, besteht aus verschiedenen Zelltypen. Dazu zählen Langerhans-Zellen, welche Antigen-präsentierende Eigenschaften besitzen, und dendritische T-Zellen, welche Helfer- und Suppressor-Funktionen ausüben. Fibroblasten und Endothelzellen tragen Cytokin-Rezeptoren und können selbst Cytokine freisetzen. Auch Keratinozyten können Cytokine (z. B. Interleukin-1) freisetzen und immunologische Reaktionen steuern. Langerhans-Zellen interagieren mit Antigenen in der Haut und transportieren sie zu den Lymphknoten. Dort werden die Antigene immunkompetenten T-Lymphozyten präsentiert, welche die Antigene zerstören. Auf diese Weise sensibilisierte Lymphozyten transformieren zu Lymphoblasten, welche proliferieren und Antikörper (IgE) freisetzen. Allergische Reaktionen sind überschießend und schädigen das Gewebe.

Pulmonale allergische Reaktionen sind die Folge inhalierter Mikroben oder allergener Substanzen. Sie werden von Makrophagen aufgenommen, prozessiert und dendritischen Zellen präsentiert. Makrophagen stellen die erste Abwehrfront dar. Die Lunge enthält Lymphknoten, in welchen nachfolgend zellvermittelte oder humorale Abwehrreaktionen stattfinden. Zu den pulmonalen allergischen Reaktionen zählt **Asthma bronchiale**. Es kommt zur verstärkten Bronchokonstriktion durch biologische, chemische oder physikalische Reize (Viren, Chemikalien, Arzneimittel, kalte Luft). Die Bronchien sind mit Entzündungszellen infiltriert. Neben äußeren Reizen spielen genetische Komponenten für die Pathogenese des Asthmas eine gewisse Rolle.

Nicht-immunvermittelte Reaktionen ähneln allergischen Reaktionen in Bezug auf eine Freisetzung von Histamin oder eine Komplementaktivierung. Jedoch findet keine Stimulierung von T-Zellen oder Antikörperproduktion statt. Sie werden daher auch als **Pseudoallergien** bezeichnet. Hypersensitiven Reaktionen können lebensbedrohlich sein (z. B. der anaphylaktische Schock, Toxidermie). Immunstimulierende Reaktionen gehen häufig mit einer Hemmung der Cytochrom-P450-vermittelten Biotransformation einher. Es gibt vier Arten der **Hypersensibilität**:

- **Allergene** rufen hypersensible Reaktionen in bereits sensibilisierten Personen hervor. Allergeninduzierte Antikörper (IgE) binden an Zelloberflächen-Rezeptoren von Mastzellen und regen diese an Histamin, Lipidmediatoren und Cytokine freizusetzen. Zur **Typ-I-Hypersensibilität** gehören Allergien (Heuschnupfen etc.) und Asthma.
- Xenobiotika können die Produktion von Antikörpern anregen, welche gegen körpereigene Gewebe- oder Zelloberflächen-Antigene gerichtet sind. Durch Entzündungszellen und eine Aktivierung des Komplementsystems kann es in der Folge zu Gewebeschädigungen kommen. Die Reaktionen werden als **Typ-II-Hypersensibilität** bezeichnet.
- Bestimmte niedermolekulare Substanzen, welche an Wirtsproteine binden, können die Produktion von IgG- oder IgM-Antikörpern stimulieren. Dadurch entstehen Immunkomplexe, welche sich in Blutgefäßen ablagern. Durch Entzündungszellen und Komplementsystem kommt es zu Gewebeschädigungen. Immunkomplex-induzierte Reaktionen werden als **Typ-III-Hypersensibilität** klassifiziert.
- Die **Typ-IV-Hypersensibilität** wird auch *delayed-type hypersensitivity* (DTH) genannt. Sie entsteht durch aktivierte Makrophagen und sensibilisierte T-Lymphozyten. Ein klassisches Beispiel ist die Kontaktdermatitis, welche durch viele Agenzien in der Umwelt oder am Arbeitsplatz hervorgerufen wird. Die Immunantwort der Haut wird durch die Lymphknoten an der Stelle der Allergen-Exposition initiiert. Es kommt zur klonalen Expansion von sensibilisierten T-Lymphozyten.

Bei der **Autoimmunität** oder **Autoallergie** werden Lymphozyten produziert, welche gegen körpereigene Antigene gerichtet sind. Es kann sich um B-Zellen handeln, welche Autoantikörper freisetzen, zytotoxische T-Zellen, welche Zielorgane zerstören oder eine Kombination aus B- und T-Zellen. Die Ätiologie ist multifaktoriell: Es spielen Faktoren wie Unterernährung, Alter, genetische Prädisposition und Agenzien aus Umwelt und Beruf zusammen. Generell sind Autoimmun-Reaktionen durch Arzneimittel, Chemikalien oder Umweltgiften von denen zu unterscheiden, welche durch immunstimulierende Substanzen hervorgerufen werden. Ein Beispiel für die erste Gruppe ist die Myasthenie durch Penicillin. Ein Beispiel für die zweite Gruppe sind Autoimmun-Erkrankungen durch Interferon-α bei der Behandlung chronischer Hepatitis-C-Infektionen.

Immuntoxische Reaktionen werden in zwei Schritten nachgewiesen. Zunächst erfolgt die Routinediagnostik von lymphoiden Organen und Geweben (Thymus, Milz, Lymphknoten). In experimentellen Tiermodellen (Maus, Ratte) werden die lymphoiden Organe makroskopisch (Gewicht, äußere Gestalt) und mikroskopisch mit Hämatoxilin-Eosin-Färbungen von formalinfixiertem, paraffineingebettetem Gewebe untersucht. Die klassische Histopathologie wird durch die Immunhistochemie ergänzt. In Gewebeschnitte wird die Expression relevanter Proteine durch Antikörperbasierte Färbetechniken nachgewiesen. Parallel dazu erfolgen hämatologische Untersuchungen an Knochenmark und Blut (Differenzial-Blutbild, Zellzahlbestimmung, Zellmorphologie, Konzentrationsbestimmung von Immunglobulinen im Blutserum). Ergeben diese Untersuchungen Anzeichen für immuntoxische Effekte, werden zusätzliche Untersuchungsmethoden angewandt. Dies sind funktionelle Tests, mit denen zellbasierte und humorale Immunantwort, Funktion von Makrophagen und natürlichen Killerzellen, Apoptose, Autoimmunität, Autophagie u. a. bestimmt werden. Durchflusszytometrie, ELISA, Polymerasekettenreaktion und andere molekularbiologische Methoden spielen hier eine wichtige Rolle. Immuntoxikologische Untersuchungen sind bei der Arzneimittelentwicklung in der pharmazeutischen Industrie von zentraler Bedeutung, um toxische Kandidatensubstanzen möglichst frühzeitig zu identifizieren und zu entfernen.

7 Prädiktive Pharmakologie und Toxikologie: Genetik, Genomik, Systembiologie

7.1 Pharmako- und Toxikogenetik

7.1.1 Grundlagen

Seit vielen Jahren weiß man aus klinischen Beobachtungen, dass Patienten trotz gleicher Behandlung ganz unterschiedlich auf Medikamente ansprechen können und es eine erhebliche Heterogenität bezüglich Effektivität und Toxizität in unterschiedlichen ethnischen Populationen, aber auch individuell bei einzelnen Patienten gibt. Diese Heterogenität kann zu unvorhersehbaren, teilweise lebensbedrohlichen Nebenwirkungen bei einzelnen Patienten oder Risikogruppen führen. Hierfür werden genetische Faktoren verantwortlich gemacht. Weitere Gründe für ein unterschiedliches Ansprechen auf eine Therapie sind Alter, Geschlecht, **Komorbidität**, Interaktionen mit anderen Medikamenten sowie die *compliance* der Patienten.

Die Identifizierung dieser genetischen Faktoren ist das Ziel der Pharmako- und Toxikogenetik. Die **Pharmakogenetik** konzentriert sich auf genetische Faktoren, welche die Arzneimittelwirkungen beeinflussen. Dagegen befasst sich die **Toxikogenetik** mit den genetischen Risikofaktoren von Fremdstoffen.

Die Sequenzierung des menschlichen Genoms in seiner Rohfassung im Jahr 2001 hat gezeigt, dass es ein erhebliches Ausmaß an genetischer Variation gibt. Dies wurde bestätigt durch die exakte Sequenz des menschlichen Genoms im Jahr 2004, welche eine Fehlerrate von nur 1 zu 100.000 aufweist. Die Zahl der proteinkodierenden Sequenzen wird auf 20.000 bis 25.000 geschätzt.

Der Begriff Pharmakogenetik wurde Mitte des 20. Jahrhunderts geprägt. Im zweiten Weltkrieg war aufgefallen, dass das Malaria-Medikament Primaquin bei manchen afroamerikanischen Soldaten zu einer **Hämolyse** führte. Der Grund dafür war eine Defizienz der Glucose-6-Phosphat-Dehydrogenase (G6PD). Die **G6PD-Defizienz** ist mit 400 Mio. Betroffenen der weltweit häufigste vererbliche Enzymdefekt. Mittlerweile sind über 140 verschiedene Mutationen im *G6PD*-Gen bekannt.

Ein weiterer Meilenstein der Pharmakogenetik war in den 1970er Jahren die Entdeckung eines defizienten Debrisoquin-Metabolismus, der zu einem Abfall des Blutdruckes führt. Ebenfalls in den 1970er Jahren wurde beobachtet, dass die Oxidation des antiarrhythmischen Medikamentes Spartein polymorph ist. Der Grund dafür ist eine **CYP2D6-Defizienz** (Cytochrom-P450-Monooxigenase). Heute sind über 70 genetische Varianten in diesem Gen bekannt, welche den Metabolismus von mehr als 40 Medikamenten beeinflussen.

Zur Vorhersage von erwünschten und unerwünschten Arzneimittel-Wirkungen werden genetische Testverfahren und leicht zugängliche Bioflüssigkeiten oder Gewebeproben verwendet. Als **Biomarker** dienen biochemische und molekularbiologische Parameter. Klinische Parameter wie bildgebende Verfahren (Magnetresonanz-*Imaging* (MRI) und Positronen-Emissionstomographie (PET)) werden nicht zu den Biomarkern gerechnet. Das Ziel der individualisierten Therapie ist es, mit Hilfe von pharmakogenetischen Biomarkern therapeutische Interventionen für jeden einzelnen Patienten anzupassen. Entsprechend der Ergebnisse des pharmakogenetischen *screenings* vor einer Therapie werden wirksame Medikamente ausgesucht und mit individuell optimaler Dosis eingesetzt. Gleichzeitig sollen unerwünschte Nebenwirkungen wenig wirksamer Arzneimittel vermieden werden. Während einer Therapie werden Biomarker zum *Monitoring* eingesetzt, um die Effizienz und die Toxizität der Medikation zu überwachen. Nach einer Therapie können Biomarker zur Überwachung der Nachhaltigkeit des Therapieerfolges eingesetzt werden und Hinweise liefern, zu welchem Zeitpunkt eine erneute Therapie notwendig wird.

Eine wichtige Erkenntnis des humanen Genomprojektes ist das hohe Maß an genomischer Variabilität (**Polymorphismen**). Statistisch gesehen kommt alle 1200 Basen eine genetische Variation vor. In den meisten Fällen führen polymorphe Genvarianten zu einer verminderten Proteinfunktion, jedoch sind in einigen Fällen auch erhöhte Aktivitäten berichtet worden. Im Gegensatz zu somatischen Mutationen, wie sie beispielsweise bei Krebs auftreten, sind Polymorphismen stabil und vererblich. Zu den Polymorphismen zählen Einzelnukleotid-Polymorphismen (*single nucleotide polymorphisms*, SNPs), Mikro- und Minisatelliten. Als SNP bezeichnet man den Austausch einer einzelnen Base in der DNA, welcher zu einem Aminosäureaustausch in dem kodierten Protein führen kann. SNPs sind für 90% der genetischen Variabilität im menschlichen Genom verantwortlich. Die Daten zur Anzahl von SNPs im menschlichen Genom schwanken zwischen 1–10 Mio. Schätzungsweise sind nur 5–10% davon krankheits- bzw. therapierelevant. Zwischen 50.000 und 250.000 SNPs sind in oder in der Nähe von kodierenden Genen lokalisiert. Viele SNPs führen nicht zu phänotypischen Veränderungen, sind aber mit bestimmten **Haplotypen** verknüpft. Sie können deshalb als genetische Marker von Interesse sein, obwohl sie nicht zu einem Austausch einer Aminosäure in einem krankheitsrelevanten Protein führen und dessen Funktion verändern. Als **Mikrosatelliten** (oder *tandem repeats*) bezeichnet man multiple Kopien einer repetitiven DNA-Sequenz mit einer Länge von 0,1 bis 10 kb. **Minisatelliten** bestehen aus Wiederholungen kurzer Sequenzen bis zu vier Nukleotiden. **Allele** sind die wechselständigen Formen eines Gens. Der gametische **Haplotyp** ist die Summe der Allele auf einem genetischen **Locus**. Wenn Allele auf unterschiedlichen genetischen Loci liegen und miteinander assoziiert sind, spricht man von *linkage disequilibrium*. Haplotypen und *linkage disequilibria* dienen der Erklärung von Arzneimittel-Wirkungen und Nebenwirkungen bei komplexen Krankheiten. Als **komplexe** oder **multigene Krankheiten** bezeichnet man Krankheiten, die im Gegensatz zu **monogenen Krankheiten** durch die Beteiligung vieler Gene verursacht werden. Ein Beispiel für eine komplexe Krankheit ist Krebs, ein Beispiel für eine monogene Krankheit ist die bereits erwähnte G6PD-Defizienz.

Im Gegensatz zu Polymorphismen, stellen Mutationen seltene DNA-Veränderungen dar (<1% Häufigkeit). Mutationen erscheinen als **Punktmutationen** (*nonsense* oder *missense Mutationen*), **Deletionen, Insertionen, Inversionen** und **Translokationen** bzw. **Gen-Rearrangements**).

Da verschiedene menschliche **Populationen** unterschiedlich auf Medikamente und Toxine reagierten, lag die Vermutung genetischer Ursachen nahe. Tatsächlich lassen sich durch Polymorphismen 9 menschliche Hauptpopulationen unterscheiden (**Abb. 7.1**). Interessanterweise liegt der größte Unterschied zwischen der afrikanischen und allen nicht-afrikanischen Populationen. Dieser Befund ist vereinbar mit der Theorie, dass die Ursprünge der Menschheit in Afrika liegen und vor etwa 100.000 Jahren eine Welle von Emigranten Afrika verlassen und sukzessive die Welt besiedelt hat.

Es gibt zwei Möglichkeiten, wie Polymorphismen sich zwischen Populationen unterscheiden können:

- Die Häufigkeit eines bestimmten Polymorphismus differiert zwischen Populationen.
- Es existieren verschiedene Varianten in verschiedenen Populationen.

Darüber hinaus werden Unterschiede zwischen Populationen auch durch nicht-genetische Faktoren determiniert, wie z. B. Umwelt-, Ernährungs- und kulturelle Faktoren. Hier einige Beispiele:

- Das Klima einer Region beeinflusst die Lebensmittelproduktion. Lebensmittel können Enzyme unterschiedlich induzieren und dadurch die Wirkung von Arzneimitteln beeinflussen.

- Im zweiten Weltkrieg war Unterernährung weit verbreitet. Auf Grund dieser Unterernährung kam es durch das ansonsten ungefährliche Lokalanästhetikum Procain zu lebensbedrohlichen Nebenwirkungen.
- Zigarettenrauchen beeinflusst die Induktion von Cytochrom-P450-Monooxigenasen und damit die Arzneimittelwirkung.

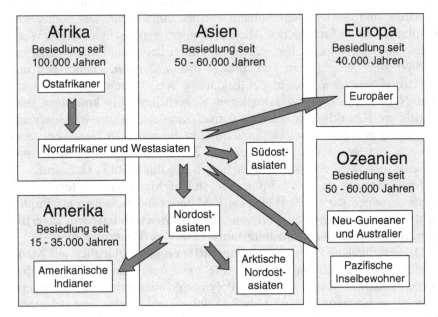

Abb. 7.1. Genetische Evolution und Ausbreitung des Menschen über die Erde basierend auf Polymorphismen in 120 Genen in 1915 Populationen. (Cavalli-Sforza u. Feldman 2003)

7.1.2 Polymorphismen in Rezeptorgenen

Die meisten Reaktionen des menschlichen Organismus auf Arzneimittel beruhen auf der Bindung eines Wirkstoffes an einen Rezeptor. Daher ist die Pharmakogenetik von Rezeptorgenen von zentraler Bedeutung. Bis in die 1980er Jahre war es üblich, unterschiedliche Affinitäten von Agonisten und Antagonisten bestimmten Rezeptortypen und ihren verschiedenen Untertypen zuzuordnen (z. B. α-, β1-, β2-adrenerge Rezeptoren). Jedoch konnten die beobachteten Wirkungen der untersuchten Stoffe nur unzureichend erklärt werden. Seit es möglich ist, Gene zu klonieren und sequenzieren, wird auch zunehmend die Bedeutung genetischer Variationen in Rezeptorgenen deutlich.

Nukleäre Rezeptoren

Nukleäre Rezeptoren besitzen eine Liganden-Bindungsdomäne und eine DNA-Bindungsdomäne. Nach Komplexierung des Liganden an den Rezeptor bindet dieser an bestimmte Genpromoter-Sequenzen, welche die Transkription hochregulieren.

Glucocorticoid-Rezeptor: Die Wirkung von Dexamethason und analogen Hormonen wird durch den Glucocorticoid-Rezeptor (GR) vermittelt. Polymorphismen in der Hormon-Bindungsdomäne führen entweder zu einer reduzierten Affinität für exogene Steroide (Agr641Val- und Ile729Val-*missense*-Mutationen) oder zu einer Verminderung der GR-Expression (*splice site*-Mutationen). Manche SNPs in der Hormon-Bindungsdomäne blockieren dominant-negativ den Wildtyp-Rezeptor (Ile559Asp-*missense*-Mutation). In der Regel führen diese Polymorphismen zu einer Glucocorticoid-Resistenz. Andere SNPs steigern die Dexamethason-Sensibilität gegenüber dem Wildtyp-Rezeptor (Asp363Ser-*missense*-Polymorphismus).

Androgen-Rezeptor: Der Androgen-Rezeptor (AR) vermittelt die Wirkungen von Testosteron und Dihydrotestosteron. *Missense-* und *fram-shift* Polymorphismen sowie Deletionen vermindern die Hormonbindungsfähigkeit und führen zu erhöhter Thermolabilität oder eingeschränkter Induzierbarkeit der AR-Expression. Weiterhin kommen bei verschiedenen ethnischen Gruppen unterschiedlich lange CAG-*repeats* vor. Kaukasier haben ein *AR*-Allel mit 21 CAGs, während es bei Afrikanern nur 18 CAGs aufweist. Interessanterweise haben Afrikaner eine höhere Prostatakarzinom-Inzidenz und -Mortalität. Es wird vermutet, dass Androgen-Rezeptoren mit kürzeren Glutamin-*repeats* eine höhere Affinität zu Androgenen haben und sich dadurch eine höhere Suszeptibilitat für Prostatakrebs entwickelt.

Östrogen-Rezeptor: Der Östrogen-Rezeptor (ER) nimmt eine Schlüsselstellung in der Reproduktionsphysiologie und Brustdrüsenentwicklung ein. Er spielt jedoch auch für geschlechtsunabhängige, physiologische Entwicklungsvorgänge eine Rolle wie z.B. für die Skelettentwicklung. Störungen des ER-Signalweges sind an der Entstehung und Progression von Brustkrebs beteiligt. Im *ER*-Gen gibt es zahlreiche Polymorphismen und Mutationen. So wird beispielsweise eine Tamoxifenresistenz durch Substitution bestimmter hydrophober Reste in der Liganden-Bindungsdomäne verursacht. Eine *in-frame*-**Duplikation** von Exon 6 und 7 führt zur Bildung von 4–5 Kopien des Wildtyp *ER*-Gens und zu Östrogen-unabhängigem Wachstum von Brustkrebs. Die SNPs Leu540Gln und Asp351Tyr haben eine paradoxe Wirkung: Antiöstrogene werden von diesen polymorphen ER als Östrogene interpretiert. Damit ist die therapeutische Wirkung von Antiöstrogenen nicht nur verloren, sondern sogar umgekehrt. Der Tyr537Asn-Polymorphismus führt zur konstitutiven transkriptionellen Aktivierung, welche durch Antiöstrogene (Tamoxifen) nicht beeinflusst werden kann. Dadurch wird eine wichtige therapeutische Option weitgehend eingeschränkt.

Vitamin D-Rezeptor: Polymorphismen im Vitamin-D-Rezeptor (VDR) führen zur Vitamin D_3-Resistenz. Dies spielt bei der selten vorkommenden Vitamin-D-resistenten Rachitits im Kindesalter sowie bei der häufig auftretenden Osteoporose im fortgeschrittenen Alter vor allem bei Frauen eine Rolle. Darüber hinaus steuert Vitamin D die Monozyten-Differenzierung und hemmt die Lymphozyten-Proliferation und Cytokin-Sekretion (Interleukin-2, Interleukin-12, Interferon-γ). Auch das Wachstum von Krebszellen wird durch Vitamin D gehemmt. Zahlreiche SNPs und Deletionen in der DNA-Bindungsdomäne des *VDR*-Gens setzen die Affinität des Rezeptors zur DNA-Bindung herab. Sie verhindern dadurch die transkriptionelle Aktivierung von nachgeschalteten Genen selbst bei hohen Vitamin D-Konzentrationen. Polymorphismen in der Liganden-Bindungsdomäne vermitteln eine Vitamin-D-Resistenz durch Reduktion der Bindungsaffinität oder Störung der Heterodimerisierung. Es existieren auch Polymorphismen im Promoter und anderen regulatorischen Bereichen. Das *VDR*-Gen besitzt zwei potentielle Translations-Initiationsstellen (ATG). An der ersten Stelle kann ein T>G Austausch stattfinden (ATG zu AGG). Dadurch entstehen funktionslose, verkürzte Rezeptoren. Ein anderer SNP im *VDR*-Promoter wurde als Cdx2-Polymorphismus bezeichnet. Dieser G>A-Polymorphismus liegt innerhalb der Bindungssstelle für den darmspezifischen Transkriptionsfaktor CdX2 und hat Auswirkungen auf osteoporosebedingte Knochenbrüche bei älteren Personen.

Polymorphismen in der Liganden-Bindungsdomäne und Polymorphismen, welche Stop-Codons erzeugen, kommen sowohl bei der juvenilen Rachitis als auch bei Osteoporose vor. Die Folge einer gestörten Vitamin-D_3-Signal-Weiterleitung bei Osteoporose ist eine verminderte intestinale Calcium- und Phosphat-Absorption. Dadurch sinken Knochenmineralisierung und Knochendichte.

Arylkohlenwasserstoff-Hydroxylase-Rezeptor (Ah-Rezeptor): Der Ah-Rezeptor (AHR) ist ein Transkriptionsfaktor, dessen Aktivität durch halogenierte und polyzyklische aromatische Kohlenwasserstoffe reguliert wird. Wichtige Karzinogene und toxische Stoffe wie z. B. Benzo[a]pyren aus Zigarettenrauch und 2,3,7,8-Tetrachlordibenzo-*p*-Dioxin (TCDD) induzieren die Expression der Arylkohlenwasserstoff-Hydroxylase (CYP1A1).

Darüber hinaus induziert AHR auch die Induktion von Phase-I- und II-Enzymen.

Während Polymorphismen in Labortieren häufig vorkommen und zu erheblichen Unterschieden der Empfindlichkeit gegenüber TCDD und anderen Xenobiotika beitragen, wurden bisher vergleichsweise wenige SNPs im menschlichen *AHR*-Gen gefunden: A517A (stummer Polymorphismus), A554K und V570I. Diese Polymorphismen werden von Basenaustauschen an folgenden Positionen kodiert: 1549C>T, 1601G>A und 1708G>A. Sie sind in Exon 10 oder in direkter Nachbarschaft davon lokalisiert. Exon 10 kodiert einen überwiegenden Teil der *AHR*-Transaktivierungsdomäne, welche für die Expression von *downstream*-Genen notwendig ist. Bei Kaukasiern ist der Arg554Lys Polymorphismus mit einer hohen CYP1A1-Aktivität assoziiert. Haplotyp-Analysen zeigten ein *linkage disequilibrium* für diese Polymorphismen. Viele der AHR-regulierten Gene sind für Zellproliferation, Signalprozesse und die Apoptose wichtig.

Die Bedeutung des AHR für die Regulation spezifischer Xenobiotika wurde mittels *AHR-knockout*-Mäusen gezeigt. Sie zeigen nach TCDD-Behandlung keine Induktion der CYP1A1- und CYP1A2-Expression und sind resistent gegen die toxischen Effekte von TCDD, wie z. B. Lebertoxizität und Teratogenese. Durch die fehlende CYP1A1-Induktion, welche für die metabolische Aktivierung von Benzo[a]pyren notwendig ist, zeigen *AHR* -/- Mäuse auch eine Resistenz gegen diese Substanz.

Zelloberflächen-Rezeptoren

Es können drei Gruppen von Zelloberflächen-Rezeptoren unterschieden werden:

- Ionenkanäle und Ionentransporter,
- Rezeptoren mit nachgeschalteter enzymatischer Signalkaskade, welche z. B. die Adenylatcyclase oder Phosphoinositol als *second messenger* haben,
- Rezeptoren mit integraler Enzymaktivität.

Long-QT-syndrome **(LQTS) und Ionenkanal-Rezeptoren**: In den 1980er Jahren wurden Fälle bekannt, bei denen es nach Gabe von anti-arrhythmischen Medikamenten (Chinidin), Makroliden, Antibiotika (Clathromycin), H1-Antihistaminika (Terfenadine und Astemizol), Antipsychotika (Chlorpomazin) zu Ohnmacht, verlängerter QT, ventrikulären Arrhythmien und plötzlichem Tod kam. Zwei vererbliche Syndrome sind mit dem LQTS gekoppelt: das häufigere autosomal dominante **Romano–Ward-Syndrom** und das seltene autosomal rezessive **Lange–Nielson-Syndrom**. Sechs

Ionenkanal-Rezeptoren sind für LQTS verantwortlich (*LQT1-LQT6*). *Missense-* und *splice site*-Mutationen sowie Deletionen erzeugen defekte Ionenkanal-Rezeptoren. Während heterozygote Mutationen im *LQT1*-Gen das Romano–Ward–Syndrom verursachen, rufen homozygote *LQT1*-Mutationen das Lange–Nielson–Syndrom hervor. *LQT1*- und *LQT2*-Varianten sind häufig mit kardialen Ereignissen (z. B. Ohnmacht), jedoch selten mit plötzlichem Tod assoziiert. Dagegen wird bei *LQT3*-Mutationen öfter der plötzliche Tod beobachtet.

Sulfonylharnstoff-Rezeptor (SUR): SUR ist für die normale Regulation der Insulinsekretion durch β-Zellen im Pankreas verantwortlich. Der Rezeptor gehört zur Famile der ABC-Transporter. Verschiedene Deletionen, *splice-site-* und *missense*-Mutationen in den nukleotidbindenden Domänen verursachen verkürzte, defekte Rezeptorformen, welche die familiäre hyperinsulinämische Hypoglykämie der Kindheit hervorrufen. Dieses Syndrom ist durch erhöhte Insulinspiegel im Blutserum, ausgeprägte Hypoglykämie, Gehirnschädigungen und Tod charakterisiert.

Rezeptorgene und Asthma bronchiale: Für die Entstehung von Asthma bronchiale spielen verschiedene Rezeptorgene eine wichtige Rolle. Dazu zählen der β-adrenerge Rezeptor, der hochaffine IgE-Rezeptor (FcεRI-β) und der Interleukin-4-Rezeptor. Drei Polymorphismen im β2-adrenergen Rezeptor (Arg16Gly, Gln27Glu, Thr164Ile) beeinflussen Expression und Funktion des Rezeptors. Davon ist die Arg16Gly-Variante mit dem Auftreten nächtlichen und schweren Asthmas assoziiert. Dagegen übt die Gln27Glu-Form sogar einen protektiven Effekt auf die bronchiale Hyperaktivität aus. Homozygote Träger des Arg15-Allels sprechen besser auf den β-adrenergen Agonisten Albuterol (Salbutamol) an als Gly16-Homozygote. Der Thr164Ile-Polymorphismus erzeugt Rezeptoren, welche nicht oder nur schwach an nachgeschaltete G-Proteine koppeln. Damit ist die Signal-Weiterleitung gestört. Da dieser SNP vergleichsweise selten vorkommt, hat er nur geringe klinische Bedeutung.

Der hochaffine IgE-Rezeptor (FcεRI) spielt für die Mastzell-Degranulation und das IgE-vermittelte atopische Asthma eine zentrale Rolle. Die Glu237Gly *missense*-Mutation in der β-Untereinheit des Rezeptors verdoppelt das Risiko an Asthma zu erkranken.

***Toll-like Receptor-4* (Trl-4) und Arteriosklerose:** Arteriosklerose ist eine entzündliche Erkrankung mit Immunreaktionen. Inflammatorische Zellen (T-Lymphozyten, Makrophagen) werden an arteriosklerotischen Läsionen der arteriellen Wand gebunden bei der Abwehr von exogenen Agenzien, beispielsweise Lipopolysaccharid (LPS). LPS ist ein Endotoxin, das von gramnegativen Bakterien ausgeschüttet wird und Fieber, Schock und andere Symptome hervorruft.

Dem Immunsystem stehen zwei Wege der Abwehr zur Verfügung:

- Das adaptive Immunsystem reagiert dynamisch auf hochspezifische Antigene in der Umwelt.

- Das angeborene Immunsystem als *first-line-defense*-System, welches hoch konservierte Pathogenmotive erkennt (*pathogen-associated molecular pattern* = PAMP).

PAMPs werden von *toll-like receptors* (TRLs) erkannt. TRLs sind an Entstehung und Progression der Arteriosklerose beteiligt. TRLs sind Transmembranrezeptoren, welche nach Ligandenbindung dimerisieren, mit dem Adaptorprotein Myo88 (*myeloid differentiation 88*) interagieren und die NF-κB- und *mitogen activated protein kinase* (MAPK)-Signalwege aktivieren. Als Folge davon wird eine Vielzahl proinflammatorischer Proteine exprimiert, welche zur Immunabwehr exogener Pathogene dienen. Infektiöse Pathogene fördern entzündliche Reaktionen in der Arterio-sklerose. Neuerdings werden auch endogene Stress-Signale (z. B. das Hitzeschockprotein 60) als Bindungspartner von TRLs diskutiert.

Es wurden 10 humane TRLs identifiziert, welche durch verschiedene PAMPs aktiviert werden. TRLs sind nicht nur auf antigenpräsentierenden Zellen (Makrophagen, dendritische Zellen) exprimiert, sondern auch auf Endothelzellen. Eine TRL2- und TRL4-Expression wurde in Makrophagen und Endothelzellen von arteriosklerotischen *Plaques* nachgewiesen.

LPS-resistente Mäuse weisen *TRL4-missense*-Mutationen oder Nullallele auf. Vergleichbar ist die Situation beim Menschen: Der *TRL4*-Polymorphismus Asp299Gly liegt in der extrazellulären Domäne des Rezeptors. Daher ist die Signalweiterleitung durch LPS abgeschwächt und führt zu schwächeren Immunantworten und entzündlichen Reaktionen. Der Asp299Gly-Polymorphismus ist in manchen, jedoch nicht allen klinischen Studien mit einem geringeren Risiko der arteriosklerotischen Progression korreliert. Darüber hinaus besteht eine Assoziation zwischen diesem SNP und der Inzidenz kardiovaskulärer Ereignisse.

Dopamin-Rezeptor, Cannabinoid-Rezeptor und Schizophrenie: Schizophrenie ist nach der Depression die zweithäufigste mentale Erkrankung mit einer Prävalenz von 1% weltweit. Die Pathogenese der Schizophrenie ist unzureichend verstanden. Neben der klassischen Dopamin-Rezeptor-Hypothese werden auch Veränderungen der Cannabinoid- und *N*-Methyl-D-Aspartat-Rezeptoren als Krankheitsursachen diskutiert.

Neuroleptika dienen der Behandlung verschiedener psychischer Erkrankungen, darunter Schizophrenie. Clozapin, das *lead drug* aus dieser Arzneimittel-Gruppe, kann Agranulocytose als schwere Nebenwirkung hervorrufen. Es bindet an verschiedene Rezeptoren (Dopamin D_2- und D_4-Rezeptoren, 5-HT_{2A}-Serotonin-Rezeptor). Der D_4-Rezeptor prägt polymorphe Formen mit einer hypervariablen Region im dritten intra-cytoplasmatischen *loop* mit 48 Basenpaar-*repeats*. Diese Varianten werden als D_{4X} bezeichnet, wobei X für die Anzahl der Repetitionen steht. Eine Assoziation zwischen den D_4-Varianten und dem Ansprechen gegenüber Clozapin wurde in manchen, jedoch nicht allen Studien berichtet. Andererseits scheinen klare Beziehungen zwischen dem 5-HT_{2A}-Rezeptor-Polymorphismus His452Tyr und dem Ansprechen gegenüber Clozapin zu bestehen. Die kombinierte Genotypisierung von Polymorphismen verschiedener Rezeptoren konnte die klinische Wirksamkeit von Clozapin mit einer Sicherheit von 77% vorhersagen. Dieses Ergebnis ist ein Hinweis, dass Schizophrenie eine multigene Krankheit ist.

Interessanterweise kann übermäßiger Cannabisgenuss schizophrenieähnliche Zustände hervorrufen (Halluzinationen, Wahnvorstellungen und emotionale Instabilität). In schizophrenen Patienten verschlimmert Cannabismissbrauch die Krankheitssymptome. Im Gehirn werden G-Protein-gekoppelte Cannabinoid-Rezeptoren exprimiert (CB_1-Rezeptoren), welche vom *CNR1*-Gen kodiert werden. Daneben kommen CB_2-Rezeptoren in Milz und Immunsystem vor. Es wurden verschiedene Polymorphismen im *CNR1*-Gen entdeckt, darunter ein AAT-*repeat* in der 3'-flankierenden Region. Das 9-*repeat*-Allel dieses AAT-*repeats* ist ein genetischer Risikofaktor für bestimmte Schizophrenieformen. Das 17-*repeat*-Allel dagegen stellt einen negativen Risikofaktor dar, welcher offensichtlich protektive Wirkung besitzt.

Für die *N*-Methyl-D-Aspartat-Rezeptoren 1 und 2 (GRIN1, GRIN2; früher als NMDAR1 und NMDAR2 bezeichnet) wurde ebenfalls eine Beteiligung in der Pathophysiologie der Schizophrenie vermutet. Transgene Mäuse mit reduzierter *GRIN1*-Expression zeigen ein schizophrenieähnliches Verhalten, welches sich durch Behandlung mit antipsychotischen Medikamenten verbessern lässt. Für *GRIN1*- und *GRIN2*-Polymorphismen bei Patienten konnte dies bisher nicht allgemein bestätigt werden, obwohl vereinzelt höhere Clozaprin-Dosierungen in Patienten mit 2664 C/C-Genotyp im Vergleich zum Wildtyp-Allel berichtet wurden.

7.1.3 Polymorphismen in Phase I-Enzymen

CYP2D6: Polymorphismen in Cytochrom-P450-Monooxigenase (CYP)-Genen sind weit verbreitet und spielen eine große Rolle (**Abb. 7.2**). Die

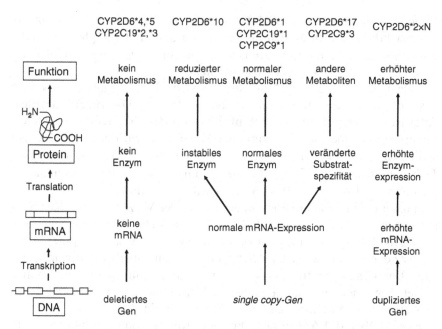

Abb. 7.2. Polymorphismen in *CYP*-Genen, welche die Enzymaktivität verändern und den Fremdstoff-Metabolismus beeinflussen

Hydroxylierung des antihypertensiven Medikamentes Debrisoquin und die *N*-Oxidierung des Antiarrhythmikums Spartein sind polymorph. Diese Wirkstoffe werden bei manchen Patienten durch die Cytochrom-P450-Monooxigenase CYP2D6 nur schwach metabolisiert.

Es sind 48 *CYP2D6*-Varianten bekannt. Neben den Wildtyp-Allelen CYP2D6*1 und CYP2D6*2 sind fünf verschiedene Polymorphismen besonders interessant. Beim CYP2D6*3 Allel handelt es sich um eine A2637-Deletion, welche einen *frame shift* verursacht. Diese Deletion wurde bei 2% schwedischer Kaukasier, jedoch nicht bei Chinesen und Afrikanern gefunden. Dagegen kommt das CYP2D6*4-Allel bei schwedischen Kaukasiern vergleichsweise häufig vor (22% Häufigkeit), während es bei Asiaten und Afrikanern selten ist (1–2%). Der G1934A-Austausch verursacht bei diesem SNP einen Spleißdefekt. CYP2D6*5 ist eine Gendeletion, die bei 4–6% aller drei ethnischen Gruppen gefunden wurde. CYP2D6*10 verursacht durch einen 188C>T-Austausch ein instabiles Enzym mit erniedrigter katalytischer Aktivität, das bei der Hälfte aller Chinesen und auch bei anderen Asiaten häufig nachgewiesen wurde. Dagegen kommt CYP2D6*17 bei Afrikanern häufig vor (17–34% Häufigkeit). Das Allel trägt einen funktionellen 1111C>T-Austausch und kodiert für ein Enzym mit erniedrigter Substrataffinität. Interessanterweise gibt es trotz aller ethnischer Unterschiede einen Polymorphismus (4268G>C), welcher in allen Populationen auftritt. Offensichtlich handelt es sich um einen sehr alten Polymorphismus in der Menschheitsgeschichte, der bereits auftrat bevor *Homo sapiens* Afrika verlassen hat und sich über die Welt ausbreitete.

Neben der schwachen Metabolisierung von Debrisoquin gibt es auch das Gegenteil – eine ultraschnelle Hydroxylierung. Die genetische Basis dafür ist eine Duplikation oder **Amplifikation** des *CYP2D6*-Gens. Interessanterweise wurde eine Zunahme der Häufigkeit von der nördlichen zur südlichen Erdhalbkugel beobachtet: In Schweden beträgt die Häufigkeit 1–2%, in Deutschland 3–4%, in Spanien und Italien 7–10% und in Äthiopien und Saudi-Arabien 20–29%. Dies wurde als Hinweis auf ernährungsbedingten evolutionären Druck interpretiert. Der Verzehr bestimmter Nahrungspflanzen macht es erforderlich, dass toxische Pflanzeninhaltsstoffe (z. B. Alkaloide) rasch metabolisiert und inaktiviert werden. Träger duplizierter oder amplifizierter *CYP2D6*-Gene werden daher evolutionär bevorzugt. Das höhere Auftreten von Genduplikationen in Spanien und Italien deutet möglicherweise auf gemeinsame Vorfahren während der arabischen Eroberung des Mittelmeerraumes im Mittelalter hin.

Es sind über 100 Arzneimittel bekannt, welche von CYP2D6 metabolisiert werden. Darunter befinden sich β-Blocker (Propanolol, Metoprolol), Antiarrhythmika (Propafenon, Spartein), Antidepressiva (Clomopramin, Mianserin, Nortriptylin), Neuroleptika (Haloperidol, Thioridazin) u. a.

CYP2C9: Nebenwirkungen des Antikoagulans Warfarin sind schwere Blutungen, welche in manchen Fällen sogar tödliche Folgen haben. Es gibt erhebliche Schwankungen, wie Patienten auf Warfarin ansprechen. Die effektiven Dosen liegen zwischen 0,5 und 60 mg Warfarin pro Tag. Das Arzneimittel wird als Racemat verabreicht (*R,S*-Enantiomere). Das aktivere *S*-Warfarin wird von CYP2C9 zu inaktiven 6-Hydroxy- und 7-Hydroxy-Metaboliten verstoffwechselt, während *R*-Warfarin durch verschiedene CYP-Proteine, darunter CYP1A2 und CYP3A4 metabolisiert wird. Es gibt verschiedene *CYP2C9*-Allele, von denen CYP2C9*2 und CYP2C9*3 am häufigsten vorkommen. Sie verursachen die Aminosäure-Austausche R144C bzw. I359L, welche die Enzymaktivität vermindern. Für Patienten mit einem dieser beiden Allele sind Warfarindosen kleiner als 1,5 mg/Tag ausreichend. Diese Patienten haben ein höheres Blutungsrisiko als Patienten mit dem Wildtyp-Allel (CYP2C9*1).

CYP2C19: *CYP2C19*-Varianten sind im Zusammenhang mit der unterschiedlichen Metabolisierung von Mephenytoin entdeckt worden. Mephenytoin ist ein heute nicht mehr gebräuchliches krampflösendes Arzneimittel, das als **Racemat** vorliegt. Das ***R*-Enantiomer** wird generell langsam metabolisiert. Das **S-Enantiomer** dagegen wird bei manchen Menschen schnell, bei anderen jedoch langsam metabolisiert. Einen langsamen S-Mephenytoin-Metabolismus beobachtet man bei 2–8% Kaukasiern, jedoch bei 20–30% Asiaten. Bei Afrikanern kommt ein langsamer Metabolismus des S-Enantiomers selten vor. Neben dem Wildtyp-Allel CYP2C19*1 gibt es zwei weitere Allele, welche eine geringe Enzymaktivität und damit einen langsamen Metabolismus hervorrufen (CYP2C19*2 und CYP2C19*3). Diese Polymorphismen sind neben Mephenytoin auch für einen langsamen Metabolismus weiterer Medikamente verantwortlich wie z. B. Omeprazol, Proguanil, Citalopram, Diazepam, Propanolol, Imipramin und Clomipramin verantwortlich.

Alkoholdehydrogenase: Der Metabolismus von Ethanol ist toxikologisch relevant: Ethanol wird durch die Alkoholdehydrogenase (ADH) zum toxischen Acetaldehyd metabolisiert, welches durch die Aldehyddehydrogenase (ALDH) zu Acetsäure oxidiert wird. Bei beiden Enzymen wurden genetische Variationen entdeckt.

Es gibt sieben verschiedene ADH-Klassen. Besonders wichtig sind die Klasse-1-Gene *ADH1-3*, deren Genprodukte ADH-α, -β, -γ in der Leber exprimiert sind. Sie bilden Homo- und Heterodimere. Genetische Variationen treten bei den β- und γ-Isoenzymen auf: β1, β2, β3, γ1 und γ2. Bei Kaukasiern ist die vorwiegende Form β1, bei Orientalen β2. Die reduzierte Häufigkeit von ADH-β2 und ADH-γ1 bei Alkoholikern in China und Japan zusammen mit einer gleichzeitigen ALDH-Defizienz wurde als Hinweis auf eine genetische Determination des Alkoholismus interpretiert. Alkoholismus wird jedoch durch eine Vielzahl anderer Faktoren bestimmt und der Anteil genetischer Determinanten ist ungeklärt.

Aldehyddehydrogenase (ALDH2): Die klinische Relevanz einer ALDH2-Defizienz erklärt sich aus der Toxizität von Acetaldehyd. Wenn aus Ethanol entstandenes Acetaldehyd nicht schnell genug detoxifiziert wird, kommt es zu Gesichtsrötung, Blutdrucksenkung und Tachykardie. Neben ALDH2, welche in Mitochondrien lokalisiert sind, spielen auch cytosolische ALDH-Isoenzyme eine Rolle im Ethanol-Metabolismus. ALDH2 ist bisher am besten untersucht.

Das aktive ALDH2-Enzym liegt als Tetramer vor. Der *ALDH2*-Polymorphismus Glu13Lys erzeugt ein inaktives Enzym. Da bereits eine inaktive Einheit im Tetramer den ganzen Komplex inaktiviert, wird eine ALDH2-Defizienz dominant vererbt. Während eine ALDH2-Defizienz in Europa, Afrika und im mittleren Osten nicht vorkommt, tritt sie zu 30–50% in asiatischen Populationen auf. Auch in Amerika findet sich ein heterogenes Bild:

40–50% der südamerikanischen Indianer, jedoch nur 2–5% der nordamerikanischen Schwarzen weisen eine ALDH2-Defizienz auf.

7.1.4 Polymorphismen in Phase-II-Enzymen

Glutathion-S-Transferasen: Glutathion-S-Transferasen (GSTs) konjugieren Glutathion mit elektrophilen Molekülen und oxidativen Metaboliten. Sie sind für Mutagenese und Karzinogenese bedeutsam und beeinflussen die Chemoresistenz von Tumoren. Es gibt sechs Untergruppen: α (*GSTA*), π (*GSTP*), µ (*GSTM*), o (*GSTO*), τ (*GSTT*) und ζ (*GSTZ*).

Die *GST*-Gene sind polymorph. Es kommen auch Null-Varianten (*GSTM* und *GSTT1*) sowie Varianten mit niedriger Aktivität (*GSTP1*) oder veränderter Induzierbarkeit (*GSTM3*) vor. Die Häufigkeit von Gendeletionen schwankt erheblich zwischen verschiedenen ethnischen Populationen. Der *GSTM1*- und *GSTT1*-Null-Phänotyp ist mit einem reduzierten Risiko eines Rezidivs bei chemotherapierten Tumoren (Leukämien, Brustkrebs, Eierstockkrebs und Lungenkrebs) assoziiert.

SNPs in *GST*-Genen beeinflussen ebenfalls den Erfolg der Tumorchemotherapie und die Überlebenszeit der Patienten. Ein Beispiel hierfür ist der I105V-SNP im *GSTP1*-Gen. Brustkrebs-Patientinnen mit dem VV-Genotyp mit niedriger Enzymaktivität haben eine signifikant bessere Überlebensprognose nach Chemotherapie mit alkylierenden Zytostatika. Ähnliche Ergebnisse wurden auch für Knochenkrebs (Plasmozytom) und Darmkrebs berichtet.

Neben ihrer Bedeutung für die Tumorresistenz können Polymorphismen in *GST*-Genen zur Vorhersage von Arzneimittel-Nebenwirkungen dienen. Ototoxizität (Hörschäden) sind eine Nebenwirkung der Cisplatin-Therapie. Tumorpatienten mit dem GSTP3*B-Allel haben ein höheres Risiko, an diesen Nebenwirkungen zu leiden. Bei der Hochdosistherapie von Leukämien ist die Gefahr toxizitätsverursachter Todesfälle in *GSTT1*-negativen Homozygoten höher als bei *GSTT1*-positiven Fällen.

UDP-Glucuronyltransferasen (UGTs) katalysieren die Glucuronierung vieler lipophiler xenobiotischer und endobiotischer Stoffe, um sie wasserlöslicher zu machen und eine erleichterte Eliminierung aus dem Körper herbeizuführen. Es wurden mehr als 30 UGT-Isoformen mit überlappenden Substratspezifitäten identifiziert. Die zwei Hauptklassen sind UGT1 und UGT2.

Irinotecan (CPT-11) ist ein *prodrug*, welches in der Leber zu dem aktiven Metaboliten SN-38 konvertiert. SN-38 ist ein DNA-Topoisomerase-I-Inhibitor zur Therapie des kolorektalen Karzinoms. UGT1A1 konjugiert

SN-38 zum inaktiven SN-38-Glucuronid, welches in den Urin abgeschieden wird. Eine reduzierte Fähigkeit zur Glucuronierung von UGT1A1 kann Darmschädigungen und lebensbedrohliche Diarrhöe hervorrufen. Eine reduzierte Glucuronierung erfolgt durch eine reduzierte Transkriptionsrate, welche durch abnorme Dinukleotid-*repeat*-Sequenzen (5–8 *repeats*) innerhalb der TATA-Box des *UGT1A1* Promoters hervorgeru fen wird. Es besteht eine inverse Beziehung zwischen der Zahl der TA-*repeats* und der *UGT1A1*-Transkriptionsrate. Dieser Promoter-Polymorphismus ist für schwere Toxizitätserscheinungen durch Irinotecan verantwortlich. Als $(TA)_7$-*repeat* (UGT1A1*28 Allel) kommt er auch bei Patienten mit **Gilbert-Syndrom** vor. Dies ist eine milde Form vererblicher Hyperbilirubinämie. $(TA)_n$TAA-Promoter-Polymorphismen kommen häufiger bei Kaukasiern als bei Asiaten vor, welche wiederum häufiger *missense*-Polymorphismen in den verschiedenen Exons aufweisen (G71R, R367G, Y486D und P299Q). Das UGT1A1*28-Allel ist sowohl mit reduzierter *area-under-the-curve* (AUC) für SN-38 als auch erhöhten Bilirubin-Spiegel assoziiert. In klinischen Studien wurde die Bedeutung von UGT1A1*28-Homo- oder Heterozygoten für die Vorhersage schwerer Irinotecan-Toxizität eindrucksvoll nachgewiesen.

NAD(P)H-Chinon-Oxidoreduktase 1: DT-Diaphorase wird durch das NAD(P)H-Chinon-Oxidoreduktase-1-Gen (*NQO1*) kodiert. Es reduziert Chinine, Chinonamine und Azoverbindungen. Der DT-Diaphorase-Spiegel ist in einigen Tumorarten gegenüber dem Normalgewebe erhöht. Dieser Umstand wird für eine präferentielle Schädigung des Tumorgewebes gegenüber dem Normalgewebe therapeutisch ausgenutzt: Das bioreduktive Medikament Mitomycin C wird durch DT-Diaphorase aktiviert. Dies trifft auch für 17-Allylamino, 17-Demethoxy-Geldanamycin (17AAG) zu, ein Ansamycin-Benzochinon, welches als neuer Hemmstoff des Hitzeschockproteins 19 (HSP19) therapeutisch interessant ist.

Es sind drei *NQO1*-Allele bekannt: das Wildtyp-Allel NQO1*1 sowie die 609C>T- und 465C>T-Varianten NQO1*2 und NQO1*3. Die beiden SNPs führen zu stark reduzierter Expression und Funktion des Enzyms. Der Nachweis des C465T-SNP zeigt eine Empfindlichkeit von Tumorzellen gegenüber Mitomycin C an. Dieser Polymorphismus unterbricht eine *5`splice site consensus*-Sequenz, welche zur Bindung für *U1 small nuclear RNA* (U1snRNA) in Spliceosomen benötigt wird. Dadurch kommt es zu alternativ gespleißten mRNA-Molekülen, denen Exon 4 fehlt. Das Protein hat nur minimale katalytische Aktivität, da die von Exon 4 kodierte Chinon-Bindungsstelle fehlt.

N-Acetyltransferasen: Isoniazid wird zur Therapie der Tuberkulose verwendet. Manche Patienten empfinden ein Kribbeln in Händen und Füßen und andere neurologische Störungen als Nebenwirkungen einer Isoniazid-Therapie. Der Grund dafür ist eine defiziente Isoniazid-Acetylierung durch das *N*-Acetyltransferase-2 (*NAT2*)-Gen. Es wurden 7 SNPs von *NAT2* beschrieben. Meistens führen diese Polymorphismen zu instabilen Enzymen. In einem Fall kommt es zu einer erniedrigten Geschwindigkeit der Enzymkatalysierten Reaktion (V_{max}). Bei den meisten Kaukasiern und Afrikanern ist das T341C-Allel für eine langsame Acetylierung verantwortlich. Bei anderen Populationen tritt dieser SNP seltener auf. G590A kommt in allen Populationen außer Indianern vor. Dieser SNP ist die häufigste Ursache einer langsamen Acetylierung in asiatischen Populationen. Neben Isoniazid hat NAT2 auch noch andere Substrate. Beispiele sind: Procainamid, Hydralazin, Dapson sowie die Sulfonamide.

Im *NAT1*-Gen kommen 10 SNPs vor, deren funktionelle Bedeutung teilweise noch ungeklärt ist. NAT1*14 (Arg187Gln) verursacht eine reduzierte Substrataffinität des Enzyms, während NAT1*15 (Arg187stop) ein Stop-Codon darstellt, das die Enzymbildung verhindert. Pharmakologisch ist *NAT1* wenig bedeutsam. Jedoch spielen *NAT1*, aber auch *NAT2* für verschiedene Industriekarzinogene eine wichtige Rolle.

7.1.5 Polymorphismus in anderen Enzymen

Thiopurin-*S*-Methyltransferase: Azathioprin ist ein Immunsuppressivum. 6-Mercaptopurin (6-MP) und 6-Thioguanin (6-TG) werden als Zytostatika eingesetzt. Es handelt sich um *prodrugs*, welche durch die Hypoxanthin-Guanin-Phosphoribosyltransferase (HGPRT) zu 6-Thioguanin-Nukleotiden (TGN) umgewandelt und in die DNA eingebautwerden. Thiopurin-*S*-Methyltransferase (TPMT) inaktiviert 6-MP und 6-TG durch *S*-Methylierung und verhindert die TGN-Bildung. Eine Inaktivierung kann auch durch die Xanthin-Oxidase geschehen. Hohe TPMT-Aktivitäten werden in der Leber und in Erythrozyten gefunden.

Es sind 10 Allele bekannt, von denen TPMT*2 (G238C), TPMT*3A (G460A und A719G) und TPMT*3C (A719C) in 90% der Personen mit erniedrigter Enzymaktivität vorkommen. Alle drei Mutationen führen zu erhöhter Proteindegradation. TPMT*3A kommt vorwiegend bei Kaukasiern vor, während TPMT*3C häufiger bei Asiaten, Afrikanern und Afroamerikanern auftritt. Weniger als 1% der Patienten tragen homozygote mutierte Allele und weisen hohe TGN-Spiegel auf. Diese Patienten haben ein hohes Risiko für eine schwere Knochenmark-Toxizität unter 6-MP- oder 6-TG-Therapie. Da hämatopoetische Zellen keine Xanthin-Oxidase-Aktivität aufweisen, ist TPMT der einzige Entgiftungsweg für Thiopurine. Reduzierte TPMT-Aktivität durch mutierte Allele und Anhäufung von TGN kann lebensbedrohliche Nebenwirkungen verursachen. Bei solchen Patienten wird die Dosis drastisch reduziert. Heterozygote weisen intermediäre TPMT-Spiegel auf und benötigen eine partielle Dosisreduktion.

Verminderte TPMT-Aktivität bei krebskranken Kindern erhöht das Risiko nach einer Therapie mit 6-MP plus Bestrahlung oder Etoposid im späteren Leben eine Zweitneoplasie zu entwickeln. Erhöhte TGN-Spiegel bei niedriger TPMT-Aktivität führen zu einer vermehrten TGN-Inkorporation in die DNA. Doppelstrangbrüche, werden stabilisiert, da eingebaute TGN DNA-Reparaturprozesse stört. DNA-Strangbrüche führen unter Umständen zu potenziell kanzerogenen chromosomalen Translokationen.

Trotz erhöhten Risikos für eine akute Thiopurin-Toxizität und die Entstehung von Sekundärtumoren, zeigen Tumoren mit erniedrigter TPMT-Aktivität bessere Ansprechraten auf eine Chemotherapie. Solche Patienten haben damit bessere Überlebenschancen als Patienten mit dem Wildtyp-Allel. Am weitesten verbreitet ist die TPMT-Genotypisierung bei kindlichen Leukämien, wo sie der Dosiseinstellung dient, um schwere Toxizitäten zu vermeiden.

Thymidylat-Synthase (TS) katalysiert die Methylierung von Deoxyuridin-Monophosphat (dUMP) zu Deoxythymidin-Monophosphat (dTMP). Nach der Umwandlung von 5-Fluoruracil zu 5-Fluor-UMP bindet dieser Metabolit an die TS und blockiert die dTMP-Produktion und die DNA-Synthese. Die TS-Expression korreliert invers mit der Empfindlichkeit von Tumoren zu 5-Fluoruracil.

Ein Polymorphismus in einer 28 bp-Sequenz der *TS-5' promoter enhancer*-Region (TSER) ist für eine unterschiedliche TS-Expression relevant. Allele mit 2, 3, 4, 5 und 9 *tandem repeats* dieser 28 bp-Sequenz wurden beschrieben (TSER*2, TSER*3, TSER*4, TSER*5 und TSER*9). TSER*2 und TSER*3 überwiegen in allen ethnischen Populationen. Eine höhere *repeat*-Anzahl scheint nur bei Afrikanern vorzukommen.

Je höher die *repeat*-Anzahl ist, desto mehr TS-Protein wird exprimiert. Eine 5-Fluoruracil-basierte Chemotherapie kolorektaler Karzinomen schlägt bei TSER*2-homozygoten Patienten besser an als bei TSER*2/*3-Heterozygoten oder TSER*3-Homozygoten.

Ein interessanter SNP wurde im zweiten TSER*3-*repeat* gefunden. Dieser als TSER*3RG bezeichnete SNP zerstört die Transkriptionsfaktor-Bindungsstelle des *upstream stimulatory factor-1* (USF-1), führt zu erhöhter TS-Expression und hat prognostische Relevanz für 5-Fluoruracil-behandelte Kolorektalkarzinom-Patienten. Eine 6-bp-Deletion kommt in der 3'-nicht-translatierten Region *upstream* des Stopcodons vor. Auch dieser SNP hat prädiktive Relevanz für das Ansprechen von kolorektalen Karzinomen auf eine 5-Fluoruracil-haltige Kombinationstherapie. Eine Tyrosin-zu-Histidin-Substitution an Position 33 verursacht eine Resistenz gegenüber 5-Fluor-2`-Deoxyuridin.

5,10-Methylentetrahydrofolat-Reduktase (MTHFR) reduziert 5,10-Methylentetrahydrofolat zu 5-Methyltetrafolat, welches als Methyl-Lieferant für die Methylierung von DNA und Homocystein und zur DNA-Synthese dient.

Die 677C>T (A222V)- und 1298A>C (E429A)-SNPs reduzieren die Enzymaktivität in Homozygoten im Vergleich zu Heterozygoten. Der kombinierte heterozygote Genotyp (677C>T/1298A>C) weist ebenfalls eine verminderte Enzymaktivität auf. Da der intrazelluläre Folatspiegel durch MTHFR beeinflusst wird, können die Polymorphismen zu erhöhter Toxizität in Antifolat-behandelten Patienten führen. Der *MTHFR* TT-Genotyp ist in Methotrexat-behandelten Leukämiepatienten mit einem höheren *Mucositis*risiko behaftet als die CT- oder CC-Genotypen. Schwere Knochenmark-Toxizität trat bei *MTHFR*-polymorphen Brustkrebs-Patientinnen auf, welche mit Methotrexat und 5-Fluoruracil behandelt worden waren.

Das Ansprechen verschiedener Tumorarten (Brustkrebs, Darmkrebs, Leukämien, nicht-kleinzelliger Lungenkrebs) auf eine Chemotherapie und die Prognose der Patienten sind signifikant besser bei Patienten mit dem 677TT-Allel im Vergleich zu anderen Genotypen.

Glucose-6-Phosphat-Dehydrogenase: Im zweiten Weltkrieg wurde beobachtet, dass das Malariamedikament Primaquin bei manchen schwarzen Soldaten zu Hämolyse führte. Der Grund dafür waren Polymorphismen des Glucose-6-Phosphat-Dehydrogenase (*G6PD*)-Gens. G6PD ist das erste Enzym im Hexosemonophosphat-Weg, welcher der NADPH-Produktion dient. Dieses wiederum wird zur Reduktion von Glutathion benötigt. Reduziertes Glutathion dient der Abwehr oxidativen Stresses (z. B. durch H_2O_2). Dies ist besonders wichtig in Erythrozyten, da andere NADPH-produzierende Enzyme fehlen und sie gegenüber oxidativen Schädigungen besonders empfindlich sind.

Es gibt verschiedene Schweregrade der G6PD-Defizienz: Bei der schwersten und lebensgefährlichen Form tritt eine chronisch hämolytische Anämie auf. Sie ist relativ selten. Andere Formen zeigen keine permanenten Symptome. Erst wenn bestimmte Medikamente eingenommen werden oder Infektionen auftreten, kommt es zu einer Hämolyse. Dies trifft für Medikamente zu, welche Wasserstoffperoxid als Nebenprodukt bei der metabolischen Oxidierung bilden. Einige Beispiele sind Furazolidone, Naphthalen, Niridazol, Nitrofurantoin, Phenazopyridin, Primaquin,

Sulfacetamid, Sulfamethoxazol, Thiazolsulfon, Phenylhydrazin u. a. In diesem Zusammenhang spricht man auch von pharmakogenetischen Varianten der G6PD-Defizienz. Der im Mittelmeerraum verbreitete **Favismus** lässt sich zumindest teilweise auf eine G6PD-Defizienz zurückführen. Hier kommt es nach dem Verzehr von *Vicia fava*-Bohnen zu Hämolyse. Diese Bohnen enthalten das Glycosid Divicin, welches durch unterschiedlichen Metabolismus die Hämolyse hervorruft. Weiterhin kann es bei Neugeborenen mit G6PD-Defizienz zu neonataler Gelbsucht und Hämolyse kommen.

Das *G6PD*-Gen liegt X-chromosomal auf dem Locus Xq28. Da Männer ein X und ein Y Chromosom haben, tritt G6PD-Defizienz hemizygot bei Männern auf. Heterozygote Frauen leiden nicht an G6PD-Defizienz. Im Gegenteil, heterozygote Frauen werden in der Evolution sogar bevorzugt, da *G6PD*-Polymorphismen einen gewissen Schutz vor Malariainfektionen mit *Plasmodium falciparum* bieten. Darum ist die G6PD-Defizienz in Gebieten mit Malariadurchseuchung weit verbreitet. Es kommen jedoch noch weitere Komponenten hinzu, welche eine Malariaresistenz entstehen lassen. Die Überlebenszeit malariainfizierter heterozygoter Mädchen muss lange genug sein, damit eine immunologische Abwehr gegen Malaria aufgebaut werden kann. Erst nach der Pubertät entsteht ein besserer Gesundheitszustand und höhere Fertilität als bei ungeschützten Frauen. Da es bei der Sichelzellanämie und der Thalassämie zu ähnlichen Effekten kommt, treten diese Krankheiten nicht selten gemeinsam auf.

Bisher wurden weltweit über 300 verschiedene Formen der G6PD-Defizienz und über 140 genetische Polymorphismen nachgewiesen. Meist treten SNPs auf. Selten wurden auch *splice-site*-Mutationen und Deletionen gefunden. Besonders häufig treten drei Formen auf: In Afrika kommen verschiedene Polymorphismen vor, die als G6PD A- zusammengefasst werden. Sie stammen von der A+ Variante ab. Diese Bezeichnungen stammen noch aus der Zeit, als man G6PD-Proteinvarianten gelelektrophoretisch bestimmt hat und die zu Grunde liegenden SNPs unbekannt waren. Zu G6PD A- zählen die Varianten 202A, 376G, 542T, 680T, 968C und 1159T. Im Orient herrscht der G6PD-Canton SNP vor (R459L) und im Mittelmeerraum trifft man häufig auf C563T. Je nach Schweregrad der Erkrankung treten die SNPs bevorzugt in kritischen Regionen (Dimer-*interface*, Substrat-Bindungsstellen) oder in peripheren Bereichen auf.

7.1.6 Polymorphismen in Transportergenen

P-Glykoprotein (*ABCB1, MDR1*). Es wurden 29 verschiedene Polymorphismen im *ABCB1*-Gen gefunden. Davon wurden zwei Polymorphismen besonders intensiv untersucht; G2677T/A in Exon 21 und C3435T in

Exon 26, da sie mit veränderter Funktion und Expression von P-Gly-koprotein assoziiert sind. Für den C3435T SNP ist dies überraschend, da dieser Polymorphismus zum keinem Aminosäure-Austausch auf Protein-ebene führt. Dennoch wurde eine verminderte P-Glykoprotein-Expression beobachtet. Dafür wurden verschiedene mögliche Ursachen diskutiert, unter anderem RNA-spezifische Unterschiede in der RNA-Faltung, welche das nachgeschaltete mRNA-*splicing* beeinflussen, sowie ein *linkage dise-quilibrium* mit anderen SNPs. Die G2677T/A- und C3435T-Polymor-phismen treten in allen ethnischen Gruppen häufig gemeinsam auf, obwohl die absolute Häufigkeit zwischen den Populationen differiert. Daher ist es vorstellbar, dass spezifische Haplotypen des *ABCB1 (MDR1)*-Gens die Effizienz und Toxizität von Arzneimitteln beeinflussen.

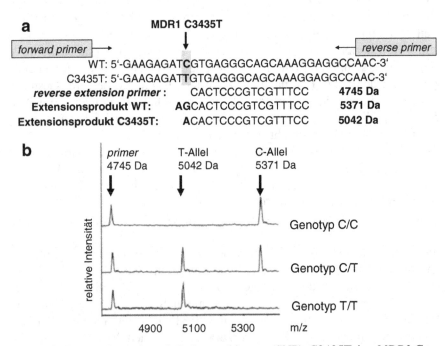

Abb. 7.3a,b. *Single-nucleotide*-Polymorphismus (SNP) C3435T im *MDR1*-Gen. **a** Lokalisation des SNP und Primersequenzen. **b** Bestimmung des C3435T-Geno-typs mittels MALDI-TOF. Die DNA-Region um den SNP wird mit spezifischen Primern und der Polymerasekette-Reaktion (PCR) amplifiziert. Das PCR-Pro-dukt und ein *reverse extension primer* werden für eine nachfolgende Extensions-reaktion mit dGTP und ddATP verwendet. Die Extensionsprodukte werden aufge-reinigt und mittels MALDI-TOF nach ihrem spezifischen Molekulargewicht unterschieden. Zur MALDI-TOF-Methodik s. auch Abb. 7.6. (nach Efferth et al. 2003 mit freundlicher Genehmigung von Spandidos Publishing).

Der Effekt dieser beiden SNPs auf Pharmakokinetik und Pharmakodynamik von Arzneimitteln ist Gegenstand einer kontroversen Diskussion mit vielen widersprüchlichen Ergebnissen. Dies betrifft Medikamente aus verschiedenen Arzneimittelklassen wie z. B. Herzglykoside (Digoxin), Immunsuppressiva (Cyclosporin A, Tacrolimus), trizyklische Antidepressiva (Nortriptylin), HIV-Proteaseinhibitoren (Indinavir, Saquinavir, Ritonavir) und Zytostatika (Docetaxel). Während SNP-vermittelte Unterschiede in der P-Glykoprotein-Expression relativ gering sind (zweifach), kann man bis zu 10 fache Expressionsunterschiede in verschiedenen normalen Geweben finden. Dies deutet darauf hin, dass andere Faktoren für die P-Glykoprotein-Expression wichtiger sind als SNPs.

Multidrug resistance-related proteins (ABCCs, MRPs): SNPs wurden in den *ABCC1 (MRP1)*- und *ABCC2 (MRP2)*-Genen identifiziert (**Abb. 7.3**), von denen einige mit dem **Dubin–Johnson–Syndrom** assoziiert sind. Einen Effekt dieser SNPs auf den Arzneimitteltransport wurde bisher nicht gezeigt.

Breast cancer-related protein (ABCG2, BCRP): Der C421A-SNP reduziert die *BCRP*-Expression. Bei gleicher Expressionsrate von Wildtyp und C421A-Variante zeigt die Variante eine deutlich erniedrigte Transportaktivität. Ähnliche Ergebnisse wurden mit anderen Varianten gefunden (944-949-Deletion, V12M- und Q141K-Polymorphismen).

7.1.7 Polymorphismen in DNA-Reparaturgenen

O^6-**Methylguanin-DNA Methyltransferase**: Tumormedikamente, welche die O^6-Position von Guanin alkylieren, induzieren Transitionsmutationen (GC→AT). O^6-Methylguanin-DNA-Methyltransferase (MGMT) revertiert diese Reaktion, indem die Alkylierung auf Cystein an Position 145 des Proteins übertragen wird. Dies entspricht keiner gewöhnlichen enzymatischen Reaktion, da MGMT beim Transfer der O^6-Alkylgruppe irreversibel inaktiviert wird. Man spricht daher auch von einem **Suizidprotein**. Durch MGMT-Überexpression prägen Tumoren Resistenzen gegen Zytostatika aus, welche die DNA methylieren (Dacarbazin, Temozolomid) oder chloroethylieren (Bis-Chlorethylnitrosoharnstoff). Es wurden verschiedene Pseudosubstrate als MGMT-Inhibitoren entwickelt. O^6-Benzylguanin und seine Derivate inaktivieren das Protein und resensibilisieren Tumorzellen gegenüber einer Therapie mit O^6-alkylierenden Tumor-Medikamenten.

Die meisten Polymorphismen sind entweder in der DNA-Bindungsregion lokalisiert (A121E, A121T, G132R, N123V) oder in der Nachbarschaft zu dem aktiven C145 (I143V, G160R). Die L84F-Variante beeinflusst die Zn^{2+}-Bindung. W65C erzeugt ein instabiles Protein. Der G160R-Polymorphismus existiert in 15% der japanischen, jedoch in weniger als 2% der US-amerikanischen Bevölkerung. Er wird deutlich weniger durch O^6-Benzylguanin inaktiviert als das Wildtyp-Protein, was auf eine Resistenz gegenüber O^6-Benzylguanin schließen lässt. SNPs in Exon 3 (L53L, L84F) und Exon 5 (I143V/K178R) beeinträchtigen nicht die MGMT-Reparaturkapazität.

Das ***X-ray cross complementation group 1***-Protein (XRCC1) ist an der Reparatur oxidativer DNA-Schäden und *non-bulky*-Addukte von alkylierenden Agenzien beteiligt. Kolorektalkarzinom-Patienten mit dem R399Q-Polymorphismus haben ein fünffach erhöhtes Risiko für das Scheitern einer Chemotherapie mit Oxaliplatin und 5-Fluoruracil. In Patienten mit nicht-kleinzelligem Lungenkarzinom sind verschiedene SNPs mit kürzerer Überlebenszeit assoziiert.

***Excision repair cross complementing* 1 und 2 (ERCC1/2):** In Ovarialkarzinom-Zellen wurde im *ERCC1*-Gen der stille 118C>T SNP gefunden. Die C>T Transition kodiert in beiden Fällen für Asparagin. Dennoch ist der TT-Genotyp mit einem um die Hälfte verminderten Codongebrauch assoziiert. Dies resultiert in einer verminderten Proteinmenge. Daher ist dieser SNP für eine verminderte Reparaturfähigkeit verantwortlich, obwohl es nicht zu einem Aminosäureaustausch kommt.

Das *ERCC2*-Gen wird alternativ auch als Xeroderma-pigmentosum-Gruppe-D-Gen (*XPD*) bezeichnet. Der K751Y-SNP ist für Oxaliplatin und 5-Fluoruracil-behandelte kolorektale Karzinome und nicht-kleinzellige Lungenkarzinome von prognostischer Bedeutung. KK-Homozygoten sprechen auf eine Chemotherapie häufiger an und leben signifikant länger als Heterozygoten oder QQ-Homozygoten.

Tumorsuppressor p53: Neben zahlreichen somatischen Mutationen wurden auch einige wenige SNPs im *TP53*-Gen entdeckt, welche über die Keimbahn vererbt werden. Der 13964G>C-Polymorphismus tritt bei Frauen mit vererblichem Brustkrebs auf. Immortalisierte lymphoblastoide Zelllinien dieser Patientinnen mit diesem SNP sind gegenüber Cisplatin resistent. Ein weiterer SNP in Exon 4 kodiert entweder für Arginin (72R) oder für Prolin (72P). Tumoren im Hals- und Nackenbereich sprechen bei Patienten mit dem 72R-SNP schlechter auf eine Cisplatin-basierte Chemotherapie an als Patienten mit 72P-Wildtyp-*TP53*. Ähnliches wurde für chemo- und radiotherapierte Plattenepithel-Karzinome berichtet.

7.1.8 Perspektiven und klinische Entscheidungsfindung

Profilierung von Signalwegen und Wirkkaskaden

Häufig werden einzelne Gene, von denen man weiß, dass sie mit einer bestimmten Krankheit assoziiert sind, auf Polymorphismen analysiert und deren Wertigkeit zur Vorhersage erwünschter oder unerwünschter Arzneimittelwirkungen ermittelt. Für monogene Erkrankungen wie z. B. die G6PD-Defizienz ist dieses Vorgehen erfolgreich und angemessen. Komplexe Erkrankungen wie z. B. Krebs werden durch multiple genetische Faktoren bestimmt. Dies erschwert die zuverlässige Vorhersage von Arzneimittelwirkungen, da die genaue Rolle aller beteiligten Faktoren meist noch unzureichend verstanden ist.

Genomweite *linkage*-Analysen sind ein systematischer Weg, um genomische Regionen mit therapeutisch relevanten Genen zu identifizieren. Es gibt Beispiele, wo diese Strategie erfolgreich angewandt wurde. So wurde die chromosomale Region 9q13-q22 identifiziert, welche mit den Effekten von 5-Fluouracil gegenüber Tumorzellen in Verbindung steht. Diese Region und ein weiterer chromosomaler Abschnitt (5q11-21) sind mit der Wirkung von Docetaxel assoziiert. Die systematische und gezielte Suche nach Genen in diesen Bereichen wird in Zukunft zur Entdeckung von Genen führen, welche für Therapie und Prognose relevant sind.

Gut definierte Inzucht-Mausstämme sind eine weitere Möglichkeit zur genomweiten Kartierung therapieassoziierter Gene. Vorteile gegenüber klinischen Patienten-Studien sind:

- eine reduzierte Komplexität in Inzuchtstämmen,
- ein geringerer Einfluss von Ernährungs- und Umweltfaktoren auf die Arzneimittelwirkungen durch standardisierte Bedingungen der Tierhaltung,
- ein hoher Ähnlichkeitsgrad und zwischen den Genomen von Maus und Mensch.

Generell agieren Proteine in komplexen Netzwerken. Diese Tatsache ist ein Argument dafür, dass Kombinationen verschiedener Polymorphismen von Genen, welche zu demselben *pathway* gehören, eine höhere Aussagekraft haben als Polymorphismen in einzelnen Genen. Der metabolische *pathway* von 5-Fluoruracil, welcher aus 29 verschiedenen Proteinen besteht, illustriert das Ausmaß dieses Problems. 5-Fluoruracil ahmt natürliche Nukleotide nach (Uracil, Thymidin) und folgt daher bereits vorhandenen biologischen Signalwegen und metabolischen Reaktionen. Andere Medikamente, die rein synthetisch ohne biologische „Vorbilder" entwickelt wurden, können völlig ungewöhnliche biologische Routen einschlagen, die nicht ohne weiteres vorhersehbar sind. Dies kann eine Abschätzung, welche Kandidatengene für die SNP-Analyse in Frage kommen, erheblich erschweren. Es liegt nahe, dass genomweite Genotypisierungen zuverlässigere prädiktive Aussagen erlauben.

Bei genomweiten Analysen fallen Daten in sehr großem Umfang an, welche prozessiert werden müssen. Dazu sind fortgeschrittene bioinformatische Methoden und Hochdurchsatz-Technologien notwendig wie MALDI-TOF, SNP-*microarrays*, Pyrosequenzierung etc. Die Konstruktion umfassender und zuverlässiger SNP- und Haplotyp-Karten des menschlichen Genoms erleichtern die prädiktive, individuelle Genotypisierung.

Klinische Entscheidungsfindung

Eine Implementierung der Pharmakogenetik in die Routinediagnostik ist derzeit limitiert durch das Fehlen genotypbasierter Empfehlungen für Therapieentscheidungen und Risikoabschätzung durch die behandelnden Ärzte. Eine Reihe offener Fragen muss geklärt werden:

- Qualitätskontrolle: Nicht nur die Genotypisierung muss höchsten Ansprüchen genügen, sondern auch die phänotypische Klassifizierung von Krankheiten. Heterogenität im Erscheinungsbild von Erkrankungen erhöht die Gefahr falscher Assoziationen mit dem Genotyp.
- Prospektive klinische Studien müssen den diagnostischen Wert der Genotypisierung validieren.
- Es muss definiert werden, welche SNPs in welchen Genen für Vorhersage erwünschter oder unerwünschter Arzneimittelwirkungen am besten geeignet sind. Nicht nur Polymorphismen mit hoher Penetranz in der Bevölkerung, sondern auch solche mit niedriger Penetranz in relevanten *pathways* müssen in Betracht gezogen werden.
- Es müssen Grenzwerte zur Risikoabschätzung definiert werden.
- Durch die weite Verbreitung ethnischer Variationen müssen möglicherweise für jede Population eigene Kriterien erstellt werden.

Diese Punkte verdeutlichen, wie wichtig es sein wird, präzise Empfehlungen für Genotypisierung, Therapie und Risikoabschätzung für den behandelnden Arzt zu formulieren. So attraktiv die Möglichkeiten heute erscheinen, die sich uns durch die Sequenzierung des menschlichen Genoms eröffnen, wird dennoch deutlich, dass wir erst am Anfang einer Pharmakogenetik-basierten Medizin stehen.

Zusätzlich zu wissenschaftlichen und klinischen Überlegungen, müssen auch gesellschaftspolitische Aspekte in Erwägung gezogen werden. Kritikpunkte in der Diskussion um eine individualisierte Behandlung von Patienten aufgrund ihres genetischen Profils betreffen die Privatsphäre und den Datenschutz, Risiko-Nutzen-Analysen und ökonomische Überlegungen beispielsweise durch Arbeitgeber oder Versicherungen.

7.2 Pharmako- und Toxikogenomik

7.2.1 Einleitung

Ziel der Pharmako- und Toxikogenomik ist es, mRNA-Expressionsprofile auf genomweiter Ebene zu messen, Mechanismen und zelluläre Netzwerke von Arzneimittelwirkungen aufzudecken, neue Zielmoleküle zur Wirkstoffentwicklung und Biomarker für klinische Studien zu identifizieren sowie neue Verfahren des Arzneimittel- und Toxizitäts-*Screenings* zu entwickeln. *Microarrays* sind bereits heute zu einer Schlüsseltechnologie in der molekularen Medizin und Pharmakologie/Toxikologie geworden.

Die Gesamtheit der exprimierten mRNA-Moleküle bezeichnet man als **Transkriptom**. Die **Proteomik** befasst sich mit Expressionsprofilen von Proteinen (**Proteom**). Die Ergebnisse, welche aus proteomischen Methoden gewonnen werden, können nicht unmittelbar mit denen aus der Genomik gleichgesetzt werden, da Proteine vielfach modifiziert werden, beispielsweise durch alternatives Spleißen der RNA, posttranslationale Modifikationen (Phosphorylierung, Glycosylierung etc.), Proteinfaltung u. a. Die Veränderungen tragen wesentlich zu unterschiedlichen Funktionszuständen von Proteinen bei. Die Erfassung von Profilen vor und bei Exposition mit Arzneimitteln oder toxischen Stoffen erfolgt in Genom- und Proteom-Datenbanken. Es kommen weitere „-omik" Technologien hinzu wie beispielsweise die **Metabonomik**, welche endogene Stoffwechselzwischen- und -endprodukte sowie Degradationsprodukte aus dem Fett-, Kohlenhydrat- oder Proteinstoffwechsel (**Metabonom**) untersucht.

7.2.2 Genomik

Messung von mRNA-Expressionsprofilen mittels *SAGE*: Die *SAGE* (*serial analysis of gene expression*)-Methode basiert auf der Sequenzierung kurzer exprimierter DNA-Segmente (*SAGE tags*). Im Hochdurchsatz-Verfahren werden Tausende exprimierter *SAGE tags* gezählt und identifiziert. Dies geschieht in folgenden Schritten (**Abb. 7.4**):

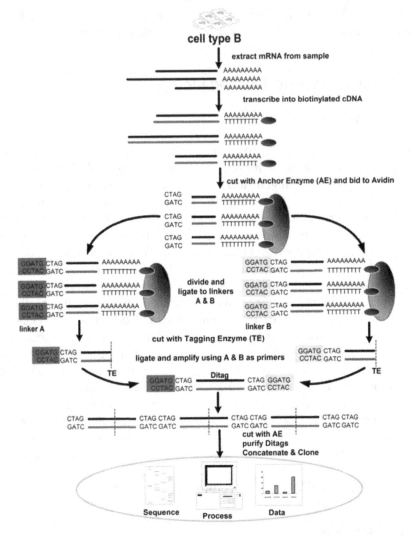

Abb. 7.4. *Serial analysis of gene expression (SAGE)* (nach http://www.ncbi.nlm. nih.gov/Class/NAWBIS/Modules/Expression/exp82.html mit freundlicher Genehmigung von Mark E. Minie, Seattle, WA, USA, und dem NCBI Advanced Workshop for Bioinformation Specialists)

- RNA-Isolation, reverse Transkription zu cDNA und Restriktionsverdau zur Erzeugung kurzer DNA-Fragmente.
- Isolation von *SAGE tags*, welche spezifisch für einzelne mRNA-Moleküle sind.
- Konkatenation: die *SAGE tags* werden ligiert zu großen DNA-Molekülen (*concatemers*).

- PCR-Amplifikation, Klonierung der Fragmente in Plasmidvektoren und Sequenzierung der *concatemers*.
- Bildung von Expressionsprofilen: Die *SAGE tags* werden identifiziert, annotiert durch Vergleich mit Daten aus anderen *SAGE*-Bibliotheken und gezählt, um differenziell exprimierte Gene zu bestimmen. Dies geschieht mittels bioinformatischer Methoden. In einer *SAGE*-Analyse mit 50.000 *SAGE tags* können 10.000 oder mehr differenziell exprimierte Transkripte identifiziert werden.

Messung von Expressionsprofilen mittels cDNA-Arrays: cDNA-Proben in einer Länge von 200–400 Basenpaaren werden automatisiert auf einem festen Träger immobilisiert. Danach wird mit mRNA des Untersuchungsmaterials hybridisiert. Fragmente mit 200 bp zeigen stabile Hybridisierungseigenschaften unabhängig von SNPs und variierendem GT-Gehalt. Bei Fragmenten über als 400 bp können Kreuzhybridisierungen durch repetitive Elemente und unspezifische Interaktionen auftreten. Eine Länge von 200–400 bp ist ausreichend, um auch einzelne Gene großer Genfamilien mit hohem Homologiegrad zu unterscheiden (z. B. Cyto-chrom-P450-Enzyme). Neben **cDNA-*microarrays*** gibt es **Oligonukleotid-*arrays***. Die Proben haben eine Länge von 50–70 Basen. In Hochdurchsatz-Analysen werden Oligonukleotid-*arrays* bevorzugt, für eine exakte Quantifizierung der mRNA-Expression eignen sich cDNA-*arrays*. Für die Auswertung werden bioinformatische Methoden wie z. B. Cluster-Analyse oder *self-organizing maps* verwendet. *Microarrays* werden nicht nur zur Messung der mRNA verwendet, sondern auch um Polymorphismen (s. Kap. 7.1) zu detektieren. Ein Beispiel ist in **Abb. 7.5** dargestellt.

Anwendung: Es werden Profile der Genexpression oder von Polymorphismen erstellt, welche pharmakologische oder toxische Effekte einer Substanz widerspiegeln. Die Profilbildung verschiedener Substanzklassen wird bestimmten pharmakologischen und toxischen Mechanismen zugeordnet. Die grundlegende Idee ist, dass veränderte Genexpressionen oder Polymorphismen die frühesten messbaren Veränderungen in Zellen und Geweben nach toxischer Exposition darstellen.

Hohe Toxizität ist die häufigste Ursache, warum neue Substanzen aus der Arzneimittelentwicklung herausfallen. Häufig wird dies erst relativ spät im Entwicklungsprozess nach Abschluss der präklinischen Phase bei klinischen Studien festgestellt. Im schlimmsten Fall tauchen nicht akzeptable Nebenwirkungen sogar erst auf, wenn das Medikament zugelassen und auf dem Markt ist. Beispiele aus der Vergangenheit sind z. B. Contergan oder Baycoll. Die Hoffnung ist, dass man mit Hilfe toxikogenomischer Methoden toxische Effekte und ihre molekularen Wirkmechanismen frühzeitig

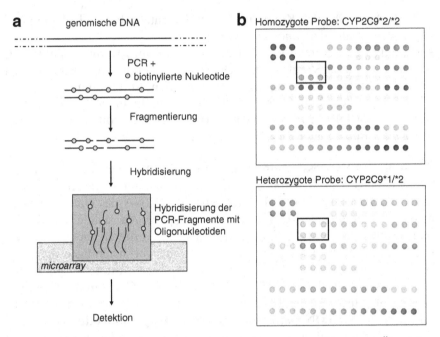

Abb. 7.5. *Microarrays* zum Nachweis genetischer Polymorphismen. **a** Über eine Polymeraseketten-Reaktion (PCR) wird die gewünschte Sequenz aus der genomischen DNA amplifiziert und mit biotinylierten Nukleotiden markiert. Die PCR-Produkte werden enzymatisch fragmentiert und mit dem *microarray* hybridisiert. Der *microarray* enthält die immobilisierten Wildtyp- und polymorphen Oligonukleotid-Sequenzen für therapeutisch relevante Gene wie z. B. CYP-Gene. **b** *Microarray*-Hybridisierungen von Patientenproben mit homozygotem CYP2C9*2/*2 (oben) und heterozygotem CYP2C9*1/*2 (unten) (Abb. von Jose Remacle, Namur, Belgien).

während der präklinischen Untersuchungen vorhersagen kann, um potentiell toxische Substanzen aus der Entwicklung herauszunehmen.

7.2.3 Proteomik

Das Proteom ist schätzungsweise 3–10-mal größer als das Genom. Diese Variabilität wird durch kovalente Modifikationen, Zell-Zell-Interaktionen, Protein-Protein- und Protein-Ligand-Interaktionen verursacht. Da solche Modifikationen die Proteinfunktionen regulieren, ist das Proteom dynamisch. Das Genom dagegen weitgehend statisch. Es lassen sich zwei Richtungen proteomischer Analysen verfolgen:

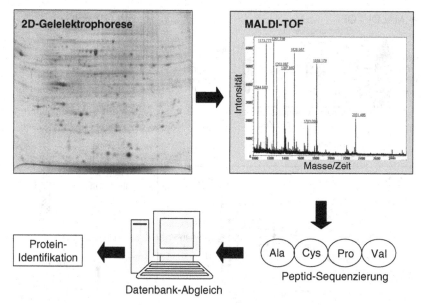

Abb. 7.6. Proteomische Kartierung und Identifizierung von Proteinen (2D-Gelelektrophorese und MALDI-TOF *fingerprint* von Maren Möller u. Michael Wink, Heidelberg)

- Die quantitative Erfassung der gesamten Proteinexpression eines Gewebes oder einer Zelle (**Expressionsproteomik**) (**Abb. 7.6**). Es lassen sich Signalwege unter physiologischen und pathologischen Bedingungen, der Einfluss von Arzneimitteln auf die Proteinexpression, neue Krankheitsmarker und ähnliche Fragestellungen untersuchen.
- Die subzelluläre Lokalisierung von Proteinen sowie Protein-Protein-Interaktionen. Die systematische Identifizierung von Proteinkomplexen erlaubt die Kartierung zellulärer Funktionseinheiten verschiedener Proteine. Diese Forschungsrichtung heißt *cell-map proteomics*.

Trennung und Fraktionierung von Proteinen: Die **zweidimensionale Gelelektrophorese** kann mehrere tausend Proteinspots voneinander trennen und erlaubt die Bestimmung des Molekulargewichtes und des isoelektrischen Punktes (pI) sowie die Auftrennung von Isoformen. Die **Flüssigkeitschromatographie** eignet sich zur Auftrennung mäßig komplexer Proteingemische (z. B. Enzymverdau). Die zweidimensionale Flüssigkeitschromatographie besitzt eine hohe Auftrennungsfähigkeit, ist jedoch technisch aufwendig. Weitere Methoden zur Proteomanalyse stellen die multidimensionale Chromatographie und die Kapillarelektrophorese dar.

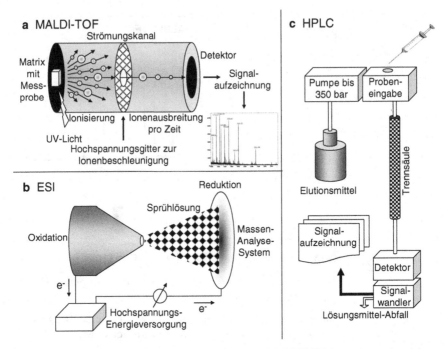

Abb. 7.7a–c. Methoden in der Proteomik. **a** MALDI-TOF (*matrix-assisted laser desorption/ionization, time of flight*). **b** ESI (*electrospray*-Ionisierung). **c** HPLC (*high pressure liquid chromatography*) (verändert nach Kebarle und Tang 1993 und http://www.mpip mainz.mpg.de/documents/akwe/polymeranalytik/metho-den/hplc.html mit freundlicher Genehmigung der American Chemical Society und von Beate Müller, Mainz).

Proteine, welche mit einer dieser Methoden separiert wurden, müssen im nächsten Schritt identifiziert werden. Dazu dienen Methoden wie *matrix-assisted laser desorption/ionization* (MALDI), Elektrospray-Ionisierung (ESI) und Hochleistungs-Flüssigkeitschromatographie (*high performance liquid chromatography*, HPLC) (**Abb. 7.7**). Diese beiden Ionisierungstechniken werden gekoppelt mit verschiedenen Massenanalyseverfahren: *time of flight* (TOF), *ion traps* (IT), *quadrupole* (Q) u. a.

MALDI-TOF ist eine weit verbreitete Methodik für die schnelle und akkurate Bestimmung von Proteinen, welche mit der zweidimensionalen Gelelektrophorese aufgetrennt wurden. Die Messung und Datenbank-basierte Identifizierung von Proteinen erfolgt automatisiert, so dass mehrere Tausend Spektren pro Tag ausgewertet werden können.

ESI: Die Bildung von Ionen wird durch das Versprühen einer wässrig-organischen oder wässrigen Lösung mit hoher Spannung aus einer Spitze erzeugt. Dadurch entstehen kleine Tröpfchen mit positiver oder negativer Ladung. Das Spray entsteht unter Druck und wird über eine Öffnung in das Massenanalyse-System, welches unter Vakuum steht, aufgesaugt. Hier entstehen Ionen, welche zu einem Ionenstrahl fokussiert werden.

HPLC: Die Messprobe wird in eine Flüssigkeit (mobile Phase) aufgenommen und mit hohem Druck durch eine Säule (stationäre Phase) gepresst. Die Moleküle diffundieren entsprechend ihrer Größe verschieden schnell durch die Säule.

Tandem-Massenspektrometer: Die Kopplung von zwei Analysegeräten bezeichnet man als Tandem-Massenspektrometer (MS/MS). Beispielsweise wird ESI-MS/MS zur Sequenzierung von Peptiden sowie zum Nachweis von kovalenten Proteinmodifikationen angewandt. Hierzu zählen Deamination, Phosphorylierung, *N*-Acetylierung, Glycosylierung, Hydroxylierung, Methoxylierung, Oxidation, Nitrierung, Glutathionylierung, Ubiquitinierung, ADP-Ribosylierung, Palmoylierung, Carboylierung, Formylierung, Myristoylierung u. a.

Veränderungen der Genexpression infolge von Medikamentenbehandlung oder Toxin-Exposition geschieht durch die veränderte Bindung von Transkriptionsfaktoren an die DNA. Circa 2000 Transkriptionsfaktoren sind für die Genexpression im Genom verantwortlich. Transkriptionsfaktoren binden an *Promoter-* oder *Enhancer*-Gensequenzen. Dadurch kann die RNA-Polymerase an die Transkriptionsstartstelle der Gene binden, um zusammen mit anderen Proteinen in einem Multiproteinkomplex die Transkription zu initiieren. Damit diese Faktoren Zugang zur DNA bekommen, wird die Chromatinstruktur verändert. Die Verbindung zwischen DNA und Histonen wird lokal gelockert. Es ist ein komplexes Netzwerk an Signalwegen und *crosstalk* Mechanismen notwendig, um die Feinregulation dieser Vorgänge zu bewerkstelligen. Mit der Chromatin-Immunpräzipitation (ChIP) können solche Prozesse in lebenden Zellen untersucht werden. Diese Methode dient der Identifizierung von Zielgenen für Transkriptionsfaktoren. Dazu werden Proteine kovalent an ihre DNA-Bindungsstellen gebunden (*crosslinking*). Mittels Immunpräzipitation werden dann spezifische Protein-DNA-Komplexe isoliert. Nach Entfernung der *crosslinks* und Reinigung der DNA wird die Bindungssequenz über PCR, Klonierung und Sequenzierung bestimmt.

7.2.4 Metabonomik

Eine zentrale Frage für die Vorhersage von Medikamentenwirkungen ist, wie die Genexpression in Beziehung zu bestimmten pathophysiologischen Zuständen steht. Eine Methode, welche über die Messung von Gen- und Proteinexpressionsmustern hinausgeht, stellt die Metabonomik dar. Darunter versteht man die gesamtheitliche Messung komplexer zeitabhängiger Konzentrationsverteilungen und Aktivitäten von Metaboliten in biologischen Systemen, der Fluss von endogenen Metaboliten in Zellen und Geweben und Bioflüssigkeiten (Blut, Urin, Speichel). Hierzu zählen nicht nur *small molecules*, sondern auch Carbohydrate, Peptide und Lipide. Die Bestimmung metabolischer Profile hat zwei wesentliche Anwendungen:

* Die Definition normaler und pathologischer Zustände durch die Bestimmung der Stoffwechsel-Metaboliten in Bioflüssigkeiten (Blut, Urin, Speichel) und Gewebeextrakten.
* Die Identifizierung von Arzneimittel-Metaboliten als Grundlage zur Aufdeckung molekularer Wirkmechanismen und toxischer Reaktionen von Arzneimitteln.

Als Nachweisverfahren dient die **Nuklearmagnet-Resonanz-Spektroskopie (NMR)**. Traditionell wird die NMR zur Strukturaufklärung von Molekülen in der Chemie eingesetzt. In den 1990er Jahren wurden NMR-Verfahren zur Untersuchung von Bioflüssigkeiten und Gewebeextrakten weiterentwickelt.

Häufig wird die Flüssigkeitschromatographie mit NMR und Massenspektroskopie kombiniert (LC-NMR-MS). Große Datenbanken mit metabolischen Modellen zur Toxizität von Arzneimitteln dienen als Bezugsgröße, um die Toxizität von neuen Substanzen abschätzen zu können. Ein Beispiel ist die COMET-Datenbank (*Consortium for Metabonomics Toxicity*). Diese Datenbank enthält über 100.000 NMR Spektren.

7.2.5 Bioinformatik

Da mit Hilfe der Genomik, Proteomik und Metabonomik ungeheure Datenmengen anfallen, werden computerbasierte Methoden zur Datenauswertung angewandt. Die Bioinformatik entwickelt mathematische Modelle, um Fragestellungen zu zellulären und molekularen Vorgänge zu beantworten, wie etwa

* die Veränderung von Genexpressionsmustern unter Exposition von therapeutisch oder toxisch relevanten Substanzen,
* die funktionelle Annotation von Genen,

- die Rekonstruktion von Reaktionswegen und systembiologischer Netzwerke,
- die Vorhersage von Wirkungen und Nebenwirkungen.

Es wurden verschiedene Strategien entwickelt, um dieses Ziel zu erreichen:

Da grundlegende Genfunktionen häufig über Artengrenzen hinweg ähnlich sind, sind artenübergreifende Vergleiche häufig hilfreich, um Hypothesen zur Genfunktion aufzustellen. Diese Herangehensweise wird als **koevolutionäre Profilanalyse** (CPA) bezeichnet. Wichtige Modellorganismen hierfür sind z. B. *Drosophila melanogaster, Caenorhabditis elegans, Saccharomyces cerevisiae*. Genetische Informationen zu über 40 verschiedene Arten sind in der NCBI GenomDatenbank niedergelegt (http://www.ncbi.nlm.nih.gov/COG/). Dort sind beispielsweise Gruppen orthologer Gene abgespeichert. Ein Fernziel ist es, funktionelle Reaktionswege aufzudecken, um daraus Netzwerke und biologische Systeme abzuleiten, innerhalb derer eine Zelle auf Arzneimittel und Toxine reagiert.

Durch die Menge an gespeicherten Daten in unterschiedlichen Datenbanken können neue Beziehungsmuster erforscht werden, für die diese Daten ursprünglich gar nicht erhoben wurden. Mit dieser Fragestellung befasst sich eine neue Disziplin, die als *data mining* bezeichnet wird. Ein Beispiel: Die Verwaltung eines Supermarktes regelt den Wareneinkauf und -verkauf sowie Finanzflüsse und Verbuchung. Aus diesen Daten können mit Methoden des *data minings* jedoch auch völlig andere Fragestellung beantwortet werden, wie etwa das Kaufverhalten bestimmter Käuferschichten. Einige Anwendungsbereiche des *data minings* sind:

- die explorative Datenanalyse (visuelle Darstellung in Graphiken),
- die deskriptive Modellierung mit bekannten Variablen zur Darstellung von Wahrscheinlichkeitsverteilungen (Darstellung der statistischen Beziehungen zwischen verschiedenen Variablen; Gruppenbildung),
- Prädiktive Modellierung (Vorhersage unbekannter Variablen),
- Mustererkennung (Erkennung ähnlicher Datenpunkte in extrem großen Datensätzen),
- Wiederauffinden von Daten in großen Datensätzen (Beispiel: Suchmaschinen wie *Google*),
- *Text-mining*-Verfahren (Literaturrecherchen zur besseren Interpretation der Daten, welche experimentell gemessen wurden).

Mittlerweile gibt es eine ganze Reihe unterschiedlicher Datenbanken, welche miteinander abgeglichen werden können:

- Wirkstoff-Datenbanken
- *pathway*-Datenbanken

- Genexpressions-Datenbanken
- SNP-Datenbanken
- Geronthologie-Datenbanken
- *text mining*-Datenbanken
- Metabonomik-Datenbanken
- Protein-Datenbanken
- Transkriptionsfaktor-Datenbanken
- Promoter-Datenbanken

Auf diese Weise gewonnene Informationen werden zur Generierung mathematischee Modelle verwendet. Mit solchen Modellen lassen sich *in silico* reale Situationen simulieren, um

- testbare Hypothesen zu erstellen und Netzwerke zu überprüfen,
- neue Zielmoleküle für die Arzneimittel-Entwicklung zu identifizieren,
- neue Wirkstoffe zu identifizieren und ihre Wirkung vorherzusagen,
- Toxizität vorherzusagen und Risikoabschätzungen vorzunehmen.

Die Integration dieser Datenmengen, die Modellgenerierung und die Simulation sind Bestandteil einer neuen Disziplin – der Systembiologie.

7.3 Systembiologie

Die Systembiologie geht auf die Kybernetik in der Mitte des 20. Jahrhunderts zurück, in der Tiere wie Maschinen durch Erkenntnisse aus der Kommunikations- und Kontrolltheorie beschrieben werden. Ziel der Systembiologie ist die Identifikation und Analyse von Systemstrukturen und die Simulation komplexer biologischer Verhaltensweisen. Es werden experimentelle, informatische und theoretisch-biologische Daten integriert, um biologische Systeme zu verstehen und ihre Funktion quantitiativ zu beschreiben. Während die Molekularbiologie Moleküle betrachtet, analysiert die Systembiologie die Dynamik ganzer Systeme. Regulatorische Netzwerke stellen einen Teil der Systemstruktur dar (**Abb. 7.8**). Andere Bestandteile von Systemen sind die Diversität, die Funktionalität sowie die Kontrollmechanismen in Systemen. Alle diese Komponenten fließen in die Konstruktion aussagekräftiger Modelle ein. Solche Modelle stellen die Beziehung zwischen dem Genom und dem funktionellen Verhalten eines biologischen Systems her. Die Summe aller Beziehungen zwischen Information (Genomik, Proteomik, Metabonomik) und Struktur (Morphom) heißt **Physiom**. Somit lässt sich eine eine „omik"-Technologie hinzufügen – die **Physiomik**. Es gibt drei Strategien zur Identifikation von Systemstrukturen:

- **Bottom up approach**: Konstruktion eines biologischen, regulatorischen Netzwerkes durch Zusammensetzung unabhängiger experimenteller Daten, z. B. durch Literaturrecherchen. Diese Strategie ist anwendbar, wenn die meisten Elemente eines Netzwerkes (Gene, Metaboliten etc.) bereits bekannt sind. Es wird der Zweck verfolgt, Simulationsmodelle zu konstruieren und dynamische Eigenschaften bei Veränderung einzelner Parameter im System zu analysieren.
- **Top down approach**: Ausgehend von bekannten Funktionen (z. B. Muskelkontraktion oder Hormonausschüttung) werden Komponenten des Systems auf tiefer liegenden Ebenen aufgeklärt. Idealerweise trifft man irgendwann auf Ergebnisse, die mit dem *bottom up approach* erzielt wurden, so dass sich das Ganze zu einer logischen Einheit zusammenfügt. Einen optimalen Weg, dieses Ziel zu erreichen gibt es nicht, deshalb wird mitunter auch ein dritter Weg eingeschlagen:
- **Middle out approach**: Man beginnt mit bestimmten Zelltypen und Genen und fängt in zwei Richtungen an zu suchen – nach „außen" zur Physiologie des Biosystems und nach „innen" zu den Molekülen.

Biologische und technische Systeme haben vergleichbare zu Grunde liegende Schaltpläne. Beide sind darauf ausgerichtet, eine hohe Robustheit im System zu erzielen. Es ist daher nicht verwunderlich, dass genetische Module Ähnlichkeiten zu elektrischen Schaltplänen aufweisen:

- *feedback loops*,
- *feedforward loops*,
- an/aus Schalter,
- logische Verknüpfungen: „Wenn A und B zutreffen, dann folgt daraus C",
- Oszillatoren (Chronobiologie, circadiane Rhythmen).

Elektrische Schaltkreise können als Metaphern dienen, um die Funktionsweise von biologischen Systemen abzuleiten, biologische Systeme zu entziffern und *in silico* nachzubauen (**reverse engineering**). Um die Reaktionen und Verhaltenweisen von Systemen quantitativ zu simulieren, sind Algorithmen notwendig, welche die Komponenten und Parameter des Systems verwenden. In Analogie zu den Ingenieurswissenschaften definiert sich die Robustheit eines Systems durch

- **Redundanz und Degeneriertheit**: Wenn ein Gen oder dessen Genprodukt in einem biologischen System ausfällt, kann dessen Funktion durch ein anderes Gen mit ähnlicher Funktion kompensiert werden. Dies wird als Degeneration bezeichnet. Wenn mehrere identische Elemente vorhanden sind, welche exakt die gleiche Funktion haben, spricht man von Redundanz.

- **Modulares *Design***: Systeme weisen Untersysteme auf, welche voneinander getrennt sind, um die Übertragung von Systemfehlern von einem Modul auf das nächste zu verhindern (z. B. Zellsysteme, Organsysteme).
- Intrinsische Faktoren tragen zur **strukturellen Stabilität** bei, um das Gleichgewicht im System bei äußeren Störungen aufrechtzuerhalten.
- Zur **Systemkontrolle** tragen negative *feedback-* oder *feedforward*-Mechanismen bei, um Signale abzuschwächen oder zu verstärken.

In der Pharmakologie und Toxikologie sollen mit diesen systembiologischen Erkenntnissen prädiktive Krankheitsmodelle *in silico* modelliert werden, mit denen auf individueller Basis für jeden einzelnen Patienten Aussagen zur Vorbeugung, Diagnose, Vermeidung von Nebenwirkungen und Heilung von Krankheiten getroffen werden können. Ziel ist die Effizienzsteigerung und Risikosenkung in der Arzneimittel-Entwicklung.

Literatur

1 Grundlagen der Pharmakologie und Toxikologie

(ohne Autoren). Neurotransmitter systems II.
http://artsandscience.concordia.ca/psychology/psyc358/Lectures/lectopic.htm
(Recherchedatum: 07.03.2006)

Diwan JJ. Calcium signals.
http://www.rpi.edu/dept/bcbp/molbiochem/MBWeb/mb1/part2/casignal.htm
(Recherchedatum: 09.03.2006)

Diwan JJ. Signal transduction cascades.
http://www.rpi.edu/dept/bcbp/molbiochem/MBWeb/mb1/part2/signals.htm
(Recherchedatum: 09.03.2006)

Lissitzky JD. Cell adhesion molecules.
http://www.beckman.com/literature/ClinDiag/Adhesion.pdf
(Recherchedatum: 07.03.2006)

Lüllmann H, Mohr K (2001) Taschenatlas der Pharmakologie. Thieme, Stuttgart New York

Lüllmann H, Mohr K, Wehling M (2001) Pharmakologie und Toxikologie. Thieme, Stuttgart New York

Mutschler E (2001) Arzneimittelwirkungen. Wissenschaftliche Verlagsgesellschaft, Stuttgart

Schulz WA (2005) Molecular biology of human cancers. Springer, Dortrecht.

Wink M (2004) Struktur und Funktion der Zelle. In: Wink M. Molekulare Biotechnologie. Konzepte und Methoden. 2. Aufl. Wiley-VCH, Weinheim, pp 39–76

Woodgett J. Mammalian MAPK signalling pathways.
http://kinase.uhnres.utoronto.ca/signallingmap.html
(Recherchedatum: 09.03.2006)

Ypatent®.Enyzme linked receptors.
http://www.ypatent.com/Biotyrosine_kinase_receptors.htm
(Recherchedatum: 07.03.2006)

Ypatent®. MAP kinases. http://www.ypatent.com/biomapkinases.htm
(Recherchedatum: 07.03.2006)

Ypatent®. Nuclear(steroid/hormone receptors.
http://www.ypatent.com/Biosteroidreceptor.htm
(Recherchedatum: 07.03.2006)

2   Molekulare Mechanismen der Pharmakokinetik

Bock KW (2003) Vertebrate UDP-glucuronosyltransferases: functional and evolutionary aspects. Biochem Pharmacol 66: 691–696

Chapman E, Best MD, Hanson SR, Wong CH (2004) Sulfotransferases: structure, mechanism, biological activity, inhibition, and synthetic utility. Angew Chem Int Ed Engl 43: 3526–3548

Dalton TP, Puga A, Shertzer HG (2002) Induction of cellular oxidative stress by aryl hydrocarbon receptor activation. Chem Biol Interact 141: 77–95

Degtyarenko K, Fabian P (2004) Directory of P450-Containing Systems (http://www.icgeb.trieste.it/p450/) (Recherchedatum: 11.04.2006)

Denison MS, Nagy SR (2003) Activation of the aryl hydrocarbon receptor by structurally diverse exogenous and endogenous chemicals. Annu Rev Pharmacol Toxicol 43: 309–334

Dupret JM, Rodrigues-Lima F (2005) Structure and regulation of the drug-metabolizing enzymes arylamine N-acetyltransferases. Curr Med Chem 12: 311–318

Efferth T (2001) The human ATP-binding cassette transporter genes: from the bench to the bedside. Curr Mol Med 1: 45–65

Efferth T (2003) Adenosine triphosphate-binding cassette transporter genes in ageing and age-related diseases. Ageing Res Rev 2: 11–24

Efferth T, Mattern J, Volm M (1992) Immunohistochemical detection of P-glykoprotein, glutathione S-transferase and DNA topoisomerase II in human tumors. Oncology 49: 368–375

Eraly SA, Bush KT, Sampogna RV, Bhatnagar V, Nigam SK (2004) The molecular pharmacology of organic anion transporters: from DNA to FDA? Mol Pharmacol 65: 479–487

Glatt H, Boeing H, Engelke CE, Ma L, Kuhlow A, Pabel U, Pomplun D, Teubner W, Meinl W, Kauffman FC (2004) Sulfonation in pharmacology and toxicology. Drug Metab Rev 36: 823–843

Glatt H, Boeing H, Engelke CE, Ma L, Kuhlow A, Pabel U, Pomplun D, Teubner W, Meinl W (2001) Human cytosolic sulphotransferases: genetics, characteristics, toxicological aspects. Mutat Res 482: 27–40

Gonzalez FJ, Nebert DW (1990) Evolution of the P450 gene superfamily: animal-plant 'warfare', molecular drive and human genetic differences in drug oxidation. Trends Genet 6: 182–186

Gottesman MM, Fojo T, Bates SE (2002) Multidrug resistance in cancer: role of ATP-dependent transporters. Nat Rev Cancer 2: 48–58

Gros P, Croop J, Housman D (1986) Mammalian multidrug resistance gene: complete cDNA sequence indicates strong homology to bacterial transport proteins. Cell 47: 371–380

Hayes JD, Flanagan JU, Jowsey IR (2005) Glutathione transferases. Annu Rev Pharmacol Toxicol 45: 51–88

Ingelman-Sundberg M (2005) The human genome project and novel aspects of cytochrome P450 research. Toxicol Appl Pharmacol 207 (2 Suppl): 52–56

Ingelman-Sundberg M, Daly AK, Nebert DW (2006) Human CYP Allele Nomenclature Website, Karolinska Institute (http://www.imm.ki.se/cypalleles) (Recherchedatum: 11.04.2006)

Jonker JW, Buitelaar M, Wagenaar E, Van der Valk MA, Scheffer GL, Scheper RJ, Plosch T, Kuipers F, Elferink RP, Rosing H, Beijnen JH, Schinkel AH (2002) The breast cancer resistance protein protects against a major chlorophyll-derived dietary phototoxin and protoporphyria. Proc Natl Acad Sci USA 99: 15649–15654

Jonker JW, Merino G, Musters S, van Herwaarden AE, Bolscher E, Wagenaar E, Mesman E, Dale TC, Schinkel AH (2005) The breast cancer resistance protein BCRP (ABCG2) concentrates drugs and carcinogenic xenotoxins into milk. Nat Med 11: 127–129

Leslie EM, Deeley RG, Cole SP (2001) Toxicological relevance of the multidrug resistance protein 1, MRP1 (ABCC1) and related transporters. Toxicology 167: 3–23

Männiströ PT, Kaakkola S (1999) Catechol-O-methyltransferase (COMT): biochemistry, molecular biology, pharmacology, and clinical efficacy of the new selective COMT inhibitors. Pharmacol Rev 51: 593–628

Mimura J, Fujii-Kuriyama Y (2003) Functional role of AhR in the expression of toxic effects by TCDD. Biochim Biophys Acta 1619: 263–268

Nelson DR Cytochrome P450 homepage.
(http://drnelson.utmem.edu/CytochromeP450.html)
(Recherchedatum: 11.04.2006)

Ouzzine M, Barre L, Netter P, Magdalou J, Fournel-Gigleux S (2003) The human UDP-glucuronosyltransferases: structural aspects and drug glucuronidation. Drug Metab Rev 35: 287–303

Pao SS, Paulsen IT, Saier MH Jr (1998) Major facilitator superfamily. Microbiol Mol Biol Rev 62: 1–34

Puga A, Tomlinson CR, Xia Y (2005) Ah receptor signals cross-talk with multiple developmental pathways. Biochem Pharmacol 69: 199–207

Rodrigues-Lima F, Dupret JM (2004) Regulation of the activity of the human drug metabolizing enzyme arylamine N-acetyltransferase 1: role of genetic and non genetic factors. Curr Pharm Des 10: 2519–2524

Sharma R, Yang Y, Sharma A, Awasthi S, Awasthi YC (2004) Antioxidant role of glutathione S-transferases: protection against oxidant toxicity and regulation of stress-mediated apoptosis. Antioxid Redox Signal 6: 289–300

Shipkova M, Armstrong VW, Oellerich M, Wieland E (2003) Acyl glucuronide drug metabolites: toxicological and analytical implications. Ther Drug Monit 25: 1–16

Sligar SG (1999) Nature's universal oxygenases: the cytochromes P450. Essays Biochem 34: 71–83.

Smith E, Meyerrose TE, Kohler T, Namdar-Attar M, Bab N, Lahat O, Noh T, Li J, Karaman MW, Hacia JG, Chen TT, Nolta JA, Muller R, Bab I, Frenkel B (2005) Leaky ribosomal scanning in mammalian genomes: significance of histone H4 alternative translation in vivo. Nucleic Acids Res 33: 1298–1308

Smith G, Stubbins MJ, Harries LW, Wolf CR (1998) Molecular genetics of the human cytochrome P450 monooxygenase superfamily. Xenobiotica 28: 1129–1165

Sweet DH (2005) Organic anion transporter (Slc22a) family members as mediators of toxicity. Toxicol Appl Pharmacol 204: 198–215

Sweet DH, Bush KT, Nigam SK (2001) The organic anion transporter family: from physiology to ontogeny and the clinic. Am J Physiol Renal Physiol 281: F197–205

Sweet DH, Pritchard JB (1999) The molecular biology of renal organic anion and organic cation transporters. Cell Biochem Biophys 31: 89–118

Townsend DM, Tew KD (2003) The role of glutathione S-transferase in anticancer drug resistance. Oncogene 22: 7369–7375

Upton A, Johnson N, Sandy J, Sim E (2001) Arylamine N-acetyltransferases – of mice, men and microorganisms. Trends Pharmacol Sci 22: 140–146

Weinshilboum RM, Otterness DM, Aksoy IA, Wood TC, Her C, Raftogianis RB. Sulfation and sulfotransferases 1: Sulfotransferase molecular biology: cDNAs and genes. FASEB J 11: 3–14

Wilkins GR (2005) Drug metabolism and variability among patients in drug response. New Engl J Med 352:2211–2221

Wright SH (2005) Role of organic cation transporters in the renal handling of therapeutic agents and xenobiotics. Toxicol Appl Pharmacol 204: 309–319

Zhu BT (2002) Catechol-O-methyltransferase (COMT)-mediated methylation metabolism of endogenous bioactive catechols and modulation by endobiotics and xenobiotics: importance in pathophysiology and pathogenesis. Curr Drug Metab 3: L321–349

3 Wirkprinzipien klassischer Medikamente

Brunton LL, Lazo JS, Parker KL, Buxton ILO, Blumenthal D (2001) Goodman and Gilman's The pharmacological basis of therapeutics, 10th edn. McGraw-Hill, New York

Efferth T, Mattern J, Volm M (1992) Immunohistochemical detection of P-glykoprotein, glutathione S-transferase and DNA topoisomerase II in human tumors. Oncology 49: 368–375

Efferth T, Fabry U, Osieka R (1995) Multidrug-Resistenz. Onkologe 1: 147–153

Efferth T, Fabry U, Osieka R (1997) Apoptosis and resistance to daunorubicin in human leukemic cells. Leukemia 11: 180–1186

Lüllmann H, Mohr K (2001) Taschenatlas der Pharmakologie. 4. Aufl. Thieme, Stuttgart New York

Lüllmann H, Mohr K, Wehling M (2001) Pharmakologie und Toxikologie. 15. Aufl. Thieme, Stuttgart New York

Mutschler E (2001) Arzneimittelwirkungen. Wissenschaftliche Verlagsgesellschaft, Stuttgart

Neurotransmitter. http://de.wikipedia.org/wiki/Neurotransmitter (Recherchedatum: 14.06.2006)

Walsh G (1998) Biopharmaceuticals: biochemistry and biotechnology. Wiley & Sons, Chichester

4 Entwicklung neuer Medikamente

Allen TM, Martin FJ (2004) Advantages of liposomal delivery systems for anthracyclines. Semin Oncol 31 (Suppl 13): 5–15

Basso LA, Pereira da Silva LH, Fett-Neto AG, Filguera de Azevedo W jun, de Souza Moreira I, Palma MS, Calixto JB, Astolfi Filho S, Ribeiro dos Santos R, Pereira Soares MB, Santiago Santos D (2005) The use of biodiversity as source of new chemical entities against defined molecular targets for treatment of malaria, tuberculosis, and T-cell mediated diseases – A review. Mem Inst Oswaldo Cruz 100: 575–606

Bredel M, Jacoby E (2004) Chemogenomics: an emerging strategy for rapid target and drug discovery. Nature Rev 5: 262–275

Egner U, Krätzschmar J, Kreft B, Pohlenz HD, Schneider M (2005) The target discovery process. ChemBioChem 6: 468–479

Fradera X, Mestres J (2004) Guided docking approaches to structure-based design and screening. Curr Topics Med Chem 4: 687–700

Johnson-Leger C, Power CA, Shomade G, Shaw JP, El Proudfoot A (2006) Protein therapeutics – lessons learned and a view of the future. Expert Opin Biol Ther 6: 1–7

Kidane A, Bhatt PP (2005) Recent advances in small molecule drug delivery. Curr Opin Biotechnol 9: 347–351

Lazo JS, Wipf P (2000) combinatorial chemistry and contemporary pharmacology. J Pharmacol Exp Ther 293: 705–709

Lister T. Combinatorial chemistry – the future for drug discovery? http://www.chemsoc.org/pdf/LearnNet/rsc/Atmos.pdf (Recherchedatum: 16.01.2006)

Loregian A, Palu G (2005) Disruption of protein-protein interactions: towards new targets for chemotherapy. J Cell Physiol 204: 750–762

Moghimi SM, Hunter AC, Murray JC (2005) Nanomedicine: current status and future prospects. FASEB J 19: 311–330

Newman DJ , Cragg GM, Snader KM (2003) Natural Products as Sources of New Drugs over the Period 1981–2002, J Nat Prod 66: 1022–1037

Park JW, Benz CC, Martin FJ (2004) Future directions of liposome- and immunoliposome-based cancertherapeutics. Semin Oncol 31 (Suppl 13): 196–205

Weber L (2005) Current status of virtual combinatorial library design. QSAR Comb Sci 24: 809–823

5 Molekulare zielgerichtete Therapieformen

Airenne KJ, Mähönen, Laitinen OH, Ylä-Herttuala S (2004) Baculovirus-mediated gene transfer: an evolving new concept. In: Templeton NS. Gene and cell therapy. Therapeutic mechanisms and strategies. Dekker, New York Basel, pp 181–197

Ameri K, Wagner E (2004) Receptor-targeted polyplexes. In: Templeton NS. Gene and cell therapy. Therapeutic mechanisms and strategies. Dekker, New York Basel, pp 223–244

Barik S (2005) Silcence of the transcripts: RNA interference in medicine. J Mol Med 83: 764–773

Barouch DH (2006) Rational design of gene-based vaccines. J Pathol 208: 283–289

Barry MA, Singh RAK, Andersson HA (2004) Gene gun technologies: applications for gene therapy and genetic immunization. In: Templeton NS. Gene and cell therapy. Therapeutic mechanisms and strategies. Dekker, New York Basel, pp 263–285

Bennet CF, Swayze E, Geary R, Levin AA, Mehta R, Teng CL, Tillman L, Hardee G (2004) In: Templeton NS. Gene and cell therapy. Therapeutic mechanisms and strategies. Dekker, New York Basel, pp 347–374

Buhaescu I, Segall L, Goldsmith D, Covic A. New immunosuppressive therapies in renal transplantation: monoclonal antibodies. J Nephrol. 2005 Sep-Oct; 18(5):529–36.

Cannon PM, Anderson WF (2004) Retroviral vectors for gene therapy. In: Templeton NS. Gene and cell therapy. Therapeutic mechanisms and strategies. Dekker, New York Basel, pp 1–16

Casadevall A, Dadachova E, Pirofski LA (2004) Passive antibody therapy for infectious diseases. Nat Rev Microbiol 2: 695–703

Chofflon M (2005) Mechanisms of action for treatments in multiple sclerosis: Does a heterogeneous disease demand a multi-targeted therapeutic approach? BioDrugs19: 299–308

Cui Z (2005) DNA vaccine. Adv Genet 54: 257–289

Davila JC, Cezar GG, Thiede M, Strom S, Miki T, Trosko J (2004) Use and application of stem cells in toxicology. Toxicol Sci 79: 214–223

Dillon CP, Sandy P, Nencioni A, Kissler S, Rubinson DA, van Parijs L (2005) RNAi as an experimental and therapeutic tool to study and regulate physiological and disease processes. Annu rev Physiol 67: 147–173

Dykxhoorn DM, Liebermann J (2005) The silent Revolution: RNA interference as basic biology, research tool, and therapeutic. Annu Rev Med 56: 401–423

Faustman DL (2000) Antibodies for transplantation. In: George AJT, Urch CE (eds) Diagnostic and therapeutic antibodies. Humana Press, Totowa/NJ, pp 141–156

Fleckenstein B, Efferth T (2000) Grundlagen der Gentherapie. In: Verband Deutscher Biol (vdbiol). Aufbruch der Biowissenschaften. Münster, pp 96–100

George AJT (2000) The antibody molecule. In: George AJT, Urch CE (eds) Diagnostic and therapeutic antibodies. Humana Press, Totowa/NJ, pp 1–21

Gleave ME, Monia BP (2005) Antisense therapy for cancer. Nat Rev 5: 468–479

Hackett NR, Crystal RG (2004) Adenovirus vectors for gene therapy. In: Templeton NS. Gene and cell therapy. Therapeutic mechanisms and strategies. Dekker, New York Basel, pp 17–41

Huang S, Ingber DE (2004) From stem cells to functional tissue architecture. In: Sell S (ed) Stem cell handbook. Humana Press, Totowa/NJ, pp 45–56

Jansen B, Zangemeister-Wittke U (2002) Antisense therapy for cancer – the time of truth. Lancet Oncol 3: 672–683

Jason TLH, Koropatnick J, Berg RW (2004) Toxicology of antisense therapeutics. Toxicol Appl Pharmacol 201: 66–83

Johns M (2000) Phage display technology. In: George AJT, Urch CE (eds) Diagnostic and therapeutic antibodies. Humana Press, Totowa/NJ, pp 53–62

Jolly D (2004) Lentivoral vectors. In: Templeton NS. Gene and cell therapy. Therapeutic mechanisms and strategies. Dekker, New York Basel, pp 131–145

Mansoor W, Gilham DE, Thistlethwaite FC, Hawkins RE (2005) Engineering T cells for cancer therapy. Br J Cancer 93: 1085–1091

McCart JA, Bartlett DL (2004) Vaccinia viral vectors. In: Templeton NS. Gene and cell therapy. Therapeutic mechanisms and strategies. Dekker, New York Basel, pp 165–179

Michaeli D (2005) Vaccines and monoclonal antibodies. Semin Oncol 32 (6 Suppl 9):82–86

Moritz T, Efferth T, Osieka R (2001) Hoffungsträger Gentherapie. Liegt hier die Zukunft der Tumorbehandlung? Münchener Med Wochenschrift 33: 628–631

Oral HB, Akdis CA (2000) Antibody-based therapies in infectious diseases. In: George AJT, Urch CE (eds) Diagnostic and therapeutic antibodies. Humana Press, Totowa/NJ, pp 157–178

Paschen A, Schadendorf D, Weiss S (2004) Bacteria as vectors for gene therapy of cancer. In: Templeton NS. Gene and cell therapy. Therapeutic mechanisms and strategies. Dekker, New York Basel, pp 199–209

Schwartz RE, Verfaillie CM (2005) Adult stem cell plasticity. In: Odorico J, Zhang SC, Pedersen R (eds) Human embryonic stem cells. BIOS Scientific Publishers, Oxford, pp 45–60

Sell S (2004) Stem cells. In: Sell S (ed) Stem cell handbook. Humana Press, Totowa/NJ, pp 1–18

Shamblott MJ, Sterneckert JL (2005) Characteristics of human embryonic stem cells, embryonal carcinoma cells and embryonic germ cells. In: Odorico J, Zhang SC, Pedersen R (eds.) Human embryonic stem cells. BIOS Scientific Publishers, Oxford, pp. 29–44

Sledz CA, Williams BRG (2005) RNA interference in biology and disease. Blood 106: 787–794

Smith R (2000) Antibodies for inflammatory disease. In: George AJT, Urch CE (eds) Diagnostic and therapeutic antibodies. Humana Press, Totowa/NJ, pp 99–114

Smith T (2002) Ion channels in biological membranes. Online in internet: http://www.chemsoc.org/exemplarchem/2002/Tim_Smith/channels/) (Recherchedatum: 02.02.2006)

Sullenger BA, Gilboa E (2002) Emerging clinical applications of RNA. Nature 418: 252–258

Sullenger BA, Milich L, Jones III JP (2004) Gene therapy applications of ribozymes. In: Templeton NS. Gene and cell therapy. Therapeutic mechanisms and strategies. Dekker, New York Basel, pp 333–345

Uprichard SL (2005) The therapeutic potential of RNA interference. FEBS Lett 579: 5996–6007

Verma R, Boleti E (2000) Engineering antibody molecules. In: George AJT, Urch CE (eds) Diagnostic and therapeutic antibodies. Humana Press, Totowa/NJ, pp 35–52

Walsh G. (1998) Antibodies, vaccines and adjuvants. In: Walsh G. Biopharmaceuticals: Biochemistry and Biotechnology.Wiley & Sons, Chichester, pp 337–386

Wolfe D, Goins Fink DJ, Burton EA, Krisky DM, Glorioso JC (2004) Engineering Herpes simplex viral vectors for therapeutic gene transfer. In: Templeton NS. Gene and cell therapy. Therapeutic mechanisms and strategies. Dekker, New York Basel, pp 103–129

Xu G, MeLeod HL (2001) Strategies for enzyme/prodrug cancer therapy. Clin Cancer Res 7: 3314–3324

6   Molekulare Toxikologie

Alfano D, Franco P, Vocca I, Gambi N, Pisa V, Mancini A, Caputi M, Carriero MV, Iaccarino I, Stoppelli MP (2005) The urokinase plasminogen activator and ist receptor. Thromb Haemost 93: 205–211

Ames BN, Profet M, Gold IS (1990) Nature's chemicals and synthetic chemicals: comparative toxicology. Proc Natl Acad Sci USA 87: 7782–7786

Balkwill F, Mantovani A (2001) Inflammation and cancer: back to Virchow? Lancet 357: 539–545

Baudouin C, Charveron M, Tarroux R, Gall Y (2002) Environmental pollutants and skin cancer. Cell Biol Toxicol 18: 341–348

Bellacosa A, Moss EG (2003) RNA repair: damage control. Curr Biol 13, R482–R484

Benchimol S, Minden MD (1998) Viruses, oncogenes, and tumor suppressor genes. In: Tannok IF, Hill, RP (eds) The basic science of oncology. 3rd edn. MacGraw-Hill, New York, pp 79–105

Berger JC, Griend DJV, Robinson VL, Hickson JA, Rinker-Schaeffer CW (2005) Metastasis suppressor genes. From gene identification to protein function and regulation. Cancer Biol Ther 4: e46–e53

Bergers G, Benjamin LE (2003) Tumorigenesis and the angiogenic switch. Nat Rev Cancer 3: 401–410

Bernstein C, Bernstein H, Payne CM, Garewal H (2002) DNA repair/pro-apoptotic dual role proteins in five major DNA repair pathways: fail-safe protection against carcinogenesis. Mutat Res 551: 145–178

Boekelheide K (2005) Mechanisms of toxic damage to spermatogenesis. J Natl cancer Inst Monographs 34: 6–8

Bondy SC, Campbell A (2005) Developmental neurotoxicology. J Neurosci Res 81: 605–612

Browder T, Butterfield CE, Kraling BM, Shi B, Marshall B, O'Reilly MS, Folkam J (2000) Antiangiogenic scheduling of chemotherapy improves efficacy against experimental drug-resistant cancer. Cancer Res 60: 1878–1886

Budak-Alpdogan T, Banerjee D, Bertino JR (2005) Hematopoietic stem cell gene therapy with drug resistance genes. Cancer Gene Ther 12: 849–863

Burgers PM (1998) Eukaryotic DNA polymerases in DNA replication and DNA repair. Chromosoma 107: 218–227

Cabiscol E, Tamarit J, Ros J (2000) Oxidative stress in bacteria and protein damage by reactive oxygen species. Int Microbiol 3: 3–8

Campbell PM, Der CJ (2004) Oncogenic Ras and its role in tumor cell invasion and metastasis. Semin Cancer Biol 14: 105–114

Cao L (2005) Emerging mechanisms of tumour lymphangiogenesis and lymphatic metastasis. Nat Rev Cancer 5: 735–743

Cech TR (2004) Beginning to understand the end of the chromosome. Cell 116: 273–279

Cervantes RB, StringerJR, Shao C, Tischfield JA, Stambrook PJ (2002) Embryonic stem cells and somatic cells differ in mutation frequency and type. Proc Natl Acad Sci USA 99: 3586–3590

Chatelut E, Delord JP, Canal P (2003) Toxicity patterns of cytotoxic drugs. Invest New Drugs 21: 141–148

Chauhan AJ, Johnston SL (2003) Air pollution and infection in respiratory illness. Br Med Bull 68: 95–112

Christmann M, Tomicic MT, Roos WP, Kaina B (2003) Mechanisms of human DNA repair: an update. Toxicology 193: 3–34

Costa LG, Aschner M, Vitalone A, Syversen T, Soldin OP (2004) Developmental neuropathology of environmental agents. Annu Rev Pharmacol Toxicol 44: 87–110

Danesi R, Del Tacca M (2004) Hematologic toxicity of immunosuppressive treatment. Transplant Proc 36: 703–704

Dano K, Behrendt N, Hoyer-Hansen G, Johnsen M, Lund LR, Ploug M, Romer J (2005) Plasminogen activation and cancer. Thromb Haemost 93: 676–681

Descotes J (2004) Importance of immunotoxicity in safety assessment: a medical toxicologist's perspective. Toxicol Lett 149: 103–108

Dey P (2004) Aneuploidy and malignancy: an unsolved equation. J Clin Pathol 57: 1245–1249

Dixon K, Kopras E (2004) Genetic alterations and DNA repair in human carcinogenesis. Semin Cancer Biol 14: 441–448

Djojosubroto MW, Choi YS, Lee HW, Rudolph KL (2003) Telomeres and telomerase in aging, regeneration and cancer. Mol Cells 15: 164–175

Draviam VM, Xie S, Sorger PK (2004) Chromosome segregation and genomic stability. Curr Opin Genet Dev 14: 120–125

Dudas A, Chovanec M (2004) DNA double-strand break repair by homologous recombination. Mutat Res 566: 131–167

Efferth T, Fabry U, Osieka R (1995) Multidrug-Resistenz. Onkologe 1: 147–153

Efferth T, Lathan B, Volm M (1991) Selective growth inhibition of multidrug-resistant CHO cells by the monoclonal antibody 265/F4. Br J Cancer 64: 87–89

Efferth T, Miyachi H, Drexler HG, Gebhart E (2002a) Methylthioadenosine phosphorylase as target for chemoselective treatment of T-cell acute lymphoblastic leukemic cells. Blood Cells Mol dis 28: 47–56

Efferth T, Rauh R, Kahl S, Tomicic M, Bochzelt H, Tome ME, Briehl MM, Bauer R, Kaina B (2005) Molecular modes of action of cantharidin in tumor cells. Biochem Pharmacol 69: 811–818

Efferth T, Verdorfer I, Miyachi H, Sauerbrey A, Drexler HG, Chitambar CR, Haber M, Gebhart E (2002b) Genomic imbalances in drug-resistant T-cell acute lympholastic CEM leukemia cell lines. Blood Cells Mol Dis 29: 1–13

Fearon ER, Vogelstein B (1990) A genetic model for colorectal tumorigenesis. Cell 61: 759–767

Feinberg AP (2004) The epigenetics of cancer etiology. Semin Cancer Biol 14: 427–432

Feinberg AP, Cui H, Ohlsson R (2002) DNA methylation and genomic imprinting: insights from cancer into epigenetic mechanisms. Semin Cancer Biol 12: 389–398

Fisher JS (2004) Environmental anti-androgens and male reproductive health: focus on phthalates and testicular dysgenesis syndrome. Reproduction 127: 305–315

Folgueras AR, Pendas AM, Sanchez LM, Lopez-Otin C (2004) Matrix metalloproteinases in cancer: from new functions to improved inhibition strategies. Int J Dev Biol 48: 411–424

Folkman J (2002) Role of angiogenesis in tumor growth and metastasis. Semin Oncol 6 Suppl 16: 15–18

Folkman J (2003) Angiogenesis and apoptosis. Semin Cancer Biol 13: 159–167

Foulds L (1992) The experimental study of tumor progression: a review. Cancer Res 61: 759–761

Gawkrodger DJ (2004) Occupational skin cancers. Occup Med 54 : 458–463

Giehl K (2005) Oncogenic Ras in tumor progression and metastasis. Biol Chem 386: 193–205

Givant-Horwitz V, Davidson, B, Reich R (2005) Laminin-induced signaling in tumor cells. Cancer Lett 223: 1–10

Grattagliano I, Portincasa P, Palmieri VO, Palasciano G (2002) Overview on the mechanisms of drug-induced liver cell death. Ann Hepatol 1: 162–168

Gunawan B, Kaplowitz (2004) Clinical perspectives on xenobiotic-induced hepatotoxicity. Drug Metabol Rev 36: 301–312

Hahn WC, Weinberg RA (2002) Rules for making human tumor cells. N Engl J Med 347: 1953–1603

Hanawalt PC, Ford JM, Lloyd DR (2003) Functional characterization of global genomic DNA repair and its implications for cancer. Mutat Res 544: 107–114

Harkema JR, Wagner JG (2005) Epithelial and inflammatory responses in the airways of laboratory rats exposed to ozone and biogenic substances: enhancement of toxicant-induced airway injury. Exp Toxicol Pathol 57: 129–141

Henrich WL (2005) Nephrotoxicity of several newer agents. Kidney International 67 Suppl 94: S107–S109

Hojilla CV, Mohammed FF, Khokha R (2003) Matrix metalloproteinases and their tissue inhibitors direct cell fate during cancer development. Br J Cancer 89: 1817–1821

Hoyer PB (2001) Reproductive toxicology: current and future directions. Biochem Pharmacol 62: 1557–1564

Husgafvel-Puriainen (2004) Genotoxicity of environmental tobacco smoke: a review. Mutat Res 567: 427–445

Hussain SP, Hofseth LJ, Harris CC (2003) Radical causes of cancer. Nat Rev Cancer 3: 276–285

Jallepalli PV, Lengauer C (2001) Chromosome segregation and cancer: cutting through the mystery. Nat Rev Cancer 1: 109–117

Jolly C, Morimoto RI (2000) Role of the heat shock response and molecular chaperones in oncogenesis and cell death. J Natl Cancer Inst 92: 1564–1572

Jones PA, Baylin SB (2002) The fundamental role of epigenetic events in cancer. Nat Rev Genet 3: 415–428

Kahl R, Kampkotter A, Watjen W, Chovolou Y (2004) Antioxidant enzymes and apoptosis. Drug Metab Rev 36: 747–762

Kakizoe T (2003) Chemoprevention of cancer – focusing on clinical trials. Jpn j Clin Oncol 33: 421–442

Kang YJ (2001) molecular and cellular mechanisms of cardiotoxicity. Environm Health Perspect 109 Suppl 1: 27–34

Kastan MB, Bartek J (2004) Cell-cycle checkpoints and cancer. Nature 432: 316–323

Kaufmann W (2003) Current status of developmental neurotoxicity: an industry perspective. Toxicol Lett 140–141: 161–169

Kimber I, Dearman RJ (2002) Immune responses: adverse versus non-adverse effects. Toxicol Pathol 30: 54–58

Knudson AG (2001) Two genetic hits (more or less) to cancer. Nat Rev Cancer 1: 157–162

Kopelovich L, Crowell JA, Fay JR (2003) The epigenome as a target for cancer chemoprevention. J Natl Cancer Inst 95: 1747–1757

Kregel KC (2002) Heat shock proteins: modifying factors in physiological stress responses and acquired thermotolerance. Appl Physiol 92: 2177–2186

Krzystyniak K, Tryphonas H, Fournier M (1995) approaches to the evaluation of chemical-induced immunotoxicity. Environ Health Perspect 103: 17–22

Kumar S (2004) Occupational exposure associated with preproductive dysfunction. J Occup Health 46: 1–19

Kunkel TA, Erie DA (2005) DNA mismatch repair. Annu Rev Biochem 74: 681–710

Kunz BA, Straffon AF, Vonarx EJ (2000) DNA damage-induced mutation: tolerance via translesion synthesis. Mutat Res 451: 169–185

Larrey D, Pageaux GP (2005) Drug-induced acute liver failure. Eur J Gastroenterol Hepatol 17: 141–143

Lee WM (2003) Drug-induced hepatotoxicity. New Engl J Med 349: 474–485

Lengauer C, Kinzler KW, Vogelstein B (1998) Genetic instabilities in human cancers. Nature 396: 643–649

Lephart ED, Setchell KDR, Handa RJ, Lund TD (2004) Behavioral effects of endocrine-disrupting substances: phytoestrogens. ILAR J 45: 443–454

Lippman SM, Benner SE, Hong WK (1994) Cancer Chemoprevention. J Clin Oncol 12: 851–873

Loeb KR, Loeb LA (2000) Significance of multiple mutations in cancer. Carcinogenesis 21: 379–385

Loeb LA. A mutator phenotype in cancer. Cancer Res 61: 3230–3239

Lukas J, Lukas C, Bartek J (2004) Mammalian cell cycle checkpoints: signalling pathways and their organization in space and time. DNA repair 3: 997–1007

Luster MI, Rosenthal GJ (1993) Chemical agents and the immune response. Environ Health Perspect 100: 219–236

Mancini AJ (2004) Skin. Pediatrics 113: 1114–1119

Mareel M, Leroy A (2003) Clinical, cellular, and molecular aspects of cancer invasion. Physiol Rev 83: 337–376

Marhaba R, Zöller M (2004) CD44 in cancer progression: adhesion, migration and growth regulation. J Mol Histol 35: 211–231

Mather LE, Chang DHT (2001) Cardiotoxicity with modern local anaesthetics. Is there a safer choice? Drugs 61: 333–342

Mellon I (2005) Transcription-coupled repair: a complex affair. Mutat Res 577: 155–161

Moggs JG (2005) Molecular responses to xenoestrogens: mechanistic insights from toxicogenomics. Toxicology 213: 177–193

Morgan GJ, Alvares GL (2005) Benzene and the hemopoietic stem cell. Chem Biol Interact 153–154: 217–222

Nagano O, Saya H (2004) Mechanism and biological significance of CD44 cleavage. Cancer Sci 95: 930–935

Nilsen H, Krokan HE (2001) Base excision repair in a network of defense and tolerance. Carcinogenesis 22: 987–998

Ohshima H, Tatemichi M, Sawa T (2003). Chemical basis of inflammation-induced carcinogenesis. Arch Biochem Biophys 417: 3–11

Okey AB, Harper PA, Grant DM, Hill RP (1998) Chemical and radiation carcinogenesis. In: Tannock IF, Hill RP (eds) The basic science of oncology. 3rd edn. McGraw-Hill, New York, pp 166–196

Paakkari I (2002) Cardiotoxicity of new antihistamines and cisapride. Toxicol Lett 127: 279–284

Polifka JE, Friedman JM (2002). Medical genetics: 1. Clinical teratology in the age of genomics. Canadian Medical association Journal 167: 265–273

Pompella A, Visvikis A, Paolicchi A, De Tata V, Casini AF (2003). The changing faces of glutathione, a cellular protagonist. Biochem Pharmacol 66: 1499–1503

Rabbits TH (1994) Chromosomal translocations in human cancer. Nature 372: 143–149

Rajagopolan H, Lengauer C (2004) Aneuploidy and cancer. Nature 432: 338–341

Ramnath N, Creaven PJ (2004) Matrix metalloproteinase inhibitors. Curr Oncol Rep 6: 96–102

Rier S, Foster WG (2002) Environmental dioxins and endometriosis. Toxicol Sci 70: 161–170

Ruddon RW (1995) Cancer Biology. 3rd edn. Oxford Univ Press, New York Oxford, pp 318–340

Sancar A, Lindsey-Boltz LA, Ünsal-Kacmaz K, Lin S (2004) Molecular mechanisms of mammalian DNA repair and the DNA damage checkpoints. Annu Rev Biochem 73: 39–85

Schulz WA, Hatina J (2006) Epigenetics of prostate cancer: beyond DNA methylation. J Cell Mol Med 10: 100–125

Schulze-Bergkamen, Krammer PH (2004) Apoptosis in cancer – implications for therapy. Semin Oncol 31: 90–119

Schwarzl SM, Smith JC, Kaina B, Efferth T (2005) Molecular modeling of O6-methylguanine-DNA methyltransferase mutant proteins encoded by single nucleotide polymorphisms. Int J Mol Med 16: 553–557

Shackleford RE, Kaufmann WK, Paules RS (2000) Oxidative stress and cell cycle checkpoint function. Free Radic Biol Med 28: 1387–1404

Sharma R, Yang Y, Sharma A, Awasthi S, Awasthi YC. Antioxidant role of glutathione S-transferases: protection against oxidant toxicity band regulation of stress-mediated apoptosis. Antioxid Redox Signal 2004; 6: 289–300.

Shields PG (2002) Molecular epidemiology of smoking and lung cancer. Oncogene 21: 6870–6876

Shin DS, Chahwan C, Huffman JL, Tainer JA (2004) Structure and function of the double-strand break repair machinery. DNA Repair (Amst) 3: 863–873

Solhaug MJ, Bolger PM, Jose PA (2004) The developing kidney and environmental toxins. Pediatrics 113: 1084–1091

Squire JA, Whitmore GF, Phillips RA (1998) Genetic basis of cancer. In: Tannock IF, Hill RP (eds). The basic science of oncology. McGraw-Hill, New York, pp 48–78

Sun S-Y, Hail N jr, Lotan R (2004) Apoptosis as a novel target for cancer chemoprevention. J Natl Cancer Inst 96: 662–672

Svejstrup JQ (2002) Mechanisms of transcription-coupled DNA repair. Nat Rev Mol Cell Biol 3: 21–29

Tanaka T, Bai Z, Srinoulprasert Y, Yang BG, Hayasaka, Miyasaka M (2005) Chemokines in tumor progression and metastasis. Cancer Sci 96: 317–322

Tsukamoto Y, Ikeda H (1998) Double-strand break repair mediated by DNA end-joining. Genes Cells 3: 135–144

Volm M, Mattern J, Efferth T (1990) P-Glykoprotein als Marker für multidrug-Resistenz in Tumoren und Normalgewebe. Tumordiagn Ther 11: 189–197

Volm M, Mattern J, Samsel, B (1991) Overexpression of P-glycoprotein and glutathione S-transferase-pi in resistant non-small cell lung carcinomas of smokers. Br J cancer 64: 700–704

Vos J, van Loveren H, Wester P, Vethaak D (1989) Toxic effects of environmental chemicals on the immune system. Trends Pharmacol Sci 10: 289–292

Wang Z (2001) DNA damage-induced mutagenesis: a novel target for cancer prevention. Mol Interv 1: 269–281

Watson RE, Goodman JI (2002) Epigenetics and DNA methylation come of age in toxicology. Toxicol Sci 67: 11–16

Weise A, Liehr T, Efferth T, Kuechler A, Gebhart E (2002) Comparative M-FISH and CGH analyses in sensitive and drug-resistant human T-cell acute leukaemia cell lines. Cytogenet Genome Res 98: 118–125

Wells PG, Winn LM (1996) Biochemical Toxicology of chemical teratogenesis. Crit Rev Biochem Mol Biol 31: 1–40

White LK, Wright WE, Shay JW (2001) Telomerase inhibitors. Trends Biotechnol 19: 114–120

Widlak P, Pietrowska M, Lanuszewska J (2005) The role of chromatin proteins in DNA damage recognition and repair Mini-review. Histochem Cell Biol 15: 1–8

Zheng W, Aschner M, Ghersi-Egea JF (2003) Brain barrier systems: a new frontier in metal neurotoxicological research. Toxicol Appl Pharmacol 192: 1–11

Zhu F, Zhang M (2003) DNA polymerase zeta: new insight into eukaryotic mutagenesis and mammalian embryonic development. World J Gastroenterol 9: 1165–1169

7   Prädiktive Pharmakologie und Toxikologie: Genetik, Genomik, Systembiologie

Bergamaschi D, Gasco M, Hiller L, Sullivan A, Syed N, Trigiante G, Yulug I, Merlano M, Numico G, Comino A, Attard M, Reelfs O, Gusterson B, Bell AK, Heath V, Tavassoli M, Farrell PJ, Smith P, Lu X, Crook T (2003) p53 polymorphism influences response in cancer chemotherapy via modulation of p73-dependent apoptosis. Cancer Cell 3, 387–402.

Bertilsson L (2001) Current Status: Pharmacogenetics/Drug Metabolism. In: Kalow W, Meyer UA, Tyndale RF. Pharmacogenomics. Dekker, New York Basel, pp 33–50

Beutler E (1994) G6PD deficiency. Blood 84: 3613–3636

Beutler E, Vulliamy TJ (2002) Hematologically important mutations: glucose-6-phosphate dehydrogenase. Blood Cells Mol Dis 28: 93–103

Blackstock WP, Weir MP (1999) Proteomics: quantitative and physical mapping of cellular proteins. Trends Biotechnol 17: 121–127

Bleumink GS, Schut AF, Sturkenboom MC, Deckers JW, van Duijn CM, Stricker BH (2004) Genetic polymorphisms and heart failure. Genet Med 6:465–474

Borlak J (2005) Handbook of toxicogenomics. Wiley-VCH, Weinheim

Cascorbi I, Paul M, Kroemer HK (2004) Pharmacogenomics of heart failure – focus on drug disposition and action. Cardiovasc Res 64:32–39

Cavalli-Sforza LL, Feldman MV (2003) The application of molecular genetic approaches to the study of human evolution. Nat Genet 33 (Suppl): 266–275.

Daly AK, Fairbrother KS, Smart J (1998) Recent advance in understanding the molecular basis of polymorphisms in genes encoding cytochrome P450 enzymes. Toxicol Lett 102-103: 143–147

Efferth T, Volm M (2005). Pharmacogenetics for individualized cancer chemotherapy. Pharmacol Therapeutics 107:155–176

Efferth T, Bachli EB, Schwarzl SM, Goede JS, West C, Beutler E (2004) Glucose-6-phosphate dehydrogenase (G6PD) deficiency-type Zurich: a splice site mutation as an uncommon mechanism producing enzyme deficiency. Blood 104: 2608

Efferth T, Sauerbrey A, Steinbach D, Gebhart E, Drexler HG, Miyachi H, Chitambar CR, Becker CM, Humeny A (2003) Analysis of single nucleotide polymorphism C3435T of the multidrug resistance gene MDR1 in acute lymphoblastic leukemia. Int J Oncol 23: 509–517

Goedde HW, Agarwal DP (1992) Pharmacogenetics of aldehyde dehydrogenase. In: H Kalow, ed. Pharmacogenetics of drug metabolism. Pergamon, New York, pp 281–311

Gonzalez FJ, Nebert DW (1990) Evolution of the P450 gene superfamily: animal-plant 'warfare', molecular drive and human genetic differences in drug oxidation. Trends Genet 6: 182–186

Gurubhagavatula S, Liu G, Park S, Zhou W, Su L, Wain JC, Lynch TJ, Neuberg S, Christiani DC (2004) XPD and XRCC1 genetic polymorphisms are prognostic factors in advanced non-small-cell lung cancer patients treated with platinum chemotherapy. J Clin Oncol 22: 2594–2601

Harper PA, Wong JY, Lam MS, Okey AB (2002) Polymorphisms in the human AH receptor. Chem Biol Interact 141: 161–187

Haussler MR, Whitfield GK, Haussler CA, Hsieh JC, Thompson PD, Selznick SH, Dominguez CE, Jurutka PW (1998) The nuclear vitamin D receptor: biological and molecular regulatory properties revealed. J Bone Miner Res 13: 325–349

Kalow W (2001) Interethnic differences in Drug Response. In: Kalow W, Meyer UA, Tyndale RF. Pharmacogenomics. Dekker, New York Basel, pp 109–134

Kalow W and Bertilsson L (1994) Interethnic factors affecting drug response. Adv Drug Res 25: 1–59

Kebarle P, Tang L (1993) From ions in solution to ions in the gas phase – the mechanism of electrospray mass spectrometry. Anal Chem 65: 972A-986A

Kim RB (2002) MDR1 single nucleotide polymorphisms: multiplicity of haplotypes and functional consequences. Pharmacogenetics 12: 425–427

Marez D, Legrand M, Sabbagh N, Guidice JM, Spire C, Lafitte JJ, Meyer UA, Broly F (1997) Polymorphism of the cytochrome P450 CYP2D6 gene in a European population: characterization of 48 mutations and 53 alleles, their frequencies and evolution. Pharmacogenetics 7: 193–202

Marsh S, Kwok P, McLeod HL (2002) SNP databases and pharmacogenetics: great start, but a long way to go. Hum Mutat 20: 174–179

Marsh S, McLeod HL (2004) Cancer pharmacogenetics. Br J Cancer 90, 8–11

Montano MM, Ekena K, Keller AL, Katzenellenbogen BS (1996) Human estrogen receptor ligand activity inversion mutants: receptors that interpret antiestrogens as estrogens and estrogens as antiestrogens and discriminate among different antiestrogens. Mol Endocrinol 10: 230–242

Oscarson M (2003) Pharmacogenetics of drug metabolising enzymes: importance for personalised medicine. Clin Chem Lab Med 41: 573–580.

Pasterkamp G, Van Keulen JK, De Kleijn DP (2004) Role of Toll-like receptor 4 in the initiation and progression of atherosclerotic disease. Eur J Clin Invest 34: 328–334

Priori SG, Barhanin J, Hauer RN, Haverkamp W, Jongsma HJ, Kleber AG, McKenna WJ, Roden DM, Rudy Y, Schwartz K, Schwartz PJ, Towbin JA, Wilde AM (1999) Genetic and molecular basis of cardiac arrhythmias: impact on clinical management part III. Circulation 99: 674–681

Ryu JS, Hong YC, Han HS, Lee JE, Kim S, Park YM, Kim YC, Hwang TS (2004) Association between polymorphisms of ERCC1 and XPD and survival in non-small-cell lung cancer patients treated with cisplatin combination chemotherapy. Lung Cancer 44: 311–316.

Sakaeda T, Nakamura T, Okumura K (2003) Pharmacogenetics of MDR1 and its impact on the pharmacokinetics and pharmacodynamics of drugs. Pharmacogenomics 4: 397–410

Schelleman H, Stricker BH, De Boer A, Kroon AA, Verschuren MW, Van Duijn CM, Psaty BM, Klungel OH (2004) Drug-gene interactions between genetic polymorphisms and antihypertensive therapy. Drugs 64: 1801–1816

Schwab M, Eichelbaum M, Fromm MF (2003) Genetic polymorphism of the human MDR1 drug transporter. Annu Rev Pharmacol Toxicol 43: 285–307

Schwarzl SM, Smith JC, Kaina B, Efferth T (2005) Molecular modeling of O^6-methylguanine-DNA methyltransferase mutant proteins encoded by single nucleotide polymorphisms. Int J Mol Med 16:553–557

Ujike H, Morita Y (2004) New perspectives in the studies on endocannabinoid and cannabis: cannabinoid receptors and schizophrenia. J Pharmacol Sci 96: 376–381

Ulrich CM, Robien K, McLeod HL (2003) Cancer pharmacogenetics: polymorphisms, pathways and beyond. Nat Rev Cancer 3: 912–920

Vink A, de Kleijn DP, Pasterkamp G (2004) Functional role for toll-like receptors in atherosclerosis and arterial remodeling. Curr Opin Lipidol 15: 515–521

Watters JW, Kraja A, Meucci MA, Province MA, McLeod HL (2004) Genome-wide discovery of loci influencing chemotherapy cytotoxicity. Proc Natl Acad Sci USA 101: 11809–11814

Weber WW. Pharmacogenetics – Receptors (2001) In: Kalow W, Meyer UA, Tyndale RF. Pharmacogenomics. Dekker, New York Basel, pp 51–80

Weir TD, Mallek N, Sandford AJ, Bai TR, Awadh N, Fitzgerald JM, Cockcroft D, James A, Liggett SB, Pare PD (1992) β2-Adrenergic receptor haplotypes in mild, moderate and fatal/near fatal asthma. Am J Respir Crit Care Med 158: 787–791

Whitfield JN (1997) Meta-analysis of the effects of alcohol dehydrogenase genotype on alcohol dependence and alcoholic liver disease. Alcohol Alcohol 32: 613–619

Zareba W, Moss AJ, Schwartz PJ, Vincent GM, Robinson JL, Priori SG, Benhorin J, Locati EH, Towbin JA, Keating MT, Lehmann MH, Hall WJ (1998) Influence of genotype on the clinical course of the long-QT syndrome. International Long-QT Syndrome Registry Research Group. N Engl J Med 339: 960–965

Sachverzeichnis